屈服破坏本构理论与基坑稳定性研究

芮勇勤　张丙吉　孔位学　郑颖人　编著

东北大学出版社
·沈　阳·

ⓒ　芮勇勤　张丙吉　孔位学　郑颖人　**2024**

图书在版编目（CIP）数据

屈服破坏本构理论与基坑稳定性研究／芮勇勤等编

著. -- 沈阳：东北大学出版社，2024.4

ISBN 978-7-5517-3529-2

Ⅰ. ①屈… Ⅱ. ①芮… Ⅲ. ①基坑-地基稳定性

Ⅳ. ①TU470

中国国家版本馆 CIP 数据核字（2024）第 093951 号

内容摘要

本书主要借鉴国内外最新冻融动态响应相似模型实验方法，以及将研究深基坑桩锚支护结构防冻融动态响应相关成果推广，开展屈服破坏理论研究现状，建立地下水渗流与冻融 Barcelona 模型、软土硬化（HS）与小应变硬化（HSS）模型、岩体 Hoek-Brown 破坏准则与 Hoek-Brown Softening（HBS）软化模型，结合基坑变形破坏条件与稳定性研究，建立基于 Barcelona 模型热流固 THM 耦合方法，深入开展北京季节冻土基坑冻融变形时效性分析、鞍山紧邻建筑基坑冻胀时效性破坏分析、哈尔滨季节冻土基坑冻融变形时效性分析，并为越冬基坑桩锚支护结构施工提供相应的数据支持；如何通过数值仿真分析技术，在分析基坑开挖支护过程渗流-应力耦合分析的基础上，进而开展 THM 温度-渗流-应力耦合分析，结合实际工程揭示验证基坑降温冻融过程的演化规律；开展的现场防冻融保温控制技术，合理选择安全、经济、可靠的覆盖保温措施推广应用至相似基坑工程实践；研究成果对填补行业相关关键技术空白，促进交通行业科技进步和满足工程实际需求具有重大理论意义与实际应用价值。

本书取材实际，简明实用，系统性强，通过多年的实践教学和研究生培养，本书作为一本有实用参考价值的工具书，既可以作为大专院校的选修教材，也可以供相关领域工程技术人员自学参考。

出 版 者：东北大学出版社
　　　　　地址：沈阳市和平区文化路三号巷 11 号
　　　　　邮编：110819
　　　　　电话：024-83683655（总编室）
　　　　　　　　024-83687331（营销部）
　　　　　网址：http://press.neu.edu.cn
印 刷 者：辽宁一诺广告印务有限公司
发 行 者：东北大学出版社
幅面尺寸：185 mm×260 mm
印　　张：22.5
字　　数：576 千字
出版时间：2024 年 4 月第 1 版　　　　　印刷时间：2024 年 6 月第 1 次印刷
责任编辑：杨　坤　　　　　　　　　　　责任校对：郎　坤
封面设计：潘正一　　　　　　　　　　　责任出版：初　茗

ISBN 978-7-5517-3529-2　　　　　　　　　　　　　　定　价：98.00 元

前　言

市政地铁车站建筑深基坑工程开挖施工过程中，不仅存在安全隐患，还易影响周围环境稳定。然而，深大基坑工程施工不仅需要考虑基坑自身安全，考虑更多的则是基坑变形控制问题或施工引起的周边环境问题。掌握地铁车站建筑深基坑工程及周边环境的总体风险，进行风险发生时刻的精准预警，对地铁车站建筑施工安全具有重要意义。《屈服破坏本构理论与基坑稳定性研究》针对中国北方季节性-寒冷地区随环境降温越冬交通土建（构）筑工程越来越多，特别是深基坑工程出现局部变形破坏、小规模崩坍塌、大范围交通土建（构）筑物失稳、滑坡等重大灾害事故，严重威胁人民的生命财产及生活生产活动，进行有针对性的研究。

（1）研究目的。往往地铁车站建筑深基坑桩锚支护结构需要越冬施工，冻融严重影响其安全稳定性。为此开展基坑桩土冻融协调相互动态响应 THM 多场耦合数值模拟，冻融动态响应实体工程应用等研究，并解决深基坑桩锚支护结构冻融动态响应研究及其安全性控制问题。

（2）研究技术路线。在借鉴国内外最新冻融动态响应相似模型实验方法，以及渴望将研究深基坑桩锚支护结构防冻融动态响应相关成果推广，开展屈服破坏理论研究现状，建立地下水渗流与冻融 Barcelona 模型、软土硬化 HS 与小应变硬化 HSS 模型、岩体 Hoek-Brown 破坏准则与 Hoek-Brown Softening（HBS）软化模型，结合基坑变形破坏条件与稳定性研究，建立基于 Barcelona 模型热流固 THM 耦合方法，深入开展北京季节冻土基坑冻融变形时效性分析、鞍山紧邻建筑基坑冻涨时效性破坏分析、哈尔滨季节冻土基坑冻融变形时效性分析，并为越冬基坑桩锚支护结构施工提供相应的数据支持；如何通过数值仿真分析技术，在分析基坑开挖支护过程渗流-应力耦合分析的基础上，进而开展 THM 温度-渗流-应力耦合分析，结合实际工程揭示验证基坑降温冻融过程的演化规律；开展的现场防冻融保温控制技术，合理选择安全、经济、可靠的覆盖保温措施推广应用至相似基坑工程实践。

（3）研究意义。根据郑颖人院士的屈服破坏强度理论与极限分析研究思路，开展土的压缩试验与三轴剪切试验、岩石的强度试验与应力-应变关系、混凝土的强度试验与应力-应变关系、岩土基本力学特点、冻土基本特点分析，认识季节土中水冻结基本特征，以及季节土中水冻融演化过程。结合地下水渗流基本特征，开展地下水渗流控制方程、地下水渗流有限元公式、地下水渗流边界条件，建立地下水渗流水力模型、冻融

Barcelona 模型。基于弹塑性相关理论，根据本构模型种类及其特点、本构模型种类选用局限性，分析基于塑性理论的 Mohr-Coulomb（MC）模型、基于塑性理论的 Mohr-Coulomb（MC）模型、软土硬化 Hardening Soil（HS）模型及 Modified Cam-Clay（MCC）模型比较，结合软土硬化 Hardening Soil（HS）与小应变硬化 Hardening soil with small strain stiffness（HSS）模型特性、软土硬化 Hardening Soil（HS）模型与改进，基于软土硬化 HS 的小应变土体硬化 HSS 模型，认识一维状态小应变土体硬化 Hardening soil with small strain stiffness（HSS）模型特点和三维状态小应变软土硬化 Hardening soil with small strain stiffness（HSS）模型特点。根据 Hoek-Brown（HB）破坏准则，结合 Hoek-Brown（HB）与 Mohr-Coulomb（MC）模型、Hoek-Brown（HB）模型中的参数，认识 Hoek-Brown Softening（HBS）软化模型，Hock Brown Softening 软化模型应变局部化建模分析，Hock Brown Softening（HBS）软化模型基坑开挖模拟。基于基坑施工事故类型、基坑施工安全风险评估分析方法，以及基坑施工紧邻建构筑物影响、基坑施工紧邻建筑物变形预测方法，认识深基坑开挖支护变形机理、构建季节性冻土水热力 THM 耦合数学模型、基坑桩板锚支护结构几何及有限元模型，研究应力表述的屈服安全系数和应变表述的屈服破坏条件，求解岩土类材料极限拉应变方法和应变屈服安全系数与破坏安全系数。结合冻土的基本特征、本构模型及其实现、实证方法验证土壤冻结特性曲线与水力土壤性质、参数及其确定，开展 THM 耦合有限元模型环境验证，提出土壤冻结特性曲线的确定及水力土壤的适宜性。在北方季节性冻土区域的基坑支护工程由于冻结时间较短、冻结温度不是很低，容易忽略冻融影响，但在某些特殊的天气和工程条件下，冻融和融化后的沉陷影响经常会使基坑变形大幅度增加，引起基坑侧壁的破坏，引发周边建筑物及管线开裂、变形，甚至导致基坑垮塌事故发生。根据冻融机理及冻融力计算方法，结合冻土基坑工程实例，进行冻融引起基坑变形的时效性分析、再现典型冻融基坑时效性破坏数值模拟分析。基坑开挖深度 6.01～11.56m；基坑周边为道路、已有地下管网需要保护；基坑开挖深度范围未见稳定地下水出露；基坑安全等级为一级；施工期间基坑四周允许最大施工堆载不超过 15kPa。在越冬期间，基坑尽管采取了防冻涨－卸力孔减涨措施，但是冬季出现了大变形，地表出现冻融开裂，为此研究防冻涨－卸力孔减涨措施实施的效果。

参加本书编写的还有中国建筑东北设计研究院有限公司苏艳军正高级工程师（第 7 章），戴武奎正高级工程师，陈立敏高级工程师（第 8 章），王颖高级工程师，肖胜寒工程师（第 9 章）等。全书由芮勇勤、张丙吉、孔位学、郑颖人统稿并参与各章编著工作。

最后，希望本书在高层建筑群深基坑工程设计、施工和管理等方面，能给予广大读者启迪和帮助。由于编著者水平有限，加之时间仓促，书中难免有疏漏和错误，恳请读者不吝赐教。

编著者

2023 年 8 月 18 日

目 录

第 1 章　屈服破坏本构理论研究现状

任何固体材料从受力到破坏，对于脆性破坏材料一般要经历弹性与破坏两个阶段；而对于塑性破坏材料则要经历弹性、塑性与破坏三个阶段。强度理论研究的是材料在复杂应力作用下发生屈服和破坏的规律，也就是判断材料在复杂应力状态下是否屈服与破坏。

强度理论主要研究应力和应变的极限状态，也就是研究材料任一点的初始屈服破坏条件。初始屈服条件判断的是材料中某点是否从弹性进入到塑性，而破坏条件判断的是材料中某点是否从塑性进入到破坏。初始屈服条件与破坏条件两者不同，以往教科书中把屈服条件称作破坏条件是不合适的。强度理论中，屈服条件与破坏条件共同的地方，一是指它们均与应力历史及路径无关，所以通常所说的屈服条件就是指理想弹塑性条件下的初始屈服条件；破坏条件就是指理想弹塑性条件下的极限屈服条件。二是指它们都是对材料中任一点来说的，也就是说是点屈服与点破坏，而不是指材料整体屈服与整体破坏。依据强度理论建立了材料的极限分析方法，极限分析方法是弹塑性力学中的一个重要分支，主要研究材料的强度、极限应变、破坏（点破坏与整体破坏）与稳定（局部与整体稳定）的力学行为。极限分析方法的优点是不需要引入复杂的本构关系，它只与平衡方程、屈服条件和破坏条件有关，从而使问题求解大大简化。它可以求得准确的起裂安全系数与整体稳定安全系数或者相应的极限承载力，但无法求得准确的位移，位移与应力路径有关，需要准确的本构关系。极限分析法与本构关系无关，在传统极限分析中不需要引入力学变形参数，在数值极限分析法中虽然需要引入变形参数，但变形参数的正确与否不影响计算结果。

1.1　屈服破坏强度理论与极限分析

18 世纪的库仑（Coulomb, 1773）提出了土体库仑定律，实际上就是土体的强度准则（屈服准则）；19 世纪屈瑞斯卡（Tresca）对金属材料提出了屈瑞斯卡屈服条件；20 世纪初米塞斯又提出了考虑三维应力状态的米塞斯（Mises）屈服条件；针对岩土材料，20 世纪初提出了摩尔-库仑（Mohr Coulomb）屈服条件，20 世纪中期提出了德鲁克-普拉格（Drucker Prager）屈服条件。材料力学概括了拉破坏和剪破坏的四种强度理论，即第一强度理论(最大拉应力理论)、第二强度理论(最大伸长应变理论)、第三强度理论(最大剪应力理论或屈瑞斯卡屈服条件)、第四强度理论(最大形状改变比能理论或米塞斯屈服条件)。上述这些屈服条件都可以从理论上导出,且已经获得学术界与工程界的共识,并在工程中广泛应用。近年来,岩土材料的三维应力状态的屈服条件也已蓬勃发展,20世纪七八十年代美国学者拉德(Lade)和日本学者松冈元(Matsuoka)分别提出土体的三维屈服条件;在我国,俞茂宏提出了基于双剪应力条件的统一屈服条件;姚仰平提出基于空间滑动面强度准则的广义非线性强度条件;高红、郑颖人提出基于传统空间莫尔圆的常规三轴三维能量屈服条件,此后又考虑了岩土的压硬性,由此发展为基于岩土空间莫尔圆的三维能量屈服条件,取得了可喜成果,但尚需凝聚共识,并广泛付诸实际。

材料点破坏条件的研究一直进展很慢,拉德在岩土本构关系的研究中认为,破坏条件与屈服条件形式一致,只是常数项不同,因而可以通过试验得到破坏条件,但没有形成破坏准则,即建立以应力和应变表述的力学量与峰值强度和极限应变的关系。郑颖人等提出了用应变表述的极限应变破坏条件;阿比尔的等提出了基于点破坏的极限分析方法。以往虽然没有材料点破坏的条件,但塑性力学中很早就有了材料的整体破坏条件,由此建立了基于整体破坏的极限分析法,按此可求出工程材料整体稳定安全系数或极限承载力。

材料的极限分析方法关注材料的点破坏条件和整体破坏条件,由此可得到工程设计所需的相应安全系数或极限承载力。在提出屈瑞斯卡和米塞斯屈服准则后,金属材料中广泛发展了基于整体破坏的极限分析方法并被广泛应用。岩土极限分析法始于1773年的库仑定律,20世纪20年代建立了极限平衡法(Fellenius),之后又相继出现了滑移线法(特征线法)(Scokolvskii)和上、下限法(Chen W.F.),岩土极限分析法经过百年的发展已逐渐趋于成熟。从工程实践上看,极限分析法具有很好的应用效果,能求出岩土工程的稳定安全系数和极限承载力,是当前岩土工程设计的重要手段,将上述方法统称为传统极限分析法,以区别新发展起来的数值极限分析法。

传统极限分析中只有材料的整体破坏判据,而至今没有材料点破坏的判据。正因为如此,传统极限分析方法存在如下两个不足:一是必须事先知道材料的潜在破坏面位置,这严重影响了方法的适用性;二是只能求解材料的整体破坏,而不知道材料破坏的全过程和发生局部破坏时的材料起裂位置与起裂安全系数。针对上述两个不足,需要不断发展完善极限分析方法。随着数值分析方法的发展,逐渐兴起了数值极限分析方法。数值方法有很广的适用性,又有很好的实用性,其缺点是不能求得工程设计所需的稳定安全系数和极限承载力。1975年,辛克维兹(O.C.Zienkiewicz)等提出了有限元强度折减法与荷载增量法,以非线性计算是否收敛作为整体破坏的判据,求得材料的稳定安全系数与极限荷载。20世纪后期,这一方法在国际上得到广泛认可,许多国际通用软件都纳入了这一方法。国内学者认识到有限元强度折减法与荷载增量法本质上是应用数值方法求解极限分析问题,它是传统极限分析方法的发展,因而将其称为数值极限方法或有限元

（包括有限元、有限差分、离散元等）极限分析法。近年来，我国数值极限分析方法及其工程应用方面快速发展，理论上和方法上做了许多深化与改进的工作。在岩土工程的应用中突破了许多设计难题，基于数值极限分析方法，首次提出了抗滑桩桩长计算并应用于多排桩与埋入式桩设计；求得了隧洞围岩的稳定安全系数，以及岩质边坡、超高加筋土挡墙、桩基础等稳定分析方法；提出的动力数值极限分析法，印证了汶川地震中显示出的地震作用下边坡拉剪组合破坏的破坏机理。有限元强度折减法与荷载增量法克服了传统极限分析需要预先知道破坏面的缺点，扩大了极限分析法的应用范围。但它同样是基于材料整体破坏条件，仍无法求出材料破坏的全过程和材料局部破坏的起裂安全系数。

　　依据郑颖人等提出的基于极限应变的点破坏准则，只要数值计算中某个单元的应变达到极限应变，该单元就发生破坏，因而它可作为点破坏的判据。由此可以知道材料中最先破坏点的位置，并求得局部破坏的起裂安全系数。对于整体结构来说，虽然材料已局部破坏而出现裂缝，但不会立即发生整体破坏。只有当材料中破坏点增多，逐渐贯通成破坏面时材料才发生整体破坏，由此可将破坏面贯通判定为整体破坏的判据。国内学者做了一些工程算例，证明基于点破坏的极限应变法的计算结果与室内模型试验结果吻合得较好，而且与基于整体破坏的强度折减法和传统极限分析方法的计算结果也吻合得很好，三种方法会得到一致的整体稳定安全系数，计算误差很小。由上可见，基于点破坏的极限应变法已经克服了传统极限分析方法的两个缺点。极限应变法刚提出不久，还没有形成学术界的共识，但从初期研究成果来看，不仅适用于岩土工程，也适用于钢筋混凝土、钢结构等建筑工程，有良好的发展前景。

1.2　土的压缩试验与三轴剪切试验

1.2.1　土的压缩试验

　　土体的压缩性可以通过单向压缩试验来研究，所用试验仪器为压缩仪。用各级荷载作用下变形稳定后的压缩量可以推出相应孔隙比 e。在 e-p 坐标系里点绘孔隙比 e 随荷载 p 变化的关系曲线，称为 e-p 曲线，如图 1.1 和图 1.2(a)所示。e-p 曲线显然是非线性的，但如果 e 用普通坐标，p 用对数坐标，就发现 e-$\lg p$ 关系曲线的初始段为向下弯，当压力较高时便接近为直线，如图 1.2(b)所示。它们反映了土体的压缩性，可推出相应的压缩性指标。

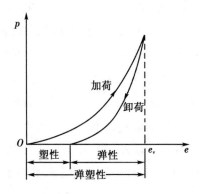

图 1.1　土的压缩曲线

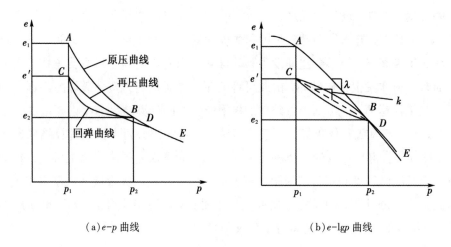

（a）e-p 曲线　　　　　　　　　　　（b）e-$\lg p$ 曲线

图 1.2　土的等压固结加卸荷曲线

在图 1.2 中，AB 段称为初始压缩曲线或原压曲线，BC 段称为回弹曲线，CD 段称为再压曲线，DE 段称为原压曲线。从实用的角度出发，通常忽略 D 和 B 两点的差别，认为两点重合，并假定再压曲线与回弹曲线重合，以直线 BC［图 1.2（b）中的虚线］来代表。正常固结土或松砂的 e-$\lg p$ 曲线是一条直线，如图 1.2（b）中的直线 AE 所示。对于超固结土，e-$\lg p$ 曲线也接近为直线［图 1.2（b）中的虚线 BC］，不过要比正常固结土的那条直线要平缓得多。原压的 e-$\lg p$ 曲线的斜率称为压缩指数 λ，反映了正常固结土的压缩性。回弹再压的 e-$\lg p$ 曲线的斜率称为回弹指数 k，反映了超固结土的压缩性。

图 1.3 为在体积应力［$p = (\sigma_1 + \sigma_2 + \sigma_3)/3$］与体积应变（$\varepsilon_v = \varepsilon_1 + \varepsilon_2 + \varepsilon_3$）坐标下，排水条件下饱和砂土三向等压固结压缩试验的应力-应变关系的典型曲线。由图 1.2 可知，加荷与卸荷均表现了非线性性质，且会产生弹性变形和塑性变形，这种在等压受力情况下压缩而屈服的性质称为土体的等压屈服特性，与金属材料显著不同。

1.2.2　土的三轴剪切试验

（1）常规三轴试验。应用三轴不等压压缩试验（即三轴剪切试验）可以完整地反映土样受力变形直至破坏的全过程，因而既可以用于研究土体的应力-应变关系，也可以用来研究土体的强度特性。图 1.3 是土的常规三轴固结排水剪 $\sigma_3 = \text{const}$ 条件下的典型试验结果，从图中既可以看到土体应力-应变关系的非线性，还可以看到土体的一个基本特性——压硬性。土是颗粒材料，随着压应力增大土体压密，土的剪切强度与刚度（弹模）都会提高；同时颗粒材料具有摩擦性，随着应力提高摩擦强度也会提高。图 1.3 中随围压提高，土的抗剪强度与弹模提高反映了这一特点，土的这种性质称为压硬性，这是金属材料没有的特性，是土的基本特性之一。

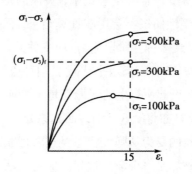

图 1.3　土的常规三轴试验典型曲线

图 1.4 是常规三轴试验条件下土的剪应力-剪应变关系曲线和体积应变-剪应变的典型关系曲线。从图 1.4 中同样可以看出土体的应力-应变关系的非线性，还可以看出土体的硬化或软化与剪胀性。图中①号线为正常固结土或松砂的典型试验曲线，由图可知曲线没有明显的弹性阶段与初始屈服点，随着应变的增加，应力不断增大，这种应力-应变关系称为硬化。但当前对正常固结土与松砂为何会出现硬化型应力-应变曲线，如何获得硬化型曲线的真实强度尚缺少科学论证。②号线是超固结土或密砂的典型试验曲线，剪应力-剪应变关系曲线达到峰值后逐渐下降，即超过峰值后随着应变的增加应力不断降低，这种应力-应变关系称为软化，最终与①号曲线的渐近线相同，即残余强度相同。对于软化型土体，取峰值对应的偏差应力为土体的强度；对于硬化型土体，取规定的轴向应变值（通常取 15%）对应的偏差应力为土体的强度。观察图 1.4 中的体变曲线，曲线①在剪切过程中排水量不断增加，即只产生体积压缩变形，体积应变 ε_v 在剪切过程中不断增大，称为剪缩；曲线②的体积应变 ε_v 开始时为正值，不久就变为负值，表示在剪切过程中先排水体积压缩，然后会吸水体积增大，称为剪胀。图 1.4 表明，剪应力不仅会产生弹性与塑性的剪应变，还会引起体积的收缩或膨胀，称为土体的剪胀性，这是土体的另一个基本特性。土的压硬性和剪胀性表示了平均应力、剪应力与体积应变、剪应变之间的耦合作用。

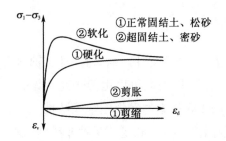

图 1.4 土的剪应力-剪应变、体积应变-剪应变关系曲线

介于硬化与软化之间的应力-应变曲线，就是理想塑性材料的应力-应变曲线（图 1.5）。这种应力-应变曲线在传统塑性理论中应用很广，但在岩土中所遇不多。尽管这种曲线与岩土性质有较大差别，但在强度理论中，关注的是材料的屈服与破坏，而不是位移的准确性，采用理想弹塑性曲线不会影响计算结果，而且更为简单方便，所以在强度理论中广为应用。图中 OY 代表弹性阶段应力-应变关系，Y 点就是屈服点，过 Y 点后，应力-应变关系是一条水平线 YN，这条水平线代表塑性阶段。在这个阶段应力不能增大，而变形却逐渐增大，自 Y 点起所产生的变形都是不可逆变形。卸荷时卸荷曲线坡度与 OY 线坡度相等，重复加荷时亦将沿这条曲线回到原处。Y 点是屈服点，但不代表破坏点。在理想塑性条件下，材料的受力从弹性状态经过塑性状态直至破坏，并从点破坏开始逐渐发展形成整体破坏，破坏是一个渐进过程。应力无法反映塑性发展过程，而应变可以反映这一过程，由此提出基于极限应变的材料点破坏的概念与准则。

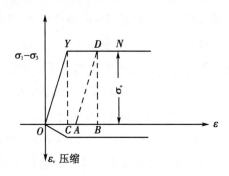

图 1.5 理想塑性材料应力-应变曲线

（2）真三轴试验。图 1.6 为承德中密砂的真三轴试验。试验中 σ_3（$\sigma_3 = 300\text{kPa}$）保持不变，中主应力不同，每个试验的中主应力系数 b[$b = (\sigma_2 - \sigma_3)/(\sigma_1 - \sigma_3)$] 为常数。四个试验表明，土体在真三轴试验条件下，其应力-应变曲线的形态是会变化的。当 $b = 0$ 时，即常规三轴试验条件下，应力-应变曲线是应变硬化的[见图 1.6(a)]，而真三轴试验条件下为一驼峰形曲线，既有应变硬化段，又有应变软化段[见图 1.6(b)(c)(d)]。由图可见，随着中主应力的增加，曲线变陡，初始模量提高，强度也提高，应变软化加剧；同时压缩增大，体胀减小，充分反映了真三轴下土体的压硬性。

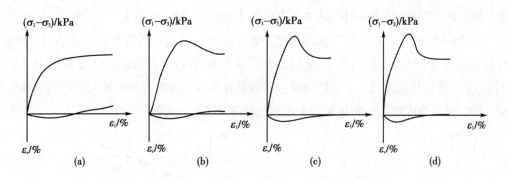

图 1.6　承德中密砂的真三轴试验($\sigma_3 = 300\text{kPa}$)

综上所述，土在三轴情况下，剪应力-剪应变曲线有两种形式：一是硬化型，一般为双曲线；另一为软化型，一般为驼峰曲线。对应硬化型的体变曲线，一种是压缩型，不出现体胀；另一种是压缩剪胀型，先缩后胀。对应软化型的体变曲线总是先缩后胀。基于上述，可把岩土材料分为三类：压缩型，如松砂、正常固结土；硬化剪胀型，如中密砂、弱超固结土；软化剪胀型，如岩石、密砂与超固结土。

1.3　岩石的强度试验与应力-应变关系

1.3.1　岩石抗剪强度试验

工程中实际遇到的岩石地层属于岩体，而非单块的岩石，但由于无法通过现场测试得到准确的岩体强度，目前测试的是单块岩石强度。岩石的抗剪强度就是岩石抵抗剪切破坏(滑动)的能力，是主要的岩石强度指标。一般情况下，岩石的抗剪强度采用黏聚力 c 和内摩擦角 φ 来表示。通常通过直剪切试验、楔形剪切试验和三轴压缩试验三种室内试验方法来实现。下面讲述应用最广的三轴试验方法。

三轴压缩试验采用三轴压力仪进行，一般该仪器的垂直荷载和侧向荷载均通过油压施加。试验中，先对试件施加侧压力，即最小主应力 σ_3'，然后逐渐增加垂直压力，直到破坏，从而得到破坏时的最大主应力 σ_1'，这样就可以得到一个破坏时的应力圆。采用相同方法，改变侧压力可以得到一系列破坏应力圆。绘出这些应力圆的包络线，就可以得到岩石的抗剪强度曲线，如图 1.7 所示。应当注意，弹塑性力学强度理论中无论金属材料还是岩土材料，都采用理想弹塑性模型，此时在弹性与塑性情况下应力相同，但应变不同，所以应力无法反映材料的破坏状况，破坏取决于应变而非应力，因此，上述所指的破坏圆实际是弹性极限情况下的应力圆，强度极限曲线与应力圆相切是指材料达到屈服而非破坏，著名的摩尔-库仑屈服准则就由此确定。

从图 1.7 可以看出，当 σ_3 的变化范围很大时，莫尔应力圆的包络线为一条曲线，而非直线,此时摩尔-库仑条件不成立,因而得不到 c、φ 值,如图 1.7(a)所示,这正是岩石与土不同的地方;当 σ_3 的变化很小时,莫尔应力圆的包络线近似为一条直线,摩尔-库仑准则成立,因而可以得到 c、φ 值,如图 1.7(b)所示。当前岩石强度测试中任意取 σ_3 值,σ_3 值变化范围很大,硬把曲线包络线视作直线,必然会产生很大误差。这种情况下,可以将抗剪强度包络曲线采用分段方法确定相应 c、φ 值。

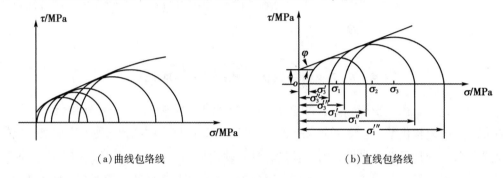

（a）曲线包络线　　　　　　　　　　（b）直线包络线

图 1.7　岩石三轴试验结果

1.3.2　岩石承压试验的应力-应变曲线

岩石类介质在一般材料试验机上不能获得全应力-应变曲线,它仅能获得破坏前期的应力-应变曲线,因为岩石弹性应变能猛烈释放时便失去了承载力。这是由于一般材料试验机的刚度小于岩石试块刚度。因此,在试验中,试验机的变形量大于试件的变形量,试验机储存的弹性变形能大于试件贮存的弹性变形能。这样,当试件产生破坏时,试验机储存的大量弹性能也立即释放,并对试件产生冲击作用,使试件产生剧烈破坏。实际上,多数岩石从开始破坏到完全失去承载能力,是一个渐变过程。采用刚性试验机和伺服控制系统,控制加载速度以适应试件变形速度,就可以得到岩石全程应力-应变曲线。

岩石典型全应力-应变曲线如图 1.8 所示。

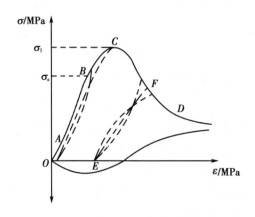

图 1.8　岩石典型全应力-应变曲线

它与混凝土应力-应变曲线十分相近，混凝土颗粒是人工级配组成，颗粒不均，而岩石是矿石晶体组成，结晶颗粒比较细腻。图 1.8 中 OA 段曲线缓慢增大，反映岩石试件内裂缝逐渐压密，体积缩小。进入 AB 段曲线斜率为常数或接近常数，可视为弹性阶段，此时体积仍有所压缩，B 点称为比例直线。BC 段随着荷载继续增大，变形和荷载成非线性关系，这种非弹性变形是由岩石内微裂隙的发生与发展，以及结晶颗粒界面的滑动等塑性变形两者共同产生。对于脆性非均质的岩石，前者往往是主要的，这是破坏的先行阶段，但 C 点前只有细微裂隙，到达 C 点后形成局部宏观裂缝，C 点称为峰值强度。从 B 点开始，岩石就出现剪胀（即在剪应力作用下出现体积膨胀）的趋势，通常体应变速率在峰值 C 点左右达到最大。CD 段曲线进入破坏（应变软化）阶段，应力和强度逐渐降低，从点破坏一直发展到整体破坏。

对于岩石应用更广的是岩石的三轴压缩试验。三轴压缩试验有两种方式：一种是主应力 $\sigma_1 > \sigma_2 > \sigma_3$，称为三向不等压试验，要采用真三轴压力机进行试验。另一种是 $\sigma_1 > \sigma_2 = \sigma_3$，这是常规三轴压缩试验，为获得全应力-应变曲线还应采用刚性三轴压力机。

岩石的典型的三轴试验应力-应变曲线，如图 1.9 所示。由图可见，围压 $\sigma_2 = \sigma_3$ 对应力-应变曲线和岩体塑性性质有明显影响。当围压低时，屈服强度低，软化现象明显。随着围压增大，岩石的峰值强度和屈服强度都增高，塑性性质明显增加。

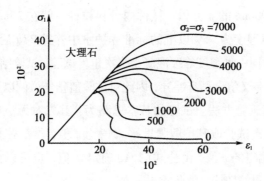

图 1.9　岩石的典型的三轴试验应力-应变曲线

1.4　混凝土的强度试验与应力-应变关系

1.4.1　混凝土抗剪强度试验

混凝土作为使用量最大、使用范围最广的工程材料，在建筑、水利、交通和国防等领域广泛应用。在建筑力学与工程中，混凝土按受力形式分为拉、压、弯曲等破坏形式，规范（GB 50010—2010）中相应提供了混凝土的抗压、抗拉等强度，其试验方法已在相关混凝土书籍中介绍。但在弹塑性力学中还需要提供混凝土的抗剪强度。混凝土属于岩土类摩擦材料，不仅具有黏聚力还具有摩擦力，其抗剪强度需要按黏聚力 c 和内摩擦角 φ 来表示。混凝土抗压强度的试验通常都是在无围压下求得的，所以其抗剪强度也可在无围压情况下求出。而现有混凝土相关规范与标准并没有给出剪切强度 c、φ 的指标。至今尚无测定混凝土抗剪强度统一的标准试验方法，混凝土材料与岩土材料类似两者都是摩擦材料，因此效仿岩土材料强度试验，依据现有试验条件提出在无法向荷载下混凝土试件直剪试验与单轴抗压试验相结合的方法，得出不同强度等级混凝土的 c、φ 值。在围压不大的情况下，混凝土可依据摩尔-库仑强度准则推导出抗压强度与抗剪强度之间存在的理论关系，按此通过理论计算方法和数值分析方法分别验证不同混凝土抗剪强度试验结果的准确性，并通过混凝土抗压强度的标准值和设计值换算出抗剪强度的标准值和设计值。

（1）混凝土剪切试验及结果分析。

①混凝土取样。岩土材料，尤其是岩石（岩块）材料与混凝土材料有一定的相似性，但岩块比较均匀，而混凝土材料骨料分散，试验离散性较大，因而要求混凝土试件尺寸大于岩石试件尺寸。综合《混凝土结构设计规范》（GB 50010—2010）、《普通混凝土力学性能试验方法标准》（GB/T 50081—2002））、《混凝土强度检验评定标准》（GB/T 50107—2010）、《混凝土结构工程施工质量验收规范》（GB 50204—2015）等，并考虑试验条件的限制，试件采用边长 100mm 的立方体。试件内骨料粒径一般在 25mm 左右，取样完成后试件在（20±2）℃，相对湿度为 95% 以上的标准养护室中养护 28d 后，95% 以上试样应能满足设计强度要求。对同一种强度等级混凝土多次重复试验，试验结果采用统计结果。统计的试验实测值与试验名义值会稍有差异，因此对试验值稍作微调以更接近试验名义值。

②混凝土抗剪强度试验方法。试验的基本思路为：首先对无法向荷载下混凝土试件进行直剪试验，通过五次试验取其抗剪强度平均值为 c 值，然后依据已知的混凝土单轴抗压强度名义值 σ_c 和测得的 c 值，由公式（1.1）确定 φ 值；也可以由单轴下的莫尔应力圆，做通过 c 值的莫尔圆的切线，由此求得 φ 值。

$$\tan\varphi = \frac{\sigma_c^2 - 4c^2}{4c \cdot \sigma_c} \tag{1.1}$$

由于试件直剪试验中没有施加荷载和混凝土抗压强度采用名义值，荷载与混凝土接触面不会受到摩擦力的影响，因而测得的 c、φ 抗剪强度相当于混凝土棱柱体轴心受压时抗压强度的试验值 f_c^0。

③试验方法实例。对 C25 强度等级混凝土试件进行五组重复试验。混凝土试样由于自身结构原因，离散性很大，剔除试验结果中非常明显的离散值，对可靠的试验结果进行平均，并对平均值进行分析，获得 C25 混凝土的 c 值。通过公式（1.1）计算得到 φ 值。由此得到 C25 混凝土抗剪强度 c 与 φ 分别为 3.2MPa 与 61.3°。图 1.10 示出 C25 混凝土抗剪强度。

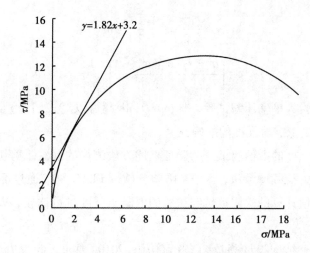

图 1.10　C25 混凝土抗剪强度的确定

采用同样方法对不同强度等级混凝土进行试验。表 1.1 列出了不同强度等级混凝土抗剪强度 c、φ 的试验值。

表 1.1　不同强度等级混凝土抗剪强度试验值

混凝土等级		C20	C25	C30	C35	C40	C45	C50	C55	C60
试验值	c/MPa	2.6	3.2	3.9	4.5	5.1	5.6	6.1	6.6	7.2
	φ	60.1°	61.3°	61.8°	62.2°	62.5°	62.7°	62.9°	63.1°	63.3°

表 1.1 中，混凝土强度等级增大，混凝土的抗剪指标 c、φ 也相应增大。强度等级增大，指标 c 增加的差值比较均匀，但同时指标 φ 的差值逐渐减少。应当指出，本方法以无荷载下试件直剪试验测得的 c 值为依据，考虑不同材料配比情况下是否会影响 c 值大小，为此进行了第二种配比试验。试验结果表明两者相差无几，进一步说明本方法的可行性。

（2）混凝土抗剪强度的理论与数值验证。

①混凝土抗剪强度的理论验证。由于力学发展前后不一，在适用于杆件与构件的建筑力学中通常以构件的受荷形式来确定材料强度，如抗压强度、抗拉强度、抗折强度等。而在弹塑性力学中，通常以材料破坏的方式来确定材料强度，力学机理上材料剪切破坏是由材料受压引起的，因而材料只有抗拉强度和抗剪强度，没有抗压强度。其实两者只是定义不同，实质是相同的。抗压强度与抗剪强度必然存在相应的力学关系。对于摩擦类材料，依据摩尔-库仑准则，各种应力与 c、φ 值之间必然存在如下关系，对不考虑围压的混凝土同样适用，只是 $\sigma_3 = 0$。

$$\sigma_1 = \frac{1+\sin\varphi}{1-\sin\varphi}\sigma_3 + \frac{\cos\varphi}{1-\sin\varphi}2c \tag{1.2}$$

$$\tau = c + \sigma\tan\varphi = \frac{\sigma_1 - \sigma_3}{2}\cos\varphi \tag{1.3}$$

$$\sigma = \frac{\sigma_1 + \sigma_3}{2} - \frac{\sigma_1 - \sigma_3}{2}\sin\varphi \qquad (1.4)$$

$$c = \left[\frac{\sigma_1 - \sigma_3}{2} - \frac{\sigma_1 + \sigma_3}{2}\sin\varphi\right]\frac{1}{\cos\varphi} \qquad (1.5)$$

混凝土抗压试验为单轴压缩试验，即 $\sigma_3 = 0$，因此可以对式(1.2)至式(1.5)进行简化，并用来验证混凝土抗剪强度的准确性。

②混凝土抗剪强度的数值验证。为验证上述方法测得的混凝土剪切强度指标，采用数值极限分析法中的荷载增量法，运用有限差分软件 FLAC 3D，通过逐级加载获得试样的极限荷载。将数值计算的极限荷载与试验的混凝土强度进行比较，从而判断混凝土剪切强度指标的准确性。

模型按《混凝土结构设计规范》(GB 50010—2010)要求，取为边长 150mm 的立方体，模型底面施加约束，顶面为自由面，施加竖直向下的均布荷载，如图 1.11 所示。混凝土模型视为理想弹塑性材料，采用摩尔-库仑屈服准则进行极限分析。若计算的极限荷载与试验时的混凝土抗压强度相近，表明提出的混凝土抗剪强度指标准确合理。

模型分别模拟验证 C20~C60 等不同强度等级的混凝土，模型的剪切强度指标 c、φ 值按表 1.2 试验平均值采用，弹性模量 E 和泊松比 μ、重度 γ 按《混凝土结构设计规范》(GB 50010—2010)取值。

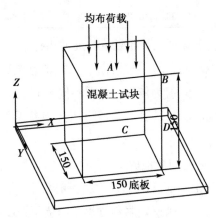

图 1.11　混凝土验证模型

表 1.2　混凝土模型力学参数

混凝土强度等级	c/MPa	φ	E/GPa	μ	$\gamma/(kN \cdot m^{-3})$
C20	2.6	60.9°	25.5	0.2	2500
C25	3.2	61.3°	28.0	0.2	2500
C30	3.9	61.8°	30.0	0.2	2500
C35	4.5	62.2°	31.5	0.2	2500
C40	5.1	62.5°	32.5	0.2	2500

表1. 2(续)

混凝土强度等级	c/MPa	φ	E/GPa	μ	γ/(kN·m^{-3})
C45	5. 6	62. 7°	33. 5	0. 2	2500
C50	6. 1	62. 9°	34. 5	0. 2	2500
C55	6. 6	63. 1°	35. 5	0. 2	2500
C60	7. 2	63. 3°	36. 0	0. 2	2500

以 C25 强度等级混凝土的位移突变判据为例,分别取不同监测点位移变化如下:受载面中心点 A 点 Z 向,角点 B 点 Z 向,角点 B 点 Y 向,侧面中心点 C 点 Y 向,侧边中点 D 点 Y 向,具体分布如图 1. 11 所示。极限荷载时和破坏时位移时程曲线如图 1. 12 与图 1. 13 所示。

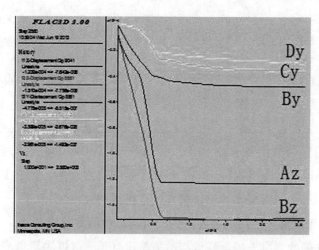

图 1. 12　极限荷载时位移时程曲线

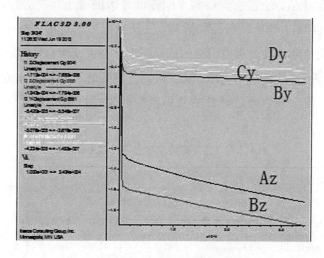

图 1. 13　破坏时位移时程曲线

图 1. 12 为荷载 25. 01MPa 时监测点的位移变化,位移时程曲线明显呈水平直线,表明计算收敛;而图 1. 13 为荷载 25. 02MPa 时监测点的位移变化,呈持续增大趋势,表明

计算不收敛。由此判定 25.01MPa 为试样的极限荷载。

③理论公式与数值计算验证剪切强度的准确性。利用理论公式(1.2)至式(1.5)与数值方法对上述试验结果进行验证。表 1.3 给出不同强度等级混凝土 c、φ 值理论和数值验证结果。

表 1.3 不同强度等级混凝土抗剪强度验证

混凝土强度等级 （即试验值）	c/MPa	φ	极限荷载/MPa		理论解与数值解误差
			理论解	数值解	
C20	2.6	60.1°	20.03	20.03	0
C25	3.2	61.3°	25.02	25.01	0.04%
C30	3.9	61.8°	31.05	31.05	0
C35	4.5	62.2°	36.37	36.36	0.03%
C40	5.1	62.5°	41.68	41.68	0
C45	5.6	62.7°	46.12	46.12	0
C50	6.1	62.9°	50.62	50.63	0.02%
C55	6.6	63.1°	55.19	55.20	0.02%
C60	7.2	63.3°	60.68	60.68	0

表 1.3 中理论解与数值解验证十分一致，误差在 0.04% 以内，符合测试规程要求。表明试验得出的不同强度等级混凝土的抗剪强度是准确可靠的，进一步验证了直剪试验与单轴抗压试验相结合的混凝土剪切试验方法是可行的。

(3)不同强度等级混凝土抗剪强度的标准值与设计值的确定。

为获得更为准确的混凝土抗剪强度标准值与设计值，可以采用混凝土规范给定的抗压强度标准值与设计值，通过换算得到不同强度等级混凝土抗剪强度的标准值与设计值。具体的操作过程是：先将抗剪强度折减，使其折减后的抗剪强度采用式(1.2)算出轴向压力 σ_1，当此值非常接近规范给定的抗压强度标准值或设计值时，就可以按此折减系数对 c 与 $\tan\varphi$ 按同一比例进行折减，从而得到折减后的 c、φ 值，此值即为要求的抗剪强度标准值或设计值。最后通过试件的数值模拟验证标准值或设计值的准确性，见表 1.4 与表 1.5。

表 1.4 不同强度等级混凝土抗剪强度标准值

混凝土 强度等级	剪切强度 试验实测值		规范抗压 强度标准值 σ_1/MPa	折减值	折减后抗压 强度标准值 σ_1/MPa	剪切强度标准值		数值抗压强度 标准值/MPa
	c/MPa	φ				c/MPa	φ	
C20	2.6	60.09°	13.4	1.242	13.42	2.09	55.34°	13.39
C25	3.2	61.3°	16.7	1.243	16.72	2.57	55.76°	16.68
C30	3.9	61.8°	20.1	1.266	20.12	3.08	55.94°	20.11
C35	4.5	62.2°	23.4	1.267	23.42	3.55	56.26°	23.41

表 1.4(续)

混凝土强度等级	剪切强度试验实测值		规范抗压强度标准值 σ_1/MPa	折减值	折减后抗压强度标准值 σ_1/MPa	剪切强度标准值		数值抗压强度标准值/MPa
	c/MPa	φ				c/MPa	φ	
C40	5.1	62.5°	26.8	1.267	26.83	4.03	56.59°	26.86
C45	5.6	62.7°	29.6	1.268	29.63	4.42	56.80°	29.65
C50	6.1	62.9°	32.4	1.270	32.41	4.80	56.98°	32.39
C55	6.6	63.1°	35.5	1.266	35.53	5.21	57.29°	35.51
C60	7.2	63.3°	38.5	1.275	38.54	5.65	57.33°	38.56

表 1.5　不同强度等级混凝土抗剪强度设计值

混凝土强度等级	剪切强度试验实测值		规范抗压强度设计值 σ_1/MPa	折减值	折减后抗压强度设计值 σ_1/MPa	剪切强度设计值		数值抗压强度设计值 σ_1/MPa
	c/MPa	φ				c/MPa	φ	
C20	2.6	60.09°	9.6	1.495	9.62	1.74	50.24°	9.61
C25	3.2	61.3°	11.9	1.5	11.9	2.13	50.61°	11.91
C30	3.9	61.8°	14.32	1.529	14.31	2.55	50.77°	14.32
C35	4.5	62.2°	16.7	1.526	16.74	2.95	51.18°	16.74
C40	5.1	62.5°	19.1	1.528	19.13	3.34	51.50°	19.12
C45	5.6	62.7°	21.1	1.529	21.11	3.66	51.72°	21.09
C50	6.1	62.9°	23.1	1.53	23.12	3.99	51.94°	23.13
C55	6.6	63.1°	25.3	1.525	25.33	4.33	52.27°	25.34
C60	7.2	63.3°	27.5	1.534	27.53	4.69	52.35°	27.51

对比表 1.4 与表 1.5，数值计算抗压强度标准值与折减后抗压强度标准值非常接近，表明换算后的抗剪强度标准值是正确的。应当说明的是，表 1.4 与表 1.5 中折减值稍有不同，这是由两者的试验实测抗压强度与试验名义抗压强度之间的差异引起的。

为了验证抗剪强度设计值，还可以将抗压强度的设计值与抗剪强度的设计值分别代入式(1.2)，公式左面与右面基本相同，其误差小于 1%，表明给出的抗剪强度设计值是正确的。同时还可以看出，抗压强度的试验值与抗压强度的标准值相差 1.5 倍，而抗剪强度 c、$\tan\varphi$ 的试验值与标准值相差 1.25 倍；抗压强度标准值和设计值相差 1.4 倍，而抗剪强度 c、$\tan\varphi$ 的标准值与设计值相差 1.2 倍。综上所述，鉴于混凝土与岩土材料均为摩擦类材料，在岩土剪切试验方法原理基础上，依据现有试验设备条件，提出无法向荷载下混凝土试件直剪试验与单轴抗压试验相结合的混凝土剪切强度试验方法，确定混凝土剪切强度指标 c、φ 值。通过室内试验给出 C20～C60 等不同强度等级混凝土剪切强度指标 c、φ 值，并得到了理论解与数值解的验证。最后，通过混凝土规范给出的混凝土抗压强度标准值与设计值指标换算得到混凝土抗剪强度标准值与设计值。

1.4.2　混凝土单轴受压的应力-应变曲线

混凝土单轴受压时的应力-应变关系是混凝土的基本力学性能。我国采用棱柱体试件来测定一次短期加载下混凝土受压应力-应变全曲线。图 1.14 是一般混凝土结构教材中显示的实测典型棱柱体受压应力-应变全曲线。

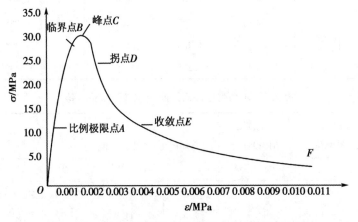

图 1.14　实测的典型棱柱体受压应力-应变全曲线

由图 1.14 可见，曲线分为上升段（即弹塑性阶段）与下降段（即破坏阶段）。弹塑性阶段 OC 可分为三段：OA 段由于应力很小，混凝土的变形主要为弹性变形，初始微裂缝变化的影响很小，应力-应变关系接近直线，称 A 点为比例极限点。超过 A 点后，进入塑性阶段，AB 段是塑性阶段的第一阶段，称为裂缝稳定扩展阶段；BC 段是塑性阶段的第二阶段，出现可见的细微裂缝，称为裂缝快速发展的不稳定扩展阶段，直至峰点 C，出现明显的局部裂缝，这时的峰值应力 σ_{max} 通常作为混凝土棱柱体抗压强度的试验值 f_c^0。与峰点 C 相应的应变称为峰值应变，此时应力达到强度极限，应变也达到弹塑性应变的极限状态，表明峰值点处于弹塑性的极限状态。过峰值点后进入应变软化阶段，应力下降表示材料强度逐渐丧失，开始进入破坏阶段，因而可将达到弹塑性极限应变的点定义为点破坏，但此时材料整体尚未被破坏。依据试验实测，普通混凝土（C20～C45）峰值应变在 0.0015～0.0025，高强混凝土会稍大于此值。

过峰值点后应力下降，进入了破坏阶段 CE，这时裂缝继续扩展，直至裂缝完全贯通整体，此时材料黏聚力几乎完全丧失，摩擦力随应力降低而减少，只剩下骨料间残存的咬合。

1.5　岩土基本力学特点

岩土塑性力学与传统塑性力学的区别，在于岩土类材料与金属材料具有不同的力学特征。金属是人工形成的晶体材料，而岩土类材料是天然形成的由颗粒组成的多相体，也称为多相体摩擦型材料。上述性质决定了金属的力学特征，尤其是钢材与岩土类材料具有不同的破坏模式，钢材抗拉、抗压强度相等，都发生塑性剪切破坏；而岩土材料受压时是压剪塑性破坏，受拉时是脆性拉破坏，两者的破坏模式不同。正是由于两者材性不同，决定了岩土类材料有许多不同于金属的力学特征。

（1）岩土类材料最基本的材料特性，大致可归纳为以下三点。

①岩土的颗粒特征。岩土由颗粒堆积和胶结而成，因而具有多种特性：如岩土有拉脆性，岩土具有很好的抗压能力，在抗拉作用下容易发生脆性破坏；压硬性，受压后岩土强度与刚度都会提高；摩擦性，岩土颗粒间发生摩擦，属于摩擦型材料；剪胀性，岩土受压剪后会引起体积的收缩或膨胀。②岩土的多相特征。岩土颗粒中含有孔隙，因而在各向等压作用下，岩土颗粒中的水气排出就能产生塑性体变而屈服，而金属材料在等压作用下是不会产生体变的。尤其是土体，正是由于土体的三相特征，而将土体分为饱和土与非饱和土。③岩土的双强度特征。由于岩土存在黏聚力和摩擦力，从而显示岩土具有双强度特征，而与金属材料显然不同。两种强度的发挥与消散决定了岩土材料的硬化与软化，以及非线性与次生各向异性。

（2）岩土的力学特点。

①岩土抗拉强度很低容易发生脆性拉破坏，而钢材无论拉、压都发生塑性剪切破坏。②岩土的压硬性。由于岩土是颗粒体并具有摩擦特征，必然导致岩土的强度和刚度随应力增大而增大，这种特性可称为岩土的压硬性。这是岩土不同于金属的重要的力学特点。③岩土材料的等压屈服特性与剪胀性。由于岩土中的孔隙可以排出水，体积压缩，因而与金属不同，既可在等压受力情况下压缩而屈服，也可在剪应力作用下产生体变，前者称为等压屈服特性，后者称为岩土的剪胀性（包括剪缩性），这显示出体变与剪应力有关，剪应变与平均应力有关，即存在应力的球张量与偏张的交叉作用，而金属材料中是不存在的。④岩土材料的硬化与软化特性。由于岩土是双强度材料，存在着两种强度不同的发挥与衰减效应，通常黏聚力发挥得早，摩擦力发挥得晚，因而岩土材料具有硬化效应；而黏聚力衰减得快，摩擦力衰减得慢，因而一些黏聚力大的岩土体具有明显的软化特征。这就是岩土的硬化与软化特性。⑤土体塑性变形依赖于应力路径已经逐步为人们所公认。亦即土的本构模型、计算参数的选用都应与应力路径相关。例如，应力路径的突然转折会引起塑性应变增量方向的改变，也就是说，塑性应变增量的方向与应力增量的方向有关，而不像传统塑性位势理论中规定的塑性应变增量方向只与应力状态有关，而与应力增量无关。

此外，岩土类材料还有一些不同于金属材料的特性：如抗拉压不等性，初始各向异性和应力引起的各向异性，岩土的结构性，岩土的固、水两相组成和固、水、气三相组成等特性。本书主要研究岩土强度理论与极限分析方法，它与岩土的变形性质关系不大，但与强度参数密切有关。传统塑性力学基于金属材料的变形机制而发展起来。它的理论是传统的塑性位势理论，亦即只采用一个塑性势函数或一个塑性势面，并服从德鲁克塑性公设,屈服面与塑性势面相同,因而塑性应变增量正交于屈服面,由此得出塑性应变增量方向与应力具有唯一性的假设。由于传统塑性力学基于金属材料的变形机制,而岩土材料的变形机制与金属材料的变形机制不同。金属材料变形机制较为简单,各塑性应变增量分量间成比例关系,满足塑性势假设,因而可以在塑性理论上作一定的假设,使理论简化,而岩土材料则不能。正是因为传统塑性力学中作了这些假设,导致传统塑性力学不能很好地反映岩土材料的变形机制。广义塑性力学是在岩土类材料的变形机制和在传统塑性力学的基础上发展起来的,它考虑了岩土的塑性体变,消除了传统塑性力学中的一些假设。既适用于岩土类材料,也适用于金属材料,传统塑性力学是它的特例。广义塑性力学的基础是分量理论,与传统塑性力学不同。它要求采用两个或三个塑性势函数,采用双屈服面或三屈服面模型;不服从德鲁克塑性公设,需采用非关联流动法则;可以反映塑性变形增量方向与应力增量的相关性。强度理论和极限分析中不考虑体变对屈服条件与破坏条件的影响,且与本构无关,因而既可以采用广义塑性,也可以采用传统塑性。前者必须与非关联流动法则相应,后者与关联流动法则相应。

1.6 冻土基本特点

冻土是一种长期处于负温的含冰土岩。根据冻结持续时间的长短,冻土主要可以划分为多年冻土和季节冻土。我国是世界第三冻土大国,其中多年冻土分布面积占我国疆土面积的 21.5%,季节冻土分布面积占疆土面积的 53.5%。

随着城市地下工程的发展,基坑工程的开挖深度逐渐增大且平面形状多变,这可能会导致基坑工程的施工难度增大,从而使得施工时间变长,因此位于季节性冻土区的基坑有可能会出现越冬的情况。然而,在季节性冻土区越冬期间,浅层地表冻土中的液态水会发生冰水相变导致土体体积膨胀,同时会引发土体中未冻水的迁移、聚集,不断冻结成为冰晶、冰层、冰透镜体等冰侵入体,从而引起土颗粒间的相对位移,土体出现大幅隆胀,进而引发建筑发生冻害。到了春季,随着气温的逐渐升高,冻土发生融化,导致冻土中的冻融力变小,使得支护结构强度在短时间内骤减,引起基坑出现局部破坏。以往市政工程中,基坑支护一般为临时性工程,在设计中很少考虑冻融的影响,因此造成越冬基坑工程事故频发。近年来随着东北振兴,特别是京津冀以北土木工程的大规模快速发展,例如北京、沈阳、大连、鞍山、抚顺、长春、哈尔滨、齐齐哈尔等大规模市政工程建设,深大基坑规模比比皆是,一般需要经历 1~2a 的建设周期,越冬经历稳定性问题考验,季节性冻土区的基坑开挖在冻融作用下出现的各种形变、开裂、垮塌稳定性问题日趋严重(见图 1.15 和图 1.16)。由此造成了巨大的经济损失。

（a）渗水结冰冻融引起侧壁变形开裂

（b）结冰冻融锚杆（索）断裂发生与楼板崩塌

图 1.15　桩锚基坑冻融破坏

（a）桩锚基坑冻融锚杆（索）断裂发生与涌砂

（b）地面路面破坏坍塌

图 1.16　桩锚基坑冻融涌砂与地面路面破坏坍塌

通过多年的研究，人们逐渐认识到在土中冰体的形成和发育的过程中，水分迁移产生了冻融。而土体自身的性质（土的密度、颗粒、水分以及外界的环境因素）是水分迁移强弱的重要因素，当其中一项发生变化则可消减或不产生土体冻融。另外，土体温度场的改变也是冻融产生的重要因素，正常短期的环境温度变化不会显著影响土体中温度的改变，其产生的冻土效应也基本可以忽略，但长期季节性的改变却可以使土中温度场发生可观的变化，尤其土体中发生的冻融循环作用对在建基坑工程会造成巨大的影响。上述分析表明，基坑工程冻融对围护结构产生影响，对围护结构后土体来说，因冻融力而使土压力增大，支护结构的刚度需要大幅度加强。而当冻土融化时，不仅土的含水量大增，而且土粒结构也受扰动，同样使土压力增大。如果基坑需经历两个甚至更多的冬期，则其不利的循环冻融变形作用将愈加明显，而支护结构多为临时性设计，将大大增加整个支护体系的考验。

综上所述，面对基坑，桩锚支护结构因其受力性能良好、经济性突出，是目前尤其是东北季节性冻土区广泛使用的支护结构形式。但季节性冻土区如何考虑冻融力施加的理论研究较于工程的实践相对落后，也是季节性冻土区往往引起基坑工程事故的主要原因。因为影响冻融力大小和分布的因素较多，现有的规范和标准中，还没有具体考虑冻融力的设计计算分析方法，设计人员对于季节性冻土区考虑冻融的计算带有很大的盲目性。也导致冻融后的基坑给工程施工带来极大隐患，后果难以设想。国内外很多学者对基坑冻融变形规律进行了现场实测研究，提出了尽量采用柔性支护结构、采用卸压孔、对冻深范围内粉质黏土进行改良等一系列的保护措施。但如何在设计初期考虑冻融力的影响，确定一套满足工程需要的计算理论以便进行经济上的对比，并为工程设计提供科学依据，是东北地区工程施工亟待解决的重要问题。只有对冻融和冻融的发生、发展有了清晰的了解，才能在工程实践中更好地防灾减灾，才能更好地为经济与社会的可持续发展助一臂之力。

冻土一般为温度低于 0 ℃的岩土，其广泛分布于地球表层的低温地质体，冻土的存在与演变对人类的工程活动和可持续发展具有重要的影响。冻土是特殊土类，特殊的物理化学力学性质与温度有很大关系。常规土类土性基本稳定，多表现为静态特征。

中国地处亚欧大陆的东南部，大陆从北向南大致穿越了 35 个纬度(北纬 53°~18°)，东西相隔约 61 个经度(东经 135°~74°)。中国地势西高东低，幅员辽阔、地形复杂，中国的冻土具有类型多、分布面积广的特点。

冻土是岩石与大气热量交换平衡物体，根据温度和含冰量情况，一般将土划分为以下五类：① 未冻土(或融土)——不含冰晶且土温高于 0 ℃土；② 寒土——不含冰晶且土温低于 0 ℃土(含水量小或水溶液浓度较高)；③ 已冻土——含冰晶且土温低于 0 ℃土；④ 正冻土——处于温度低于 0 ℃降温过程中且有冰晶的形成及生长(有相界面的移动)土；⑤ 正融土——处于温度低于 0 ℃升温过程中且冰晶逐渐减小(有冻融界面移动)土。

根据冻土存在时间长短的变化，可以将冻土分为多年、季节性冻土。多年冻土为冻结土状态处于 2a 以上，在表层数米范围内的土层处于冬冻夏融状态——季节融化层或季节冻结层。地理学将多年冻土区按其连续性分为连续、不连续多年冻土区，图 1.17 展示了位于加拿大北部与西北部地区连续多年、不连续多年冻土区分界处多年冻土的典型垂直分布和厚度。在不连续多年冻土区的多年冻土呈分散的岛状分布，其分布面积从几平方米到数万平方米不等，其厚度分布从南界的数厘米到与连续多年冻土接壤边界的超过 100 m 不等。按照年变化深度描述这些区域的准则：年平均地温实测值为-5 ℃等温线进行划分。

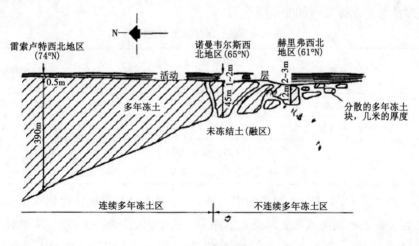

(a)冻土厚度分布

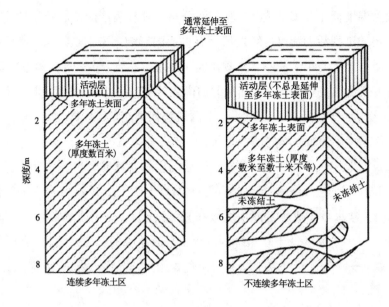

（b）冻土结构特征

图 1.17　寒区多年冻土（引自 R.J.E.Brown 等，1981）

（1）多年冻土主要分布在北温带、中温带的山区，分布面积约占全球陆地面积的23%，主要分布于俄罗斯、加拿大、美国的阿拉斯加等高纬度地区。

（2）季节冻土主要分布在中温带、南温带及北亚热带的山区。

（3）瞬时冻土主要分布在亚热带、北热带的山区。

我国冻土可分多年冻土、季节冻土与瞬时冻土，各类冻土的区划前提、保存时间和冻融特征见表 1.6。其中，季节冻结（季节融化）持续冻结（融化）时间大于或等于 1 个月，不连续冻结持续冻结时间小于 1 个月。

表 1.6　冻土划分的基本依据

冻土类型	区划前提	区划指标 （年平均气温/℃）	冻土保存时间/月	冻融特征
多年冻土	极端最低地面温度≤0 ℃	18.5～22.0	<1	夜间冻结、不连续冻结
季节冻土	最低月平均地面温度≤0 ℃	8.0～14.0	≥1	季节冻结、不连续冻结
瞬时冻土	年平均地面温度≤0 ℃	大片连续的：−2.4～5.0 不连续的：−0.8～−2.0	≥24	季节融化

表 1.7 列举了 1∶400 万比例尺的中国冰、雪、冻土分布图统计得到冻土总面积及所占总面积百分数。不同类型冻土所覆盖的面积约占中国面积的 98.8%，其中对工程建设影响较大的多年冻土和季节性冻土的面积总和约占中国面积的 75%，季节冻土占53.5%，而中国的多年冻土面积占世界多年冻土面积的 10%，是继俄罗斯与加拿大之后，世界多年冻土分布面积第三大国，其中处于中低纬度，有世界第三极之称的青藏高原为我国独有。

表 1.7　中国冻土分布面积占比

冻土类型	分布面积/×10³ km²	占全国总面积的百分数
瞬时冻土	2291	23.9%
季节冻土	5137	53.5%
多年冻土	2068	21.5%

一般土多是非饱和复杂四相系的多相体，固相物质组成土的基本骨架——土的基质，非饱和冻土、新固相-冰相体，用质量和体积的关系表示非饱和未冻结土和冻结土的组成见图 1.18 所示。

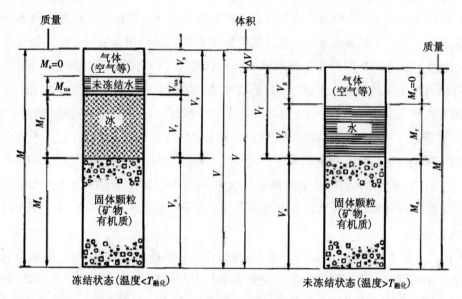

图 1.18　非饱和土冻结、未冻结土质量-体积关系

(引自 T.H.W.Baker, 1991)

对于图 1.18 非饱和未冻土未冻水含量 W_u 和相对冰含量 i 为：

$$W_u = \frac{M_{wu}}{M_s}, \quad i = \frac{M_i}{M_i + M_{wu}}, \quad (1-i) = W = W_u \tag{1.6}$$

式中：W——含水量；

　　　W_u——未冻水含量；

　　　M_{wu}——未冻水质量；

　　　M_s——土颗粒质量；

　　　i——相对冰含量。

按冻土团聚状态属于坚硬固体，其成分包含了多种物理-化学和力学性质的多相体组分，多相体组分可处于坚硬态、塑性状态、液态、水汽和气态的相态。冻土中的多相体组分都处于物理、化学、力学的相互作用中，从而产生了物理-力学性质并制约着冻土在外荷载作用时的行为。因此，在冻土的工程应用中必须将其作为一种复杂的多相系统，多相系统主要包括以下五种：固体矿物颗粒、动植物成因的生物包裹体、自由水与结合水和水中溶解的酸碱盐、理想塑性冰包裹体（形成冻结土颗粒的胶结冰和冰夹层）、气态成分（水汽、空气）。

1.7 季节土中水冻结基本特征

一般情况下，低温水分子的自由能减小且趋于有序排列，结冰即液态的水中出现冰体，从而产生界面能。若克服界面能液态水就能发生结冰，吉布斯成核理论就揭示了这一现象：在0℃以下的液态水中，通过某些细小微粒克服新相界面能，使得属于液态水分子变相形成固态的冰。即当一滴水结成冰时，通常在一个微小冰核颗粒上形成冰晶，而后冰晶再向水滴其他部分扩散，一旦形成冰核，其他水分子就快速结冰。土中水分的冻结温度由于水与矿物颗粒和生物颗粒、冰晶体、溶解盐处于电分子相互作用下降而降低。根据著名的列别捷夫分类法（1919），土中水可分为自由水、结合水，其中结合水又按照距土颗粒的远近以及受电场作用力大小的不同分为强、弱结合水（如图1.19所示）。图1.20为0℃下负温条件非饱和土冻结过程中冰晶形成过程，非饱和土在0℃下负温条件，随温度逐渐降低，未冻水膜厚度逐渐变薄，部分孔隙水由于温度逐渐下降而逐渐变相形成孔隙冰。

（1）进一步研究发现，可以将土中水（包括正冻水和冻结水）按照它们的能级关系以及在土中的配置地位进行精准分类。例如切韦列夫（1991）按性质划分出6种联结形式，并根据不同土颗粒配置关系的能量联结划分19种土体水，制约着冻土中的相变强度，最终决定了冻土的强度和变形。

（2）强结合水包括化学、物理-化学结合水。强结合水由单个的水分子构成，与矿物颗粒表面具有最高的结合程度，表面能为90~300 kJ/kg，其冰点小于-78℃。无论是在矿物颗粒的外表面上或在冰晶体上，吸附水膜和渗透水膜的相互作用能量都比较小，水膜厚度为1~8 nm。

（3）X衍射分析发现，在低达-12℃温度下冰中仍有类似液体水膜存在，-3℃时仍有渗透水膜存在。温度降至-3℃时，毛细-结合水仍然存在。多孔毛细水和游离在矿物骨架和冰之间的水可以归纳为弱结合水。杨通过实验揭示与温度的关系，并制订了测定未冻水的方法。通过实验可知，自由水在土处于起始冻结温度时相变成冰，随着温度的持续下降，弱结合水和部分强结合水逐渐冻结。

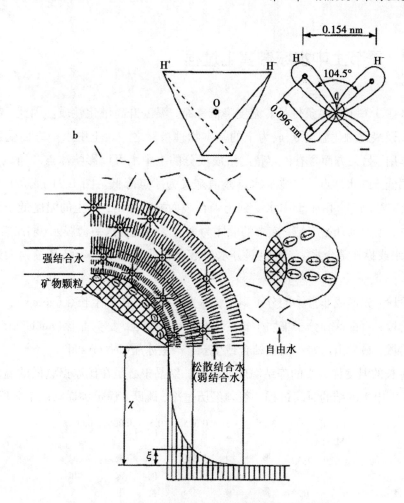

图 1.19 水分子模型及与矿物颗粒表面相互作用关系

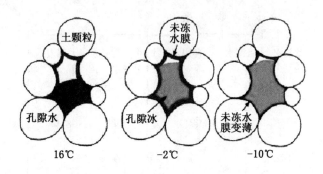

图 1.20 冻结过程中孔隙冰形成过程

1.8 季节土中水冻融演化过程

土中水在 0 ℃下负温条件具有温度降低冻结、温度升高融化性质。因此，起始冻结温度 θ_{bf}，以及最终融化温度 θ_{th} 成为土的基本物理指标之一。土中水一方面受到土颗粒表面能的作用，另一方面含有一定量的溶质成分的土中水可以影响冰点。所以，土中水冻结温度都低于纯水冰点，与纯水冰点差值定义为冰点降低。图 1.21 展示了土中水势能、类型及冻结顺序，由于土中水受到土颗粒表面能的作用，当土的温度低于重力水的冻结温度时，土中水开始冻结，冻结的顺序为重力水→毛管水→薄膜水（弱结合水）→吸湿水（吸着水或称强结合水）。土中部分水由液态相变成固态这一结晶过程大致要经历三个阶段：

第Ⅰ阶段：先形成非常小的分子集团，称为结晶中心或称生长点（germs）；

第Ⅱ阶段：再由这种分子集团生长变成稍大一些团粒，称为晶核（nuclei）；

第Ⅲ阶段：最后由这些小团粒结合或生长，产生冰晶（ice crystal）。

冰晶生长的温度称为水的冻结温度或冰点。结晶中心是在比冰点更低的温度下才能形成，所以土中水冻结的时间过程一般须经历过冷、跳跃、稳定和递降四个阶段。

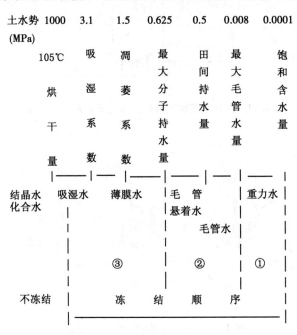

图 1.21 土中水势能、类型及冻结顺序

图 1.22 展示了土冷却-冻结-融化过程中土温 θ 与时间 t 的关系曲线。大致包含以下 7 个阶段。

①第 Ⅰ 阶段(过冷阶段):当土体处于负温状态时,能开始观测到土体受环境温度的影响,土温开始下降但无冰晶析出,一般过冷曲线段是相对于温度轴的凹形曲线(翘曲)。土温逐渐下降至过冷温度 θ_c,这个温度决定于正冻土中的热量平衡,其值达到最小值时,孔隙水中将形成第一批结晶中心。

②第 Ⅱ 阶段(跳跃阶段):观测到土中水形成冰晶晶芽和冰晶生长时,立即释放结晶潜热,使土温骤然升高。

③第 Ⅲ 阶段(稳定阶段):温度跳跃之后进入相对稳定状态,在此期间土中比较多的自由水发生结晶,土中水部分相变成冰,水膜厚度减薄、土颗粒对水分子的束缚能增大及水溶液中离子浓度增高。此最高温度即称作土体水分起始冻结温度 θ_{bf}。起始冻结温度与一标准大气压下纯水冰点 0 ℃ 的差值称为冰点降低。冻结温度与周围介质的温度关系不大,对于某一种土而言可以认为是个常数,它是土物理性质的最重要指标,可以均衡地反映土体水分与所有其他成分之间的内部联结作用。

④第 Ⅳ 阶段(递降阶段):土温继续按非线性规律下降以相对于时间轴的凸起曲线变化,随着此阶段弱结合水冻结,成冰作用析出的潜热逐渐减小。而且此阶段终结时土中仅剩下强结合水,可观测到土温更快地下降到周围环境温度。

⑤第 Ⅴ 阶段(融化阶段):当外界温度上升时,土中温度变化过程几乎是平滑曲线。温度上升时温度曲线的非线性变化说明土尚未开始融化时潜热已被耗散。

⑥第 Ⅵ 阶段(融化阶段):融化温度 θ_{th} 要比起始冻结温度 θ_{bf} 高一些,对土而言该温度同样可以作为恒定指标。这两个阶段中随着温度的升高,冻土中液态水含量逐渐增高。

⑦第 Ⅶ 阶段(融后阶段):土中冰晶全部融完后,土温逐渐与环境温度达到平衡。从融化阶段向融后阶段过渡时,可以看出曲线明显的曲率变化。

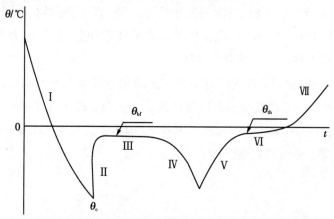

图 1.22 土冷却-冻结-融化过程土温 θ 与时间 t 关系

第 2 章　地下水渗流与冻融 Barcelona 模型

为了通过数值方法(例如有限元法)以适当的方式分析饱和或部分饱和土体的力学行为,有必要同时考虑变形和地下水流量。对于瞬态行为,这导致位移和孔隙压力的混合方程,称为耦合水力学方法,必须同时求解。对于涉及水平孔隙表面的应用,可以通过分解将总孔隙压力分解为恒定分量(稳态孔隙压力)和瞬态分量(过量孔隙压力)来简化方程。但在许多实际案例中,静止孔隙压力的分布在计算阶段开始时是未知的。因此,需要根据 Biot 的固结理论进行分析,能够同时计算饱和部分饱和土体中具有时间依赖性边界条件的地下水流的变形。在这种情况下,主要的挑战是需要使用固结理论来处理不饱和土体条件,至少需要模拟气相线。由于土体骨架的弹塑性行为以及饱和度和相对渗透率的吸力依赖性,Biot 理论有限元公式中全局刚度矩阵的所有系数均为线性。这种情况与饱和土的方程完全不同,其中只有弹塑性刚度基质是非线性的。因此,需要有效的数值处理程序,如 PLAXIS 中所实施的那样。计算的准确性、稳健性和有效性取决于选择时间增量的方法。PLAXIS2D 和 3D 使用完全隐式方案,该方案无条件稳定(Booker 等,1975)。

模拟非饱和土力学行为的另一个重要问题是在耦合流动变形分析中实现的本构模型。由 Gonzalez 和 Gens(2008)开发的与众所周知的巴塞罗那基本模型 BBM(Alonso 等,1990),在概念上相似的模型已通过用户定义的土体模型选项在 PLAXIS 中实现。实现的模型主要特征是它利用 Bishop 应力和吸力作为状态变量(Sheng 等,2003;Gallipoli 等,2003),而不是原始 BBM 中使用的净应力和吸力。除了基于向后欧拉算法的隐式应力积分方案外,还利用 Pérez 等(2001)提出的子步进方案来积分应变-应力关系。本构模型的输入变量是总应变的增量和吸力的增量。

PLAXIS 程序中已全面实施饱和与不饱和土的稳态和瞬态地下水流计算两种计算方式。在 PLAXIS 内核中已经实现了 5 种类型的水力模型,即 Van Genuchten、Mualem(简化的 Van Genuchten,在 GeoDelft 开发的 PlaxFlow 内核中被称为 Van Genuchten)、线性化 Van Genuchten、样条曲线和完全饱和。

2.1　地下水渗流基本特征

（1）基本方程式。公式的表示基于力学符号约定，其中压缩应力和应变为负。以同样的方式，孔隙水压力 p_w 和孔隙空气压力 p_a 在压缩中被认为是负的。水的流动被假定为流入量为正。孔隙率 n 是空隙体积与总体积的比值，饱和度 S 是游离水体积与空隙体积的比值：

$$n = \frac{\mathrm{d}V_v}{\mathrm{d}V}; \ S = \frac{\mathrm{d}V_w}{\mathrm{d}V_v} \tag{2.1}$$

体积水含量为：

$$\theta = \frac{\mathrm{d}V_w}{\mathrm{d}V} = Sn \tag{2.2}$$

含水量是水和固体的重量（或质量）之比：

$$w = \frac{\mathrm{d}W_w}{\mathrm{d}W_s} = S \frac{n}{1-n} \frac{\rho_w}{\rho_s} \tag{2.3}$$

多相介质的密度为：

$$\rho = (1-n)\rho_s + nS\rho_w \tag{2.4}$$

式中：ρ_s——固体颗粒的密度；

　　　ρ_w——水密度。

地下水应力状态也可以用水头表示。液压头 ϕ 可分解在标高头 z 和压力头 φ_p 中：

$$\phi = z - \frac{p_w}{\gamma_w} = z + \varphi_p \tag{2.5}$$

这些方程是在具有垂直和向上方向的 z 轴的三维空间中提出的。对于二维问题，y 轴是垂直的，向量和矩阵的范围相应地减小。

梯度算子 ∇ 的向量格式为：

$$\nabla^T \equiv \begin{vmatrix} \dfrac{\partial}{\partial x} & \dfrac{\partial}{\partial y} & \dfrac{\partial}{\partial z} \end{vmatrix} \tag{2.6}$$

工程应变 L 定义对应的微分算子定义为：

$$\boldsymbol{L}^T \equiv \begin{vmatrix} \dfrac{\partial}{\partial x} & 0 & 0 & \dfrac{\partial}{\partial y} & 0 & \dfrac{\partial}{\partial z} \\[2mm] 0 & \dfrac{\partial}{\partial y} & 0 & \dfrac{\partial}{\partial x} & \dfrac{\partial}{\partial z} & 0 \\[2mm] 0 & 0 & \dfrac{\partial}{\partial z} & 0 & \dfrac{\partial}{\partial y} & \dfrac{\partial}{\partial x} \end{vmatrix} \tag{2.7}$$

（2）不饱和土体行为。颗粒基质，如土体是固体颗粒的混合物，其中孔隙空间可以充满液体和气体。在岩土工程中，常见的流体是空气和水。在经典土力学中，土体的力学行为是简化的，仅考虑土体完全干燥的两种状态，即所有孔隙都充满空气，或者土体完全饱和，即所有孔隙都充满水。在干燥的情况下，通常假设孔隙是空的，流体的可压缩性和饱和度被忽略。相反，在不饱和土力学中，孔隙被认为同时充满液体（水）和气体（空气），液体和气体的相对比例在不饱和土体的力学行为中起着显著的作用。如果液体的饱和度小于1，则土体称为不饱和或部分饱和，通常出现在气压水平以上，并且孔隙水压相对于大气压力为正。低于气压水平，孔隙水压力为负，土体通常饱和。在存在向上通量（即蒸发和蒸散）的区域，高于气流的吸力增加（饱和度降低），水位随时间降低，而在通量下降（即降水）的情况下，吸力减少（饱和度增加）并且水位随时间上升。在总表面通量为零的情况下，孔隙水压力曲线在水力条件下变得平衡。

（3）吸力。水势是纯水相对于参考的潜在功。这会导致多孔介质中的水从水势较高的区域流向水势较低的区域。总水势可以被认为是由于基质、渗透、气体压力和重力引起的水势的总和。不饱和带的流动与总吸力有关，总吸力是基质 S 和渗透吸力 π 的总和：

$$S_t = S + \pi \tag{2.8}$$

在大多数实际应用中，渗透吸力不存在，因此：

$$S_t = S \tag{2.9}$$

基质吸力与土体基质有关（由于土体基质的吸附和毛细管的存在），它是气体压力和土体水压的差：

$$S = p_a - p_w \tag{2.10}$$

其中，p_w 和 p_a 为孔隙水压力和孔隙空气压力。

在大多数情况下，孔隙气压是恒定的，并且足够小，可以忽略不计。因此，基质吸力为孔隙水压力的负数：

$$S = -p_w \tag{2.11}$$

（4）Bishop 有效压力中使用的基于总孔隙压力方法的固结控制方程遵循 Biot 理论（Biot, 1941）。该公式基于小应变理论，并假设了液体流的达西定律。请注意，使用了力学符号约定，即压缩应力被认为是负的。

$$\boldsymbol{\sigma} = \boldsymbol{\sigma}' + \boldsymbol{m}(\chi p_w + (1-\chi) p_a) \tag{2.12}$$

其中，

$$\boldsymbol{\sigma} = (\sigma_{xx} \quad \sigma_{yy} \quad \sigma_{zz} \quad \sigma_{zz} \quad \sigma_{yz} \quad \sigma_{zx})^T \tag{2.13}$$

$$\boldsymbol{m} = (1 \quad 1 \quad 1 \quad 0 \quad 0 \quad 0)^T \tag{2.14}$$

式中：$\boldsymbol{\sigma}$——总应力的向量；

σ'——有效应力；

p_w 和 p_a——孔隙水压力和孔隙气压；

m——法向应力分量的单位项和剪切强度分量的零项的向量；

χ——基质吸入系数的有效应力参数，从 0 到 1 不等，涵盖从干燥到完全饱和条件的范围。

考虑这两个特殊情况，表明对于完全饱和的土($\chi=1$)，压缩孔隙压力的经典有效应力方程如下：

$$\boldsymbol{\sigma}=\boldsymbol{\sigma}'+\boldsymbol{m}p_{\mathrm{w}} \tag{2.15}$$

对于完全干燥的土体($\chi=0$)，有效应力为

$$\boldsymbol{\sigma}=\boldsymbol{\sigma}'+\boldsymbol{m}p_{\mathrm{a}} \tag{2.16}$$

假设孔隙气压恒定并且足够小，可以忽略不计（即 $p_{\mathrm{a}}\approx0$），则可以简化该概念以进行实际应用。因此，对于完全干燥的土体，有效应力和总应力基本上是相等的。基质吸力系数一般通过实验确定。该参数取决于饱和度、孔隙率和基质吸力($p_{\mathrm{a}}-p_{\mathrm{w}}$)(Bolzon 等1996；Bishop 等,1963)。关于基质吸力系数的实验证据非常少，因此参数通常被假定为等于 PLAXIS 中的有效饱和度。现在有效应力或模拟可以简化为

$$\boldsymbol{\sigma}=\boldsymbol{\sigma}'+\boldsymbol{m}(S_{\mathrm{e}}p_{\mathrm{w}}) \tag{2.17}$$

式中：S_{e}——有效饱和度，是吸力孔隙压力的函数。

2.2　地下水渗流控制方程

2.2.1　达西定律

饱和土体中的水流通常使用达西定律描述。假设水流过土体的速率与液压头梯度成正比。地下水流量的平衡方程为：

$$\nabla p_{\mathrm{w}}+\rho_{\mathrm{w}}\boldsymbol{g}+\boldsymbol{\varphi}=0 \tag{2.18}$$

其中，$\boldsymbol{g}=(0,-g,0)^{\mathrm{T}}$——重力加速度的向量；

$\boldsymbol{\varphi}$——流动流体和土体骨架之间每单位体积的摩擦力的向量。

该力线性依赖于流体速度，并且作用于相反的方向。这些关系是：

$$\boldsymbol{\varphi}=-\boldsymbol{m}^{\mathrm{int}}\boldsymbol{q} \tag{2.19}$$

其中，$\boldsymbol{q}$——比流量（流体速度），$\boldsymbol{m}^{\mathrm{int}}$ 为：

$$\boldsymbol{m}^{\mathrm{int}}=\begin{vmatrix} \dfrac{\mu}{\kappa_{\mathrm{x}}} & 0 & 0 \\[2mm] 0 & \dfrac{\mu}{\kappa_{\mathrm{y}}} & 0 \\[2mm] 0 & 0 & \dfrac{\mu}{\kappa_{\mathrm{z}}} \end{vmatrix} \tag{2.20}$$

与流体的动态黏度 μ 和 κ_i 多孔介质的固有渗透性。来自式(2.18)和式(2.19)的结果：

$$-\nabla p_w - \rho_w g + m^{int} q = 0 \tag{2.21}$$

也可以写成：

$$q = \kappa^{int}(\nabla p_w + \rho_w g) \tag{2.22}$$

其中，κ^{int} 为：

$$\kappa^{int} = \begin{vmatrix} \dfrac{\kappa_x}{\mu} & 0 & 0 \\ 0 & \dfrac{\kappa_y}{\mu} & 0 \\ 0 & 0 & \dfrac{\kappa_z}{\mu} \end{vmatrix} \tag{2.23}$$

在土力学中，用渗透系数 κ_i^{sat}（或导水系数）代替固有渗透性和黏性：

$$\kappa_i^{sat} = \rho_w g \frac{\kappa_i}{\mu}, \quad i = x, y, z \tag{2.24}$$

在非饱和状态下，渗透系数与土体饱和度有关。相对渗透率 $\kappa_{rel}(S)$ 定义为某一饱和状态下的渗透率与非饱和状态下的渗透率之比。式(2.24)中定义的渗透率系数表示饱和状态，对于非饱和状态，渗透率为

$$\kappa_i = \kappa_{rel} \kappa_i^{sat} \quad i = x, y, z \tag{2.25}$$

达西定律的基本形式是：

$$q = \frac{\kappa_{rel}}{\rho_w g} \kappa^{sat}(\nabla p_w + \rho_w g) \tag{2.26}$$

式中：κ^{sat}——饱和渗透率矩阵。

$$\kappa^{sat} = \begin{vmatrix} \kappa_x^{sat} & 0 & 0 \\ 0 & \kappa_y^{sat} & 0 \\ 0 & 0 & \kappa_z^{sat} \end{vmatrix} \tag{2.27}$$

2.2.2　水的压缩性

空气-水混合物的压缩模量是可压缩性：

$$\left(\kappa_w = \frac{1}{\beta}\right) \tag{2.28}$$

其中，

$$\beta = \frac{\dfrac{dV_w}{V_w}}{dp} \tag{2.29}$$

式中，V_w 和 dV_w——水的体积以及由于压力的变化而引起的体积变化。

对于不饱和地下水流，水的可压缩性可以表示如下（Bishop 等；Fredlund 等，1993）。

$$\beta = S\beta_w + \frac{1-S+hS}{K_{air}} \qquad (2.30)$$

式中，S——饱和度；

β_w——纯水的可压缩性（4.58×10^{-7} kPa$^{-1)}$）；

h——空气溶解度的体积系数（0.02）；

K_{air}——体积空气模量（大气压下为 100 kPa）。

这个等式可以通过忽略空气的流出度来简化（Verruijt，2001）：

$$\beta = S\beta_w + \frac{1-S}{K_{air}} \qquad (2.31)$$

2.2.3 连续性方程

介质中每个参数体积中水（残余水）的质量浓度等于 $\rho_w nS$。水的质量连续性方程指出，从体积流出的水等于质量的变化。而水流出是质量通量密度的发散之残余水 Tq。

水（残余水）在介质的每个元素体积中的质量浓度等于 $\rho_w n$。水的质量连续性方程表明，从体积流出的水等于质量浓度的变化。而出水为剩余水质量通量密度散度（$\nabla'\rho_w q$），因此连续性方程为（Song，1990）：

$$\nabla^T \left[\rho_w \frac{\kappa_{rel}}{\rho_w g} \kappa^{sat} (\nabla p_w + \rho_w g) \right] = -\frac{\partial}{\partial t}(\rho_w nS) \qquad (2.32)$$

式（2.32）的右边可以写成：

$$-\frac{\partial}{\partial t}(\rho_w nS) = -nS \frac{\partial \rho_w}{\partial t} - \rho_w n \frac{\partial S}{\partial t} - \rho_w S \frac{\partial n}{\partial t} \qquad (2.33)$$

这三个项分别代表了水密度、饱和度和土体孔隙度的变化。

根据质量守恒定理，对于不同的压力和体积对应值，质量是恒定的，即：

$$m_w = \rho_w V_w = c \qquad (2.34)$$

因此

$$dm_w = \rho_w dV_w + d\rho_w V_w = 0 \qquad (2.35)$$

或者

$$-\frac{dV_w}{V_w} = \frac{d\rho_w}{\rho_w} \qquad (2.36)$$

引入水可压缩性的定义，有

$$\frac{d\rho_w}{\rho_w} = -\beta dp \qquad (2.37)$$

方程的时间导数为

$$\frac{1}{\rho_{\mathrm{w}}}\frac{\partial \rho_{\mathrm{w}}}{\partial t}=-\beta\frac{\partial p}{\partial t}=-\frac{1}{K_{\mathrm{w}}}\frac{\partial p}{\partial t} \tag{2.38}$$

其中，包含 ρ_{w} 对时间导数的项可以表示为：

$$-nS\frac{\partial \rho_{\mathrm{w}}}{\partial t}=-nS\frac{\partial \rho_{\mathrm{w}}}{\partial p_{\mathrm{w}}}\frac{\partial p_{\mathrm{w}}}{\partial t}=\frac{n\rho_{\mathrm{w}}}{K_{\mathrm{w}}}S\frac{\partial p_{\mathrm{w}}}{\partial t} \tag{2.39}$$

式(2.33)右边第二项的形式为：

$$\rho_{\mathrm{w}}n\frac{\partial S}{\partial t}=n\rho_{\mathrm{w}}\frac{\partial S}{\partial p_{\mathrm{w}}}\frac{\partial p_{\mathrm{w}}}{\partial t} \tag{2.40}$$

代表孔隙度变化的项由以下组成：

• 有效应力和孔隙压力对土结构的整体压缩：

$$-\frac{\partial \varepsilon_{\mathrm{v}}}{\partial t}=-\boldsymbol{m}^{\mathrm{T}}\frac{\partial \boldsymbol{\varepsilon}}{\partial t} \tag{2.41}$$

• 孔隙压力变化对固体颗粒的压缩：

$$-\frac{(1-n)}{K_{\mathrm{s}}}S\frac{\partial p_{\mathrm{w}}}{\partial t} \tag{2.42}$$

式中：K_{s}——形成土骨架的固体颗粒的体积模量。

• 固体颗粒由于有效应力的变化而受到的压缩：

$$\frac{1}{3K_{\mathrm{s}}}\boldsymbol{m}^{\mathrm{T}}\boldsymbol{M}\left(\frac{\partial \boldsymbol{\varepsilon}}{\partial t}-\frac{1}{3K_{\mathrm{s}}}S\frac{\partial p_{\mathrm{w}}}{\partial t}\boldsymbol{m}\right) \tag{2.43}$$

将式(2.32)中的所有因子代入，忽略二阶无限小项，则连续性方程为：

$$\rho_{\mathrm{w}}S\boldsymbol{m}^{\mathrm{T}}\frac{\partial \boldsymbol{\varepsilon}}{\partial t}-\rho_{\mathrm{w}}S\left(\frac{n}{K_{\mathrm{w}}}+\frac{(1-n)}{K_{\mathrm{s}}}\right)\frac{\partial p_{\mathrm{w}}}{\partial t}+n\rho_{\mathrm{w}}\frac{\partial S}{\partial p_{\mathrm{w}}}\frac{\partial p_{\mathrm{w}}}{\partial t}+\nabla^{\mathrm{T}}\left[\rho_{\mathrm{w}}\frac{\kappa_{\mathrm{rel}}}{\rho_{\mathrm{w}}\boldsymbol{g}}\boldsymbol{\kappa}^{\mathrm{sat}}(\nabla p_{\mathrm{w}}+\rho_{\mathrm{w}}\boldsymbol{g})\right]=0 \tag{2.44}$$

$$S\boldsymbol{m}^{\mathrm{T}}\frac{\partial \boldsymbol{\varepsilon}}{\partial t}-n\left(\frac{S}{K_{\mathrm{w}}}-\frac{\partial S}{\partial p_{\mathrm{w}}}\right)\frac{\partial p_{\mathrm{w}}}{\partial t}+\nabla^{\mathrm{T}}\left[\frac{\kappa_{\mathrm{rel}}}{\rho_{\mathrm{w}}\boldsymbol{g}}\boldsymbol{\kappa}^{\mathrm{sat}}(\nabla p_{\mathrm{w}}+\rho_{\mathrm{w}}\boldsymbol{g})\right]=0 \tag{2.45}$$

2.2.4　稳态和瞬态地下水流

基于将稳态定义为土体任意点的水头和渗透系数相对于时间保持不变的分析，可以认为是时间趋于无穷大时地下水流动的情况。相反，在瞬态分析中，水头（可能还有渗透系数）随时间而变化。变化通常是关于边界条件随时间的变化。式(2.45)在瞬态分析中可简化为忽略固体颗粒的位移，即：

$$-n\left(\frac{S}{K_{\mathrm{w}}}-\frac{\partial S}{\partial p_{\mathrm{w}}}\right)\frac{\partial p_{\mathrm{w}}}{\partial t}+\nabla^{\mathrm{T}}\left[\frac{\kappa_{\mathrm{rel}}}{\rho_{\mathrm{w}}\boldsymbol{g}}\boldsymbol{\kappa}^{\mathrm{sat}}(\nabla p_{\mathrm{w}}+\rho_{\mathrm{w}}\boldsymbol{g})\right]=0 \tag{2.46}$$

上面的方程是著名的 Richards 方程的一种形式，它描述了饱和-非饱和地下水流动。Richards 方程的形式如下：

$$\left\{\frac{\partial}{\partial x}\left[K_{\mathrm{x}}(h)\frac{\partial h}{\partial x}\right]+\frac{\partial}{\partial y}\left[K_{\mathrm{y}}(h)\frac{\partial h}{\partial y}\right]+\frac{\partial}{\partial z}\left[K_{\mathrm{z}}(h)\left(\frac{\partial H}{\partial z}+1\right)\right]\right\}=\left[C(h)+S\cdot S_{\mathrm{s}}\right]\frac{\partial h}{\partial t} \tag{2.47}$$

式中：K_x，K_y，K_z——x，y，z 方向的渗透系数；

$$C(h)=\left(\frac{\partial \theta}{\partial h}\right)\text{——比含水量}(L-1)；$$

$$S_s\text{——比贮存量}(L-1)。$$

特定存储量 S_s 是一种物质属性，可以表示为：

$$S_s=\rho_w g\left(\frac{1-n}{K_s}+\frac{n}{K_w}\right) \tag{2.48}$$

土颗粒的压缩性可以忽略，因此：

$$S_s=\frac{n\rho_w g}{K_w} \tag{2.49}$$

Richards 方程中的 $C(h)$ 项可以展开为：

$$C(h)=\frac{\partial \theta}{\partial h}=\frac{\partial}{\partial h}(nS)=n\frac{\partial S}{\partial h} \tag{2.50}$$

将式（2.49）和式（2.50）代入 Richards 方程，将基于水头的方程改为基于孔隙水压力的方程，得到式（2.46）。对于稳态地下水流动，孔隙水压力随时间的变化为零，适用连续性条件：

$$\nabla^T\left[\frac{\kappa_{rel}}{\rho_w g}\boldsymbol{\kappa}^{sat}(\nabla p_w+\rho_w \boldsymbol{g})\right]=0 \tag{2.51}$$

该方程表示基本区域没有净流入或流出，如图 2.1 所示。

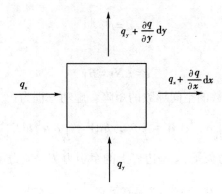

图 2.1　连续性条件示意图

2.2.5　变形方程

对于具有代表性的土体单质体积，其线性动量平衡为：

$$\boldsymbol{L}^T(\boldsymbol{\sigma}'+S_e p_w \boldsymbol{m})+\rho \boldsymbol{g}=\boldsymbol{0} \tag{2.52}$$

其中

$$\rho=(1-n)\rho_s+nS\rho_w \tag{2.53}$$

式中：ρ——多相介质的密度；

$\boldsymbol{g}$——三维空间中包含重力加速度 $\boldsymbol{g}^{\mathrm{T}} = (0, -g, 0)^{\mathrm{T}}$ 的向量；

$\boldsymbol{L}^{\mathrm{T}}$——微分算子 L 的转置。

假设无穷小应变理论，应变与位移的关系可表示为：

$$\mathrm{d}\,\boldsymbol{\varepsilon} = \boldsymbol{L}\mathrm{d}\,\boldsymbol{u} \tag{2.54}$$

将有效应力方程用增量形式重写为：

$$\mathrm{d}\,\boldsymbol{\sigma} = \mathrm{d}\,\boldsymbol{\sigma}' + S_{\mathrm{e}}\mathrm{d}p_{\mathrm{w}}\,\boldsymbol{m} \tag{2.55}$$

采用有效应力的本构关系为：

$$\mathrm{d}\boldsymbol{\sigma}' = \boldsymbol{M}\mathrm{d}\,\boldsymbol{\varepsilon} \tag{2.56}$$

式中：$\boldsymbol{M}$——材料应力-应变矩阵。

得到变形模型的控制方程：

$$\boldsymbol{L}^{\mathrm{T}}\big[\boldsymbol{M}(\boldsymbol{L}\mathrm{d}\,\boldsymbol{u}) + S_{\mathrm{e}}\mathrm{d}p_{\mathrm{w}}\,\boldsymbol{m}\big] + \mathrm{d}(\rho\,\boldsymbol{g}) = \boldsymbol{0} \tag{2.57}$$

2.3 地下水渗流有限元公式

2.3.1 变形问题

在有限元方法中，元素 $\boldsymbol{u}$ 中的位移场由位移 $\boldsymbol{v}$ 的节点值使用在矩阵 $\boldsymbol{N}$ 中组装的插值（形状）函数得出：

$$\boldsymbol{u} = \boldsymbol{N}\boldsymbol{v} \tag{2.58}$$

公式的替换如下：

$$\boldsymbol{\varepsilon} = \boldsymbol{L}\boldsymbol{N}\boldsymbol{v} = \boldsymbol{B}\boldsymbol{v} \tag{2.59}$$

其中 $\boldsymbol{B}$ 是一个包含形状函数的空间导数的矩阵。虚功方程为：

$$\int_{\mathrm{V}} \delta\,\boldsymbol{\varepsilon}^{\mathrm{T}}\boldsymbol{\sigma}\mathrm{d}V = \int_{\mathrm{V}} \delta\,\boldsymbol{u}^{\mathrm{T}}\boldsymbol{b}\mathrm{d}V + \int_{\Gamma} \delta\,\boldsymbol{u}^{\mathrm{T}}\boldsymbol{t}\mathrm{d}\Gamma \tag{2.60}$$

其中，$\boldsymbol{b}$ 是体积 V 中的体力矢量，$\boldsymbol{t}$ 是边界上的牵引力 Γ。应力可以增量计算：

$$\boldsymbol{\sigma}^{i} = \boldsymbol{\sigma}^{i-1} + \Delta\,\boldsymbol{\sigma} = \boldsymbol{\sigma}^{i-1} + \int_{t^{i-1}}^{t^{i}} \boldsymbol{\sigma}\mathrm{d}t \tag{2.61}$$

如果对于实际状态 i 考虑公式(2.60)，则可以用公式(2.61)消去未知的 $\boldsymbol{\sigma}'$，因此：

$$\int_{\mathrm{V}} \delta\,\boldsymbol{\varepsilon}^{\mathrm{T}}\Delta\boldsymbol{\sigma}\mathrm{d}V = \int_{\mathrm{V}} \delta\boldsymbol{u}^{\mathrm{T}}\boldsymbol{b}^{i}\mathrm{d}V + \int_{\Gamma} \delta\boldsymbol{u}^{\mathrm{T}}\boldsymbol{t}^{i}\mathrm{d}\Gamma - \int_{\mathrm{V}} \delta\boldsymbol{\varepsilon}^{\mathrm{T}}\boldsymbol{\sigma}^{i-1}\mathrm{d}V \tag{2.62}$$

公式(2.62)可以重新离散化为：

$$\int_{\mathrm{V}} \boldsymbol{B}^{\mathrm{T}}\Delta\boldsymbol{\sigma}\mathrm{d}V = \int_{\mathrm{V}} \boldsymbol{N}^{\mathrm{T}}\boldsymbol{b}^{i}\mathrm{d}V + \int_{\Gamma} \boldsymbol{N}^{\mathrm{T}}\boldsymbol{t}^{i}\mathrm{d}\Gamma - \int_{\mathrm{V}} \boldsymbol{B}^{\mathrm{T}}\boldsymbol{\sigma}^{i-1}\mathrm{d}V \tag{2.63}$$

将体力和边界牵引力写成增量形式，得到：

$$\int_{\mathrm{V}} \boldsymbol{B}^{\mathrm{T}}\Delta\boldsymbol{\sigma}\mathrm{d}V = \int_{\mathrm{V}} \boldsymbol{N}^{\mathrm{T}}\Delta\boldsymbol{b}\mathrm{d}V + \int_{\Gamma} \boldsymbol{N}^{\mathrm{T}}\Delta\boldsymbol{t}\mathrm{d}\Gamma + \boldsymbol{r}_{\mathrm{v}}^{i-1} \tag{2.64}$$

利用剩余力向量 $\boldsymbol{r}_v^{i-1}$：

$$\boldsymbol{r}_v^{i-1} = \int_V \boldsymbol{N}^{\mathrm{T}} \boldsymbol{b}^{i-1} \mathrm{d}V - \int_\Gamma \boldsymbol{N}^{\mathrm{T}} \boldsymbol{t}^{i-1} \mathrm{d}\Gamma - \int_V \boldsymbol{B}^{\mathrm{T}} \boldsymbol{\sigma}^{i-1} \mathrm{d}V \tag{2.65}$$

如果第 i 步的解是精确的，则剩余力矢量应等于零。PLAXIS 在固结中对位移和孔压进行了相同的形状函数分析(在一般情况下，可以使用不同的形状函数集来描述形状的变化位移和孔隙压力速率。这意味着有限元网格中的节点可能有不同的自由度，有些与位移有关，有些与孔隙压力有关，有些与两者都有关。为了使孔隙压力速率与应力速率一致，可以选择描述孔隙压力速率的多项式比描述位移的多项式低一个数量级。这种方法导致对位移的估计不太准确，但孔隙压力的波动较小)，即：

$$p_w = N\, \boldsymbol{p}_n \tag{2.66}$$

有效应力原理公式可以写成如下形式：

$$\boldsymbol{\sigma}^{i-1} = \boldsymbol{\sigma}'^{i-1} + S_e^{i-1} p_w^{i-1} \boldsymbol{m} \tag{2.67}$$

$$\Delta\boldsymbol{\sigma} = \Delta\boldsymbol{\sigma}' + S_e^{i-1} \Delta p_w \boldsymbol{m} \tag{2.68}$$

将式(2.68)代入式(2.64)，可得：

$$\int_V \boldsymbol{B}^{\mathrm{T}} (\Delta\boldsymbol{\sigma}' + S_e^i \Delta p_w \boldsymbol{m}) \mathrm{d}V = \int_V \boldsymbol{N}^{\mathrm{T}} \Delta\boldsymbol{b}\mathrm{d}V + \int_\Gamma \boldsymbol{N}^{\mathrm{T}} \Delta\boldsymbol{t}\mathrm{d}\Gamma + \boldsymbol{r}_v^{i-1} \tag{2.69}$$

将式(2.69)中的应力-应变关系代入，有：

$$\int_V \boldsymbol{B}^{\mathrm{T}} \boldsymbol{M}\, \boldsymbol{B} \Delta\boldsymbol{v}\mathrm{d}V + \int_V S_e \boldsymbol{B}^{\mathrm{T}} \boldsymbol{m} \Delta p_w \mathrm{d}V = \int_V \boldsymbol{N}^{\mathrm{T}} \Delta\boldsymbol{b}\mathrm{d}V + \int_\Gamma \boldsymbol{N}^{\mathrm{T}} \Delta\boldsymbol{t}\mathrm{d}\Gamma + \boldsymbol{r}_v^i \tag{2.70}$$

或者矩阵形式：

$$\boldsymbol{K}\Delta\boldsymbol{v} + \boldsymbol{Q}\Delta p_w = \Delta\boldsymbol{f}_u + \boldsymbol{r}_v^i \tag{2.71}$$

式中：$\boldsymbol{K}$，$\boldsymbol{Q}$，$\Delta\boldsymbol{f}_u$——刚度矩阵、耦合矩阵和荷载向量的增量。

$$\boldsymbol{K} = \int_V \boldsymbol{B}^{\mathrm{T}} \boldsymbol{M}\, \boldsymbol{B}\mathrm{d}V \tag{2.72}$$

$$\boldsymbol{Q} = \int_V S_e \boldsymbol{B}^{\mathrm{T}} \boldsymbol{m}\, N\mathrm{d}V \tag{2.73}$$

$$\Delta\boldsymbol{f}_u = \int_V \boldsymbol{N}^{\mathrm{T}} \Delta\boldsymbol{b}\mathrm{d}V + \int_\Gamma \boldsymbol{N}^{\mathrm{T}} \Delta\boldsymbol{t}\mathrm{d}S \tag{2.74}$$

饱和程度的实际变化包含在增量中。

2.3.2　流动问题

对孔隙压力和位移采用相同形状函数的伽辽金(Galerkin)方法应用于公式。利用格林(Green's)定理将方程的微分阶降为离散后的质量守恒方程得到：

$$\int_V \boldsymbol{N}^{\mathrm{T}} S \boldsymbol{m}^{\mathrm{T}} \boldsymbol{L}N \frac{\mathrm{d}\boldsymbol{v}}{\mathrm{d}t}\mathrm{d}V - \int_V \boldsymbol{N}^{\mathrm{T}} n\left(\frac{S}{K_w} - \frac{\partial S}{\partial p_w}\right) N \frac{\mathrm{d}p_w}{\mathrm{d}t}\mathrm{d}V - \int_V (\nabla N)^{\mathrm{T}} \frac{\kappa_{\mathrm{rel}}}{\gamma_w} \boldsymbol{\kappa}^{\mathrm{sat}} \nabla N p_w \mathrm{d}V$$

$$- \int_V (\nabla N)^{\mathrm{T}} \frac{\kappa_{\mathrm{rel}}}{\gamma_w} \boldsymbol{\kappa}^{\mathrm{sat}} \rho_w g\mathrm{d}V - \int_\Gamma N\hat{q}\mathrm{d}S = 0 \tag{2.75}$$

在矩阵形式中：

$$-Hp_w - S\frac{\mathrm{d}\,\boldsymbol{p}_w}{\mathrm{d}t} + C\frac{\mathrm{d}\,\boldsymbol{v}}{\mathrm{d}t} = \boldsymbol{G} + \boldsymbol{q}_p \tag{2.76}$$

式中：H, C, S——渗透率矩阵、耦合矩阵和压缩性矩阵；

$\quad\quad q_p$——边界上的通量；

$\quad\quad G$——考虑重力对垂直方向流动影响的矢量。

这个矢量是外部通量的一部分。

$$H = \int_V (\nabla N)^{\mathrm{T}} \frac{\kappa_{\mathrm{rel}}}{\gamma_w} \boldsymbol{\kappa}^{\mathrm{sat}} (\nabla N)\,\mathrm{d}V \tag{2.77}$$

$$S = \int_V N^{\mathrm{T}} \left(\frac{nS}{K_w} - n\frac{\mathrm{d}S}{\mathrm{d}p_w} \right) N\,\mathrm{d}V \tag{2.78}$$

$$C = \int_V NSL\ N\,\mathrm{d}V \tag{2.79}$$

$$G = \int_V (\nabla N)^{\mathrm{T}} \frac{\kappa_{\mathrm{rel}}}{\gamma_w} \boldsymbol{\kappa}^{\mathrm{sat}} \rho_w \boldsymbol{g}\,\mathrm{d}V \tag{2.80}$$

$$q_p = \int_\Gamma N^{\mathrm{T}} \hat{q}_w\,\mathrm{d}S \tag{2.81}$$

在瞬态计算中，粒子的位移可以忽略不计。因此耦合矩阵为零。将公式(2.76)简化为：

$$-H\,\boldsymbol{p}_w - S\frac{\mathrm{d}\,\boldsymbol{p}_w}{\mathrm{d}t} = \boldsymbol{G} + \boldsymbol{q}_p \tag{2.82}$$

稳态计算时，孔隙压力的时间导数为零，因此：

$$-H\,\boldsymbol{p}_w = \boldsymbol{G} + \boldsymbol{q}_p \tag{2.83}$$

2.3.3　耦合问题

上述 Biot 方程包含一种耦合行为，它由水-土混合物的平衡方程和连续性方程表示。固体骨架的位移和选取孔隙水压力作为问题的基本变量。空间离散化得到以下非对称方程组：

$$\begin{bmatrix} K & Q \\ 0 & -H \end{bmatrix} \begin{bmatrix} \boldsymbol{v} \\ \boldsymbol{p}_w \end{bmatrix} + \begin{bmatrix} 0 & 0 \\ C & -S \end{bmatrix} \begin{bmatrix} \dfrac{\mathrm{d}\,\boldsymbol{v}}{\mathrm{d}t} \\ \dfrac{\mathrm{d}\,\boldsymbol{p}_w}{\mathrm{d}t} \end{bmatrix} = \begin{bmatrix} \boldsymbol{f}_u \\ \boldsymbol{G} + \boldsymbol{q}_p \end{bmatrix} \tag{2.84(a)}$$

系统的对称性公式(2.84(a))可以通过对第一个方程的时间微分来恢复：

$$\begin{bmatrix} K & Q \\ C & -S \end{bmatrix} \begin{bmatrix} \dfrac{\mathrm{d}\,\boldsymbol{v}}{\mathrm{d}t} \\ \dfrac{\mathrm{d}\,\boldsymbol{p}_w}{\mathrm{d}t} \end{bmatrix} = \begin{bmatrix} 0 & 0 \\ 0 & H \end{bmatrix} \begin{bmatrix} \boldsymbol{v} \\ \boldsymbol{p}_w \end{bmatrix} + \begin{bmatrix} \dfrac{\mathrm{d}\boldsymbol{f}_u}{\mathrm{d}t} \\ \boldsymbol{G} + \boldsymbol{q}_p \end{bmatrix} \tag{2.84(b)}$$

2.3.4　解决过程

式(2.84(a))和式(2.84(b))可以用一阶有限差分法进行时间积分。这些方程可以写成更简洁的形式：

$$B\frac{\mathrm{d}X}{\mathrm{d}t}+CX=F \tag{2.85}$$

在这里 $X^{\mathrm{T}}=|v \quad p_{\mathrm{w}}|$。矩阵 B、C 和 F 依赖于 X，离散化由近似的广义中点规则实现

$$\left(\frac{\mathrm{d}X}{\mathrm{d}t}\right)^{i+\alpha}=\frac{\Delta X}{\Delta t}=\frac{X^{i+1}-X^i}{\Delta t},\ X^{i+\alpha}=(1-\alpha)X^i+\alpha X^{i+1} \tag{2.86}$$

式(2.85)在 $t^{i+\alpha}$ 时刻为：

$$[B+\alpha\Delta t\,C]^{i+\alpha}X^{i+1}=[B-(1-\alpha)\Delta t\,C]^{i+\alpha}X^i+\Delta t\,F^{i+\alpha} \tag{2.87}$$

其中，Δt——时间步长；

α——参数，$0\leqslant\alpha\leqslant1$。

在 PLAXIS 中，当 $\alpha=1$ 时，使用了一个完整的隐式过程。将此程序应用于式(2.84(b))可得：

$$\begin{bmatrix}K & Q\\ C & -S^*\end{bmatrix}^{i+\alpha}\begin{bmatrix}\Delta v\\ \Delta p_{\mathrm{w}}\end{bmatrix}=\begin{bmatrix}0 & 0\\ 0 & \Delta t\,H\end{bmatrix}^{i+\alpha}\begin{bmatrix}v^i\\ p_{\mathrm{w}}^i\end{bmatrix}+\begin{bmatrix}\Delta f_{\mathrm{u}}\\ \Delta t\,G+\Delta t(q_{\mathrm{p}}^i+\alpha\Delta q_{\mathrm{p}})\end{bmatrix}$$

与

$$\left.\begin{aligned}
S^* &= (S-\alpha\Delta t\,H)\\[4pt]
H &= \int_V(\nabla N)^{\mathrm{T}}\frac{\kappa_{\mathrm{rel}}}{\gamma_{\mathrm{w}}}\boldsymbol{\kappa}^{\mathrm{sat}}(\nabla N)\mathrm{d}V\\[4pt]
S &= \int_V N^{\mathrm{T}}\left(\frac{nS}{K_{\mathrm{w}}}-n\frac{\mathrm{d}S}{\mathrm{d}p_{\mathrm{w}}}\right)N\mathrm{d}V\\[4pt]
G &= \int_V(\nabla N)^{\mathrm{T}}\frac{\kappa_{\mathrm{rel}}}{\gamma_{\mathrm{w}}}\boldsymbol{\kappa}^{\mathrm{sat}}\rho_{\mathrm{w}}g\mathrm{d}V\\[4pt]
q_{\mathrm{p}} &= \int_\Gamma N^{\mathrm{T}}\hat{q}\mathrm{d}S\\[4pt]
K &= \int_V B^{\mathrm{T}}M\,B\mathrm{d}V\\[4pt]
Q &= \int_V S\,B^{\mathrm{T}}m\,N\mathrm{d}V\\[4pt]
C &= \int_V NS\,L\,N\mathrm{d}V\\[4pt]
\Delta f_{\mathrm{u}} &= \int_V N^{\mathrm{T}}\Delta b\mathrm{d}V+\int_\Gamma N^{\mathrm{T}}\Delta t\mathrm{d}S
\end{aligned}\right\} \tag{2.88}$$

在非饱和土固结的情况下，所有的矩阵和外部通量（右手矢量）都是非线性的。在这方面，应考虑到下列问题：刚度矩阵 K 通常与应力有关，渗透率矩阵 H 和向量 G 中渗透率与压力有关，这是由于相对渗透率与吸力有关 κ_{rel}，耦合矩阵 Q 和 C 以及可压缩性矩阵 S 与吸力有关。后者也取决于饱和度的导数；此外，渗流线和排水管的边界条件也是非线性的，平衡方程和质量守恒方程右侧均为非饱和土的非线性项。第一个方程的非线性是由于土的重量是饱和度的函数，第二个方程右边的非线性是由于相对渗透性和吸力的依赖性，可变诺伊曼 Neumann 边界条件。对于这两个方程，柯西 Cauchy BC 直接施加在方程系统中。

2.4　地下水渗流边界条件

（1）关闭。这种类型的边界条件指定边界上的达西通量为

$$q \cdot n = q_x n_x + q_y n_y + q_z n_z = 0 \tag{2.89}$$

其中，n_x，n_y 和 n_y——边界上向外指向的法向量分量。

（2）流入。边界上的非零达西通量由指定的补给值 $|\bar{q}|$ 设定并读取

$$q \cdot n = q_x n_x + q_y n_y + q_z n_z = -|\bar{q}| \tag{2.90}$$

这表明达西通量矢量和边界上的法向量指向相反的方向。

（3）流出。对于流出边界条件，规定的达西通量 $|\bar{q}|$ 的方向应等于边界上法线的方向，即：

$$q \cdot n = q_x n_x + q_y n_y + q_z n_z = |\bar{q}| \tag{2.91}$$

（4）水头。对于规定的水头边界，将水头 ϕ 值设为

$$\phi = \bar{\phi} \tag{2.92}$$

也可以给出指定的压力条件。例如，可以用规定的压力边界来表示过顶条件。

$$p = 0 \tag{2.93}$$

这些条件直接与指定的头边界条件相关，并以此实现。

（5）渗透/蒸发。这种类型的边界条件构成了一个更复杂的混合边界条件。入流值 $\bar{q}$ 可能取决于时间，而且在本质上，入流量受土体容量的限制。如果降水速率超过此容量，则在最大深度处发生积水，边界条件从入流切换到规定的水头。一旦土体容量满足入渗速率，情况就会恢复。

这个边界条件模拟了 $\bar{q}$ 为负值时的蒸发。当水头大于用户指定的最小水头 $\bar{\phi}_{\min}$ 时，发生出水边界条件。这些边界条件表示为

$$
\begin{cases}
\phi = Y + \overline{\phi}_{max} & \text{if} & \text{ponding} \\
\boldsymbol{q} \cdot \boldsymbol{n} = q_x n_x + q_y n_y + q_z n_z = -\overline{q} & \text{if} & y + \overline{\phi}_{min} < y + \phi < y + \overline{\phi}_{max} \\
\phi = y + \overline{\phi}_{min} & \text{if} & \text{drying}
\end{cases}
\tag{2.94}
$$

（6）渗流。具有自由水位的流动问题可能涉及下游边界的渗流面，如图 2.2 所示。当水位触及开放的下游边界时，总是会出现渗流面。渗流面不是流线（相对于水位）或等势线。在这条直线上，水头 h 等于标高水头 y（=垂直位置）。这种情况是由于渗流面水压为零，与水位处水压为零的情况相同。

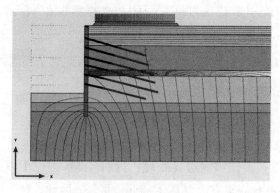

（a）地下水水头等势面

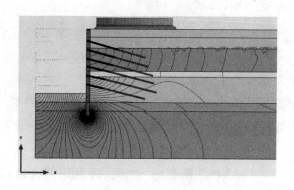

（b）地下水渗流等势线

图 2.2　渗流面

在计算开始之前，不必知道渗流面的确切长度，因为在预计发生渗流的整个边界线上，可以使用相同的边界条件（$h = y$）。因此，可以为所有水头未知的边界指定 $h = y$ 的自由边界。或者，对于远高于水面的边界，显然渗流面不会出现，也可以将这些边界规定为封闭流边界。

默认情况下，水线选项生成潜水/渗流条件。在水线以下的边界部分规定一个外部水头 $\overline{\phi}$，在水线的其余部分施加渗流或自由条件。潜水/渗透状况读数：

$$\begin{cases} \phi = \overline{\phi} \\ \phi = z \\ \boldsymbol{q} \cdot \boldsymbol{n} = q_x \boldsymbol{n}_x + q_y \boldsymbol{n}_y + q_z \boldsymbol{n}_z = 0 \end{cases} \tag{2.95}$$

式(2.95)中，第一行公式——如低于潜水水平；第二行公式——如高于渗水水平而流出；第三行公式——如高于渗水水平而抽吸。

渗流条件只允许地下水在大气压下流出。对于边界处的非饱和条件，边界是封闭的。外部水头 $\overline{\phi}$ 可以随时间变化。

(7)渗透井。域内的井被建模为源项，$|\overline{Q}|$ 表示每米的流入流量。

$$Q = |\overline{Q}| \tag{2.96}$$

由于控制方程中的源项模拟了系统中水的流动，因此对于回灌井，源项为正。

(8)抽水井。排放速率 $|\overline{Q}|$ 模拟离开域的水的数量

$$Q = -|\overline{Q}| \tag{2.97}$$

对于流量井，控制方程中的源项是负的。

(9)排水。排水管被当作渗漏边界处理。然而，排水沟位于域内。在现实中，排水管不能很好地工作，不允许水在大气压下离开该区域，因此，对于低于水位的排水管部分，应考虑规定的水头 $\overline{\phi}$。条件写成

$$\begin{cases} \phi = \overline{\phi} \\ \boldsymbol{q} \cdot \boldsymbol{n} = q_x \boldsymbol{n}_x + q_y \boldsymbol{n}_y + q_z \boldsymbol{n}_z = 0 \end{cases} \tag{2.98}$$

排水管本身不会对水流产生阻力。

(10)界面。界面单元用来模拟不透水的结构单元。在这样的单元中，单元的两边没有连接，因此得到内部边界上的达西通量为零。初始条件是一个具有给定边界条件集的问题的稳态解。

(11)时间相关条件。PLAXIS 为瞬态地下水流动和随时间变化（时变条件）的完全耦合流动变形问题提供了几个特性。依赖时间的条件只能应用于瞬态或完全耦合流动变形分析。

水位的季节性或不规则变化可以用线性、谐波或用户定义的时间分布来模拟。为此，可以指定 4 个不同的函数，即常数函数、线性函数、谐波函数和用户定义函数。

Δt：该参数表示计算阶段的时间间隔，以时间为单位。它的值等于"阶段"列表窗口的"参数"页签中指定的"时间间隔"参数。该值为固定值，不能在依赖时间头部窗口中更改。

H_0：实际水位高度，以长度为单位。它的值是根据初始孔隙压力在核中自动计算。

H_{ult}：该参数以长度为单位，表示当前计算阶段的头的最终值。因此，这个参数和时间间隔一起决定了水位的增减速率。

对于线性变化的渗透，流入或流出需要输入下列参数：

Q_0：参数是通过考虑的几何线的初始比流量，以单位时间长度表示。

Q_{ult}：参数以每单位时间的长度为单位指定，表示当前计算阶段的时间间隔内的最终比流量。

谐波（函数 2）：当条件随时间发生谐波变化时，使用此选项。水位的谐波变化描述为：

$$y(t) = y_0 + 0.5H\sin(\omega_0 t + \varphi_0) \tag{2.99}$$

有

$$\omega_0 = \frac{2\pi}{T} \tag{2.100}$$

其中，H、T、φ_0——波长单位的波高、时间单位的波周期和初始相位角。

对于入渗、流入或流出的情况，需要输入参数 Q_A 而不是 H。Q_A 代表的是比流量的幅值，单位为每单位时间的长度。

除了预定义的随时间变化的函数外，PLAXIS 还提供了输入用户定义的时间序列的可能性。当测量数据可用时，这个选项可以用于反分析。在表中，时间总是从 0 开始，这与计算阶段的开始有关。

2.5　地下水渗流水力模型

2.5.1　Van Genuchten 模型

描述非饱和土水力特性的材料模型有很多。地下水文献中最常见的是 Van Genuchten 1980 关系模型，它在 PlaxFlow 中使用。这种关系是 Mualem1976 函数更一般的情况。Van Genuchten 函数为三参数方程，将饱和度与吸力孔压头 ϕ_p 联系起来：

$$S(\phi_p) = S_{residu} + (S_{sat} - S_{residu})\left[1 + (g_a|\phi_p|)^{g_n}\right]^{g_c}; \phi_p = -\frac{p_w}{\rho_w g} \tag{2.101}$$

S_{residu} 是指残留饱和度，它描述了即使在高吸力扬程下仍残留在土体中的水的部分。S_{sat} 为孔隙被水充填时的饱和度。一般来说，饱和状态下的孔隙不能完全被水填满，孔隙中可能存在气泡，此时 S_{sat} 小于 1。g_a，g_n，g_c 是经验参数。如 PLAXIS 中所述，公式（2.101）转换为 Mualem1976 函数，该函数为双参数方程。

$$g_c = \frac{1 - g_n}{g_n} \tag{2.102}$$

图 2.3 显示参数 g_a 对保持曲线形状的影响。该参数与土体的空气进入值 AEV 有关。参数 g_n 的影响如图 2.4 所示，g_n 是一旦 AEV 超过土体水分提取速率的函数。g_c 是残余含

水量的函数(与高吸力范围内的曲率有关),如图 2.5 所示。

有效饱和度定义为:

$$S_e = \frac{S - S_{\text{residu}}}{S_{\text{sat}} - S_{\text{residu}}} \quad (2.103)$$

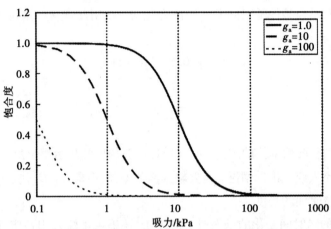

图 2.3 g_a 参数对保留曲线影响($g_n = 2.0$, $g_c = -1.0$)

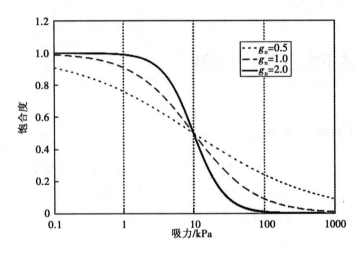

图 2.4 g_n 参数对保留曲线影响($g_a = 1.0$, $g_c = -1.0$)

Mualem-Van Genuchten 的相对渗透率为:

$$k_{\text{rel}}(S) = (S_e)^{g_1} \left[1 - (1 - S_e^{\frac{g_n}{g_n-1}})^{\frac{g_n-1}{g_n}} \right]^2 \quad (2.104)$$

式中: g_1——经验参数。

g_a, g_c, g_n 需要测量。在 PLAXIS 2D 中,参数可以直接指定,也可以使用土体属性数据库选择。

饱和度对孔隙压力的导数为:

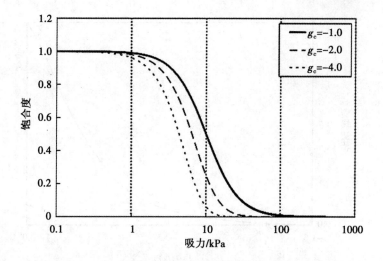

图 2.5　g_c 参数对保留曲线的影响($g_a = 1.0$, $g_n = 2.0$)

$$\frac{\partial S(p_w)}{\partial p_w} = \begin{cases} 0 & \text{if} \quad (p_w \leqslant 0) \\ (S_{sat} - S_{residu}) \left(\frac{1-g_n}{g_n} \right) \left[g_n \left(\frac{g_n}{\gamma_w} \right)^{g_a} \cdot p_w^{g_n-1} \right] \left[1 + \left(g_a \cdot \frac{p_w}{\gamma_w} \right)^{g_n} \right]^{\left(\frac{1-g_n}{g_n} \right)} & \text{if} \quad (p_w > 0) \end{cases}$$

(2.105)

图 2.6 和图 2.7 给出了参数 $S_{sat} = 1.0$, $S_{reidu} = 0.027$, $g_a = 2.24$, $g_1 = 0$：0, $g_n = 2.286$ 时的 Mualem-Van Genuchten 关系。

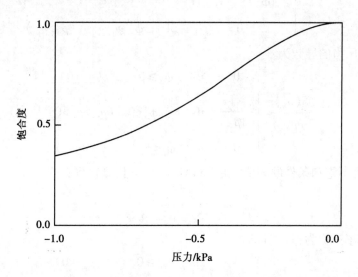

图 2.6　Mualem-Van Genuchten 水头-饱和度

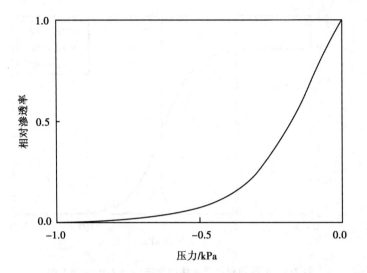

图 2.7   Mualem-Van Genuchten 水头−相对渗透率

2.5.2   线性化 Van Genuchten 模型

在 PLAXIS 2D 中，Van Genuchten 模型的线性形式也被用作替代方案。饱和度定义为：

$$
S(\phi_p) = \begin{cases} 1 & \text{if} \quad \phi_p \geqslant 0 & (p_w \leqslant 0) \\ 1 + \dfrac{\phi_p}{|\phi_{ps}|}\left(1 - \dfrac{p_w}{|p_{ws}|}\right) & \text{if} \quad \phi_{ps} < \phi_p < 0 & (p_{ws} > p_w > 0) \\ 0 & \text{if} \quad \phi_p < p_{ps} & (p_w > p_{ws}) \end{cases} \tag{2.106}
$$

其对孔隙压力的导数为：

$$
\frac{\partial S(p_w)}{\partial p_w} = \begin{cases} 0 & \text{if} \quad \phi_p \geqslant 0 & (p_w < 0) \\ -\dfrac{1}{|p_{ws}|} & \text{if} \quad \phi_{ps} < \phi_p < 0 & (p_{ws} > p_w > 0) \\ 0 & \text{if} \quad \phi_p < \phi_{ps} & (p_w > p_{ws}) \end{cases} \tag{2.107}
$$

变量 ϕ_{ps} 为不饱和条件的阈值，由 Van Genuchten 模型得到：

$$
\phi_{ps} = \frac{1}{S_{\phi_p = -1,\,0m} - S_{sat}} \tag{2.108}
$$

相对渗透率近似为：

$$
k_{rel}(\phi_p) = \begin{cases} 1 & \text{if} \quad \phi_p \geqslant 0 & (p_w \leqslant 0) \\ 10^{\left|\frac{4\phi_p}{\phi_{pk}}\right|} & \text{if} \quad \phi_{pk} < \phi_p < 0 & (p_{wk} > p_w > 0) \\ 10^{-4} & \text{if} \quad \phi_p < \phi_{pk} & (p_w > p_{wk}) \end{cases} \tag{2.109}
$$

其中，ϕ_{pk}——相对渗透率降低到 10^{-4} 时的压头，但限制在 $0.5\sim0.7$ m。

图 2.8 给出了参数 $\phi_{ps}=1.48$ m，$\phi_{pk}=1.15$ m 的砂质材料的线性化 Van Genuchten 关

系。

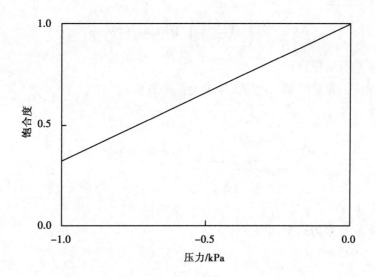

图 2.8　线性化的 Van Genuchten：水头−饱和度

2.6　冻融 Barcelona 模型

考虑吸力效应的非饱和土模型遵循著名的巴塞罗那基本模型（Alonso 等，1990），该模型是修正 Cam 黏土模型（Roscoe 等，1968）的扩展，在公式中引入了吸力。在该模型中，Bishop 应力和吸力作为状态变量。随着吸力的增大，模型由完全饱和本构模型转向部分饱和土模型。

2.6.1　模型特点

巴塞罗那基本模型（Barcelona Basic Model，BBM）主要特点是：遵循 BBM 模型特性来考虑非饱和土的行为（Alonso 等，1990）。将 Bishop 应力（Sheng 等，2003，Gallipoli 等，2003）和吸力作为状态变量，使用净应力和吸力的 BBM 的差异。考虑与吸力相关的独立弹性应变分量，然后将弹性应变增量拆分为 Bishop 应力变化引起的弹性应变增量和吸力变化引起的弹性应变增量。

2.6.2　屈服函数

为了定义屈服函数，假设：
- 饱和土的特性由修正 Cam 黏土模型 MCC 表示。
- MCC 模型的屈服面对吸力 $s>0$ 是有效的。

预固结压力 P_c 是吸力的函数，类似于 BBM 模型。

屈服函数定义为：

$$F = 3J^2 - \left(\frac{g(\theta)}{g(-30°)}\right)^2 M^2 (p+p_s)(P_c-p) \tag{2.110}$$

式中：p——平均有效应力；

　　J——偏应力张量的第二次应力不变量的平方根。

函数 $g(\theta)$ 定义为：

$$g(\theta) = \frac{\sin\phi'}{\cos\theta + \frac{\sin\theta\sin\phi'}{\sqrt{3}}}; \quad J = \left(\frac{1}{2} trace(\sigma_{ij} - P'_c\delta_{ij})\right)^{\frac{1}{2}} \tag{2.111}$$

式中：θ——Lode 角；

　　P'_c——假定随吸力的变化而变化。

$$P_c = P_r \left(\frac{P'_o}{P_r}\right)^{\frac{\lambda_0^* - \kappa^*}{\lambda_s^* - \kappa^*}} \tag{2.112}$$

式中：P'_o——屈服面位置在零吸力处硬化参数；

　　P_r——参考平均应力；

　　λ_0^*——修改后的饱和土体压缩指数；

　　λ_s^*——不饱和土体 NCL 斜率修改；

　　κ^*——修改膨胀指数假定独立于吸力。

黏聚力的增加与吸力成线性关系，即：

$$p_s = \kappa_s s \tag{2.113}$$

式中：κ_s——吸力增加的黏聚力。

假设斜率 λ_s^* 随吸力变化，根据：

$$\lambda_s^* = \lambda_0 [(1-r)\exp(-\beta s) + r]; \quad r = \lambda_s(s \to \infty)/\lambda_o \tag{2.114}$$

其中，r 和 β——材料常数，可以通过实验确定。

第一个是与土的最大刚度相关的常数（对于无限吸力），第二个控制土的刚度随吸力增加的速率。

2.6.3　弹性响应

力学弹性特性与 Cam-黏土模型相同，切线模量 K 和剪切模量 G 由以下表达式定义（假设泊松比 μ 为常数）：

$$K = \frac{p'}{\kappa^*} \tag{2.115}$$

$$G = \frac{3(1-2\mu)K}{2(1+\mu)} \tag{2.116}$$

在模型中，吸力的变化产生的体积弹性应变为：

$$d\varepsilon_{ij}^{e,s} = \frac{\kappa_s^*}{3(s+p_{atm})}ds,\ \delta_{ij} = \frac{1}{3K_s}ds \tag{2.117}$$

其中，κ_s^*——吸力变化的弹性刚度。

2.6.4　流动规律及硬化参数

屈服面位置在零吸力 P_o' 处，定义了硬化参数（如 BBM 模型），硬化规律描述为：

$$dP_o' = \frac{P_o'}{\lambda_o^* - \kappa^*}d\varepsilon_v^p \tag{2.118}$$

塑性流动规律定义为：

$$G = \alpha 3J^2 - \left(\frac{g(\theta)}{g(-30°)}\right)M^2(p+p_s)(P_c-p) \tag{2.119}$$

式中：取 α，得到正常固结材料的一维固结的 Jaky 公式。按照 Alonso 等(1990)的方法，α 的表达式为：

$$\alpha = \frac{M(M-9)(M-3)}{9(6-M)}\left[1/(1-\kappa^*/\lambda_o^*)\right] \tag{2.120}$$

2.6.5　非饱和土模型的隐式积分

它的实现基于反向欧拉算法，遵循 Jeremic 和 Sture(1997)以及 Pérez 等开发的三个不变量各向同性硬化模型的应用(2001)。在最终应力状态下，利用流动方向公式可以得到解。

$$m_{ij} = \partial G/\partial \sigma_{ij}$$

力学本构子程序的输入变量为总应变增量和吸力增量。

2.6.6　无穷小塑性本构关系

表征弹塑性材料的本构方程可以简单表述为：

$$d\varepsilon_{ij} = d\varepsilon_{ij}^e + d\varepsilon_{ij}^p + d\varepsilon_{ij}^{e,s} \tag{2.121}$$

$$d\sigma_{ij} = D_{ijkl}d\varepsilon_{kl}^e = D_{ijkl}(d\varepsilon_{kl} - d\varepsilon_{kl}^p - d\varepsilon_{kl}^{e,s}) \tag{2.122}$$

$$d\varepsilon_{ij}^p = d\lambda\frac{dG(\sigma_{ij},\chi,s)}{d\sigma_{ij}} \tag{2.123}$$

$$d\chi = \frac{\partial \chi}{\partial \varepsilon_{ij}^p}d\varepsilon_{ij}^p \tag{2.124}$$

式中：$d\varepsilon_{ij}$，$d\varepsilon_{ij}^e$，$d\varepsilon_{ij}^p$——总弹塑性应变张量的增量；

　　　　$d\varepsilon_{ij}^{e,s}$——吸力对弹性应变张量增量的贡献；

　　　　$d\chi$——硬化参数的增量（本例中为 P_0）；

$d\lambda$——塑性乘子，用加卸载准则确定，可以用 Kuhn Tucker 条件表示为：

$$
\begin{aligned}
& F(\sigma_{ij}, \chi, s) \leqslant 0 \\
& d\lambda \geqslant 0 \\
& F d\lambda = 0
\end{aligned}
\tag{2.125}
$$

在任何加载过程中，条件必须同时保持。

2.6.7 反向欧拉 Euler 算法

完全隐式的反向欧拉 Euler 格式如下：

$$
\begin{aligned}
& \sigma_{ij}^{(n+1)} = \sigma_{ij}^{(n)} + \Delta\sigma_{ij}^{(n+1)} \\
& \varepsilon_{kl}^{p(n+1)} = \varepsilon_{kl}^{p(n)} + \Delta\varepsilon_{kl}^{p(n+1)} \\
& \chi^{(n+1)} = \chi^{(n)} + \Delta\chi^{(n+1)} \\
& F^{(n+1)} = 0
\end{aligned}
\tag{2.126}
$$

这里

$$
\Delta\sigma_{ij}^{(n+1)} = D_{ijkl}(\Delta\varepsilon_{kl} - \Delta\varepsilon_{kl}^{p} - \Delta\varepsilon_{kl}^{e,s})
\tag{2.127}
$$

$$
\Delta\varepsilon_{ij}^{p(n+1)} = \Delta\lambda^{n+1}\left(\frac{\partial G}{\sigma_{ij}}\right)^{(n+1)}
\tag{2.128}
$$

$$
\Delta\chi^{(n+1)} = \left(\frac{\partial \chi}{\partial \varepsilon_{ij}^{p}}\right)^{(n+1)} \Delta\varepsilon_{ij}^{p(n+1)}
\tag{2.129}
$$

其中 $(n+1)$ 为实际荷载步长，(n) 式收敛步长。

用反向欧拉 Euler 格式对式 (2.126) 进行时积分，得到以下非线性局部问题（简写）：

$$
\begin{aligned}
& \sigma^{(n+1)} = \sigma^{(n)} + D:\Delta\varepsilon - \Delta\lambda^{(n+1)} D:m^{(n+1)} - D:\Delta\varepsilon_{s}^{c} \\
& \chi^{(n+1)} = \chi^{(n)} + \left(\frac{\partial \chi}{\partial \varepsilon^{p}}\right)^{(n+1)} m^{(n+1)} \Delta\lambda^{(n+1)} \\
& F(\sigma^{(n+1)}, \chi^{(n+1)}, s) = 0
\end{aligned}
\tag{2.130}
$$

在式 (2.130) 中，$t^{(n)}$ 时刻的状态，即量 $\sigma(n)$ 和 $\chi(n)$，总应变从 $t(n)$ 时刻到 $t(n+1)$ 时刻的增量 $\Delta\varepsilon$ 和吸力 s 是已知的。该局部问题的未知量为 $t(n+1)$ 时刻应力 $\sigma(n+1)$，硬化参数 $\chi(n+1)$ 和塑性乘数 $\Delta\lambda$。将 3 个非线性方程 (2.130) 残差表示为局部 Newton-Raphson 求解器表示为：

$$
\mathbf{R}\{\sigma^{(n+1)}, \chi^{(n+1)}, \Delta\lambda\} = \begin{cases}
\sigma^{(n+1)} + \Delta\lambda D:m^{(n+1)} + D:\Delta\varepsilon_{s}^{c} - \sigma^{(n)} - D:\Delta\varepsilon = 0 \\
\chi^{n+1} - \left(\frac{\partial \chi}{\partial \varepsilon^{p}}\right)^{(n+2)} m^{(n+1)} \Delta\lambda - \chi^{(n)} = 0 \\
F(\sigma_{n+1}^{(k)} \chi_{n+1}^{(k)}, s) = 0
\end{cases}
\tag{2.131}
$$

8 个方程的非线性系统通过将残差线性化并展开为泰勒级数来求解：

$$\mathbf{R}\{\sigma+\delta\sigma, \chi+\delta\chi, \Delta\lambda+\delta\lambda\} = \mathbf{R}\{\sigma, \chi, \Delta\lambda\} + \frac{\partial\mathbf{R}\{\sigma, \chi, \Delta\lambda\}}{\partial(\sigma, \chi, \Delta\lambda)}\begin{bmatrix}\delta\sigma\\\delta\chi\\\delta\lambda\end{bmatrix} + O[\delta^2] \quad (2.132)$$

由梯度表达式 $\dfrac{\partial\mathbf{R}\{\sigma, \chi, \Delta\lambda\}}{\partial(\sigma, \chi, \Delta\lambda)}$ 得到残差 $\mathbf{R}$ 的雅可比矩阵：

$$\mathbf{J}\{\sigma, \chi, \Delta\lambda\} = \begin{bmatrix} I+\Delta\lambda D : \dfrac{\partial m}{\partial\sigma} & \Delta\lambda D : \dfrac{\partial m}{\partial x} & D : m \\[2ex] -\Delta\lambda\,\dfrac{\partial x}{\partial\varepsilon^p}\dfrac{\partial m}{\partial\sigma} & 1-\Delta\lambda\,\dfrac{\partial x}{\partial\varepsilon^p}\dfrac{\partial m}{\partial x} & -\dfrac{\partial\chi}{\partial\varepsilon^p}m \\[2ex] \dfrac{\partial F}{\partial\sigma} & \dfrac{\partial F}{\partial\chi} & 0 \end{bmatrix} \quad (2.133)$$

截断一阶项，$O[\delta^2]\sim 0$，使残差方程(2.132)趋于零，得到一组 $[\sigma, \chi, \Delta\lambda]$ 相应增量的线性方程组，同时将三个残差都减至零：

$$0 = \mathbf{R}\{\sigma_k, \chi_k, \Delta\lambda_k\} + \mathbf{J}\{\sigma_k, \chi_k, \Delta\lambda_k\}\begin{bmatrix}\delta\sigma_{k+1}\\\delta\chi_{k+1}\\\delta\lambda_{k+1}\end{bmatrix} \quad (2.134)$$

指标 k 和 $k+1$ 表示迭代周期。对线性化方程组进行求解，得到 8 个变量的新迭代更新：

$$\begin{bmatrix}\delta\sigma_{k+1}\\\delta\chi_{k+1}\\\delta\lambda_{k+1}\end{bmatrix} = [\mathbf{J}\{\sigma_k, \chi_k, \Delta\lambda_k\}]^{-1}\mathbf{R}[\sigma_k, \chi_k, \Delta\lambda_k] \quad (2.135)$$

将迭代校正器添加到自变量的旧值中会产生 8 个更新：

$$\begin{bmatrix}\sigma_{k+1}\\\chi_{k+1}\\\Delta\lambda_{k+1}\end{bmatrix} = \begin{bmatrix}\sigma_k\\\chi_k\\\Delta\lambda_k\end{bmatrix} + \begin{bmatrix}\delta\sigma_{k+1}\\\delta\chi_{k+1}\\\delta\lambda_{k+1}\end{bmatrix} \quad (2.136)$$

为了开始迭代，需要一个初始的解决方案。此解选择为与屈服面接触点的弹性解，由：

$$\begin{aligned}\sigma_0 &= \sigma^c = \sigma^h + (1-\alpha)D : \Delta\varepsilon \\ \chi_0 &= \chi^h \\ s_0 &= s^c \\ \Delta\lambda_0 &= 0\end{aligned} \quad (2.137)$$

试验应力状态 $\Delta\sigma_{n+1}^{(trial)} = D : \Delta\varepsilon$ 迭代过程中，由吸力引起弹性应变矢量 $\Delta\varepsilon_s^e$ 保持不变。

2.6.8　一致的切线刚度矩阵

为了解决具有二次收敛性的全局问题，需要使用一致的切线矩阵。

为了计算这个矩阵，需要在每个高斯点处的一致模$\frac{q^{n+1}s}{q^{n+1}De}$。

它们由线性化方程得到，线性化用紧凑形式表示为（Pérez 等，2001）：

$$\frac{q^{n+1}s}{q^{n+1}De} = p^{\mathrm{T}}(\boldsymbol{J}^{n+1})^{-1}PD \qquad (2.138)$$

其中，$\boldsymbol{P}^{\mathrm{T}} = (\mathbf{I}_{ns}\mathbf{0}_{ns,\ nc+1})$——应力空间上的投影矩阵（Pérez 等，2001）；

$\mathbf{0}_{ns,\ nc+1}$——有 ns 行和 $nc+1$ 列的零矩形矩阵；

ns——应力的数目；

nc——硬化参数的数目。

此外，根据 Pérez-Foguet 等（2001）提出的递归方案，将上述过程与规定应变的子增量相结合。

第 3 章　软土硬化 HS 与小应变硬化 HSS 模型

岩土本构模型是由一组描述应力与应变之间关系的数学方程组形成的。通常的表达形式是：应力的无穷小增量或应力变化率与应变的无穷小增量或应变变化率之间的关系。往往岩土本构模型都是基于有效应力变化率和应变变化率之间的关系来建立的。

3.1　弹塑性相关理论

一般情况，应变在弹性和塑性中分解，分别为：

$$\varepsilon_{ij}^{t} = \varepsilon_{ij}^{el} + \varepsilon_{ij}^{pl} \tag{3.1}$$

应力 σ_{ij} 用各向同性线弹性计算：

$$\sigma_{ij} = C_{ijkl} \varepsilon_{kl}^{el} \tag{3.2}$$

屈服面 f 用于定义应力状态的弹性域和可容性。

模型的塑性流动是通过一个流动规则来规定的：

$$\dot{\varepsilon}_{ij}^{pl} = \dot{\Lambda}\left(\frac{\partial g}{\partial \sigma_{ij}}\right) \tag{3.3}$$

式中：g——塑性势函数，表示塑性流动的方向；

Λ——塑性乘子，用于计算塑性应变量。

也定义了一个类似的方程来控制软化变量 Γ_i 的演化模型：

$$\Gamma_i = \Lambda\, \boldsymbol{h}_i$$

式中：$\boldsymbol{h}_i$——模型的软化向量。

材料的状态由 Khun-Tucker 条件控制：

$$f(\sigma_{ij},\ \Gamma_k) \leqslant 0,\ \dot{\Lambda}f(\sigma_{ij},\ \Gamma_k) = 0,\ \dot{\Lambda} \geqslant 0 \tag{3.4}$$

如果 $f<0$，则材料状态为弹性状态（即 $\lambda=0$），而如果 $f=0$，则该材料的状态可能是塑性加载（即 $f=0$），$\dot{\Lambda}>0$）。确定材料状态是否处于塑性加载状态，即所谓持久性条件：

$$\dot{f}(\sigma_{ij},\ \Gamma_k) \leqslant 0,\ \dot{\Lambda}\,\dot{f}(\sigma_{ij},\ \Gamma_k) = 0,\ \dot{\Lambda} \geqslant 0 \tag{3.5}$$

式中：$\dot{f}<0$——弹性卸载；

$\dot{f}=0$，$\dot{\Lambda}>0$——塑性加载；

$\dot{f}=0$，$\dot{\Lambda}=0$——中性加载。

建议的实施允许用户在一个黏塑性范围内采用模型。具体来说，将参考 Perzyna (1966)提出的过应力理论，其中应力不像弹塑性理论那样被限制在屈服面上。黏塑性应变增量计算为：

$$\dot{\varepsilon}_{ij}^{vp}=\Phi(f)\left(\frac{\partial g}{\partial \sigma_{ij}}\right) \tag{3.6}$$

式中：$\Phi(f)$——黏性核函数，表示当前应力状态与屈服面之间距离的度量。

在地质力学建模中，常用的方法是表达屈服和塑性势面的应力依赖关系，作为应力不变量的函数，即平均应力 p、应力偏量 q 和洛德角 θ。定义为：

$$\left.\begin{array}{l} p=\dfrac{tr(\sigma)}{3}=\dfrac{\sigma_{ij}\delta_{ij}}{3}=\dfrac{\sigma_{xx}+\sigma_{yy}+\sigma_{zz}}{3} \\[2mm] q=\sqrt{\dfrac{3}{2}(s_{ij}s_{ij})}=\sqrt{\dfrac{3}{2}}\parallel s \parallel \\[2mm] \theta=\dfrac{1}{3}\arcsin\left[\sqrt{6}\left(\dfrac{tr(s^3)}{tr(s^2)^{3/2}}\right)\right] \end{array}\right\} \tag{3.7}$$

$$s_{ij}=\sigma_{ij}-p \cdot \delta_{ij} \rightarrow \delta_{ij} \tag{3.8}$$

$$tr(\sigma_{ij})=\sigma_{xx}+\sigma_{yy}+\sigma_{xx}+\sigma_{zz}=3p \tag{3.9}$$

式中：s_{ij}——应力状态的偏离分量；

$tr(\cdot)$——给出矩阵的对角线项的和的轨迹。

应力偏差及其范数的一般表示如下：

$$s_{ij}=\begin{bmatrix} \sigma_{xx}-p & \sigma_{xy} & \sigma_{xz} \\ \sigma_{yx} & \sigma_{yy}-p & \sigma_{yz} \\ \sigma_{zx} & \sigma_{zy} & \sigma_{zz}-p \end{bmatrix} \tag{3.10}$$

$$\parallel s \parallel=(\sigma_{xx}-p)^2+(\sigma_{yy}-p)^2+(\sigma_{zz}-p)^2+2(\sigma_{xy}^2+\sigma_{zy}^2+\sigma_{zx}^2) \tag{3.11}$$

类似地，对应变张量 ε_{ij} 也定义了相似的量：

$$\left\{\begin{array}{l} \varepsilon_v=\varepsilon_{xx}+\varepsilon_{yy}+\varepsilon_{zz} \\[2mm] \varepsilon_q=\sqrt{\dfrac{2}{3}(\varepsilon_{sij}\varepsilon_{sij})}=\sqrt{\dfrac{2}{3}}\parallel \varepsilon_s \parallel \end{array}\right. \tag{3.12}$$

$$\varepsilon_{sij}=\varepsilon_v \cdot (\varepsilon_v \cdot \delta_{ij})/3 \tag{3.13}$$

式中：ε_v——体积应变；

ε_{sij}——应变偏量。

$$\varepsilon_{sij}=\begin{bmatrix} \varepsilon_{xx} \cdot \varepsilon_v/3 & \varepsilon_{xy} & \varepsilon_{xz} \\ \varepsilon_{yx} & \varepsilon_{yy} \cdot \varepsilon_v/3 & \varepsilon_{yz} \\ \varepsilon_{zx} & \varepsilon_{zy} & \varepsilon_{zz} \cdot \varepsilon_v/3 \end{bmatrix} \tag{3.14}$$

$$\| \varepsilon_s \| = \left(\varepsilon_{xx} \cdot \frac{\varepsilon_v}{3} \right)^2 + \left(\varepsilon_{yy} \cdot \frac{\varepsilon_v}{3} \right)^2 + \left(\varepsilon_{zz} \cdot \frac{\varepsilon_v}{3} \right)^2 + 2 \left(\varepsilon_{xy}^2 + \varepsilon_{zy}^2 + \varepsilon_{zx}^2 \right) \tag{3.15}$$

对于三轴应力路径（$\sigma_{xx} = \sigma_{yy} < \sigma_{zz}$，$\sigma_{xz} = \sigma_{xy} = \sigma_{yz} = 0$），不变量的一般定义可简化为：

$$p = (\sigma_{zz} + 2\sigma_{xx})/3 \qquad q = |\sigma_{zz} - \sigma_{xx}|$$
$$\varepsilon_v = (\varepsilon_{zz} + 2\varepsilon_{xx})/3| \qquad \varepsilon_q = 2|\varepsilon_{zz} \cdot \varepsilon_{xx}|/3 \tag{3.16}$$

在此情况下，偏塑性应变和体塑性应变的计算方法为：

$$\dot{\varepsilon}_v^{\,p} = \dot{\Lambda} \left(\frac{\partial g}{\partial p} \right) ; \quad \dot{\varepsilon}_v^{\,p} = \dot{\Lambda} \left(\frac{\partial g}{\partial q} \right) \tag{3.17}$$

在此基础上，将遵循一般的土力学准则，采用正压缩约定。

3.2　本构模型种类及其特点

（1）线弹性（Linear Elasticity, LE）模型。线弹性模型是基于各向同性胡克定理。它引入两个基本参数，弹性模量 E 和泊松比 ν。尽管线弹性模型不适合模拟土体，但可以用来模拟刚体，例如混凝土或者完整岩体。

（2）摩尔-库仑（Mohr-Coulomb, MC）模型。弹塑性摩尔-库仑模型包括五个输入参数，即表示土体弹性的 E 和 ν，表示土体塑性的 ϕ 和 c，以及剪胀角 ψ。Mohr-Coulomb 模型描述了对岩土行为的一种"一阶"近似。推荐应用这种模型进行问题的初步分析。对于每个土层，可以估计出一个平均刚度常数。由于这个刚度是常数，计算往往会相对较快。初始的土体条件在许多土体变形问题中也起着关键的作用。通过选择适当 K_0 值，可以生成初始水平土应力。

（3）节理岩石（Jointed Rock, JR）模型。节理岩石模型是一种各向异性的弹塑性模型，特别适用于模拟包括层理尤其是断层方向在内的岩层行为等。塑性最多只能在三个剪切方向（剪切面）上发生。每个剪切面都有它自身的抗剪强度参数 ϕ 和 c。完整岩石被认为具有完全弹性性质，其刚度特性由常数 E 和 ν 表示。在层理方向上将定义简化的弹性特征。

（4）土体硬化（Hardening Soil, HS）模型。土体硬化模型是一种高级土体模型。同摩尔-库仑模型一样，极限应力状态是由摩擦角 φ、黏聚力 c 以及剪胀角 ψ 来描述的。但是，土体硬化模型采用三个不同的输入刚度，可以将土体刚度描述得更为准确：三轴加载刚度 E_{50}、三轴卸载刚度 E_{ur} 和固结仪加载刚度 E_{oed}。我们一般取 $E_{ur} \approx 3E_{50}$ 和 $E_{oed} \approx E_{50}$ 作为不同土体类型的平均值，但是，对于非常软的土或者非常硬的土通常会给出不同的 E_{oed}/E_{50}。

对比摩尔-库仑模型，土体硬化模型还可以用来解决模量依赖于应力的情况。这意味着所有的刚度随着压力的增加而增加。因此，输入的三个刚度值与一个参考应力有关，这个参考应力值通常取为 100 kPa。

（5）小应变土体硬化（Hardening Small Strain，HSS）模型。HSS 模型是对上述 HS 模型的一个修正，依据是土体在小应变的情况下土体刚度增大。在小应变水平时，大多数土表现出的刚度比该工程应变水平时更高，且这个刚度分布与应变是非线性的关系。该行为在 HSS 模型中通过一个应变-历史参数和两个材料参数来描述。如：G_0^{ref} 和 $\gamma_{0.7}$。G_0^{ref} 是小应变剪切模量，$\gamma_{0.7}$ 是剪切模量达到小应变剪切模量的 70% 时的应变水平。HSS 高级特性主要体现在工作荷载条件上。模型给出比 HS 更可靠的位移。当应用于动力中时，HSS 模型同样引入黏滞材料阻尼。

（6）软土蠕变（Soft Soil Creep，SSC）模型。SSC 模型适用于所有的土，但是它不能用来解释黏性效应，即蠕变和应力松弛。事实上，所有的土都会产生一定的蠕变，这样，主压缩后面就会跟随着某种程度的次压缩。而蠕变和松弛主要是指各种软土，包括正常固结黏土、粉土和泥炭土。在这种情况下我们采用软土蠕变模型。请注意，软土蠕变模型是一个新近开发的应用于解决地基和路基等的沉陷问题的模型。对于隧道或者其他开挖问题中通常会遇到的卸载问题，软土蠕变模型几乎比不上简单的摩尔-库仑模型。就像摩尔-库仑模型一样，在软土蠕变模型中，恰当的初始土条件也相当重要。对于土体硬化模型和软土蠕变模型来说，由于它们还要解释超固结效应，因此初始土条件中还包括先期固结应力的数据。

（7）Cam-Clay 软土模型。软土模型是一种 Cam-Clay 类型的模型，特别适用于接近正常固结的黏性土的主压缩。尽管这种模型的模拟能力可以被 HS 模型取代，但当前仍然保留了这种软土模型。

（8）改进的 Cam-Clay（MCC）模型。改进的 Cam-Clay 模型是对 MuirWood（1990）描述的原始 Cam-Clay 模型的一种改写。它主要用于模拟接近正常固结的黏性土。

（9）NGI-ADP 模型。NGI-ADP 模型是一个各向异性不排水剪切强度模型。土体剪切强度以主动、被动和剪切的 S_u 值来定义。

（10）胡克-布朗（Hoek-Brown，HB）模型。胡克-布朗模型是基于胡克-布朗破坏准则（2002）的一个各向同性理想弹塑性模型。这个非线性应力相关准则通过连续方程描述剪切破坏和拉伸破坏，深为地质学家和岩石工程师所熟悉。除了弹性参数 E 和 ν，模型还引入实用岩石参数，如完整岩体单轴压缩强度（σ_{ci}），地质强度指数（GSI）和扰动系数（D）。

综上所述，不同模型的分析表现为：如果要对所考虑的问题进行一个简单迅速的初步分析，建议使用摩尔-库仑模型。当缺乏好的土工数据时，进一步的高级分析是没有用的。在许多情况下，当拥有主导土层的好的数据时，可以利用土体硬化模型来进行一个额外的分析。毫无疑问，同时拥有三轴试验和固结仪试验结果的可能性是很小的。但是，原位实验数据的修正值对高质量实验数据来说是一个有益的补充。最后，软土蠕变模型可以用于分析蠕变（即极软土的次压缩）。用不同的土工模型来分析同一个岩土问题显得代价过高，但是它们往往是值得的。首先，用摩尔-库仑模型来分析是相对较快而且简单的；其次，这一过程通常会减小计算结果的误差。

3.3　本构模型种类选用局限性

岩土本构模型是对岩土行为的一个定性描述，而模型参数是对岩土行为的一个定量描述。尽管数值模拟在开发程序及其模型上面花了很多工夫，它对现实情况的模拟仍然只是一个近似，这就意味着在数值和模型方面都有不可避免的误差。此外，模拟现实情况的准确度在很大程度上还依赖于用户对所要模拟问题的熟练程度、对各类模型及其局限性的了解、模型参数的选择和对计算结果可信度的判断能力。当前局限性如下。

（1）LE 模型。土体行为具有高非线性和不可逆性。线弹性材料不足以描述土体的一些必要特性。线弹性模型可用来模拟强块体结构或基岩。线弹性模型中的应力状态不受限制，模型具有无限的强度。一定要谨慎地使用这个模型，防止加载高于实际材料的强度。

（2）MC 模型。理想弹塑性模型 MC 是一个一阶模型，它包括仅有几个土体行为的特性。尽管考虑了随深度变化的刚度增量，但 MC 模型既不能考虑应力相关，又不能考虑刚度或各向同性刚度的应力路径。总的说来，MC 破坏准则可以非常好地描述破坏时的有效应力状态，有效强度参数 ϕ' 和 c'。对于不排水材料，MC 模型可以使用 $\phi = 0$，$c = c_u$（s_u）来控制不排水强度。在这种情况下，注意模型不能包括固结的剪切强度的增量。

（3）HS 模型。这是一个硬化模型，不能用来说明由于岩土剪胀和崩解效应带来的软化性质。事实上，它是一个各向同性的硬化模型，因此，不能用来模拟滞后或者反复循环加载情形。如果要准确地模拟反复循环加载情形，需要一个更为复杂的模型。要说明的是，由于材料刚度矩阵在计算的每一步都需要重新形成和分解，HS 模型通常需要较长的计算时间。

（4）HSS 模型。HSS 模型加入了土体的应力历史和应变相关刚度，一定程度上，它可以模拟循环加载。但它没有加入循环加载下的逐级软化，所以不适合软化占主导的循环加载。

（5）SSC 模型。上述局限性对软土蠕变（SSC）模型同样存在。此外，SSC 模型通常会过高地预计弹性岩土的行为范围，特别是在包括隧道修建在内的开挖问题上。还要注意正常固结土的初始应力。尽管使用 $OCR = 1$ 看似合理，但对于应力水平受控于初始应力的问题，将导致过高估计变形。实际上，与初始有效应力相比，大多数土都有微小增加的预固结应力。在开始分析具有外荷载的问题前，强烈建议执行一个计算阶段，设置小的间隔，不要施加荷载，根据经验来检验地表沉降率。

（6）SS 软土模型。局限性（包括 HS 模型和 SSC 模型的）存在于 SS 模型中。事实上，SS 模型可以被 HS 模型所取代，这种模型是为了方便那些熟悉它的用户而保留下来的。SS 模型的应用范围局限在压缩占主导地位的情形下。显然，在开挖问题上不推荐使用这种模型。

（7）MCC 模型。同样的局限性（包括 HS 模型和 SSC 模型的）存在于 MCC 模型中。此外，MCC 模型允许极高的剪应力存在，特别是在应力路径穿过临界状态线的情形下。进一步说，改进的 Cam-Clay 模型可以给出特定应力路径的软化行为。如果没有特殊的正规化技巧，那么，软化行为可能会导致网格相关和迭代过程中的收敛问题。改进的 Cam-Clay 模型在实际应用中是不被推荐的。

（8）NGI-ADP 模型。NGI-ADP 模型是一个不排水剪切强度模型。可用排水或者有效应力分析，注意剪切强度不会随着有效应力改变而自动更新。同样注意 NGI-ADP 模型不包括拉伸截断。

（9）HB 模型。胡克-布朗模型是各向异性连续模型。因此，该模型不适合成层或者节埋岩体等具有明显的刚度各向异性或者一个两个主导滑移方向对象，其行为可用节理岩体模型。

（10）界面/弱面模型。界面单元通常用双线性的摩尔-库仑模型模拟。当在相应的材料数据库中选用高级模型时，界面单元仅选择那些与摩尔-库仑模型相关的数据（c，ϕ，ψ，E，ν）。在这种情况下，界面刚度值取的就是土的弹性刚度值。因此，$E = E_{ur}$，其中 E_{ur} 是应力水平相关的，即 E_{ur} 与 σ_m 成幂指数比例关系。对于软土模型 SS、软土蠕变模型 SSC 和修正剑桥黏土模型 MCC，幂指数 m 等于 1，并且 E_{ur} 在很大程度上由膨胀指数 κ^* 确定。

（11）软弱夹层的模型。一般情况下，考虑的软土是指接近正常固结的黏土、粉质黏土、泥炭和软弱夹层。黏土、粉质黏土、泥炭这些材料的特性在于它们的高压缩性，黏土、粉质黏土、泥炭和软弱夹层又具有典型的流变特性。Janbu 在固结仪实验中发现，正常固结的黏土比正常固结的砂土软 10 倍，这说明软土极度的可压缩性。软土的另外一个特征是土体刚度的线性应力相关性。根据 HS 模型得到：

$$E_{oed} = E_{oed}^{ref} (\sigma / p_{ref})^m \qquad (3.18)$$

这至少对 $c = 0$ 是成立的。当 $m = 1$ 时可以得到一个线性关系。实际上，当指数等于 1 时，上面的刚度退化公式为：

$$E_{oed} = \sigma / \lambda^* ; \quad \lambda^* = p_{ref} / E_{oed}^{ref} \qquad (3.19)$$

在 $m = 1$ 的特殊情况下，软土硬化模型得到公式并积分可以得到主固结仪加载下著名的对数压缩法则：

$$\dot{\varepsilon} = \lambda^* \dot{\sigma} / \sigma, \quad \varepsilon = \lambda^* \ln \sigma \qquad (3.20)$$

在许多实际的软土研究中，修正的压缩指数 λ^* 是已知的，可以从下列关系式中算得固结仪模量：

$$E_{\text{oed}}^{\text{ref}} = p_{\text{rel}} / \lambda^*$$ (3.21)

（12）不排水行为。总的来说，需要注意不排水条件，因为各种模型中所遵循的有效应力路径很可能发生偏离。尽管数值模拟有选项在有效应力分析中处理不排水行为，但不排水强度 c_u 和 s_u 的使用可能优先选择有效应力属性（c'，ϕ'）。请注意直接输入的不排水强度不能自动包括剪切强度随固结的增加。无论任何原因，用户决定使用有效应力强度属性，强烈推荐检查输出程序中的滑动剪切强度的结果。

3.4 基于塑性理论的摩尔-库仑模型

塑性理论是在常规应力状态，描述弹塑性力学行为的需要：弹性范围内的应力-应变行为；屈服或破坏方程；流动法则；应变硬化的定义（屈服函数随应力而改变）。对于标准摩尔-库仑模型，弹性区域是新弹性，没有应变硬化。

（1）理想塑性理论模型。弹塑性理论的一个基本原理是：应变和应变率可以分解成弹性部分和塑性部分。胡克定律是用来联系应力率和弹性应变率的。根据经典塑性理论（Hill，1950），塑性应变率与屈服函数对应力的导数成比例。这就意味着塑性应变率可以由垂直于屈服面的向量来表示。这个定理的经典形式被称为相关塑性。

然而，对于 Mohr-Coulomb 型屈服函数，相关塑性理论将会导致对剪胀的过高估计（见图 3.1）。

通常塑性应变率可以写为：

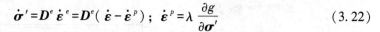

$$\dot{\boldsymbol{\sigma}}' = \boldsymbol{D}^e \, \dot{\boldsymbol{\varepsilon}}^e = \boldsymbol{D}^e (\, \dot{\boldsymbol{\varepsilon}} - \dot{\boldsymbol{\varepsilon}}^p)\,; \quad \dot{\boldsymbol{\varepsilon}}^p = \lambda \, \frac{\partial g}{\partial \boldsymbol{\sigma}'}$$ (3.22)

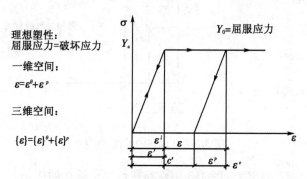

图 3.1 理想塑性理论模型

因此，除了屈服函数之外，还要引入一个塑性位能函数 g。$g \neq f$ 表示非相关塑性的情况。

在这里 λ 是塑性乘子。完全弹性行为情况下 $\lambda = 0$，塑性行为情况下 λ 为正：

$$\left. \begin{array}{l} \lambda=0,\ 当 f<0 \quad 或者 \dfrac{\partial f}{\partial \boldsymbol{\sigma}'}^{\mathrm{T}} \boldsymbol{D}^e \dot{\boldsymbol{\varepsilon}} \leqslant 0 \\[3mm] \lambda>0,\ 当 f=0 \quad 或者 \dfrac{\partial f}{\partial \boldsymbol{\sigma}'}^{\mathrm{T}} \boldsymbol{D}^e \dot{\boldsymbol{\varepsilon}} > 0 \end{array} \right\} \tag{3.23}$$

这些方程可以用来得到弹塑性情况下有效应力率和有效应变率之间的关系，如下（Smith 和 Griffith，1982；Vermeer 和 de Borst，1984）：

$$\left. \begin{array}{l} \dot{\boldsymbol{\sigma}}' = \left(\boldsymbol{D}^e - \dfrac{\alpha}{d} \boldsymbol{D}^e \dfrac{\partial g}{\partial \boldsymbol{\sigma}'} \dfrac{\partial f}{\partial \boldsymbol{\sigma}'}^{\mathrm{T}} \boldsymbol{D}^e \right) \dot{\boldsymbol{\varepsilon}}\ ; \\[4mm] d = \dfrac{\partial f}{\partial \boldsymbol{\sigma}'}^{\mathrm{T}} \boldsymbol{D}^e \dfrac{\partial g}{\partial \boldsymbol{\sigma}'} \end{array} \right\} \tag{3.24}$$

参数 α 起着一个开关的作用。如果材料行为是弹性的，α 的值就等于 0；当材料行为是塑性的，α 的值就等于 1。

上述的塑性理论限制在光滑屈服面情况下，不包括摩尔-库仑模型中出现的那种多段屈服面包线。Koiter（1960）和其他人已经将塑性理论推广到这种屈服面情况，用来处理包括两个或者多个塑性势函数的流函数顶点：

$$\dot{\boldsymbol{\varepsilon}}^p = \lambda_1 \dfrac{\partial g_1}{\partial \boldsymbol{\sigma}'} + \lambda_2 \dfrac{\partial g_2}{\partial \boldsymbol{\sigma}'} + \cdots \tag{3.25}$$

类似地，几个拟无关屈服函数 $(f_1, f_2, \cdots)$ 被用于确定乘子 $(\lambda_1, \lambda_2, \cdots)$ 的大小。

（2）非理想塑性理论模型。图 3.2 所示为非理想塑性理论模型。

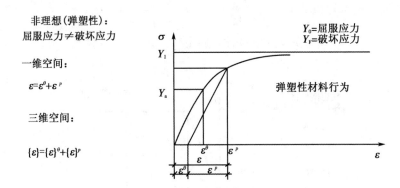

图 3.2　非理想塑性理论模型

（3）软化弹塑性理论模型。图 3.3 中材料属性决定软化的比例。

（4）屈服/破坏方程图 3.4 所示为屈服/破坏方程。

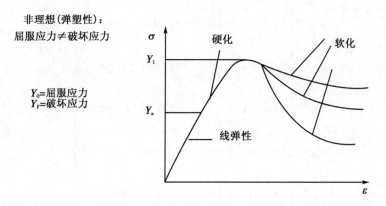

图 3.3　软化弹塑性理论模型

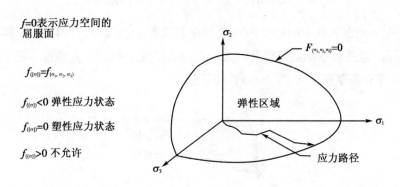

图 3.4　屈服/破坏方程

（5）摩尔-库仑（Mohr-Coulomb）准则。图 3.5 所示为摩尔-库仑准则示意图。

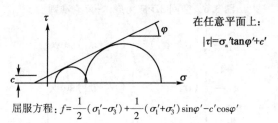

图 3.5　摩尔-库仑准则

基本参数：杨氏模量 E（单位：kN/m^2），泊松比 ν，黏聚力 c'（单位：kN/m^2），摩擦角 ψ（单位：（°）），剪胀角 ψ（单位：（°））。

（6）空间 3D 应力摩尔-库仑准则。摩尔-库仑屈服条件是库仑摩擦定律在一般应力状态下的推广。事实上，这个条件保证了一个材料单元内的任意平面都将遵守库仑摩擦定律。如果用主应力来描述，完全 MC 屈服条件由六个屈服函数组成：

$$
\left.\begin{array}{l}
f_{1a} = \dfrac{1}{2}(\sigma'_2 - \sigma'_3) + \dfrac{1}{2}(\sigma'_2 + \sigma'_3)\sin\varphi - c\cos\varphi \le 0 \\[3mm]
f_{1b} = \dfrac{1}{2}(\sigma'_3 - \sigma'_2) + \dfrac{1}{2}(\sigma'_2 + \sigma'_3)\sin\varphi - c\cos\varphi \le 0 \\[3mm]
f_{2a} = \dfrac{1}{2}(\sigma'_3 - \sigma'_1) + \dfrac{1}{2}(\sigma'_1 + \sigma'_3)\sin\varphi - c\cos\varphi \le 0 \\[3mm]
f_{2b} = \dfrac{1}{2}(\sigma'_1 - \sigma'_3) + \dfrac{1}{2}(\sigma'_1 + \sigma'_3)\sin\varphi - c\cos\varphi \le 0 \\[3mm]
f_{3a} = \dfrac{1}{2}(\sigma'_1 - \sigma'_2) + \dfrac{1}{2}(\sigma'_1 + \sigma'_2)\sin\varphi - c\cos\varphi \le 0 \\[3mm]
f_{3b} = \dfrac{1}{2}(\sigma'_2 - \sigma'_1) + \dfrac{1}{2}(\sigma'_2 + \sigma'_1)\sin\varphi - c\cos\varphi \le 0
\end{array}\right\}
\qquad (3.26)
$$

出现在上述屈服函数中的两个塑性模型参数就是众所周知的摩擦角 φ 和黏聚力 c。如图 3.6 所示，这些屈服函数可以共同表示主应力空间中的一个六棱锥。除了这些屈服函数，摩尔-库仑模型还定义了六个塑性势函数：

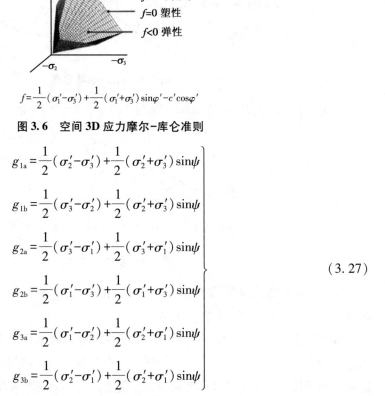

$$
f = \dfrac{1}{2}(\sigma'_1 - \sigma'_3) + \dfrac{1}{2}(\sigma'_1 + \sigma'_3)\sin\varphi' - c'\cos\varphi'
$$

图 3.6　空间 3D 应力摩尔-库仑准则

$$
\left.\begin{array}{l}
g_{1a} = \dfrac{1}{2}(\sigma'_2 - \sigma'_3) + \dfrac{1}{2}(\sigma'_2 + \sigma'_3)\sin\psi \\[3mm]
g_{1b} = \dfrac{1}{2}(\sigma'_3 - \sigma'_2) + \dfrac{1}{2}(\sigma'_2 + \sigma'_3)\sin\psi \\[3mm]
g_{2a} = \dfrac{1}{2}(\sigma'_3 - \sigma'_1) + \dfrac{1}{2}(\sigma'_3 + \sigma'_1)\sin\psi \\[3mm]
g_{2b} = \dfrac{1}{2}(\sigma'_1 - \sigma'_3) + \dfrac{1}{2}(\sigma'_1 + \sigma'_3)\sin\psi \\[3mm]
g_{3a} = \dfrac{1}{2}(\sigma'_1 - \sigma'_2) + \dfrac{1}{2}(\sigma'_2 + \sigma'_1)\sin\psi \\[3mm]
g_{3b} = \dfrac{1}{2}(\sigma'_2 - \sigma'_1) + \dfrac{1}{2}(\sigma'_2 + \sigma'_1)\sin\psi
\end{array}\right\}
\qquad (3.27)
$$

这些塑性势函数包含了第三个塑性参数，即剪胀角 ψ。它用于模拟正的塑性体积应变增量（剪胀现象），就像在密实的土中实际观察到的那样。后面将对 MC 模型中用到的所有模型参数做一个讨论。在一般应力状态下运用摩尔-库仑模型时，如果两个屈服面相交，需要作特殊处理。有些程序使用从一个屈服面到另一个屈服面的光滑过渡，即将棱角磨光(Smith 和 Griffith，1982)。MC 模型使用准确形式，即从一个屈服面到另一个屈服面用的是准确变化。关于棱角处理的详细情况可以参阅相关文献(Koiter，1960；Van Langen 和 Vermeer，1990)。对于 $c>0$，标准摩尔-库仑准则允许有拉应力。事实上，它允许的拉应力大小随着黏性的增加而增加。实际情况是，土不能承受或者仅能承受极小的拉应力。这种性质可以通过指定"拉伸截断"来模拟。

在这种情况下，不允许有正的主应力摩尔圆。"拉伸截断"将引入另外三个屈服函数，定义如下：

$$
\left.
\begin{aligned}
f_4 &= \sigma_1' - \sigma_t \leqslant 0 \\
f_5 &= \sigma_2' - \sigma_t \leqslant 0 \\
f_6 &= \sigma_3' - \sigma_t \leqslant 0
\end{aligned}
\right\}
\tag{3.28}
$$

当使用"拉伸截断"时，允许拉应力 σ_t 的缺省值取为零。对这三个屈服函数采用相关联的流动法则。对于屈服面内的应力状态，它的行为是弹性的并且遵守各向同性的线弹性胡克定律。因此，除了塑性参数 c 和 ψ，还需要输入弹性模量 E 和泊松比 ν。

(7)偏平面摩尔-库仑准则。图 3.7 所示为偏平面摩尔-库仑准则示意图。

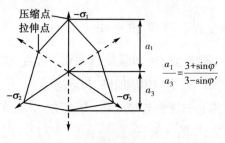

$$
\frac{a_1}{a_3} = \frac{3+\sin\varphi'}{3-\sin\varphi'}
$$

图 3.7 偏平面摩尔-库仑准则

(8)流动法则。屈服/破坏准则给出是否塑性应变，但是无法给出塑性应变增量的大小与方向。因此，需要建立另一个方程，即塑性势方程。图 3.8 所示为塑性势方程示意图。

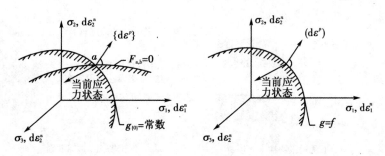

图 3.8 塑性势方程

塑性应变增量

$$\{d\varepsilon\}^p = d\lambda \left\{ \frac{\partial g}{|\partial \sigma|} \right\} \tag{3.29}$$

式中，g——塑性势，$g = g_{(|\sigma|)}$；

  $d\lambda$——常量（非材料参数）。

（9）摩尔-库仑塑性势。图3.9所示为摩尔-库仑塑性势示意图。

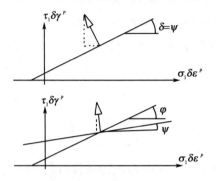

图 3.9　摩尔-库仑塑性势

$$\left. \begin{array}{l} f = \dfrac{1}{2}(\sigma_1' - \sigma_3') + \dfrac{1}{2}(\sigma_1' + \sigma_3')\sin\varphi' - c'\cos\varphi' \\[2mm] g = \dfrac{1}{2}(\sigma_1' - \sigma_3') + \dfrac{1}{2}(\sigma_1' + \sigma_3')\sin\psi + \cos\psi \end{array} \right\} \tag{3.30}$$

（10）摩尔-库仑剪胀。强度达到摩尔强度后剪胀，强度=摩擦+剪胀。其中，Kinematic硬化是指移动硬化特性，如图3.10和图3.11所示。

综上所述，可知摩尔-库仑的性能与局限性。①摩尔-库仑的性能：简单的理想弹塑性模型，一阶方法近似模拟土体的一般行为，适合某些工程应用，参数少而意义明确，可以很好地表示破坏行为（排水），包括剪胀角，各向同性行为和破坏前为线弹性行为。②摩尔-库仑的局限性：无应力相关刚度，加载/卸载重加载刚度相同，不适合深部开挖和隧道工程，无剪胀截断，不排水行为有些情况失真，无各向异性和无时间相关性（蠕变行为）。

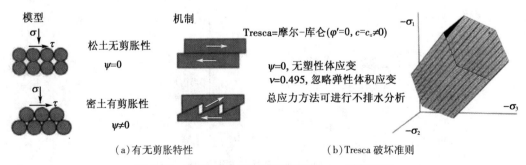

（a）有无剪胀特性　　　　　　　　　　　　（b）Tresca 破坏准则

图 3.10　摩尔-库仑有无剪胀性与 Tresca 破坏准则

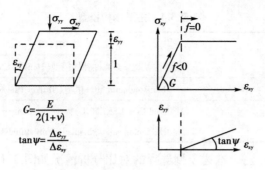

（a）直剪试验（排水）

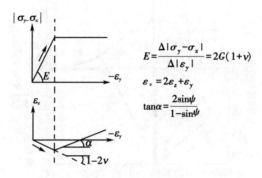

（b）三轴试验（排水）

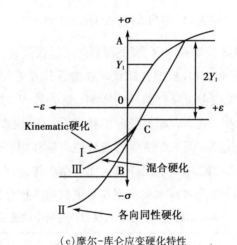

（c）摩尔-库仑应变硬化特性

图 3.11　摩尔-库仑排水剪切特性与应变硬化特性

3.5　基于塑性理论的 MC、HS 及 MCC 本构模型比较

沈珠江院士认为，计算岩土力学的核心问题是本构模型。下面讨论基坑数值分析土体本构模型的选择。目前，已有几百种土体的本构模型，常见的可以分为三大类，即弹性类模型、弹-理想塑性类模型和应变硬化类弹塑性模型，如表 3.1 所示。

表 3.1 主要本构模型

模型大类	本构模型
弹性类模型	线弹性模型、非线性弹性模型(Duncan-Chang, DC 模型)
弹-理想塑性类模型	Mohr-Coulomb(MC)模型、Druker-Prager(DP)模型、
应变硬化类弹塑性模型	Modified Cam-Clay(MCC)模型、Hardening Soil(HS)模型、 Hardening soil with small strain stiffness(HSS)模型

MC、HS 以及 MCC 三个本构模型选择的对比分析情况如图 3.12 所示。

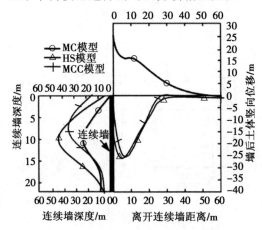

图 3.12 不同本构模型对比分析情况

研究基坑墙体侧移,HS 模型和 MCC 模型得到的变形较接近,MC 模型得到的侧移则要小得多,原因是 HS 模型和 MCC 模型在卸载时较加载具有更大的模量,而 MC 模型的加载和卸载模量相同,且无法考虑应力路径的影响,这导致 MC 模型产生很大的坑底回弹,从而减小了墙体的变形。从墙后地表竖向位移来看,HS 模型和 MCC 模型得到了与工程经验相符合的凹槽型沉降,而 MC 模型的墙后地表位移则表现为回弹,这与工程经验不符。这种差别的原因是 MC 模型的回弹过大而使得墙体的回弹过大,进而显著地影响了墙后地表的变形。表 3.2 为各种本构模型在基坑数值开挖分析中的适用性。

表 3.2 各种本构模型在基坑数值开挖分析中的适用性

本构模型的类型		不适合一般分析	适合初步分析	适合准确分析	适合高级分析
弹性模型	线弹性模型	√			
	横观各向同性	√			
	DC 模型		√		
弹-理想塑性模型	MC 模型		√		
	DP 模型		√		
硬化模型	MCC 模型			√	
	HS 模型			√	
小应变模型	MIT-E3、HSS 模型				√

弹性模型由于不能反映土体的塑性性质，不能较好地模拟主动土压力和被动土压力，因而不适合于基坑开挖的分析。弹-理想塑性的 MC 模型和 DP 模型由于采用单一刚度往往导致很大的坑底回弹，难以同时给出合理的墙体变形和墙后土体变形。能考虑软黏土应变硬化特征、能区分加载和卸载的区别且其刚度依赖于应力历史和应力路径的硬化类模型如 MCC 模型和 HS 模型，能同时给出较为合理的墙体变形及墙后土体变形情况。

由上述分析可知：敏感环境下的基坑工程设计需要重点关注墙后土体的变形情况，从满足工程需要和方便实用的角度出发，建议采用 MCC 模型和 HS 模型进行敏感环境下的基坑开挖数值分析。

3.6　软土硬化(HS)与小应变硬化(HSS)模型特性

最初的土体硬化模型假设土体在卸载和再加载时是弹性的。但是实际上土体刚度为完全弹性的应变范围十分狭小。随着应变范围的扩大，土体剪切刚度会显示出非线性。通过绘制土体刚度和 log 应变图可以发现，土体刚度呈 S 曲线状衰减。图 3.13 显示了这种刚度衰减曲线。它的轮廓线(剪切应变参数)可以由现场土工测试和实验室测试得到。通过经典试验(例如三轴试验、普通固结试验)，在实验室中测得的刚度参数，已经不到初始状态的一半了。

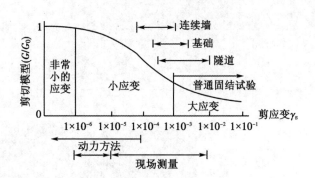

(实验室试验和土工结构的应变范围)

图 3.13　土体的典型剪切刚度-应变曲线

用于分析土工结构的土体刚度并不是依照图在施工完成时的刚度。需要考虑小应变土体刚度和土体在整个应变范围内的非线性。HSS 模型继承了 HS 模型的所有特性，提供了解决这类问题的可能性。HSS 模型是基于 HS 模型而建立的，两者有着几乎相同的参数。实际上，模型中只增加了两个参数用于描述小应变刚度行为：初始小应变模量 G_0；剪切应变水平 $\gamma_{0.7}$，割线模量 G_s 减小到 $70\%G_0$ 时的应变水平。

3.6.1　土体固结仪试验加载-卸载

土体硬化 HS 卸载：卸载泊松比较小，水平应力变化小。摩尔-库仑卸载：卸载泊松比即为加载泊松比，水平应力按照加载路径变化（如图 3.14 所示）。

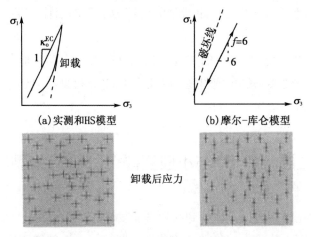

图 3.14　土体硬化 HS 卸载与摩尔-库仑卸载特性

（1）条形基础沉降，加载应力路径下，各模型沉降分布结果差异较小（如图 3.15 所示）。

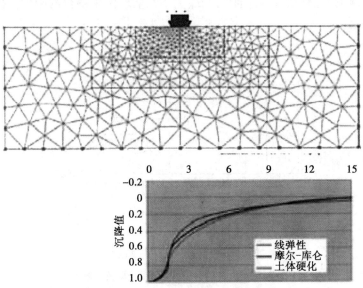

图 3.15　土体硬化 HS 卸载与摩尔-库仑卸载条形基础沉降特性

（2）基坑开挖下挡墙后方竖向位移差异如图 3.16 所示。

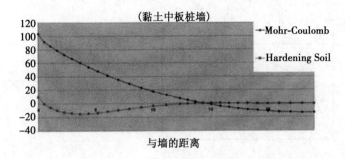

图 3.16　土体硬化 HS 卸载与摩尔-库仑卸载基坑开挖下挡墙后方竖向位移差异特性

3.6.2　双曲线应力-应变关系

（1）双曲线应力-应变关系，例如标准三轴试验数据如图 3.17 所示。

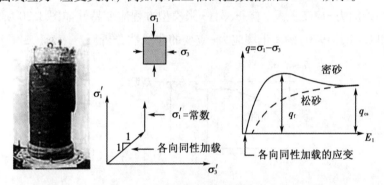

图 3.17　土体硬化 HS 标准三轴试验各向同性加载的应变特性

（2）双曲线应力-应变关系，双曲线逼近方程应变特性如图 3.18 所示。主要参考 Kondner 和 Zelasko（1963）《砂土的双曲应力-应变公式》。

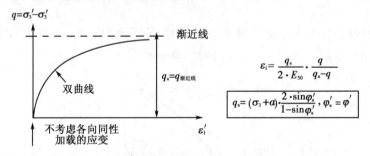

$$\varepsilon_1 = \frac{q_a}{2 \cdot E_{50}} \cdot \frac{q}{q_a - q}$$

$$q_a = (\sigma_3 + a) \cdot \frac{2 \cdot \sin\varphi'_a}{1 - \sin\varphi'_a}, \ \varphi'_a = \varphi'$$

图 3.18　土体硬化 HS 双曲线逼近方程各向同性加载的应变特性

基本参数：E 为杨氏模量，单位为 kN/m^2；ν 为泊松比；c' 为黏聚力，单位为 kN/m^2，φ' 为摩擦角，单位为（°），ψ 为剪胀角，单位为（°）。

（3）双曲线应力-应变关系，割线模量 E_{50} 的定义方程应变特性如图 3.19 所示。

E_{50}^{ref} 为初次加载达到 50% 强度的参考模量：

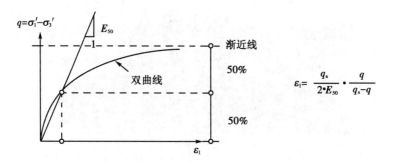

图 3.19　土体硬化 HS 割线模量 E_{50} 的定义方程各向同性加载的应变特性

$$E_{50} = E_{50}^{ref} \left(\frac{\sigma_3' + a}{p_{ref} + a} \right)^m \qquad (3.31)$$

其中，$m_{砂土} = 0.5$；$m_{黏土} = 1$。

（4）双曲线应力–应变关系，修正邓肯–张模型方程应变特性如图 3.20 所示。主要参考 Duncan 和 Chang(1970)的《土壤应力–应变的非线性分析》。

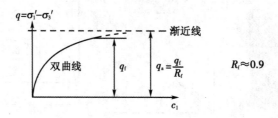

双曲线部分 $q < q_f$；水平线部分 $q = q_f$

$q_1 = (\sigma_3' + a) \dfrac{2\sin\varphi'}{1 - \sin\varphi'}$　$a = c'\cot\varphi'$（摩尔–库仑破坏偏应力）

图 3.20　土体硬化 HS 修正邓肯–张模型方程各向同性加载的应变特性

（5）双曲线应力–应变关系，排水试验数据（超固结 Frankfurt 黏土）（如图 3.21 所示）。主要参考 Amann，Breth 和 Stroh(1975)的文献。

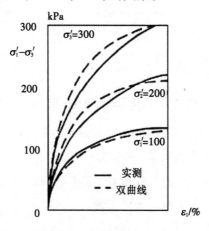

图 3.21　土体硬化 HS 排水试验数据（超固结 Frankfurt 黏土）各向同性加载的应变特性

3.6.3　剪应变等值线

（1）三轴试验曲线的双曲线逼近应变特性如图 3.22 所示。

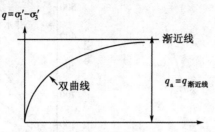

图 3.22　土体硬化 HS 三轴试验曲线的双曲线逼近各向同性加载的应变特性

剪切应变：

$$\gamma = \varepsilon_1 - \varepsilon_3 \approx \frac{3}{2}\varepsilon_1 \qquad (3.32)$$

$$\gamma = \frac{3}{4}\frac{q_a}{E_{50}} \cdot \frac{q}{q_a - q} \qquad (3.33)$$

$$q_a = (\sigma_3' + a)\frac{2\sin\varphi_a'}{1 - \sin\varphi_a'} \qquad (3.34)$$

$$\varepsilon_1 = \frac{q_a}{2E_{50}} \cdot \frac{q}{q_a - q} \qquad (3.35)$$

（2）$p\text{-}q$ 平面中的剪应变等值线（$c'=0$）应变特性如图 3.23 所示。

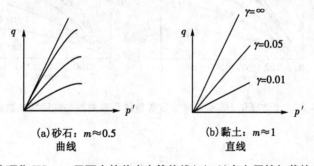

图 3.23　土体硬化 HS $p\text{-}q$ 平面中的剪应变等值线（$c'=0$）各向同性加载的应变特性

$$\gamma = \frac{3}{4}\frac{q_a}{E_{50}} \cdot \frac{q}{q_a - q} \qquad (3.36)$$

$$E_{50} = E_{50}^{\text{rsf}}\left(\frac{\sigma_3' + c'\cot\varphi_a'}{p_{\text{ref}} + c'\cot\varphi_a'}\right)^m \qquad (3.37)$$

$$q_a = (\sigma_3' + a)\frac{2\sin\varphi_a'}{1 - \sin\varphi_a'} \qquad (3.38)$$

（3）Fuji 河砂实验数据（Ishihara，et al，1975）应变特性如图 3.24 所示。

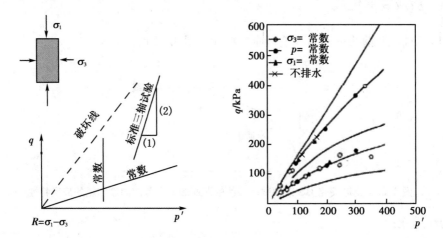

图 3.24　土体硬化 HS Fuji 河砂实验数据（Ishihara，et al，1975）各向同性加载应变特性

（4）实测剪应变等值线和双曲线应变特性如图 3.25 所示。

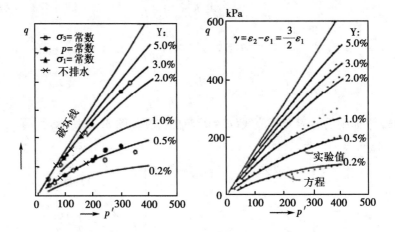

图 3.25　土体硬化 HS 实测剪应变等值线和双曲线各向同性加载应变特性

$$\gamma = \frac{3q_{\mathrm{a}}}{4E_{50}}\frac{q}{q-q_{\mathrm{a}}} \tag{3.39}$$

$$E_{50} = E_{50}^{\mathrm{ref}}\left(\frac{\sigma_3' + a}{p_{\mathrm{ref}} + a}\right)^m \tag{3.40}$$

$$q_{\mathrm{a}} = (\sigma_3' + a)\frac{2\sin\varphi_{\mathrm{a}}}{1 - \sin\varphi_{\mathrm{a}}} \tag{3.41}$$

其中，$a = 0$，$\varphi_{\mathrm{a}} = 38°$，$E_{50}^{\mathrm{ref}} = 30$ MPa，$m = 0.5$。

（5）剪应变等值线是屈服轨迹的应变特性如图 3.26 所示。

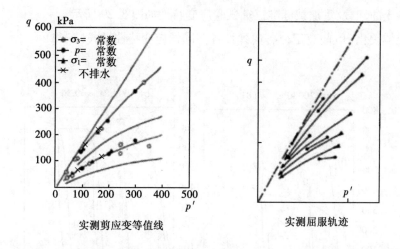

实测剪应变等值线　　　　　　实测屈服轨迹

图 3.26　土体硬化 HS 剪应变等值线是屈服轨迹的各向同性加载应变特性

3.6.4　卸载与重加载

（1）加载和卸载/重加载应变特性如图 3.27 所示。

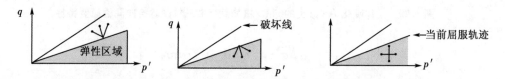

图 3.27　土体硬化 HS 加载和卸载/重加载各向同性应变特性

● 塑性状态加载：应力点在屈服轨迹上。应力增量指向弹性区外。这将导致塑性屈服，如：塑性应变与弹性区扩张，材料硬化。

● 塑性状态卸载：应力点在屈服轨迹上。应力增量指向弹性区内。这将导致弹性应变增量，应变增量与应力增量符合胡克定律，刚度为 E_{ur}。

● 弹性状态卸载/重加载：应力点位于弹性区域内，所有可能的应力增量都将产生弹性应变。

（2）标准三轴试验卸载/重加载应变特性如图 3.28 所示。

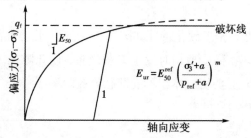

$$E_{ur} = E_{50}^{ref} \left(\frac{\sigma_3' + a}{p_{ref} + a} \right)^m$$

图 3.28　土体硬化 HS 标准三轴试验卸载/重加载各向同性应变特性

（3）砂土的卸载/重加载标准三轴试验应变特性如图 3.29 所示。

（4）土体硬化 HS 胡克定律各向弹性各向同性应变特性见式（3.42）。

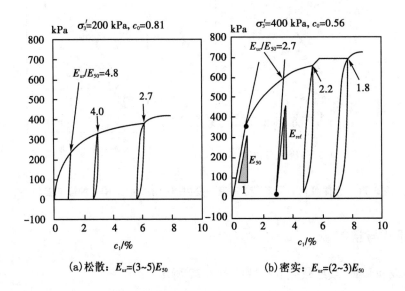

(a)松散：$E_{ur}=(3\sim5)E_{50}$　　　　(b)密实：$E_{ur}=(2\sim3)E_{50}$

图 3.29　土体硬化 HS 砂土的卸载/重加载标准三轴试验各向同性应变特性

$$\Delta\varepsilon_1^c = \frac{1}{E_{ur}}(\Delta\sigma_1' - v_{ur}\cdot\Delta\sigma_2' - v_{ur}\cdot\Delta\sigma_3')$$

$$\Delta\varepsilon_2^c = \frac{1}{E_{ur}}(-v_{ur}\cdot\Delta\sigma_1' + \Delta\sigma_2' - v_{ur}\cdot\Delta\sigma_3')$$

$$\Delta\varepsilon_3^c = \frac{1}{E_{ur}}(-v_{ur}\cdot\Delta\sigma_1' - v_{ur}\cdot\Delta\sigma_2' + \Delta\sigma_3')$$

$$v_{ur} = \text{Poisson's ratio} \approx 0.2$$

$$E_{ur} = E_{50}^{ret}\left(\frac{\sigma_1' + a}{p_{ret} + a}\right)^m$$

$$a = c'\cot\varphi'$$

(3.42)

3.6.5　密度硬化

（1）三轴试验经典结果密度硬化特性如图 3.30 所示。临界孔隙率：松砂受剪切时体积变小，即孔隙比减小。密砂受剪切时发生剪胀现象，使孔隙比增大。在密砂与松砂之间，总有某个孔隙比使砂受剪切时体积不变即临界孔隙率。

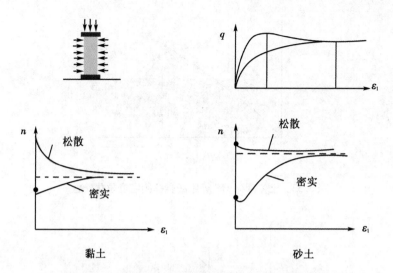

图 3.30　土体硬化 HS 三轴试验经典结果密度硬化特性

（2）NC 黏土实测体应变等值线密度硬化特性如图 3.31 所示。

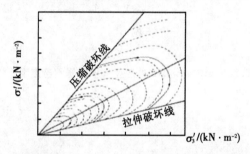

图 3.31　土体硬化 HS NC 黏土实测体应变等值线密度硬化特性

（3）黏土的实测等值线密度硬化特性如图 3.32 所示。

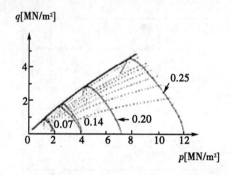

图 3.32　土体硬化 HS 黏土的实测等值线密度硬化特性

（4）密度硬化，等值线类椭圆（见图 3.33）。

（5）体应变等值线椭圆。体应变等值线椭圆中，椭圆用于修正剑桥模型，如图 3.34 所示。

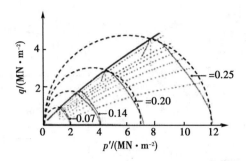

图 3.33　土体硬化 HS 等值线类椭圆密度硬化特性

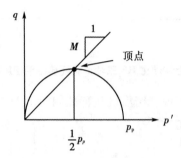

图 3.34　土体硬化 HS 体应变等值线椭圆密度硬化特性

$$p' + \frac{q^2}{M^2 p'} = p_\text{P}$$ （3.43）

其中：$M = \dfrac{6\sin\varphi'}{3 - \sin\varphi'}$。

（6）松砂体应变等值线密度硬化特性如图 3.35 所示。

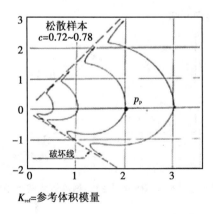

K_{ref}=参考体积模量

图 3.35　土体硬化 HS 松砂体应变等值线密度硬化特性

一般情况 $m \neq 1$：

$$\varepsilon_{\text{ref}} = \frac{1}{1-m} \frac{p_{\text{ref}}}{K_{\text{ref}}} \left(\frac{p_{\text{p}}}{p_{\text{ref}}} \right)^{1-m} \tag{3.44}$$

特殊情况 $m=1$：

$$\varepsilon_{\text{ref}} = \varepsilon'_{\text{ref}} + \frac{p_{\text{ref}}}{K_{\text{ref}}} \ln \frac{p_{\text{p}}}{p_{\text{ref}}} \tag{3.45}$$

椭圆：

$$p_{\text{p}} = p' + \frac{q^2}{M^2 p'} \tag{3.46}$$

(7)加载与卸载/重加载密度硬化特性如图 3.36 所示。

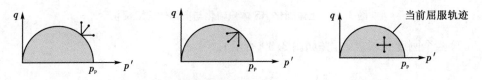

图 3.36　土体硬化 HS 加载与卸载/重加载密度硬化特性

- 塑性状态加载：应力点在屈服轨迹上，应力增量指向弹性区外。这将导致塑性屈服，如：塑性应变与弹性区扩张、材料硬化。
- 塑性状态卸载：应力点在屈服轨迹上，应力增量指向弹性区内。这将导致弹性应变增量，应变增量与应力增量符合胡克定律，刚度为 E_{ur}。
- 弹性状态卸载/重加载：应力点位于弹性区域内，所有可能的应力增量都将产生弹性应变。

(8)体积硬化或称密度硬化。体积硬化在正常固结黏土和松砂土中占主导；剪切应变硬化，在超固结黏土和密砂土中占主导(图 3.37)。

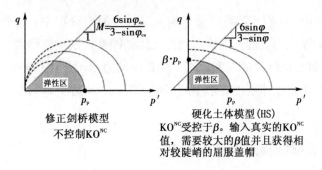

图 3.37　土体硬化 HS 体积硬化或密度硬化特性

3.6.6　双硬化

(1)体积硬化与剪切硬化。体积硬化在正常固结黏土和松砂土占主导；剪切应变硬化，在超固结黏土和密砂土中占主导(如图 3.38 所示)。

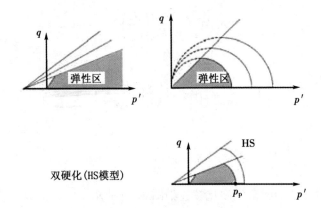

图 3.38　土体硬化 HS 体积硬化与剪切硬化双硬化

（2）四个刚度区域双硬化（如图 3.39 所示）。

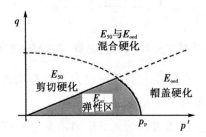

图 3.39　土体硬化 HS 四个刚度区域双硬化

3.7　土体硬化(HS)模型与改进

在土体动力学中，小应变刚度已经广为人知。在静力分析中，这个土体动力学中的发现一直没有被实际应用。静力土体与动力土体的刚度区别应该归因于荷载种类（例如，惯性力和应变），而不是巨大的应变范围，后者在动力情况（包括地震）下很少考虑。惯性力和应变率只对初始土体刚度有很小的影响。所以，动力土体刚度和小应变刚度实际上是相同的。

3.7.1　用双曲线准则描述小应变刚度

土体动力学中最常用的模型大概就是 Hardin-Drnevich 模型。由试验数据充分证明了小应变情况下的应力-应变曲线可以用简单的双曲线形式来模拟。类似地，Kondner（1962）在 Hardin 和 Drnevich（1972）的提议下发表了应用于大应变的双曲线准则。

$$\frac{G_s}{G_0} = \frac{1}{1 + \left| \dfrac{\gamma}{\gamma_r} \right|} \tag{3.47}$$

其中极限剪切应变 γ_r 定义为：

$$\gamma_r = \frac{\tau_{max}}{G_0}$$（3.48）

式中：τ_{max}——破坏时的剪应力。

式(3.47)和式(3.48)将大应变(破坏)与小应变行为很好地联系起来。

为了避免错误地使用较大的极限剪应变，Santos 和 Correia(2001)建议使用割线模量 G_s 减小到初始值的 70% 时的剪应变 $\gamma_{0.7}$ 来替代 γ_r。

$$\frac{G_s}{G_0} = \frac{1}{1 + a \left| \dfrac{\gamma}{\gamma_{0.7}} \right|}$$（3.49）

其中 $a = 0.385$

事实上，使用 $a = 0.385$ 和 $\gamma_r = \gamma_{0.7}$ 意味着 $\dfrac{G_s}{G_0} = 0.722$。所以，大约 70% 应该精确地称为 72.2%。图 3.40 显示了修正后的 Hardin-Drnevich 关系曲线(归一化)。

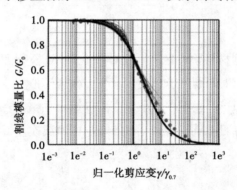

图 3.40 Hardin-Drnevich 关系曲线与实测数据对比

3.7.2 土体硬化(HS)模型中使用 Hardin-Drnevich 关系

软黏土的小应变刚度可以与分子间体积损失以及土体骨架间的表面力相结合。一旦荷载方向相反，刚度恢复到依据初始土体刚度确定的最大值。然后，随着反向荷载加载，刚度又逐渐减小。应力历史相关，多轴扩张的 Hardin-Drnevich 关系需要加入到 HS 模型中。这个扩充最初由 Benz(2006)以小应变模型的方式提出。Benz 定义了剪切应变标量 γ_{hist}：

$$\gamma_{hist} = \sqrt{3}\, \frac{\| \boldsymbol{H}\Delta\boldsymbol{e} \|}{\| \Delta\boldsymbol{e} \|}$$（3.50）

式中：$\Delta\boldsymbol{e}$——当前偏应变增量；

$\boldsymbol{H}$——材料应变历史的对称张量。

一旦监测到应变方向反向，$\boldsymbol{H}$ 就会在实际应变增量 $\Delta\boldsymbol{e}$ 增加前部分或是全部重置。

依据 Simpson（1992）的块体模型理论：所有 3 个方向主应变偏量都检测应变方向，就像 3 个独立的 Brick 模型。应变张量 $\boldsymbol{H}$ 和随应力路径变化的更多细节请查阅 Benz（2006）的相关文献。

剪切应变标量 γ_{hist} 的值由式（3.50）计算得到。剪切应变标量定义为：

$$\gamma = \frac{3}{2}\varepsilon_q \tag{3.51}$$

ε_q 是第二偏应变不变量，在三维空间中 γ 可以写成：

$$\gamma = \varepsilon_{axial} - \varepsilon_{lateral} \tag{3.52}$$

在小应变土体硬化（HSS）模型中，应力-应变关系可以用割线模量简单表示为：

$$\tau = G_s\gamma = \frac{G_0\gamma}{1+0.385\dfrac{\gamma}{\gamma_{0.7}}} \tag{3.53}$$

对剪切应变进行求导可以得到切线剪切模量：

$$G_t = \frac{G_0}{\left(1+0.385\dfrac{\gamma}{\gamma_{0.7}}\right)^2} \tag{3.54}$$

刚度减小曲线一直到材料塑性区。在土体硬化（HS）模型和小应变土体硬化（HSS）模型中，由于塑性应变产生的刚度退化使用应变强化来模拟。

在小应变土体硬化（HSS）模型中，小应变刚度减小曲线有一个下限，它可以由常规实验室实验得到，切线剪切模量 G_t 的下限是卸载/再加载模量 G_{ur}，与材料参数 E_{ur} 和 ν_{ur} 相关：

$$G_t \geqslant G_{ur}; \quad G_{ur} = \frac{E_{ur}}{2(1+\nu_{ur})} \tag{3.55}$$

截断剪切应变 $\gamma_{cut-off}$ 计算公式为：

$$\gamma_{cut-off} = \frac{1}{0.385}\left(\sqrt{\frac{G_0}{G_{ur}}}-1\right)\gamma_{0.7} \tag{3.56}$$

在小应变土体硬化（HSS）模型中，实际准弹性切线模量是通过切线刚度在实际剪应变增量范围内积分求得的。小应变土体硬化（HSS）模型中使用的刚度减小曲线如图 3.41 所示。

3.7.3　原始（初始）加载与卸载/再加载

Masing（1962）在研究材料的滞回行为中发现土体卸载/再加载循环中遵循以下准则：卸载时的剪切模量等于初次加载时的初始切线模量。卸载/再加载的曲线形状与初始加载曲线形状相同，数值增大两倍。

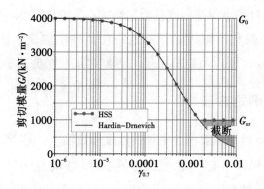

图 3.41 小应变土体硬化(HSS)模型中使用的小应变减小曲线以及截断

对于上面提到的剪切应变 $\gamma_{0.7}$，Masing 通过下面的设定来满足 Hardin-Drnevich 关系（见图 3.42 和图 3.43）。

$$\gamma_{0.7\text{re-loading}} = 2\gamma_{0.7\text{virgin-loading}} \tag{3.57}$$

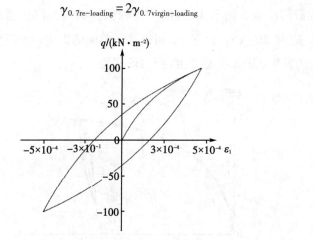

图 3.42 土体材料滞回性能

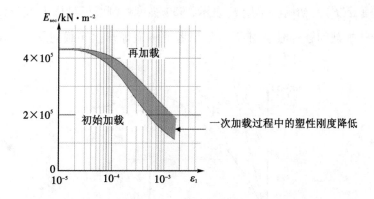

图 3.43 HSS 模型刚度参数在主加载以及卸载/再加载时减小示意图

HSS 模型通过把用户提供的初始加载剪切模量加倍来满足 Masing 的准则。如果考虑塑性强化，初始加载时的小应变刚度就会很快减小，用户定义的初始剪切应变通常需要加倍。HSS 模型中的强化准则可以很好地适应这种小应变刚度减小。图 3.42 和图 3.43 举例说明了 Masing 准则以及初始加载、卸载/再加载刚度减小。

3.7.4　模型参数及确定方法

相比 HS 模型，HSS 模型需要两个额外的刚度参数输入：G_0^{ref} 和 $\gamma_{0.7}$。所有其他参数，包括代替刚度参数，都保持不变。G_0^{ref} 定义为参考最小主应力 $-\sigma_3' = p^{\text{ref}}$ 的非常小应变（如：$\varepsilon < 10^{-6}$）下的剪切模量。卸载泊松比 ν_{ur} 设为恒定，因而剪切刚度 G_0^{ref} 可以通过小应变弹性模量很快计算出来 $G_0^{\text{ref}} = E_0^{\text{ref}} / [2(1+\nu_{\text{ur}})]$。界限剪应变 $\gamma_{0.7}$ 使得割线剪切模量 G_s^{ref} 衰退为 $0.722 G_0^{\text{ref}}$。界限应变 $\gamma_{0.7}$ 是来自初次加载。总之，除了 HS 需要输入的参数外，HSS 模型需要输入刚度参数：G_0^{ref} 为小应变（$\varepsilon < 10^{-6}$）的参考剪切模量，kN/m^2；$\gamma_{0.7}$ 为 $G_s^{\text{ref}} = 0.722 G_0^{\text{ref}}$ 时的剪切应变。图 3.44 表明了三轴试验的模型刚度参数 E_{50}、E_{ur} 和 $E_0 = 2G_0(1+\nu_{\text{ur}})$。对于 E_{ur} 和 $2G_0$ 对应的应变，可以参考前面的论述。如果默认值 $E_0^{\text{ref}} = G_{\text{ur}}^{\text{ref}}$，没有小应变硬化行为发生，HSS 模型就相当于 HS 模型。

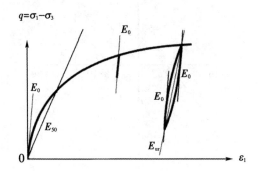

图 3.44　HSS 模型中的刚度参数 $E_0 = 2G_0(1+\nu_{\text{ur}})$

（1）弹性模量（E）。初始斜率用 E_0 表示，50% 强度处割线模量用 E_{50} 表示，如图 3.45 所示。对于土体加载问题一般使用 E_{50}；如果考虑隧道等开挖卸载问题，一般需要用 E_{ur} 替换 E_{50}。

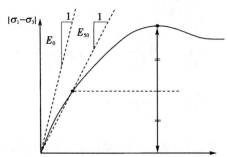

图 3.45　E_0 和 E_{50} 的定义方法（标准排水三轴试验结果）

对于岩土材料而言，不管是卸载模量还是初始加载模量，往往都会随着围压的增加而增大。给出了一个刚度会随着深度增加而增加的特殊输入选项，如图 3.46 所示。另外，观测到刚度与应力路径相关。卸载/重加载的刚度比首次加载的刚度要更大。所以，土体观测到（排水）压缩的弹性模量比剪切的更低。因此，当使用恒定的刚度模量来模拟土体行为，可以选择一个与应力水平和应力路径发展相关的值。

（2）泊松比（ν）。当弹性模型或者 MC 模型用于重力荷载（塑性计算中 $\sum M_{weight}$ 从 0 增加到 1）问题时，泊松比的选择特别简单。对于这种类型的加载，给出比较符合实际的比值 $K_0 = \sigma_h / \sigma_v$。在一维压缩情况下，由于两种模型都会给出众所周知的比值：$\sigma_h / \sigma_v = \nu / (1 - \nu)$，因此容易选择一个可以得到比较符合实际的 K_0 值的泊松比。通过匹配 K_0 值，可以估计 ν 值。在许多情况下得到的 ν 值是介于 0.3 和 0.4 之间的。一般地说，除了一维压缩，这个范围的值还可以用在加载条件下。在卸载条件下，使用 0.15~0.25 更为普遍。

（3）内聚力（c）。内聚力与应力同量纲。在 MC 模型中，内聚力参数可以用来模拟土体的有效内聚力，与土体真实的有效摩擦角联合使用［见图 3.46（a）］。不仅适用于排水土体行为，也适用于不排水（A）的材料行为，两种情况下，都可以执行有效应力分析。除此以外，当不排水（B）和不排水（C）时，内聚力参数可以使用不排水剪切强度参数 c_u（或者 s_u），同时设置摩擦角为 0。设置为不排水（A）时，使用有效应力强度参数分析的劣势在于，模型中的不排水剪切强度与室内试验获得的不排水剪切强度不易相符，原因

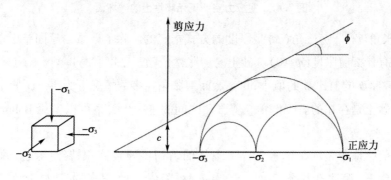

（a）有效应力强度参数

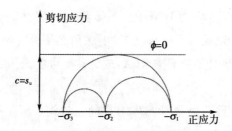

（b）不排水强度参数

图 3.46　应力圆与库仑破坏线

在于它们的应力路径往往不同。在这方面，高级土体模型比 MC 模型表现更好。但所有情况下，建议检查所有计算阶段中的应力状态和当前真实剪切强度（$|\sigma_1 - \sigma_3| \leq s_u$）。

（4）内摩擦角（ϕ）。内摩擦角以度的形式输入。通常摩擦角模拟土体有效摩擦的，并与有效内聚力一起使用[见图 3.46（a）]。这不仅适合排水行为，同样适合不排水（A），因为它们都是基于有效应力分析。除此以外，土的强度设置还可以使用不排水剪切强度作为内聚力参数输入，并将摩擦角设为零，即不排水（B）和不排水（C）[图 3.46（b）]。摩擦角较大时（如密实砂土的摩擦角）会显著增加塑性计算量。计算时间的增加量大致与摩擦角的大小成指数关系。因此，初步计算某个工程问题时，应该避免使用较大的摩擦角。如图 3.46 中摩尔应力圆所示，摩擦角在很大程度上决定了抗剪强度。

图 3.47 表示的是一种更为一般的屈服准则。摩尔-库仑破坏准则被证明比德鲁克-普拉格近似更好地描述了土体，因为后者的破坏面在轴对称情况下往往是很不准确的。

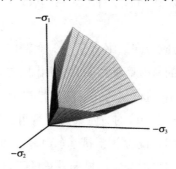

图 3.47　主应力空间下无黏性土的破坏面

（5）剪胀角（ψ）。剪胀角（ψ）是以度的方式指定的。除了严重的超固结土层以外，黏性土通常没有什么剪胀性（$\psi = 0$）。砂土的剪胀性依赖于密度和摩擦角。对于石英砂土来说，$\psi = \phi - 30°$，ψ 的值比 ϕ 的值小 30°，然而剪胀角在多数情况下为零。ψ 的小的负值仅仅对极松的砂土是存在的。摩擦角与剪胀角之间的进一步关系可以参见 Bolton（1986）相关文章。

一个正值摩擦角表示在排水条件下土体的剪切将导致体积持续膨胀。这有些不真实，对于多数土，膨胀在某个程度会达到一个极限值，进一步的剪切变形将不会带来体积膨胀。在不排水条件下，正的剪胀角加上体积改变，将导致拉伸孔隙应力（负孔压）的产生。因此，在不排水有效应力分析中，土体强度可能被高估。当土体强度使用 $c = c_u（s_u）$ 和 $\phi = 0$，不排水（B）或者不排水（C），剪胀角必须设置为零。特别注意，使用正值的剪胀角并且把材料类型设置为不排水（A）时，模型可能因为吸力而产生无限大的土体强度。

（6）剪切模量（G）。剪切模量 G 与应力是同一量纲。根据胡克定律，弹性模量和剪切模量的关系如下：

$$G = \frac{E}{1+(1+\nu)} \qquad (3.58)$$

泊松比不变的情况下，给 G 或 E_{oed} 输入一个值，将导入 E 的改变。

（7）固结仪模量（E_{oed}）。固结仪模量 E_{oed}（侧限压缩模量）与应力量纲相同。根据胡克定律，可得固结仪模量：

$$E_{oed} = \frac{(1-\nu)E}{(1-2\nu)(1+\nu)} \tag{3.59}$$

泊松比不变的情况下，给 G 或 E_{oed} 输入一个值，将导入 E 的改变。

（8）压缩波速与剪切波速（V_P 和 V_S）。一维空间压缩波速与固结仪模量和密度有关：

$$V_P = \sqrt{\frac{E_{oed}}{\rho}} \tag{3.60}$$

其中，$E_{oed} = \frac{(1-\nu)E}{(1+\nu)(1-2\nu)}$，$\rho = \frac{\gamma_{unsat}}{g}$。

一维空间剪切波速与剪切模量和密度有关：

$$V_S = \sqrt{\frac{G}{\rho}} \tag{3.61}$$

其中，$G = \frac{E}{2(1+\nu)}$，$\rho = \frac{\gamma_{unsat}}{g}$，$g$ 取 9.8 m/s^2。

（9）摩尔-库仑模型的高级参数。当使用摩尔-库仑模型时，高级的特征包括：刚度和内聚力强度随着深度的增加而增加，使用"拉伸截断"选项。事实上，后一个选项的使用是缺省设置，但是如果需要的话，可以在这里将它设置为无效。

• 刚度的增加（E_{inc}）。在真实土体中，刚度在很大程度上依赖于应力水平，这就意味着刚度通常随着深度的增加而增加。当使用摩尔-库仑模型时，刚度是一个常数值，E_{inc} 就是用来说明刚度随着深度的增加而增加的，它表示弹性模量在每个单位深度上的增加量（单位：应力/单位深度）。在由 y_{ref} 参数给定的水平上，刚度就等于弹性模量的参考值 E'_{ret}，即在参数表中输入的值。

$$E(y) = E_{ret} + (y_{ret} - y)E_{inc} \quad (y < y_{rest}) \tag{3.62}$$

弹性模量在应力点上的实际值由参考值和 E'_{inc} 得到。要注意，在计算中，随着深度而增加的刚度值并不是应力状态的函数。

• 内聚力的增加（c_{inc} 或者 $s_{u, inc}$）。对于黏性土层提供了一个高级输入选项，反映内聚力随着深度的增加而增加。c_{inc} 就是用来说明内聚力随着深度的增加而增加的，它表示每单位深度上内聚力的增加量。在由 y_{ref} 参数给定的水平上，内聚力就等于内聚力的参考值 c_{ret}，即在参数表中输入的值。内聚力在应力点上的实际值由参考值和 c_{inc} 得到。

$$c(y) = c_{ret} + (y_{ret} - y)c_{inc} \quad (y < y_{ret})$$
$$S_u(y) = S_{u, ret} + (y_{ret} - y)s_{u, inc} \quad (y < y_{ret}) \tag{3.63}$$

• 拉伸截断。在一些实际问题中要考虑到拉应力的问题。根据图 3.46 所显示的库仑包络线，这种情况在剪应力（摩尔圆的半径）充分小的时候是允许的。然而，沟渠附近的土体表层有时会出现拉力裂缝。这就说明除了剪切以外，土体还可能受到拉力的破坏。分析中选择拉伸截断就反映了这种行为。这种情况下，不允许有正主应力的摩尔圆。当选择拉伸截断时，可以输入允许的拉力强度。对于 MC 模型和 HS 模型来说，采用拉伸截断时抗拉强度的缺省值为零。

- 动力计算中的 MC 模型。当在动力计算中，使用 MC 模型，刚度参数的设置需要考虑正确的波速。一般来说，小应变刚度比工程中的应变水平下的刚度更适合。当受到动力或者循环加载时，MC 模型一般仅仅表现为弹性行为，而且没有滞回阻尼，也没有应变或孔压或液化。为了模拟土体的阻力特性，需要定义瑞利阻尼。

3.7.5　G_0 和 $\gamma_{0.7}$ 参数

一些系数影响着小应变参数 G_0 和 $\gamma_{0.7}$。最重要的是，岩土体材料的应力状态和孔隙比 e 的影响。在 HSS 模型，应力相关的剪切模量 G_0 按照幂法则考虑：

$$G_0 = G_0^{\mathrm{ref}} \left(\frac{c\cos\varphi - \sigma'\sin\varphi}{c\cos\varphi - p^{\mathrm{ref}}\sin\varphi} \right)^m \tag{3.64}$$

上式类似于其他刚度参数公式。界限剪应变 $\gamma_{0.7}$ 独立于主应力。

假设 HSS/HS 模型中的计算孔隙比改变很小，材料参数不因孔隙比改变而更新。材料初始空隙比对找到小应变剪切刚度非常有帮助，可以参考许多相关资料（Benz, 2006）。适合多数土体的估计值由 Hardin 和 Black（1969）给出：

$$G_0^{\mathrm{ref}} = \frac{(2.97-e)^2}{1+e} 33 \left[\mathrm{MPa} \right] \tag{3.65}$$

Alpan（1970）根据经验给出动力土体刚度与静力土体刚度的关系。如图 3.48 所示。

在 Alpan 的图中，动力土体刚度等于小应变刚度 G_0 或 E_0。在 HSS 模型中，考虑静力刚度 E_{static} 定义约等于卸载/重加载刚度 E_{ur}。

可以根据卸载/重加载 E_{ur} 来估算土体小应变刚度。尽管 Alpan 建议 E_0/E_{ur} 对于非常软的黏土可以超过 10，但是在 HSS 模型中，限制最大 E_0/E_{ur} 或 G_0/G_{ur} 为 10。

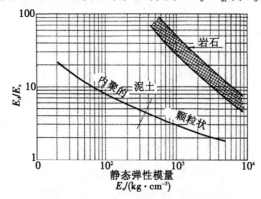

图 3.48　Alpan 给出动力刚度（$E_d = E_0$）与静力刚度（$E_s = E_{\mathrm{ur}}$）的关系

在这个实测数据中，关系适用于界限剪应变 $\gamma_{0.7}$。图 3.49 给出了剪切应变与塑性指数的关系。使用起初的 Hardin-Drnevich 关系，界限剪切应变 $\gamma_{0.7}$ 可以与模型的破坏参数相关。应用摩尔-库仑破坏准则：

$$\gamma_{0.7} \approx \frac{1}{9G_0}\left[\,2c'(1+\cos(2\varphi')) - \sigma_1'(1+K_0)\sin(2\varphi)\,\right] \tag{3.66}$$

式中：K_0——水平应力系数；

σ_1'——有效垂直应力（压为负）。

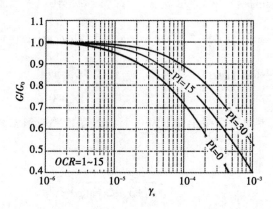

图 3.49　Vucetic 与 Dobry 给出的塑性指数对刚度的影响

3.7.6　模型初始化

应力松弛消除了土的先期应力的影响。在应力松弛和联结形成期间，土体的颗粒（或级配）组成逐渐成熟，在此期间，土的应力历史消除。

考虑到自然沉积土体的第二个过程发展较快，多数边界值问题里应变历史应该开始于零（$H=0$）。这在 HSS 模型中是一个默认的设置。

然而，一些时候可能需要初始应变历史。在这种情况下，应变历史可以设置，通过在开始计算之前施加一个附加荷载步。这样一个附加荷载步可以用于模拟超固结土。计算前一般超固结的过程已经消失很久。所以应变历史后来应该重新设置。然而，应变历史已经通过增加和去除超载而引发。在这种情况下，应变历史可以手动重置，通过代替材料或者施加一个小的荷载步。更方便的是试用初始应力过程。

当使用 HSS 模型时，要小心试用零塑性步。零塑性步的应变增量完全来自系统中小的数值不平衡，该不平衡决定于计算容许误差。所以，零塑性步中的小应变增量方向是任意的。因此，零塑性步的作用可能像一个随意颠倒的荷载步，多数情况不需要。

3.7.7　HS 模型与 HSS 模型的其他不同——动剪胀角

HS 模型和 HSS 模型的剪切硬化流动法则都有线性关系：

$$\dot{\varepsilon}_{v}^{p} = \sin\psi_{m}\dot{\gamma}^{p} \tag{3.67}$$

动剪胀角 ψ_m 在压缩的情况下，HSS 模型和 HS 模型有不同定义。HS 模型中假定如下：

对于　$\sin\varphi_m < 3/4\sin\varphi$ 　　　　　　　　　 $\psi_m = 0$

对于　$\sin\varphi_m \geq 3/4\sin\varphi$ 且 $\psi > 0$ 　　　 $\sin\psi_m = \max\left(\dfrac{\sin\varphi_m - \sin\varphi_{cv}}{1 - \sin\varphi_m\sin\varphi_{cv}},\ 0\right)$

对于　$\sin\varphi_m \geq 3/4\sin\varphi$ 且 $\psi < 0$ 　　　 $\psi_m = \psi$

如果　$\varphi = 0$ 　　　　　　　　　　　　　　　 $\psi_m = 0$

其中 φ_{cv} 是一个临界状态摩擦角，作为一个与密度相关材料常量，φ_m 是一个动摩擦角：

$$\sin\varphi_m = \frac{\sigma_1' - \sigma_3'}{\sigma_1' + \sigma_3' - 2c\cot\varphi} \tag{3.68}$$

对于小摩擦角和负的 ψ_m，通过 Rowe 的公式计算，ψ_m 在 HS 模型中设为零。约定更低的 ψ_m 值有时候会导致塑性体积应变太小。

因此，HSS 模型采用 Li 和 Dafalias 的一个方法，每当 ψ_m 通过 Rowe 公式计算则是负值。在这种情况下，动摩擦在 HSS 模型中计算如下：

$$\sin\psi_m = \frac{1}{10}\left(M\exp\left[\frac{1}{15}\ln\left(\frac{\eta}{M}\frac{q}{q_a}\right)\right] + \eta\right) \tag{3.69}$$

其中，M 为破坏应力比，$\eta = q/p$ 是真应力比。方程是 Li 和 Dafalias 孔隙比相关方程的简化版。

3.8　基于土体硬化 HS 的小应变土体硬化 HSS 模型

（1）三轴压缩试验中双曲线应力-应变关系。遵循摩尔-库仑破坏准则的双曲线模型是 HS 和 HSS 模型的基础。相比邓肯-张模型，HS 与 HSS 模型是弹塑性模型（如图 3.50 所示）。

三轴加载中邓肯-张或双曲线模型：

对于 $q < q_f'$：

$$\varepsilon_1 = \varepsilon_{50}\frac{q}{q_a - q} \tag{3.70}$$

其中：

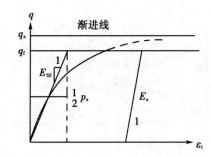

图 3.50　三轴压缩实验中双曲线应力应变关系

$$q_f = \frac{2\sin\varphi}{1-\sin\varphi}(\sigma_3' + c\cot\varphi)$$

$$q_a = \frac{q_f}{R_f} \geq q_f$$

R_f 为破坏比，默认为 0.9。

（2）动摩擦中塑性应变（剪切硬化）（如图 3.51 所示）。

屈服方程：

$$f' = \frac{q_0}{E_{50}}\frac{q}{q_a - q} - \frac{2q}{E_{ur}} - \gamma^{ps} \tag{3.71}$$

其中，γ^{ps} 是状态参数，它记录锥面的展开。γ^{ps} 的发展法则：$d\gamma^{ps} = d\lambda^s$，其中 $d\lambda^s$ 是模型锥形屈服面的乘子。

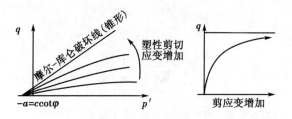

图 3.51　动摩擦中塑性应变（剪切硬化）

（3）主压缩中塑性应变（密度硬化）（如图 3.52 所示）。

屈服方程：

$$f' = \frac{\overline{q}^2}{\alpha^2} - p^2 - p_p^2 \tag{3.72}$$

其中，p_p 是状态参数，它记录帽盖的位移。

（4）幂关系的应力相关刚度。

主应力空间下摩尔-库仑的锥面被帽盖封闭（如图 3.53 所示）。

因此：

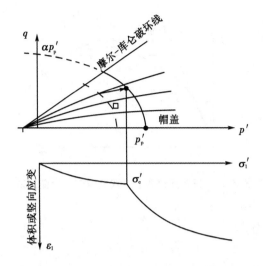

图 3.52 主压缩中塑性应变(密度硬化)

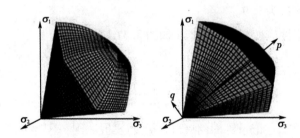

图 3.53 主应力空间下摩尔-库仑的锥面被帽盖封闭幂关系的应力相关刚度

$$\bar{q} = f(\sigma_1, \sigma_2, \delta_3, \varphi) \tag{3.73}$$

演化法则:

$$\mathrm{d}P_\mathrm{p} = \frac{K_\mathrm{s} - K_\mathrm{c}}{K_\mathrm{s} - K_\mathrm{c}} \left(\frac{\sigma_1 + a}{p + a} \right)^m \mathrm{d}\varepsilon_\mathrm{v}^\mathrm{p} \tag{3.74}$$

其中,$K_\mathrm{s} = \dfrac{E_\mathrm{ur}^\mathrm{ref}}{3(1 - 2\nu)}$ 和帽盖 K_c 的全积刚度由 E_oed 和 K_0^nc 决定。

应力相关模量如图 3.54 所示。

(5)弹性卸载/重加载如图 3.55 所示。

$$E_\mathrm{ur} = \frac{E_\mathrm{ur}}{3(1 - 2\nu_\mathrm{ur})} \tag{3.75}$$

$$G_\mathrm{ur} = \frac{E_\mathrm{ur}}{2(1 + \nu_\mathrm{ur})} \tag{3.76}$$

$$E_\mathrm{ur} = \frac{E_\mathrm{ur}(1 - \nu_\mathrm{ur})}{(1 - 2\nu_\mathrm{ur})(1 + \nu_\mathrm{ur})} \tag{3.77}$$

(6)预固结应力的记忆如图 3.56 所示。

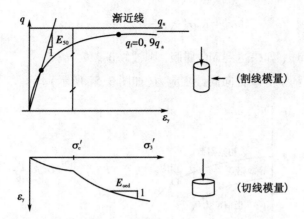

图 3.54　应力相关模量幂关系的应力相关刚度

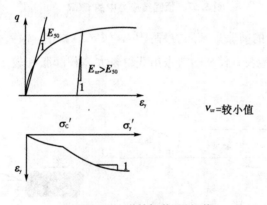

图 3.55　弹性卸载/重加载

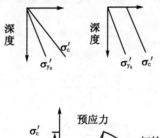

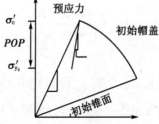

图 3.56　预固结应力的记忆

预固结通过与竖向应力相关的 OCR 和 POP 来输入，并转化为 p_p。

初始水平应力：

$$\sigma'_{10} = K'_0\sigma'_c - (\sigma'_c - \sigma'_{y0}) \cdot \frac{\nu_{ur}}{1+\nu_{ur}} \qquad (3.78)$$

默认：$K'_0 = 1 - \sin\varphi$，如果达到 MC 屈服，则被修正。

输出的 OCR 是基于等效各向同性主应力（如图 3.57 所示）。

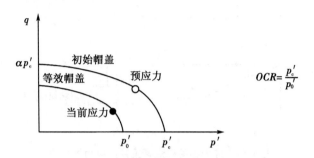

图 3.57　预固结应力中的 OCR

（7）摩尔-库仑线下的剪胀。剪胀方程：Rowe（1962）修正，输入的摩擦角决定摩尔-库仑强度。剪胀角改变应变；较高的剪胀角获得较大体积膨胀和较小的主方向屈服应变（如图 3.58 所示）。

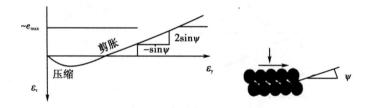

图 3.58　摩尔-库仑线下的剪胀

$$\left.\begin{aligned}
\sin\varphi_{cv} &= \frac{\sin\varphi' - \sin\psi}{1 - \sin\varphi'\sin\psi} \\
\sin\varphi_m &= \frac{\sigma'_1 - \sigma'_3}{\sigma'_1 + \sigma'_3 - 2c'\cot\varphi'} \\
\sin\psi_m &= \frac{\sin\varphi_m - \sin\varphi_{cv}}{1 - \sin\varphi_m\sin\varphi_{cv}}
\end{aligned}\right\} \qquad (3.79)$$

从破坏线认识剪胀。

非关联流动：增加的剪胀角 ψ_m 从零（φ_{cv} 位置）到输入值 ψ_{input}（摩尔-库仑线）。Rowe 对于 $\sin\varphi_m < 0.75\sin\varphi$；剪胀角等于零。（如图 3.59 所示）

关联流动：压缩从零增加到摩尔-库仑位置的最大值仅仅帽盖移动（如图 3.60 所示）。

（8）小应变刚度。土体硬化 HS 中的压缩如图 3.61 所示。土体硬化（HS）与小应变土体硬化（HSS）模型。当卸载-加载的幅值减小，滞回消失，因此，近乎真实的弹性响应

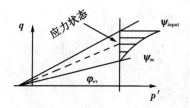

图 3.59　从破坏线认识非关联流动剪胀

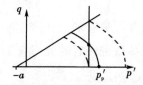

图 3.60　从破坏线认识关联流动剪胀

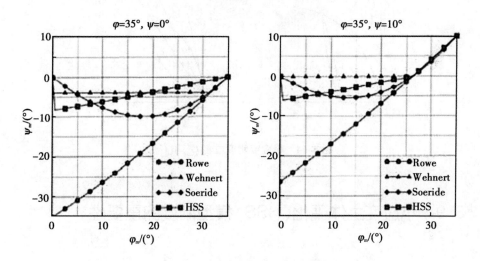

图 3.61　土体硬化 HS 中的压缩

仅在非常小的滞回环的情况下发生。真正弹性刚度叫做小应变刚度(如图 3.62 所示)。

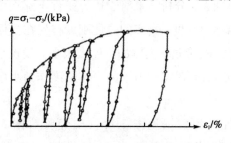

图 3.62　小应变刚度

小应变刚度或者 E_{ur} 和 E_0。土体硬化 HS 模型中定义屈服面内的刚度的卸载-加载 E_{ur} 是卸载/重加载(大的)滞回环的割线模量，小应变(或小滞回)下的 $E_0 = E_{ur}$(如图 3.63 所示)。

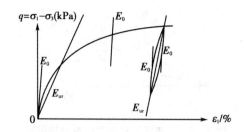

图 3.63　小应变刚度或者 E_{ur} 和 E_0

小应变刚度或者 G_{ur} 和 G_0。来自实验室的土体刚度一般给出割线剪切模量-剪切应变关系图。$G=G(\gamma)$ 是一个应用于荷载翻转后的剪切应变的函数（如图 3.64 所示）。

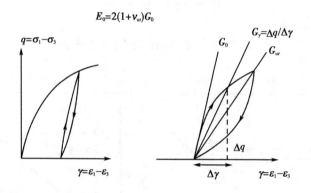

图 3.64　小应变刚度或者 G_{ur} 和 G_0

3.9　小应变土体硬化(HSS)模型刚度的重要性

小应变刚度通过经典室内试验被发现。因此，不考虑它可能导致高估地基沉降和挡墙变形的问题，低估挡墙后的沉降和隧道上方的沉降，桩或者锚杆表现得偏软等问题。由于边缘处的网格刚度更加大，分析结果对于边界条件不那么敏感，大网格不再导致额外的位移。小应变刚度与动力刚度：真实的弹性刚度首先在土体动力试验中获得的。明显动力情况的土体刚度比自然荷载下土体的刚度大很多。发现小应变下的刚度与动力实测测得结果差异很小。所以，有时将动力下的土体刚度作为小应变刚度是合理的。刚度衰减曲线特征见图 3.65。

小应变刚度的实验证明和数据见图 3.66。E_0 经验数据 & 经验关系，Alpan 假定 $E_{\text{dynamic}}/E_{\text{static}}=E_0/E_{ur}$，则可以获得 E_0 与 E_{ur} 的关系，如图 3.67 所示。

$\gamma_{0.7}$ 经验关系。基于实验数据的统计求值，Darandeli 提出双曲线刚度衰减模型关系，与小应变土体硬化 HSS 模型相似。关系给出不同的塑性指标。

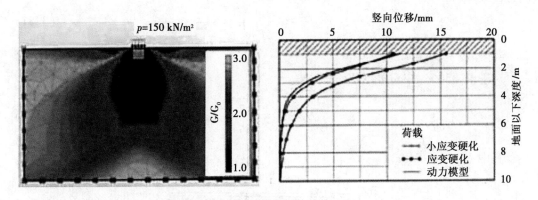

图 3.65　小应变刚度应用

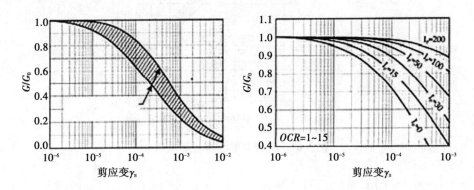

（a）Seed 和 idris 刚度衰减曲线　　　　　　　　　（b）Vucetic 和 Dobry 刚度衰减曲线

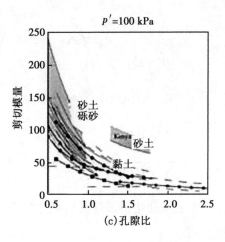

图 3.66　小应变刚度的实验证明和数据

经验公式：

$$G_0/E_0 = 2(1+\nu_{ur})G_0 \tag{3.80}$$

进一步的关系式为：

$$G_0 = G_0^{\text{ref}} \left(\frac{p'}{p_{\text{ret}}} \right)^m \tag{3.81}$$

其中 $G_0^{\text{ref}} = \text{function}(e) \cdot OCR'$

对于 $W_l < 50\%$，Biarez 和 Hicher 给出：

$$E_0 = E_0^{\text{ref}} = \sqrt{\frac{p'}{p_{\text{ref}}}} \tag{3.82}$$

其中 $E_0^{\text{ref}} = \dfrac{140}{e}$ MPa。

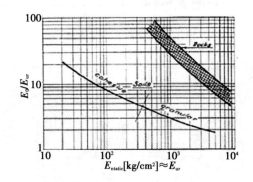

图 3.67 E_0 经验数据 & 经验关系

基于 Darandeli 的成果，$\gamma_{0.7}$ 可计算为：

$IP = 0$：

$$\gamma_{0.7} = 0.00015 \sqrt{\frac{p'}{p_{\text{ref}}}}$$

$IP = 30$：

$$\gamma_{0.7} = 0.00026 \sqrt{\frac{p'}{p_{\text{ref}}}} \tag{3.83}$$

$IP = 100$：

$$\gamma_{0.7} = 0.00055 \sqrt{\frac{p'}{p_{\text{ref}}}}$$

$\gamma_{0.7}$ 的应力相关性在小应变土体硬化（HSS）模型中并没有实现。如果需要，可以通过建立子类组归并到边界值问题。

3.10　一维状态的小应变土体硬化（HSS）模型特点

Hardin 和 Drnevich 的一维模型如图 3.68 所示：

Hardin 和 Drnevich 模型：

$$\frac{G}{G_0} = \frac{1}{1 + \dfrac{\gamma}{\gamma_1}}$$

(3.84)

HSS 模型修正：

$$\frac{G}{G_0} = \frac{1}{1 + \dfrac{3\gamma}{7\gamma_{2,3}}}$$

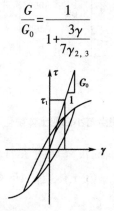

图 3.68　一维状态的小应变土体硬化（HSS）模型

刚度退化。左边：切线模量衰减→参数输入。右边：割线模量衰减→刚度退化截断。如果小应变土体硬化 HSS 中的小应变刚度关系预计小于 Gurref 的割线刚度，模型的弹性刚度设置为定值，随后硬化的塑性说明刚度进一步衰减，如图 3.69 所示。

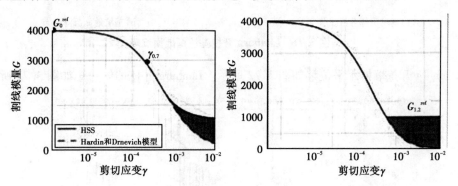

图 3.69　刚度退化

3.11　三维状态小应变土体硬化 HSS 模型特点

三轴试验中的模型性能。试验材料：密 Hostun 砂土。

试验参数：$E_{ur}^{ref} = 90$ MPa，$E_0^{ref} = 270$ MPa，$m = 0.55$，$\gamma_{0.7} = 2 \times 10^{-4}$。土体硬化 HS 模型与小应变土体硬化 HSS 模型的应力-应变曲线几乎相同，如图 3.70(a) 所示。

然而，注意曲线第一部分，两个模型是不一样的。

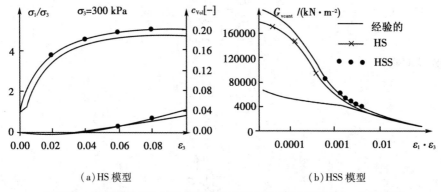

（a）HS 模型　　　　　　　　　　（b）HSS 模型

图 3.70　土体硬化 HS 模型与小应变土体硬化 HSS 模型应力-应变曲线

案例 A。Limburg 开挖基坑槽地面沉降如图 3.71 所示。对比分析：①摩尔-库仑模型 $E=E_{50}$；②摩尔-库仑模型 $E=E_{ur}$；③土体硬化 HS 模型 $E_{oed}=E_{50}$。

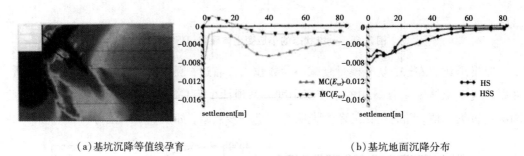

（a）基坑沉降等值线孕育　　　　　　　　（b）基坑地面沉降分布

图 3.71　Limburg 开挖基坑槽地面沉降

Limburg 开挖墙体水平位移如图 3.72 所示。Limburg 开挖墙体弯矩如图 3.73 所示。

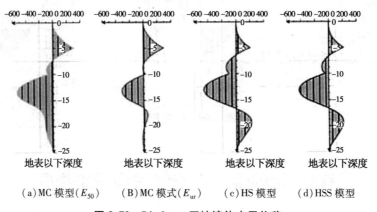

（a）MC 模型（E_{50}）　　（B）MC 模式（E_{ur}）　　（c）HS 模型　　（d）HSS 模型

图 3.72　Limburg 开挖墙体水平位移

案例 B。隧道案例，Steinhaldenfeld-NATM 隧道开挖支护如图 3.74 所示。

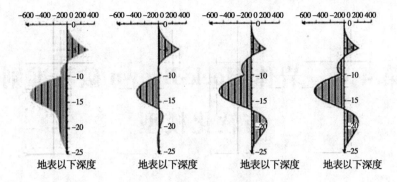

图 3.73　Limburg 开挖墙体弯矩

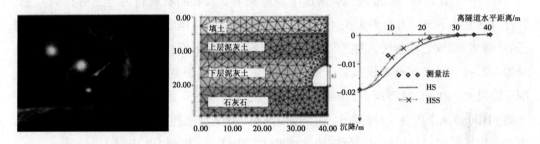

图 3.74　Steinhaldenfeld-NATM 隧道开挖支护

第 4 章　岩体 Hoek-Brown 破坏准则
与软化模型

岩石一般比较硬，强度较大，从这个角度来看，岩石的材料行为与土有很大差别。岩石的刚度几乎与应力水平无关，因此可将岩石的刚度看作常数。另外，应力水平对岩石的(剪切)强度影响很大，因此可将节理岩石看作一种摩擦材料。第一种方法可以通过摩尔-库仑(MC)破坏准则模拟岩石的剪切强度。但是考虑到岩石所经受的应力水平范围可能很大，由 MC 模型所得到的线性应力相关性通常是不适合的。Hoek-Brown(胡克-布朗，HB)破坏准则是一种非线性强度近似准则，在其连续性方程中不仅包含剪切强度，也包含拉伸强度。与胡克定律所表述的线弹性行为联合，得到 HB 模型。

◤◢ 4.1　Hoek-Brown 破坏准则

Hoek-Brown 破坏准则可用最大主应力和最小主应力的关系式来表述(采用有效应力，拉应力为正，压应力为负)：

$$\sigma_1' = \sigma_3' - \left(m_b \frac{-\sigma_3'}{\sigma_{ci}} + s \right)^a \tag{4.1}$$

式中：m_b——对完整岩石参数 m_i 折减，依赖于地质强度指数(GSI)和扰动因子(D)参数：

$$m_b = m_i \exp\left(\frac{GSI - 100}{28 - 14D} \right) \tag{4.2}$$

s，a——岩块的辅助材料参数，可表述为：

$$s = \exp\left(\frac{GSI - 100}{9 - 3D} \right) \tag{4.3}$$

$$a = \frac{1}{2} + \frac{1}{6} \left[\exp\left(-\frac{GSI}{15} \right) - \exp\left(-\frac{20}{3} \right) \right] \tag{4.4}$$

σ_{ci}——完整岩石材料的单轴抗压强度(定义为正值)。根据该值可得出特定岩石单轴抗压强度 σ_c 为：

$$\sigma_c = \sigma_{ci} s^a \tag{4.5}$$

特定岩石抗拉强度 σ_t：

$$\sigma_t = \frac{s\sigma_{ci}}{m_b} \tag{4.6}$$

Hoek-Brown 破坏准则描述如图 4.1 所示。

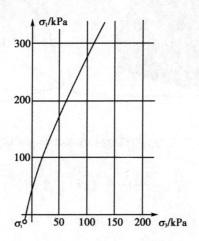

图 4.1 Hoek-Brown 破坏准则

在塑性理论中，Hoek-Brown 破坏准则重新写为下述破坏函数：

$$f_{HB} = \sigma_1' - \sigma_3' + \bar{f}(\sigma_3') \tag{4.7}$$

其中 $\bar{f}(\sigma_3') = \sigma_{ci}\left(m_b - \dfrac{\sigma_3'}{\sigma_{ci}} + s\right)^a$。

对于一般三维应力状态，处理屈服角需要更多屈服函数，这点与摩尔-库仑准则相似。定义应力压为负，且考虑主应力顺序 $\sigma_1' \le \sigma_2' \le \sigma_3'$，准则可以用两个屈服函数来描述：

$$f_{HB,13} = \sigma_1' - \sigma_3' + \bar{f}(\sigma_3') \tag{4.8}$$

其中 $\bar{f}(\sigma_3') = \sigma_{ci} - \left(m_b - \dfrac{\sigma_3'}{\sigma_{ci}} + s\right)^a$。

$$f_{HB,12} = \sigma_1' - \sigma_2' + \bar{f}(\sigma_2') \tag{4.9}$$

其中 $\bar{f}(\sigma_2') = \sigma_{ci}\left(m_b - \dfrac{\sigma_2'}{\sigma_{ci}} + s\right)^a$。

主应力空间中的胡克-布朗破坏面($f_i = 0$)如图 4.2 所示。

除了上述两个屈服函数以外，Hoek-Brown 准则中定义了两个相关塑性势函数：

$$g_{HB,13} = S_i - \left(\frac{1+\sin\psi_{mob}}{1-\sin\psi_{mob}}\right)S_3 \tag{4.10}$$

$$g_{HB,12} = S_i - \left(\frac{1+\sin\psi_{mob}}{1-\sin\psi_{mob}}\right)S_2 \tag{4.11}$$

其中：S_i 为转换应力，定义为：

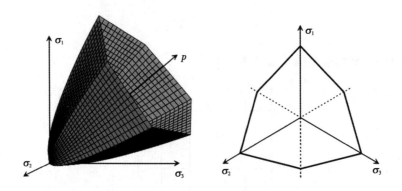

图 4.2　主应力空间中的 Hoek-Brown 破坏面

$$S_i = \frac{-\sigma_1}{m_b \sigma_{ci}} + \frac{S}{m_b^2} \quad (i = 1, 2, 3) \tag{4.12}$$

ψ_{mob} 为动剪胀角，当 σ_3' 由其输入值 $(\sigma_3' = 0)$ 降低为 $0(-\sigma_3' = \sigma_\psi)$ 时，动剪胀角随之变化：

$$\psi_{mob} = \frac{\sigma_\psi + \sigma_3'}{\sigma_\psi} \psi \geq 0 \quad (0 \geq -\sigma_3' \geq \sigma_\psi) \tag{4.13}$$

此外，为了允许受拉区域中的塑性膨胀，人为给定了递增的动剪胀角：

$$\psi_{mob} = \psi + \frac{\sigma_3'}{\sigma_t}(90° - \psi)(\sigma_t \geq -\sigma_3' \geq 0) \tag{4.14}$$

动剪胀角随 σ_3' 的变化如图 4.3 所示。

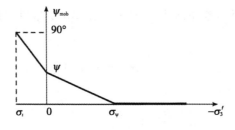

图 4.3　动剪胀角的变化

关于 Hoek-Brown 模型的弹性行为，即各向同性线弹性行为胡克定律。模型的参数包括弹性模量 E（代表节理岩体破坏前的原位刚度），泊松比 ν（描述侧向应变）。

Hoek-Brown 破坏准则由于其固有的能力可以捕捉不同类型岩石的非线性行为，在过去几十年的实际工程应用中经常被采用。Hoek-Brown 之前的观点[Hoek，1968 年；Hoek-Brown，1980，将断裂力学的一些概念与初始屈服的非线性趋势所产生的宏观响应联系起来。为了建立初始屈服面的数学表达式并描述岩体的特性，研究了完整岩石的单轴抗压强度（UCS）和一些由经验相关性（即经验系数）得到的无因次常数，常数 m_b，s 和 a 定义了 Hoek-Brown 准则：

$$\sigma_1 = \left[\sigma_3 + m_b (\sigma_3 / \sigma_{ci}) + s \right]^a \tag{4.15}$$

式中：　σ_1——最大主有效应力；

　　　　σ_3——最小主有效应力；

　　　　σ_{ci}——完整材料的 *UCS*；

m_b，s 和 a——由经验关系式得到的初始屈服面非线性趋势的无量纲系数。

这一方法已经被一些作者（Marinos 等，2005）进一步改进利用在不同环境条件下野外观测记录经验数据来表征岩体力学特性。为此，提出了地质强度指数（*GSI*）与破坏程度关系，采用因子（*D*）来定义 Hoek-Brown 屈服面的材料参数，见式（4.2）、式（4.3）、式（4.4）。

在这些方程中，m_i 的值是 m_b，相当于完整的岩石（即 $m_b = m_i$，*GSI* = 100）。此后，PLAXIS 中实施的 Hoek-Brown 模型是指 Jiang（2017）提出的方法，该方法可以同时保证屈服面和塑性势的光滑性和凸性。潜在应用实现进一步加强，具有以下组成特征：

- 初始非相关性，具有模拟峰后状态膨胀非线性演化的能力。
- 通过两种不同的方法实现软化规则。
- 在应力空间的拉伸状态下的张力截止点。
- 当脆性破坏特征是在窄剪切带中有应变集中时，这里使用了一个速率依赖版本的 Hoek-Brown 模型来解决数值解的网格依赖性。

不同类型的岩石 σ_{ci} 的取值范围见表 4.1，不同类型岩石的参数 m_i 值见表 4.2，不同类型的岩石的定性指标评价见表 4.3。与干扰因子 *D* 值相关的不同施工案例（建议）见图 4.4 和根据 Marinos 等人（2005）对 *GSI* 系统的表示汇总见图 4.5。

表 4.1　不同类型的岩石 σ_{ci} 的取值范围

岩石材料	电阻的分类	σ_{ci} 取值范围/$(kN \cdot m^2)$
燧石、辉绿岩、新玄武岩、片麻岩、朗岩、石英岩	只有地质锤才有可能碎裂	0~250.0E3
角闪岩、玄武岩辉长岩、片麻岩、花岗闪长岩、石灰岩、大理石、流纹岩、砂岩、凝灰岩	压裂需要地质锤多次击打	100.0E3~250.0E3
石灰岩、大理石、千枚岩、砂岩、片岩、页岩	压裂需要地质锤不止一次的敲击	50.0E3~100.0E3
黏土岩、煤、混凝土、片岩、页岩、粉砂岩	地质锤一击就可以压裂，但不能用小刀刮或削	25.0E3~50.0E3
粉笔、钾肥、盐岩	地质锤点用力冲击会留下浅压痕；用小刀削皮是可能的，但很困难	5000~25.0E3
风化的岩石、高度风化或蚀变的岩石	地质锤尖有力打击会导致土崩瓦解；用小刀削皮是可能的	1000~5000
僵硬的断层泥	地质锤留下压痕	250~1000

表 4.2　不同类型岩石的参数 m_i 值

岩　石	$m_i \pm \Delta m_i$	岩　石	$m_i \pm \Delta m_i$
结块(IG,CO)	19±3	角闪岩(EE,ME)	26±6
安山岩(IG,ME)	25±5	无水石膏(SE,FI)	12±2
玄武岩(IG,FI)	25±5	角砾岩(IG)	19±5
角砾岩(SE)	19±5	白垩岩(SE,VF)	7±2
黏土岩(SE,VF)	4±2	砾岩(SE,CO)	21±3
晶体灰岩(SE,CO)	12±3	英安岩(IG,FI)	25±3
辉绿岩(IG,FI)	15±5	闪长岩(IG FI)	25±5
辉绿岩(IG,ME)	16±5	白云岩(SE,VF)	9±3
辉长岩(IG,CO)	27±3	片麻岩(EE,FI)	28±5
花岗岩(IG,CO)	32±3	花岗闪长岩(IG,CO/ME)	29±3
泥砂岩(SE,FI)	18±3	石膏(SE,ME)	8±2
角页岩(EE,ME)	19±4	大理石(EE,CO)	9±3
泥灰土(SE,VF)	7±2	变质砂岩(EE,ME)	19±3
微晶灰岩(SE,FI)	9±2	混合岩(EE,CO)	29±3
苏长岩(IG,CO/ME)	20±5	黑曜石(IG,VF)	19±3
橄榄岩(IG,VF)	25±5	千枚岩(EE,FI)	7±3
页岩(IG,CO/ME)	20±5	沙石(EE,FI)	20±3
流纹岩(IG,ME)	25±5	砂岩(SE,ME)	17±4
片岩(EE,ME)	12±3	页岩(SE,VF)	6±2
粉砂岩(SE,FI)	7±2	板岩(EE,VF)	7±4
细粒灰岩(SE,ME)	10±2	凝灰岩(IG,FI)	13±5

　　注：表中使用了以下名称来表示岩石的粒度特征：VC(非常差)、CO(差)、ME(中等)、FI(好)、VF(非常好)岩石类型为：IG(火成岩)、EE(变质岩)、SE(沉积岩)

表 4.3 定性指标评价表

干扰因素 D	D
采用 TBM 或质量优良的爆破方式开挖隧道,见图 4.4(a)	0
在质量较差的岩石中,采用机械工艺而不是爆破人工开挖隧道。不存在导致底鼓的挤压问题,或者通过临时仰拱来缓解,见图 4.4(b)	0
在质量较差的岩石中,采用机械工艺而不是爆破人工开挖隧道。存在严重挤压问题,导致底鼓,见图 4.4(c)	0.5
隧道开挖采用质量极差的爆破方式,导致局部损伤较轻,见图 4.4(d)	0.8
采用可控、小规模、质量良好的爆破方式建造的边坡,见图 4.4(e)	0.7
小尺度质量较差的爆破边坡,见图 4.4(f)	0.7
超大露天矿山边坡,采用大生产爆破作业,见图 4.4(g)	1
大型露天矿山边坡,在软岩中采用机械开挖形成,见图 4.4(h)	1

图 4.4 与干扰因子 D 值相关的不同施工案例图(建议)

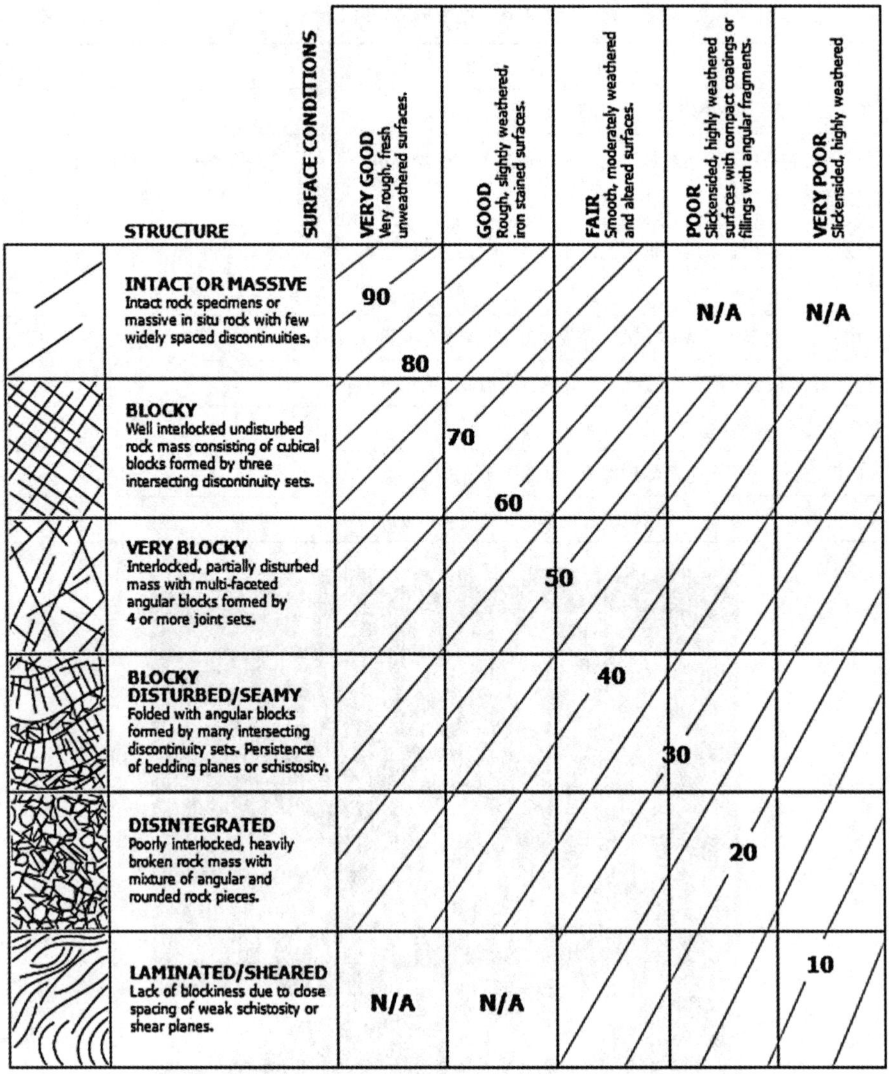

STRUCTURE	SURFACE CONDITIONS	VERY GOOD Very rough, fresh unweathered surfaces.	GOOD Rough, slightly weathered, iron stained surfaces.	FAIR Smooth, moderately weathered and altered surfaces.	POOR Slickensided, highly weathered surfaces with compact coatings or fillings with angular fragments.	VERY POOR Slickensided, highly weathered
INTACT OR MASSIVE Intact rock specimens or massive in situ rock with few widely spaced discontinuities.		90 / 80			N/A	N/A
BLOCKY Well interlocked undisturbed rock mass consisting of cubical blocks formed by three intersecting discontinuity sets.			70 / 60			
VERY BLOCKY Interlocked, partially disturbed mass with multi-faceted angular blocks formed by 4 or more joint sets.				50		
BLOCKY DISTURBED/SEAMY Folded with angular blocks formed by many intersecting discontinuity sets. Persistence of bedding planes or schistosity.				40	30	
DISINTEGRATED Poorly interlocked, heavily broken rock mass with mixture of angular and rounded rock pieces.					20	
LAMINATED/SHEARED Lack of blockiness due to close spacing of weak schistosity or shear planes.		N/A	N/A			10

图 4.5 根据 Marinos 等人(2005)对 GSI 系统的表示汇总图

4.2 Hoek-Brown 模型与 Mohr-Coulomb 模型

为了考虑屈服面中间主应力的影响,根据 Jiang 和 Zhao(2015)用应力不变量(即平均应力 p、偏应力 q 和洛德角 θ)报告的数学形式:

$$f=\left(\frac{q^{1a}}{\sigma_{ci}^{(1/a-1)}}\right)+A(\theta)\left(\frac{q}{3}m_b\right) \cdot m_b p-s\sigma_{ci} \tag{4.16}$$

式(4.17)中考虑的函数 $A(\theta)$ 对应于 Jiang(2017)提出的表达式,定义为:

$$A(\theta) = \frac{\cos\left[\dfrac{1}{3}\arccos(k\cos3\theta)\right]}{\cos\left[\dfrac{1}{3}\arccos(k)\right]} \quad (-1 < k \leqslant 0) \tag{4.17}$$

参数 k 可以作为模型的进一步参数，可以更好地标定岩石样品在偏平面（即 $\kappa=0$ 对应圆形截面），而 $k \to -1$ 对应 Jiang 和 Zhao（2015）定义的截面）。虽然参数 $\kappa \to -1$ 可以保证更接近于原始的 Hoek-Brown 曲面，该曲面的特征是其一阶导数（即屈服面 $\partial f / \partial \sigma_{ij}$）沿压缩三轴应力路径的梯度。因此，在计算一般的三维初边值问题或三轴应力路径时，建议避免使用这个特定的 k。默认情况下，在 $-1 < k \leqslant 0$ 范围外，该参数固定为 $k = -0.9999$。Jiang（2017）提出的 Hoek-Brown 标准的表示被绘制在偏平面上（图 4.6（a）），其中对应于 $k = -0.9$ 的特定值的屈服面与原始 Hoek-Brown 公式和 Drucker-Prager 曲面进行了比较。从图中可以看出，对于轴对称应力路径，Jiang（2017）提出的三维概化方法收敛于式（4.16）中所述模型的原始公式。在图 4.6（b）中，函数 $A(\theta)$ 也绘制了参数 k 的多个值。

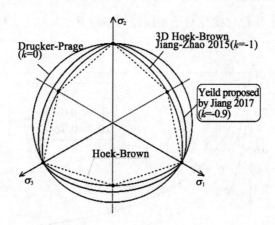

（a）Jiang（2017）提出的屈服准则在偏平面上的截面

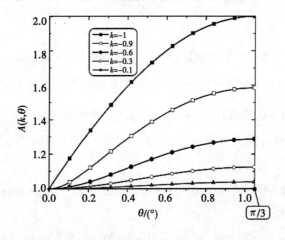

（b）函数 $a(\theta, k)$ 的演化

图 4.6　Jiang2017 重新排列的图

为了计算塑性应变，塑性势是通过使用屈服面相同的数学特征来定义的，其中它们仅在变量 m_ψ 的基础上有所不同，因此可以在 $m_\psi \equiv m_b$ 的情况下恢复相关的塑性。

$$g = \frac{\sigma^{1/\alpha}}{\sigma_{ci}^{(1/\alpha-1)}} + A(\theta)\frac{q}{3}m_\psi \cdot m_\psi p, \quad \begin{cases} \dot{\varepsilon}_c^p = \dot{\Lambda}(\cdot m_\psi) \\ \dot{\varepsilon}_q^p = \dot{\Lambda}\left[\frac{1}{\alpha}\left(\frac{q}{o_{ci}}\right)^{1/a-1} + \frac{m_\psi}{3}\right] \end{cases} \tag{4.18}$$

采用软化规则对材料的剪切退化进行了模拟 Γ_j 为等效塑性应变 ε_{eq}^p 的函数（即为偏塑性应变的累积值），从而可以描述材料的剪切破坏。具体来说，Γ_j 的双曲线衰减对于较大的塑性应变值，采用 Barnichon(1988) 和 Collin(2003) 提出的软化规则来逼近其残余值。

$$\Gamma_J = \Gamma_{j_o} - \left(\frac{\Gamma_{j_o} - \Gamma_{j_r}}{B_j + \varepsilon_{eq}^p}\right)\varepsilon_{eq}^p \quad \left(\varepsilon_{eq}^p = \int_0^t \dot{\varepsilon}_q^p dt\right) \tag{4.19}$$

式中：o，r——下标表示 Γ 的初值和残值；

B_j——材料参数控制相应的硬化变量的软化速率。

图 4.7 显示了 Γ_j 的规范化变化对于不同值的参数 B_j，$B_j = \varepsilon_{eq}^p$，Γ_j 求解达到 50% 的比值（即 $\Gamma_j = 0.5 \cdot (\Gamma_{j_o} + \Gamma_{j_r})$）。

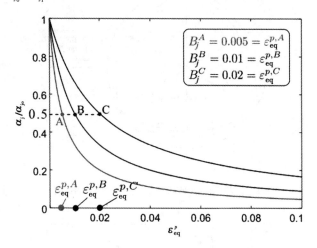

图 4.7 软化变量的演化 Γ_j 按初始值归一化示意图

注：关于软化速率曲线对应不同的 B_j 值（即 B_j^A，B_j^B，B_j^C）表示参数 B_j 的影响

考虑两种不同的方法来实现式(4.19)中所述的软化规则：

(1)通过定义材料性能的下降 m_b 和 s(Alonso 等，2003；Zou 等，2016)，以下简称强度软化模型(SSM)。

(2)根据 Cai 等(2007)的建议定义了 GSI 指数的下降(Ranjbarnia 等，2015)，以下简称 GSI 软化模型(GSM)。

对比 Hoek-Brown 破坏准则和 Mohr-Coulomb 破坏准则在应用中的情况，需要特殊的应力范围，该范围内在指定围压下达到平衡（考虑拉为正，压为负）。

$$-\sigma_t \geqslant \sigma_3' \geqslant -\sigma_{3,\,max}'$$ （4.20）

此时，Mohr-Coulomb 有效强度参数 c'、ϕ' 之间存在下述关系（Carranza-Torres，2004）：

$$\sin\varphi' = \frac{6am_b(s+m_b\sigma_{3n}')^{a-1}}{2(1+a)(2+a)+6am_a(s+m_b\sigma_{3n}')^{a-1}}$$ （4.21）

$$c' = \frac{\sigma_{ci}\left[(1+2a)s+(1-a)m_b\sigma_{3n}'\right](s+m_b\sigma_{3n}')^{a-1}}{(1+a)(2+a)\sqrt{1+\dfrac{6am_b(s+m_b\sigma_{3n}')^{a-1}}{(1+a)(2+a)}}}$$ （4.22）

其中，$\sigma_{3n}' = \sigma_{3,\,max}'/\sigma_{ci}$。围压的上限值 $\sigma_{3,\,max}'$ 取决于实际情况。

4.3　Hoek-Brown 模型中的参数

Hoek-Brown 模型中一共有 8 个参数，一般工程师对这些参数比较熟悉。参数及其标准单位如表 4.4 所示：

表 4.4　Hoek-Brown 模型参数

E	弹性模量	kN/m^2
ν	泊松比	—
σ_{ci}	完整岩石的单轴抗压强度（>0）	kN/m^2
m_i	完整岩石参数	—
GSI	地质强度指数	—
D	扰动因子	—
ψ	剪胀角（$\sigma_3'=0$ 时）	（°）
σ_ψ	$\psi=0°$ 时围压 σ_3' 的绝对值	kN/m^2

（1）弹性模量（E）。对于岩石层，弹性模量 E 视为常数。在 Hoek-Brown 模型中该模量可通过岩石质量参数来估计（Hoek，Carranza-Torres 和 Corkum，2002）：

$$E = \left(1-\frac{D}{2}\right)\sqrt{\frac{\sigma_{ci}}{p^{ref}}} \cdot 10^{\left(\frac{GSI-10}{40}\right)}$$ （4.23）

其中，$p^{ref}=10^5\,kPa$，并假定平方根的最大值为 1。

弹性模量单位为 kN/m^2（$1kN/m^2=1kPa=10^6\,GPa$），即由式（4.23）所得到的数值应该乘以 10^6。弹性模量的精确值可通过岩石的单轴抗压试验或直剪试验得到。

（2）泊松比（ν）。泊松比 ν 的范围一般为 [0.1，0.4]。不同岩石类别泊松比典型数值如图 4.8 所示。

（3）完整岩石单轴抗压强度（σ_{ci}）。完整岩石的单轴抗压强度 σ_{ci} 可通过试验（如单轴压缩）获得。室内试验试样一般为完整岩石，因此遵循 $GSI=100$，$D=0$。典型数据如表 4.5 所示（Hoek，1999）。

表4.5　完整单轴抗压强度

级别	分类	单轴抗压强度/MPa	强度的现场评价	示例
R6	极坚硬	>250	岩样用地质锤可敲动	新鲜玄武岩、角岩、辉绿岩、片麻岩、花岗岩、石英岩
R5	非常坚硬	100~250	需多次敲击岩样方可击裂岩样	闪岩、砂岩、玄武岩、辉长岩、片麻岩、花岗闪长岩、石灰岩、大理石、流纹岩、凝灰岩
R4	坚硬	50~100	需敲击1次以上方可击裂岩样	石灰岩、大理石、千枚岩、砂岩、片岩、页岩
R3	中等坚硬	25~50	用小刀刮不动，用地质锤一击即可击裂	黏土岩、煤块、混凝土、片岩、页岩、粉砂岩
R2	软弱	5~25	用小刀刮比较困难，地质锤点击可看到轻微凹陷	白垩、盐岩、明矾
R1	非常软弱	1~5	地质锤稳固点击时可弄碎岩样，小刀可削得动	强风化或风化岩石
R0	极其软弱	0.25~1	手指可按出凹痕	硬质断层黏土

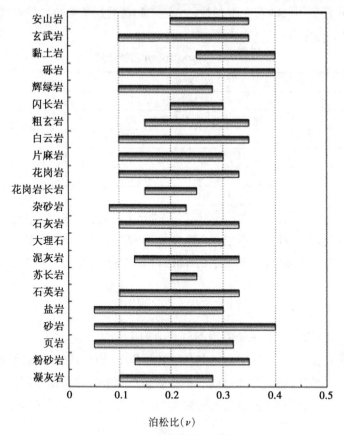

泊松比(ν)

图4.8　典型泊松比数值

　（4）完整岩石参数（m_i）。完整岩石参数为经验模型参数，依赖于岩石类型。典型数值如表4.6所示。

表 4.6　完整岩石参数

岩石类型	等级（岩组）	岩石结构 粗粒	中粒	细粒	极细粒
沉积岩	碎屑岩类	砾岩① 角砾岩①	砂岩(17±4)	粉砂岩(7±2) 杂砂岩(18±3)	黏土岩(4±2) 页岩(6±2) 泥灰岩(7±2)
沉积岩	碎屑岩 碳酸盐类	粗晶石灰岩(17±3)	亮晶石灰岩(10±2)	微晶石灰岩(9±2)	白云岩(9±3)
沉积岩	碎屑岩 蒸发盐类		石膏 8±2	硬石膏 12±2	
沉积岩	碎屑岩 有机质类				白垩(7±2)
变质岩	无片状构造	大理岩(9±3)	角页岩(19±4) 变质砂岩(19±3)	石英岩(20±3)	
变质岩	微状构造	混合岩(29±3)	角闪岩(26±6)	片麻岩(28±5)	
变质岩	片状构造②		片岩(12±3)	千枚岩(7±3)	板岩(7±4)
火成岩	深成岩 浅色	花岗岩(32±3) 花岗闪长岩(29±3)	闪长岩(25±5)		
火成岩	深成岩 黑色	辉长岩(27±3) 长岩(20±5)	粗粒玄武岩(16±5)		
火成岩	浅成岩	斑岩(20±5)		辉绿岩(15±5)	橄榄岩(25±5)
火成岩	喷出岩 熔岩		流纹岩(25±5) 安山岩(25±5)	石英安山岩(25±3) 玄武岩(25±5)	
火成岩	喷出岩 火山碎屑岩	集块岩(19±3)	角砾岩(19±5)	凝灰岩(13±5)	

（5）地质强度指数（*GSI*）。*GSI* 可以基于图 4.9 的描绘来选取。

图 4.9　地质强度指数的选取（Hoek，1999）

（6）扰动因子（*D*）。扰动因子依赖于力学过程中对岩石的扰动程度，这些力学过程可能为发生在开挖、隧道或矿山活动中的爆破、隧道钻挖、机械设备的动力或人工开挖。没有扰动，则 $D=0$，剧烈扰动，则 $D=1$。更多信息可参见 Hoek（2006）相关文献。

（7）剪胀角（ψ）和围压（σ_ψ）。当围压相对较低，且经受剪切时，岩石可能表现出剪胀材料特性。围压较大时，剪胀受抑制。这种行为通过下述方法来模拟：当 $\sigma_3=0$ 时给

定某个 ψ 值，ψ 值随围压增大而线性衰减；当 $\sigma_3' = \sigma_\psi$ 时，ψ 值减小为 0。其中 σ_ψ 为输入值。在动力计算中使用 Hoek-Brown 模型时，需要选择刚度，以便模型正确预测岩石中的波速。当经受动力或循环荷载时，Hoek-Brown 模型一般只表现出弹性行为，没有（迟滞）阻尼效应，也没有应变或孔压或液化的累积。为了模拟岩石的阻尼特性，需要定义瑞利阻尼。基于 Hoek-Brown 模型，参考 Jiang(2017) 提出的方法，可以同时保证屈服表面的光滑度和凸度以及塑性势。

通过以下特征说明：①初始非线性，具有模拟后峰值状态下扩张的非线性演变的能力。②通过两种不同的方法实现软化规则。③应力空间拉伸状态下的张力截断。④使用 Hoek-Brown 模型的速率依赖性本质，用于求解数值解的网格特性，当脆性破坏的特征是剪切带中出现剪应变面时。图 4.10 和图 4.11 显示了材料的响应特性，其中描述了相应的力学材料行为以及控制峰后状态的软化机制的相互作用。

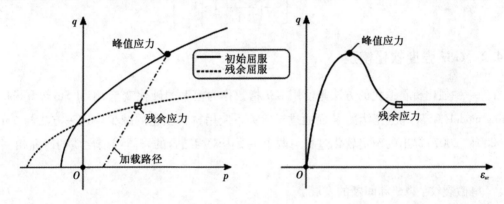

（a）应力路径中的初始和残余屈服表面   （b）应力-应变空间中的峰值强度和残余强度

图 4.10　三轴应力路径下的力学行为图

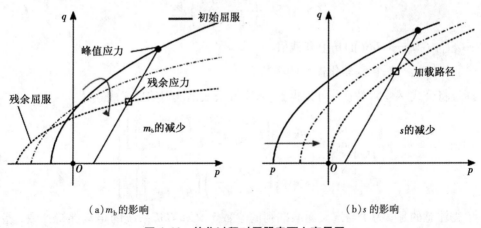

（a）m_b 的影响   （b）s 的影响

图 4.11　软化过程对屈服表面上变量图

4.4　Hoek-Brown Softening 软化模型

4.4.1　强度软化模型

在 Hoek-Brown model with Softening(HBS)软化模型方法中，材料性能的降低被明确地应用于变量 m_b 和 s 中，从而可以得到 Strength Softening Model(SSM)强度软化模型：

$$\boldsymbol{\Gamma}=\begin{bmatrix} m_b \\ s \end{bmatrix}=\begin{bmatrix} m_{b_o}-\left(\dfrac{m_{b_o}-m_{b_r}}{B_m+\varepsilon_{eq}^p}\right)\varepsilon_{eq}^p \\ s_o-\left(\dfrac{s_o-s_r}{B_s+\varepsilon_{eq}^p}\right)\varepsilon_{eq}^p \end{bmatrix} \tag{4.24}$$

4.4.2　*GSI* 强度软化模型

另一种强化材料退化的方法是使用 *GSI* 指数作为模型的硬化变量，GSI Strength Softening model(GSM)软化模型，从而通过经验关系应用材料软化的减少。这一方法与 Cai 等(2004, 2007)提出的确定软化过程与两个主要因素相结合的岩体残余性质的研究相一致：

(1)微裂纹、裂缝和间断的发展。

(2)结合面平滑，影响结合强度(如图 4.12 所示)。

根据该方法，岩石质量的退化可以通过 *GSI* 的降低来反映：

$$GSI=GSI_o-\left(\dfrac{GSI_o-GSI_r}{B_{GSI}+\varepsilon_{eq}^p}\right)\varepsilon_{eq}^p \tag{4.25}$$

式中：GSI_o, GSI_r——GSI 的初值和残值；

$\qquad B_{GSI}$——控制软化速率的参数。

通过将公式(4.25)替换，可以得到 GSM 方法软化规则的广义表达式：

$$\boldsymbol{\Gamma}=\begin{bmatrix} m_b \\ s \end{bmatrix}=\left\{\begin{array}{l} m_{b_o}\exp\left[\left(\dfrac{GSI_r-GSI_o}{28-14D}\right)\left(\dfrac{\varepsilon_{eq}^p}{B_{GSI}+\varepsilon_{eq}^p}\right)\right] \\ s_o\exp\left[\left(\dfrac{GSI_r-GSI_o}{9-3D}\right)\left(\dfrac{\varepsilon_{eq}^p}{B_{GSI}+\varepsilon_{eq}^p}\right)\right] \end{array}\right\} \tag{4.26}$$

值得注意的是，为了与定义屈服准则的参数定义和 *GSI* 系统的定义保持一致，指数 a 可以在向量 $\boldsymbol{\Gamma}$ 中的强化变量之间相加，从而在 a 和 *GSI* 之间有进一步的依赖关系。为了简单起见，也由于 a 的可变性范围有限，该系数将保持不变，因此，将使用初始 *GSI* 值(即 $a=0.5+\exp(-GSI_o/15)-\exp(-20/3)/6)$。

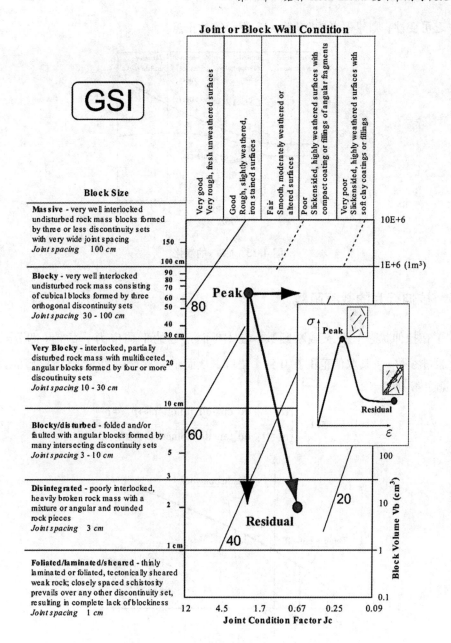

图 4.12　岩体退化过程中 *GSI* 的演化图

在过去的几十年里，求 m_b 的残值文献中已经提出了几个经验关系。Ribacchi(2000)提出计算 m_{br} 和 s_r 作为其初始值的一部分(即 $m_{br} = 0.65m_{bo}$ 和 $s_r = 0.04s_o$)，而 Crowder 和 Bawden(2004)改进了这一逻辑关系，提出了不同的残差值与不同的 *GSI* 值的关系。沿着这一思路，Cai 等(2007)和 Alejano 等(2010)提出了以下经验关系 GSI_r 作为的函数 GSI_o：

$$GSI_r = GSI_o e^{-0.0154GSI_o}, \ 25 < GSI_o < 75$$

$$GSI_p = 17.34 e^{-0.0107GSI_o}, \ 25 < GSI_o < 75 \tag{4.27}$$

值得注意的是，对于 GSI_o 的值小于 $GSI_o = 25$，由于参数 m_b，s_o 和当 $GSI_o \leqslant 25$ 时计算

的 a 缺乏可变性，则建议考虑如图 4.13 所示的截止点。

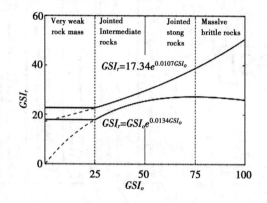

图 4.13　GSI_r 的演化

4.4.3　拉伸行为的截断函数

为了在拉伸状态下引入截断函数，在 HB 面角处的平均应力 $\bar{p}$ 的值（即 $\bar{p}=s_o\sigma_{ci}/m_{bo}$），通过参数 α，其取值范围在 0 到 1 之间，从而定义平均应力 p^* 限制模型的最大拉应力（见图 4.15）：

$$0\leqslant\alpha\leqslant1 \quad \begin{cases} \alpha=1\text{: no cut-off function}\rightarrow p^*=\bar{p} \\ \alpha=0\text{: no tensile domation}\rightarrow p^*=0 \end{cases} \tag{4.28}$$

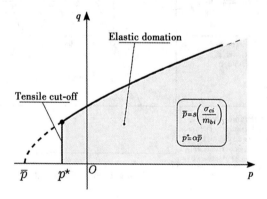

图 4.14　受拉状态下的截断函数示意图

在应力空间的拉伸区考虑相关的塑性流动（$f\equiv g$），（$m_b\equiv m_{bo}$ 且 $s\equiv s_o$ 也是如此）。可以估计 α 的值和相应的 p^* 的值，从抗拉强度 σ_t 开始验证结果。为此，若将抗拉强度 σ_t 从单轴拉伸试验中得到，平均应力 p^* 此时材料因抗拉强度等于 $p^*=\sigma_t/3$。而失效结果表明，α 值对应于比拉伸强度 σ_t 计算为：

$$p^*=\alpha\,\bar{p}=\frac{\sigma_t}{3}=\alpha\left(\frac{\sigma_{ci}}{\sigma_t}\right) \tag{4.29}$$

其中，$\alpha = \dfrac{1}{3}\left(\dfrac{\sigma_t}{\sigma_{ci}}\right)\dfrac{m_{b_o}}{s_o}$

4.4.4　岩体非线性膨胀模型

了解岩体屈服后的行为和应变的演化是地质结构设计的关键因素。对于隧道开挖问题，应变场和塑性半径的准确预测对支护和加固设计有重要影响。因此，需要对峰值后的岩体应变演化进行详细的建模。为此，通常将 ψ 定义为（Vermeer 和 De Borst，1984）：

$$\sin\psi = \frac{\dot{\varepsilon}_v^p}{-2\dot{\varepsilon}_1^p + \dot{\varepsilon}_v^p} \tag{4.30}$$

其中，$\dot{\varepsilon}_v^p = 2\dot{\varepsilon}p\left(\dfrac{\sin\psi}{\sin\psi - 1}\right)$

通过替换塑性势即公式（4.30），可以将膨胀角与 Hoek-Brown（HB）模型的参数联系起来：

$$\sin\psi = \frac{m_\psi}{\dfrac{2}{a}\left(\dfrac{q}{\sigma_{ci}}\right)^{1/a\cdot 1} + m_\psi} \tag{4.31}$$

在三轴条件下，公式等价于经典公式，可将剪胀率重新排列为：

$$\sin\psi = \frac{m_\psi}{\dfrac{2}{a}\left(m_b\dfrac{\sigma_3}{\sigma_{ci}} + s\right)^{1-a} + m_\psi} \tag{4.32}$$

或者

$$m_\psi = \frac{2}{a}\left[\frac{\sin\psi}{1-\sin\psi}\right]\left(m_b\frac{\sigma_3}{\sigma_{ci}} + s\right)^{1-a} \tag{4.33}$$

在公式（4.33）中，m_ψ 的非线性变异性可以用关于膨胀角的公式来定义，使 m_ψ 作为塑性应变函数（Alejano 和 Alonso，2005；赵和蔡，2010；Walton 和 Diederichs，2015；Rahjoo 等，2016）。在提出的模型中，膨胀角的行为趋势是通过 m_ψ 用 SSM 和 GSM 方法显式变化率来实现，从而保证了伴生塑性和非伴生塑性之间的平稳过渡，以及求解过程中扩容角的减小。虽然方程没有考虑岩石的膨胀特性，但为了确定参数 m_ψ 的初始值，将考虑这个方程。

4.4.5　Hoek-Brown 准则的膨胀模型

变量 m_ψ 的演化对于这两种方法表示为（SSM 方法）：

$$m_\psi = m_{\psi_o} - \left(\frac{m_{\psi_o} - m_{\psi_r}}{B_\psi + \varepsilon_{eq}^p}\right)\varepsilon_{eq}^p \tag{4.34}$$

这个方程可以通过假设 m_ψ 为零来进一步重新排列 m_{ψ_r}（即 $m_{\psi_r} \approx 0$），可简化如下：

$$m_\psi = \left(\frac{B_\psi}{B_\psi + \varepsilon_{eq}^p}\right) m_{\psi_o} \tag{4.35}$$

沿着这些路线，在 GSM 方法中：

$$m_\psi = m_{\psi_o}\left[\frac{GSI-100}{F_\psi(28-14D)}\right] \tag{4.36}$$

式中：F_ψ——引入控制 m_ψ 值下降的参数随着 GSI 的降低。

通过改写 m_ψ，类似于公式：

$$m_\psi = m_{\psi_o}\exp\left[\left(\frac{GSI_r-GSI_o}{F_\psi(28-14D)}\right)\left(\frac{\varepsilon_{eq}^p}{B_{GSI}+\varepsilon_{eq}^p}\right)\right] \tag{4.37}$$

此外，为了反映岩体质量参数的影响，从完整岩石的贡献中分离出来，F_ψ 重写为：

$$F_\psi = \left(\frac{GSI_o-GSI_r}{GSI_o^i-GSI_r^i}\right)F_\psi^i \tag{4.38}$$

式中：GSI_o^i，GSI_r^i——完整岩样 GSI 的初值和残值（即 $GSI_o^i=100$，$GSI_r^i \approx 35$）；

F_ψ^i——完整岩石的膨胀率，从而使其校准与试验测试。

可以通过使用实验室测试的结果校准该参数（如 Marinelli 等提出的校准，2019）。下面将讨论能够对 m_{ψ_o} 进行定性评估的思路，提出将选定的公式与文献中提出的经验关系联系起来。

4.4.6 参数 m_{ψ_o} 的推导

提出一种可能的思路来引入 GSI 对初始膨胀角值的依赖性。为此可以表征初始屈服时的膨胀（即参数值为 M_{b_o} 和 ψ_o）：

$$m_{\psi_o} = \frac{2}{a}\left[\frac{\sin(\psi_o^{rm})}{1-\sin(\psi_o^{rm})}\right]\left(m_{b_o}\frac{\sigma_3}{\sigma_{ci}}+s_o\right)^{1-a} \tag{4.39}$$

在此方程中，岩体的影响不仅会出现在 Hoek-Brown 屈服准则的参数上（即 m_{bo}，s_o），还有初始膨胀角的表达式 ψ_o^{rm}（顶点 rm 为岩体）。岩体效应将通过标量 ξ 值引入，ξ 值与 Alejano 等 2010 年提出的公式一致（$\psi_o^{rm} \equiv \xi\psi_o^{ir}$，其中顶点 ir 代表完整的岩石）。

4.4.7 完整岩石

在提出的模型中，原状岩体的强度退化和剪胀行为的演化均忽略了峰值前潜在的耗散现象。因此，初始膨胀角与峰值（即膨胀角 $\psi_o^{ir} \equiv \xi\psi_{peak}^{ir}$ 重合）可以用来计算 m_{ψ_o}（顶点 ir 代表完整的岩石）。而不是校准参数 m_{ψ_o}，根据试验结果可以采用文献中提出的公式来评估峰值膨胀角。此后，Walton 和 Diederichs（2015）提出：

$$\psi_{peak} = \begin{cases} \varphi_{peak}\left(1-\dfrac{\beta'}{\Omega}\sigma_3\right), & \text{if } \sigma_3 < \Omega \\ \varphi_{peak}(\beta_0-\beta'\ln\sigma_3), & \text{if } \sigma_3 > \Omega \end{cases}, \quad \Omega = e^{-(1-\beta_0-\beta')/\beta'} \tag{4.40}$$

式中：β_0，β'——控制高围限和低围限压力敏感性的参数，晶体岩的推荐值为 $\beta_0 = 1$，$\beta' = 0.1$（Walton 和 Diederichs，2015）；

φ_{peak}——材料的最大摩擦角。

在这个方程中，还需要计算与 Hoek-Brown 模型的材料性质有关的峰值摩擦角（Alejano 和 Alonso，2005）。

$$\sin\varphi_{\text{peak}} = \frac{m_b}{\dfrac{2}{a}\left(m_b\dfrac{\sigma_3}{\sigma_{ci}}+s\right)+m_b} \tag{4.41}$$

对于岩石样品，代入完整的岩石参数（即 $a = 0.5$，$m_b \equiv m_i$），得到：

$$\sin\varphi_{\text{peak}} = \frac{m_i}{4\sqrt{m_i\left(\dfrac{\sigma_3}{\sigma_{ci}}\right)+1}+m_i} \tag{4.42}$$

4.4.8 对岩体的影响

为了尺度变换峰值扩张角，且由于不连续地影响描述岩体，在 ψ_o^{rm} 计算 ψ_o^{ir} 基础上用标量 ξ 表示函数 GSI 指标（Hoek 和 Brown，1997；Alejano 和 Alonso，2005）。为此，假设了线性趋势，这与 Alejano 等提出的平均膨胀角的变异性一致。

$$\psi_o^{rm} = \xi \cdot \psi_{\text{peak}}^{ir}，\quad \xi = \begin{cases} 0, & GSI_o \leqslant 25 \\ (GSI_o - 25)/50, & 25 \geqslant GSI_o < 75 \\ 1, & GSI_o \geqslant 75 \end{cases} \tag{4.43}$$

式中：ξ——岩体初始条件的系数，通过地质强度指数（即 GSI_o 的值）计算。

以上强调了岩体的膨胀特性与其力学性质的关系。岩体质量较差（即 $GSI_o \leqslant 25$）的岩体为零剪胀，质量较好的岩体为零剪胀，当 $GSI_o \geqslant 75$ 时，剪胀角值与完整岩石的剪胀角值相同。

4.5 Hoek-Brown Softening 软化模型应变局部化建模分析

岩土材料的破坏机制通常以应变、迅速、集中在狭窄区域为特征，这一现象通常称为应变局部化。在脆性/膨胀状态下，局部剪切带的发展显著降低了整体力学抗力，从而导致工程地质结构的失稳破坏。在数值分析的规则中，模拟剪切带发展的经典问题之一，是计算解的病态网格依赖，这说明没有能量耗散的破坏（Pijaudier-Cabot 和 Bazant，2017）。为了避免这种非物理行为，必须引入内部长度来控制材料响应峰后剪切带厚度的演变。

在已实现了的 HBS 软化模型中，为了恢复数值解的网格客观性，基于 Perzyna

（1966）的过应力理论，考虑黏塑性正则化，从而通过时间梯度引入内部长度（Sluys，1944）。速度-效应被激活在剪切带中，且这种方法的优势依赖于隐式积分算法的简单实现，保证了容易弹塑性、黏塑性之间切换版本相同的模型（Marinelli 和 Buscanera，2019）。

4.5.1　黏性正则化技术

此后，Perzyna（1966）提出的超应力方法被认为是在前述的弹塑性规则中引入速率依赖关系。在这种方法中，黏塑性应变的增量是通过一个黏性核函数 Φ 来表示的，该函数表示塑性破坏的度量（即应力状态在屈服面外的大小），并规定应变速率的大小：

$$\dot{\varepsilon}_{ij}^{vp} = \gamma < \Phi(f) > \left(\frac{\partial g}{\partial \sigma_{ij}}\right), \quad \Phi = \frac{f}{\sigma_{ci}} \tag{4.44}$$

式中：γ——流动性（即黏度的倒数）；

$<\cdot>$——McCauley 括号。

黏性正则化方法的目的是设置流动性 γ 的值，以接近在材料点的非黏滞行为。同时，通过时间梯度引入内部长度。换句话说，在一些工程问题中，校准流动性值以模拟边界条件的快速动力学特征所产生的速率效应是至关重要的（Manouchehrian 和 Cai，2017），在此背景下，流动性的唯一目标是正则化应变局部化问题。

图 4.15 为实现上述方法的例子，在不同的 γ 值和给定的速率载荷下进行单轴压缩试验。图中可以观察到速率依赖模型如何通过增加相应的流动性值来接近弹塑性行为。一旦流体被约束以减少材料点水平上的速率依赖效应，该参数就可用于控制剪切带厚度，从而在数值问题中提供正则化效应。黏性正则化技术的性能将通过解决平面应变压缩试验来检验，网格客观性将通过显示整体强度和剪切带厚度随试样空间离散化不变性来详细说明。

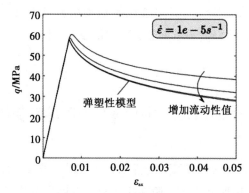

图 4.15　流动性 γ 对 HBS 模型速率响应的影响

随着流动性 γ 值的增加，黏塑性模型收敛到弹塑性模型。

4.5.2　应变局部化分析

为研究黏滞正则化方法的性能，对一组平面应变压缩试验进行了计算。图 4.16 描述了这个初边值问题（IBVP）的细节，其中灰色区域代表了一个特定的区域，该区域的材料强度降低，目的是从样品的左下角触发剪切带的形成。这些数值分析中使用的参数与砂岩的参数相同，唯一例外的是灰色区域中定义的单轴抗压强度已降低到 37 MPa。

在展示速率相关公式的效果之前，有必要举例说明用该模型的弹塑性版本获得的数值解，从而强调网格离散化如何影响数值解。为此目的，相同的 IBVP（即平面应变条件下的压缩试验）用不同数量的单元求解，结果如图 4.17 所示，其中总反应 R_y 的演化已经被绘制成作用位移的函数。通过观测高斯点在塑性载荷下的空间分布来解释试样响应的网格敏感性。在有限元计算中，可以采用不同数量的元素（NEL）得到结果。

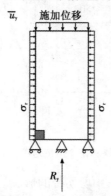

图 4.16　用于计算平面应变压缩下的排水压缩试验的初始条件和边界条件（双轴试验 BXD）

注:灰色区域表示一个以简化属性为特征的区域(σ_{ci}=37 MPa)来触发应变本地化现象,而变量 R_y 代表全球样品反应。

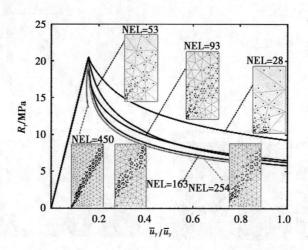

图 4.17　在 σ 径向应力下进行排水双轴试验的竖向反应 r=1MPa 和不同数量的元素（NEL）

事实上，在弹塑性模型中缺乏一个内部长度，无法规定剪切带厚度，而剪切带厚度在数值问题中本质上是由单元的大小给出的。因此，由于单元尺寸与带厚之间的这种内在相关性,网格的细化涉及更显著的耗散过程,这就解释了用较多单元离散的样品的抗力减小更大的原因。值得注意的是,当单元尺寸过小时,由于剪切带内计算的应变梯度值过大,模型不能满足全局收敛。这由图4.17的绿线所示,计算在施加位移的2%之前停止。

为了显示速率相关模型引入的正则化效应,在两种不同的流动性值下进行了两次排水双轴试验。这些计算是通过施加等于0.001mm/s的位移速率和5MPa的径向应力来完成的。结果如图4.18所示,图中对于不同的网格重复相同的IBVP,从而显示了解相对于网格密度(即IBVP)的收敛性(即对于越来越多的元素,R_y趋向于收敛到同一曲线)。

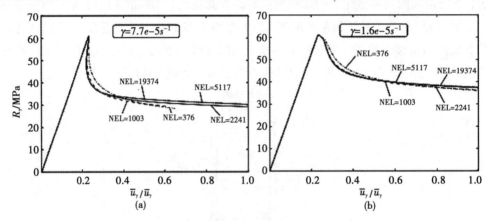

图4.18　不同网格和两个流度值下总垂直反力的演化

此外,为了更好地识别时间步长中剪切带的形成,图4.19显示了在两种不同的流动性值时,在塑性状态下高斯点的空间分布和相应的剪切应变,这很容易强调γ比值对带厚度的不同影响。

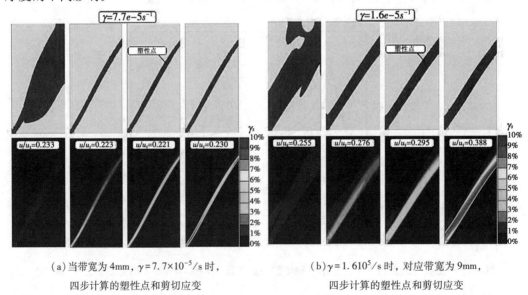

(a)当带宽为4mm,$\gamma=7.7\times10^{-5}$/s时,
　　四步计算的塑性点和剪切应变

(b)$\gamma=1.610^5$/s时,对应带宽为9mm,
　　四步计算的塑性点和剪切应变

图4.19　两种不同流动性值时塑性状态下高斯点的空间分布和相应的剪切应变

较低的流动性值对应较薄的剪切带厚度值(即剪切带的厚度与黏度成正比)。内部长度的影响执行通过参数 γ 在图 4.20 中也显示出详细的双轴测试,一直重复的流动性值 $\gamma = 1.3 \times 10^{-5}/s \sim 2.3 \times 10^{-4}/s$,因此显示的结构效应带厚度对全球软化的样本。值得注意的是,本计算是通过选择最大迭代次数(等于 250)来计算的。

事实上,在峰后状态的开始,当材料开始软化时,Newton-Raphson 算法需要更高的迭代数才能达到收敛解。为了保证计算达到令人满意的精度,选择 0.01 为可容忍误差的取值,从而进一步强调了收敛趋势的这种特殊行为。所有这些计算中使用的数值输入如下:容忍误差:0.001;每步最大负载分数:0.02;过度松弛因子:1.2;最大迭代次数:250 次;期望的最小迭代次数:6 次;期望的最大迭代次数:25;弧长控制类型:开。

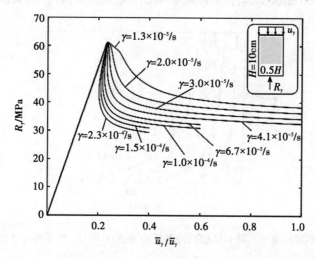

图 4.20　在 σ 径向应力下进行排水双轴试验的竖向反应 $r = 5MPa$ 对于不同的流动性值 γ

4.6　Hoek-Brown Softening 软化模型隧道开挖模拟

为了比较实施模型的解与 Carranza-Torres(2004)提出的解析解,考虑了完美塑性条件。其中,参数选取的唯一区别是考虑了零膨胀角。结果如图 4.21 所示,图中将巷道顶部的位移与解定应力 p_i 进行了对比,图中还展示了在不同时间步长的情况下,卸载阶段结束时隧道周围剪切带的发展情况。通过观察图 4.21,值得注意的是,点 2 表示轴对称解的结束和剪切带传播的开始。为了强调应变软化的效果,图 4.22 中对比了灰岩岩体不同初始条件下的地基反应曲线(Ground Reaction Curve,GRC)(Alieano 等 2010),其中考虑了表 4.7 中报告的参数。为了突出模型的具体本构特征,这些计算采用了三组不同的参数:模型 A(完美塑性);模型 B(恒胀 HBS);模型 C(非线性膨胀 HBS)。值得注意的是,在图 4.22 中,收敛约束曲线的非光滑趋势是由于隧道周围局部应变发展,其公式涉及变形场的不规则剖面。

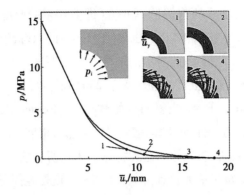

图 4. 21　用 Carranza-Torres(2004)广义 Hoek-Brown 准则封闭形式解(蓝线)和黏滞正则化解(黑线)

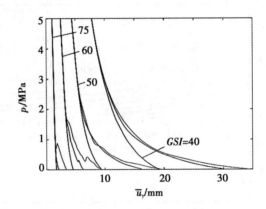

图 4. 22　不同模型下不同 *GSI* 值的地基反应曲线(GRC)，对于所有计算 $\gamma = 15/d$

表 4. 7　不同岩石质量石灰岩岩体($m_i = 0$，$\sigma_{ci} = 75\text{ MPa}$)的表征

应用于模型：A—完美的塑性；B—恒胀应变软化；C—应变软化与可变膨胀

模　型	参　数	$GSI = 75$	$GSI = 0$	$GSI = 0$	$GSI = 40$	$GSI = 25$
A，B，C	m_{bo}	4. 090	2. 397	1. 677	1. 173	0. 687
A，B，C	S_o	0. 062	0. 0117	0. 0039	0. 0013	0. 0002
B，C	m_{br}	1. 173	0. 981	0. 821	0. 737	0. 687
B，C	S_r	0. 0013	0. 0007	0. 0004	0. 0003	0. 0002
B，C	B_s，B_m	0. 01	0. 01	0. 01	0. 01	0. 01
A，B	$m_{\psi cnst}$	0. 718	0. 312	0. 166	0. 060	0. 000
C	$m_{\psi o}$	1. 225	0. 587	0. 330	0. 156	0. 000
C	$m_{\psi r}$	0. 000	0. 000	0. 000	0. 000	0. 000
C	B_ψ	0. 001	0. 001	0. 001	0. 001	0. 001

此外，提出的公式也与其他在 Hoek-Brown 框架中引入软化规则的方法进行了比较（Alejano 等，2010 和 Ranjbarnia 等，2015）。结果如图 4.23 所示，几者在 GRC 方面表现出相似的行为趋势。

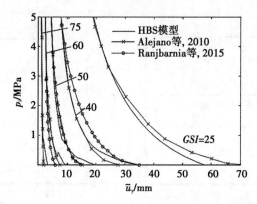

图 4.23　不同 *GSI* 值下 HBS 模型与模型的地面反应曲线 GRC

此外，通过运行试验，改变流动性值 γ 来评估速率依赖性的影响，如图 4.24 所示。在这种情况下，参数 γ 控制结构对响应的影响。在以前的计算中，采用了流动性值 $\gamma = 15/d$。

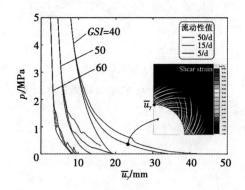

图 4.24　不同值流度 γ 下的地面反应曲线 GRC 显示了模型的速率依赖性的影响

Donking-Morien 隧道案例研究：位于加拿大新斯科舍省布雷顿角岛的 Donking-Morien 煤矿的进入隧道在倾斜 10° 的层状沉积岩中被推至海底以下 200m 的最大深度。由于数据的质量和地质界面的缺乏，Pelli 等（1991）和 Walton 等（2014）对该隧道的几个路段进行了伸缩计测量和反向分析。

由 Walton 等（2014）估算的隧道内的场应力为 $\sigma_v = 5\text{MPa}$，$\sigma_h = 10\text{MPa}$。实验室测试报告的 UCS 范围为 15~63MPa，平均值为 36MPa，杨氏模量在 4~15GPa，而伸长计的测量显示 2996 链处的模量为 5.6GPa。Pelli 等（1991）得出的树冠的塑性区深度为 1.8m。Corkum 等（2012）得出了所选材料的 *GSI* 在 70~80 之间。

这段隧道采用 HBS 模型，参数设置为实验室实验和现场测量的平均值。数值分析显示了该模型为设计提供了可靠估计的能力,如图4.25所示。其中,图4.25(a)显示了与伸长计测量值比较的冠内垂直位移的截面,以及GRC[见图4.25(b)]和塑性区空间分布[见图4.25(c)]。虽然模型低估了塑性区深度,但观测到的位移和塑性模量与测量值一致。

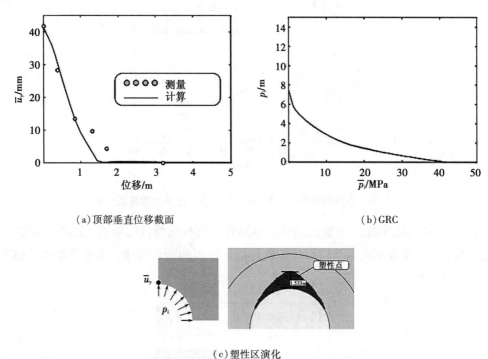

(a)顶部垂直位移截面   (b)GRC

(c)塑性区演化

图4.25 Donking-Morien 隧道计算结果

第5章 基坑变形破坏条件与稳定性研究

随着城市人口数量的增长,交通面临的挑战也随之增加。因此,发展快速交通是城市集约发展的要求。时代的进步推动了地铁建筑基坑的发展,使地铁成为市民在市内出行的首选交通方式,进而使地铁成为城市中最大容量的人员运输体系。

地铁工程是城市区域中最困难、最危险、最艰难的工程。因此,依托大连地铁5号线火车站站为实体工程进行有限元分析,并结合现场勘察数据研究地铁基坑开挖邻近建(构)筑物相关变形规律,避免由开挖引起的地表沉陷、不均匀沉降、开裂、渗漏、建筑破坏等事故的发生。地铁建设过程中存在复杂的风险因素,如:岩土条件复杂、施工程序烦琐、施工隐蔽、建设周期长等。复杂的风险因素贯穿于地铁车站深基坑施工全期,所以地铁工程建设安全应引起极大重视。通过关注相关政府网站,查阅期刊文献、相关论文等,地铁基坑坍塌事故如图5.1所示。根据查阅的大量资料,总结归纳出重大风险源,如图5.2所示。

(a)杭州地铁湘湖站基坑垮塌　　　　　　　(b)北京地铁熊猫环岛站(现北土城站)地铁基坑坍塌

图5.1　地铁基坑坍塌事故

中国北方季节性寒冷地区最冷月平均气温往往在-20~0 ℃。环境温度随季节的波动,使得砂土地层的深基坑桩锚支护结构呈现冻融、融沉、干缩等现象,导致基坑变形破坏、失稳坍塌、崩塌滑坡等,给人民的生命财产及生产生活带来了严重威胁。例如,东北地区特别大的城市普遍都属于寒冷~严寒地区,冬季时间长、气温低、极端冻融等特征明显,砂土地层的冻深一般在1.2~3.6m。城市大型建(构)筑工程,如建筑深基坑、公路铁路地下车站基坑、水利工程基坑基础结构等往往需要越冬施工,冻融严重影响工程施

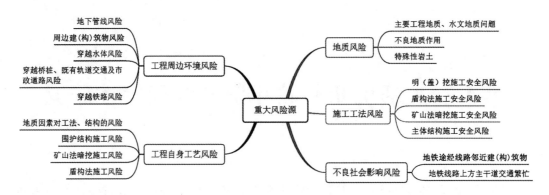

图 5.2　基坑工程重大风险源

工安全。

深基坑的支护结构的刚度影响地铁建筑深基坑的稳定性。分析地铁建筑深基坑施工过程对主体结构及邻近道路建(构)筑物的稳定性，具有以下实际的应用价值。

（1）应用有限元对地铁建筑基坑开挖支护的动态过程进行模拟分析，可以更准确地预测结构变形及其对周边环境的影响，通过分析结果可以进一步修正并优化施工方案，确保地铁建筑深基坑开挖支护过程本身及周边建(构)筑物的安全。

（2）依托工程位于城市核心区域，主体及周边环境条件复杂，分析难度大，明确其施工过程中，防灾减灾风险识别与评估、与力学特性演化规律分析，对提高风险防控技术措施具有参考意义。

5.1　基坑施工事故类型

关于深基坑事故的类型，任振进行了资料搜集和实际调查归纳分析。粟武结合实际地铁工程总结施工风险及控制策略，认为深基坑开挖主要存在围护结构渗漏、基坑底部管涌、地表沉降等风险，并提出控制对策。韩三琪以宁波轨道交通基坑工程为例进行研究，针对该工程进行风险源辨识，并提出包括基坑突涌、土体竖向滑坡、支撑体系失稳、围护结构渗水、重要管线和建(构)筑物风险、台风暴雨风险等在内的相关控制技术措施。杨思从建设方总结了六类风险具体分析地铁车站基坑事故原因。关于地铁车站施工对邻近建筑产生影响并发生事故的类型，李振涛等通过以沈阳地铁九号线怒江公园站基坑工程为例进行重大风险源辨识，总结出主要风险源为车站基坑施工周边环境问题，并提出组织管理、技术管理、环境调查、施工方案、监控测量、施工动态管理、专业技术指导、应急预案几方面管控措施。钱劲斗通过研究大量文献，并结合实际工程发生的真实事故，总结出地铁基坑工程事故类型，如图 5.3 至图 5.8 所示。

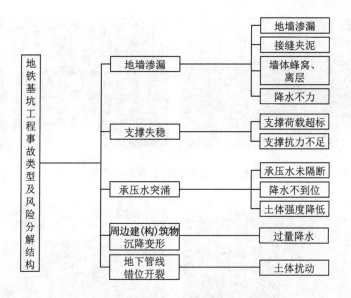

图 5.3　地铁基坑工程事故类型及风险分解结构

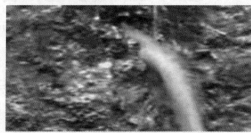

图 5.4　地墙渗漏

图 5.5　支撑失稳

图 5.6　承压水突涌

图 5.7 周边建(构)筑物沉降变形

图 5.8 地下管线错位开裂

5.2 基坑施工安全风险识别评估方法

地铁车站深基坑开挖支护过程中，需要做好风险的识别和评估工作。风险的识别方法包括风险调查法、专家调查法、经验数据法等。风险评估方法包括定性分析法、定量分析法和定性定量分析法。

郭健、Zhao Jinxian 等采用德尔菲法确定地铁车站深基坑施工主要危险因素。建立地铁车站深基坑施工的风险评估体系。Lin 使用并改进了 C-OWA 运算符，客观地衡量指标，建立地铁车站施工风险评价模型，验证该模型的科学合理性。Samantra Chitrasen，Datta Saurav 等已探索风险矩阵的概念，将不同严重程度的各种风险因素分类，建立必要的行动要求计划。Nieto-Morote、刘俊伟采用模糊数学综合评判理论对深基坑施工期间的潜在风险进行评价。姚海星采用作业条件危险性评价法-模糊层次分析法对地铁车站深基坑进行风险评估。刘波确定不同等级风险因素应该采取的有效控制措施。龚珍、王晓磊建立地铁盾构施工对邻近建(构)筑物的综合风险后果评估模型。Ying Lu、陈绍清应用贝叶斯网络方法评估风险因素之间的因果关系。

施工过程保持稳定性极其重要，不同学者应用不同的方式对地铁施工过程的稳定性进行了分析，有理论分析法、数值模拟法、现场监测研究等。目前应用最为广泛的是数值模拟法，但数值模拟法也不尽相同。

有限差分软件 FLAC 3D。秦坤云提出了保证边坡稳定的技术措施。刘军等、李志佳通过数值模拟、理论分析、现场监测研究，用 FLAC3D 研究了基坑稳定性和变形。

MIDAS/GTS 软件。王江荣、张昊等运用 MIDAS/GTS NX 有限元软件，模拟分析地铁基坑在不同施工阶段发生的水平变形、边坡沉降、坑底隆起、围护桩变形等。白继勇通过 MIDAS/GTSNX 有限元软件模拟基坑开挖进行稳定性分析。

Ansys 有限元软件。袁龙赟利用 Ansys 有限元法，对基坑分步开挖施工过程进行了动态模拟。

Abaqus 有限元软件。孙文等借助 Abaqus 有限元法，选用面-面接触模型模拟土体与结构之间的力学特性及变形趋势演化规律。陈昆、闫澍旺建立了 Abaqus 三维数值模型，研究了不同实际工程状态条件下的土体基底回弹、支护结构以及周边土体的变形规律。Shi X 和 Rong C X 通过多方比对不同方式：现场监测结果、数值模拟结果，分析了合肥地铁侧墙位移、地表沉降及支撑力的变化规律。韩健勇、赵文采、赵何明利用有限差分法分析了地下空间大断面开挖的变形影响范围和邻近建（构）筑物的稳定性。阮东提出了二维基坑抗隆起稳定性分析的改进方法。闫慧强采用数值法研究了深基坑施工过程，保证了深基坑工程安全有序进行。韩健勇、赵文采用有限元法建立数值模型，揭示了围护结构变形与建筑物沉降的关系。周勇等借助有限元软件 Geo studio 模拟基坑开挖过程的安全稳定，分析其应力-应变的变化规律。Lin Yu 等阐述了浅埋软土地层中地铁车站施工的地面沉降特征，介绍了 30 个地铁车站的地质条件、断面和实测地表沉降。此外，工艺质量对表面沉降也有重要影响。这项研究有助于更新世界地铁项目的数据库，并为以后的类似项目提供了实用参考。Xinrong Liu 等基于实际工程的数值分析模型，模拟地铁车站的整个施工阶段，研究了支撑结构（如桩、梁、拱，次衬砌和回填混凝土）的机械性能以及施工期间的表面沉降特性。C.Duenser, G.Beer 讨论了边界元方法（BEM）在边界几何和条件随时间变化的问题上的应用，提出了一种比当前使用的方法更有效的新颖的方法。该方法仅涉及一个区域，该区域的边界条件和几何形状随时间的推移而变化。Zhongchang Wang 等分析了开挖过程中支轴力和挡土桩体表面沉降的实测数据。移动到坑的外部的现象发生在地铁车站的末端井桩的顶部，有必要防止第一钢筋混凝土支撑和保持结构由于桩顶部的水平位移而损坏。Do Hyung Lee 等对软土中具有不同几何特性的开挖、墙体和土壤特性的深基坑进行了非线性有限元分析，以评估基础起伏系数。

T.C.Anthony 等通过数值分析或现场研究开发的大多数经验方法都是用于柔性墙类型（如薄壁墙）的开挖。对于诸如隔板墙和钻孔桩之类的刚性墙系统的开挖性能只有很少的研究。其中，进行了 2D 和 3D 有限元分析，以研究作用在黏土支护开挖中的支杆上的力，并着重于刚性墙系统的性能。随后，基于此数值研究以及来自许多报道的案例历史的现场测量结果，提出了经验图来确定硬墙系统中挖掘的支撑荷载。

5.3 基坑施工紧邻建（构）筑物影响

地铁车站深基坑施工对紧邻建（构）筑物影响的研究方法有理论分析法、数值模拟法、现场监测研究等。其基本与基坑开挖支护施工过程的分析方法相同，但对于紧邻建（构）筑物的变形研究内容，不同的学者进行了不同的分析。对紧邻桥桩的变形影响分析。李兵等应用 MIDAS GTS NX 建立考虑基坑支护结构、周围土体和高架桥相互作用的三维整体数值模型。胡斌等研究了在复杂路段地铁车站深基坑施工在正常运行状态下，对紧邻高架桥桩的变形与应力作用，以及对邻近高速铁路的影响分析。袁钎用 Abaqus 对深基坑工程进行数值模拟分析，为邻近高速铁路开挖深基坑工作提供参考依据。对邻近既有车站的影响。黄俊借助 MIDAS GTS 分析了既有地铁车站的变形规律和受力特性，以及对邻近建（构）筑物的影响。祝磊研究了地铁车站施工紧邻建（构）筑物时，施工过程中的变形剩余变位值情况。华正阳采用 FLAC3D 数值分析，分析了影响基坑开挖邻近建（构）筑物的影响因素，重点讨论了对土体采取加固措施的方案。吴朝阳用数值模拟与参数反演、模糊风险评判、实测分析相结合的方法，深入研究了砂土/硬黏土层基坑施工对周边建（构）筑物的影响。史春乐采用数值模拟法分析了某深基坑开挖导致邻近建（构）筑物的沉降变形发展过程。曹仁分析了地铁隧道开挖对地表和既有建（构）筑物的影响，提出了地铁工程中邻近建（构）筑物变形控制标准。黄茂松提出基坑开挖对邻近既有建（构）筑物承载能力的变形控制标准。李大鹏等在模型试验研究的基础上，在资料调查与归纳的基础上，对深基坑开挖引发的建（构）筑物变形进行了综述研究。李志伟等研究了基坑开挖对邻近不同刚度建（构）筑物的影响，对建（构）筑物的变形影响因素进行了细致的分析，还分析了对邻近隧道变形的影响。俞建霖运用 Plaxis 模拟基坑与邻近隧道的整体模型，探讨了基坑主体围护结构的变形及基坑外土体位移的演化规律。吕高乐运用 Abaqus 模拟基坑与邻近隧道的整体模型，探讨了双侧深基坑主体围护结构的变形及基坑外土体位移的演化规律。王罡运用 Ansys 建立了隧道结构变形三维模拟，提出变形控制标准。信磊磊采用 HSS 模型，运用 PLAXIS 模拟基坑、临近建（构）筑物与邻近隧道的整体模型，探讨基坑围护结构及对邻近不同距离建（构）筑物和隧道的影响。

5.4 基坑施工紧邻建（构）筑物变形预测方法

邻近建（构）筑物受侧向土压力作用，向基坑开挖方向倾移，变形过大不仅影响建（构）筑物安全甚至造成更大的人身、财产损失。沉降值能够表征建（构）筑物受基坑开挖施工影响的安全状态，能够有效评估邻近建（构）筑物服役安全性。因此，能够清楚地了解深基坑开挖对邻近建(构)筑物变形影响规律，准确预测建(构)筑物沉降值，及时采取相应的有效控制措施是保证建(构)筑物安全的关键。

基于施工现场的实际监测数据，建立建(构)筑物沉降预测模型。然而建(构)筑物沉降并非在自然情况下发生，其沉降变形受基坑开挖施工、架设支撑、注浆加固等多种因素影响，变形规律分布具有非线性、动态性等特点。这些因素导致传统的线性拟合、非线性拟合法难以对建构进行准确预测。神经网络具有高度自学习和自适应能力，能够有效预测紧邻建(构)筑物。当前，国内外部分学者应用神经网络对施工中产生的位移进行了相关研究。李昂等采用 GA-BP 模型对邻近基坑开挖桥墩的变形进行预测研究，表明 GA-BP 能够有效预测短期与中长期位移变化。蔡舒凌等人应用 FA-NAR 动态神经网络构建隧洞围岩变形预测模型，将预测值与实际值比较分析，通过平均绝对方差和平均相对方差验证了模型精度，证明该模型能适用于围岩变形预测问题。郑秋怡等建立基于 LSTM 大跨拱桥的温度−位移预测模型，考虑位移时滞效应和动态非线性，降低预测误差。BP 神经网络模型不适于时间序列问题的预测，但可以组合其输入、输出的形式以获得短期时间记忆能力。NAR 神经网络模型在梯度消失时，会失去对数据的长期记忆，且过度依赖数据集的准确度。基于桥桩实测数据构建 LSTM 神经网络模型，采集不同变化趋势的两施工段数据进行比较分析，结果可为基坑开挖施工对邻近建(构)筑物沉降预测模型研究和风险预警提供参考。

5.5　深基坑开挖支护变形机理研究

基坑开挖支护过程会产生支护结构变形、周边地表沉降变形和基坑底部隆起变形，是一个变形关联系统。因此，明确和研究基坑开挖支护过程中的变形规律和机理对于降低基坑自身结构和周边环境发生风险具有重要意义。由图 5.9 可知，随着基坑的开挖，形成坑内卸载，坑内外土压力差逐渐加大，坑外土体的挤压导致支护结构产生弯曲变形，一旦变形超过围护结构的设计允许值就会发生基坑失稳破坏，且为周围环境带来损毁风险。

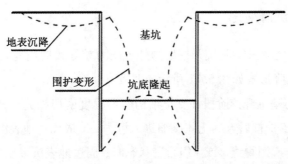

图 5.9　基坑变形示意图

5.5.1　围护结构变形

基坑开挖支护过程中，围护结构会产生水平变形和竖向变形，变形机理如下。

围护结构的水平变形有悬臂式、抛物线式、组合式三种。随着基坑开挖支护过程的进行，围岩的应力平衡状态遭到破坏，土压力差逐渐增大，使坑外土体向坑内发生挤压作用，支护结构起平衡作用，抵抗土体水平移动，因此坑内产生弯曲变形。变形形式如图 5.10 所示。

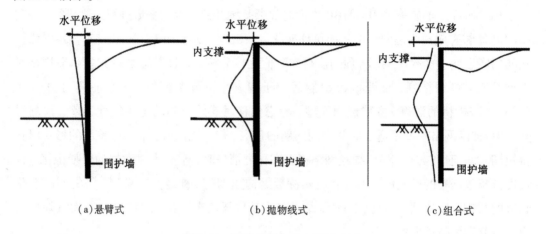

(a)悬臂式　　　　　　　(b)抛物线式　　　　　　　(c)组合式

图 5.10　围护结构水平变形形式图

无支撑开挖初期，围护结构抵抗基坑外土体压力，产生较大位移。而围护桩底部的土体约束较大，限制坑外挤压作用并未产生较大变形，因而形成图 5.10(a)所示的悬臂式。随着内支撑的架设，内支撑对围护结构产生作用力，限制维护桩顶部进一步向坑内变形，围护结构的变形形式如"二次曲线"，如图 5.10(b)所示。随着基坑开挖深度的增加和内支撑的架设，围护结构整体的变形呈如图 5.10(c)所示的"组合式"发展曲线。

围护结构竖向变形。基坑开挖过程中，坑内土体被挖走导致坑底产生临空面发生隆起变形，土体与桩的联结作用使围护结构产生竖向位移。同时，围护结构周边荷载的挤压作用使其变形，竖向位移方向取决于占据主导地位的周边荷载值。

5.5.2　周边地表沉降变形

在基坑开挖支护过程中，基坑开挖后内外土压力差导致周边地表产生不同程度的位移，基坑周边地表沉降形式如图 5.11 所示。

地表沉降方式与基坑开挖阶段和支护结构变形程度密切相关。开挖初期，围护结构变形为"悬臂式"，围护桩后方的土体压缩进入坑内，造成周边地表沉降呈"三角形"分布。当围护结构处于"抛物线"或"组合"状态时，周边地表沉降变为"凹槽"。沉降值随着与基坑边缘的距离而增加，基坑边缘处的沉降值最小。

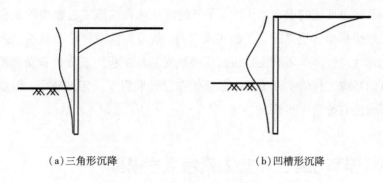

（a）三角形沉降　　　　　　　　　　（b）凹槽形沉降

图 5.11　基坑周边地表沉降

5.5.3　基坑底部隆起变形

基坑土体开挖产生临空面，释放了竖向荷载，应力平衡状态遭到破坏。基坑底部隆起变形的两种主要形式如图 5.12 所示。

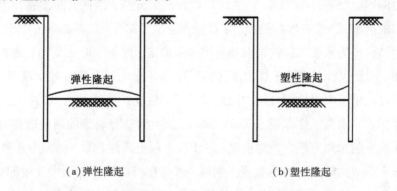

（a）弹性隆起　　　　　　　　　　　（b）塑性隆起

图 5.12　基坑底部隆起变形

开挖初期，坑底的隆起变形是弹性的，呈中间高两侧低的变形形式，开挖停止时弹性隆起状态结束。随着开挖深度的增加，基坑底部的隆起变形由弹性变化转变为塑性变化，基坑底部破坏，导致周边地表沉降。地铁工程是城市中风险较大的工程，特别是位于城市中心区的深基坑地铁工程，城市中心区人员稠密、建筑复杂、地下管线多。由于地铁线位固定，施工场地狭小，大量开挖工程容易导致事故的发生，因此，地铁建设安全风险越来越引起人们的重视。

综上所述，地铁车站深基坑由于地质环境复杂、基础信息匮乏、勘探手段限制等，在开挖前无法全面掌握施工中的风险情况。因此，必须进行地铁车站深基坑风险因素的识别与预测，从而对原设计方案进行调整和修正。尤其是地铁车站多建在已建成的大型商场和住宅小区附近。以往研究结果表明，基坑开挖很容易导致一系列力学行为变化。基坑变形与开挖卸荷、卸荷模量、开挖方式、时空效应、地下水等因素有关。这些因素给基坑的设计和施工带来了巨大的挑战。开挖过程的处理不当会导致基坑的意外变形，最终威胁到地铁及周边环境的安全。因此，了解地铁车站开挖施工过程中的变形特征和内力分布的演化规律是非常重要的。工程实践表明，数值方法对评价和预测土体变形和结构性能具有优越性。许多学者利用数值模拟方法对基坑工程施工分析和安全评价进行了深入研究。虽然基坑工程的实际分析和数值模拟已经取得了一定的成果，但基坑开挖对周边环境的影响还有待进一步研究。

5.6 季节性冻土水热力耦合数学模型

主要基于桩锚支护结构越冬基坑不补水的情况，通过数值模拟计算研究了在基坑顶部铺设保温层和在基坑表层换填非冻融土两种措施的抑制水平冻融的效果，主要通过分析基坑在冬季的温度场结果、护坡桩桩体水平位移变化规律和水平冻融力变化规律，提出有效的防冻融措施。通过现场监测数据可以发现，越冬基坑在基坑土体冻结过程中受水平冻融力的影响严重，且造成了桩锚支护段顶部的开裂，因此有必要提出有效的抑制水平冻融力的措施，通常提出的措施有：设置保温层、表层换填弱冻融土或非冻融土、选择柔性支护结构作为基坑围护结构以及基坑排水措施，但关于防冻融措施的效果分析研究成果较少，因此，本书将基于提出的防冻融措施建立水热力耦合数学模型，验证各项措施的有效性。由于实测数据分析中已经验证了柔性支护结构的有效性，且实际基坑工程在越冬期保持抽水泵工作保证了基坑的降水，因此分析只验证前两项措施的有效性。

研究所建立的水热力耦合数学模型，基于以下假定条件：①土体视为各向同性介质，且是均匀分布的，同时把土体颗粒视为刚体，忽略在模拟计算过程中发生的变形，土颗粒和冻结土体中的冰是不可压缩的；②认为土体在冻融过程中的水分迁移机制与非饱和土中的水分迁移机制相同，且在土体冻融过程中水分迁移仅考虑液相水的迁移，忽略水蒸气和空气对水分迁移的影响；③冻融是由于孔隙冰的增加导致的；④只考虑水热过程对应力场的影响作用，不考虑应力场对水热过程的反作用。

(1)温度场控制方程。在针对冻土系统的研究中，由于热对流和热辐射产生的热量可以忽略不计，因此一般只考虑热传导这一传热方式。根据热传导理论和质量守恒定律，考虑相变潜热的影响时，土体冻融过程中的温度场可以写成以下偏微分方程：

$$\rho C = \frac{\partial T}{\partial t} = \frac{\partial}{\partial x}\left(\lambda\,\frac{\partial T}{\partial x}\right) + \frac{\partial}{\partial y}\left(\lambda\,\frac{\partial T}{\partial y}\right) + L \cdot \rho_i\,\frac{\partial \theta_i}{\partial t} \tag{5.1}$$

式中：C——土体比热容，kJ/(kg·K)；

ρC——土体容积热容，J/(m³·K)；

λ——土体导热系数，W/(m·K)；

L——冰水相变潜热，kJ/kg，一般取 334.56kJ/kg；

θ_i——土中含冰量，%；

ρ_i——冰的密度，kg/m^3。

由于冻结土体中的总含水量是未冻结含水量和含冰量两者之间的代数和，因此可以表示为以下形式：

$$\theta_w = \theta_u + \frac{\rho_i}{\rho_w}\theta_i \tag{5.2}$$

式中：θ_w——总含水量，%；

$\quad\quad \theta_u$——未冻结含水量，%；

$\quad\quad \theta_w$——水的密度，kg/m^3，一般取 $1000kg/m^3$。

将式(5.1)中的含冰量 θ_i 与相变潜热项进行整合替换可得：

$$L \cdot \rho_i \frac{\partial \theta_i}{\partial t} = L \cdot \rho_w \left(\frac{\partial \theta_w}{\partial t} - \frac{\partial \theta_u}{\partial T} \cdot \frac{\partial T}{\partial t} \right) \tag{5.3}$$

则土体冻融过程中的温度场可以写为：

$$\rho C \frac{\partial T}{\partial t} = \frac{\partial}{\partial x}\left(\lambda \frac{\partial T}{\partial x} \right) + \frac{\partial}{\partial y}\left(\lambda \frac{\partial T}{\partial y} \right) + L \cdot \rho_w \left(\frac{\partial \theta_w}{\partial t} - \frac{\partial \theta_u}{\partial T} \cdot \frac{\partial T}{\partial t} \right) \tag{5.4}$$

(2)水分场控制方程。土体冻融过程中，土中水分的迁移遵循达西定律，根据各向同性介质中非饱和渗流的基本微分方程：

$$\frac{\partial \theta_w}{\partial t} = \frac{\partial}{\partial x}\left(K(\theta_w) \frac{\partial H_0}{\partial x} \right) + \frac{\partial}{\partial y}\left(K(\theta_w) \frac{\partial H_0}{\partial y} \right) \tag{5.5}$$

式中：H_0——非饱和渗流区内水头，m；

$\quad\quad K(\theta_w)$——土体的渗透系数，m/s。

由于非饱和渗流区内水头与压力水头之间的关系为 $H = z - h_p$，代入式(5.5)可以得到下列方程：

$$\begin{aligned}\frac{\partial \theta_w}{\partial t} &= \frac{\partial}{\partial x}\left[K(\theta_w)\left(-\frac{\partial h_p}{\partial x} \right) \right] + \frac{\partial}{\partial y}\left[K(\theta_w)\left(-\frac{\partial h_p}{\partial y} \right) \right] - \frac{dK(\theta_w)}{d\theta_w}\frac{\partial \theta_w}{\partial z} \\ &= -\frac{\partial}{\partial x}\left[K(\theta_w)\frac{\partial h_p}{\partial \theta_w}\frac{\partial \theta_w}{\partial x} \right] - \frac{\partial}{\partial y}\left[K(\theta_w)\frac{\partial h_p}{\partial \theta_w}\frac{\partial \theta_w}{\partial y} \right] + \frac{dK(\theta_w)}{d\theta_w}\frac{\partial \theta_w}{\partial z} \end{aligned} \tag{5.6}$$

引入比水容量 $C_m(\theta_w)$ 和扩散率 $D(\theta_w)$ 两个概念，根据下列关系：

$$C_m(\theta_w) = \frac{d\theta_w}{dh_p} \tag{5.7}$$

$$D(\theta_w) = \frac{K(\theta_w)}{C_m(\theta_w)} = -K(\theta_w)\frac{dh_p}{d\theta_w} \tag{5.8}$$

把式(5.2)、式(5.7)和式(5.8)代入式(5.6)，则可得到冻结土体的水分迁移公式：

$$\frac{\theta \partial_u}{\partial t} = \frac{\partial}{\partial x}\left[D(\theta_u) + \frac{\partial \theta_u}{\partial x} \right] + \frac{\partial}{\partial y}\left[D(\theta_u)\frac{\partial \theta_u}{\partial y} \right] + \frac{dK(\theta_u)}{d\theta_u}\frac{\partial \theta_u}{\partial z} - \frac{\rho_i}{\rho_w}\frac{\partial \theta_i}{\partial t} \tag{5.9}$$

(3)水热耦合模型方程。为使温度场控制方程和水分场控制方程联系起来，需要引

入固液比 B_i 概念，固液比是由初始含水量和未冻结含水量两者之间的关系推导得到的，其取值可以表达为：

$$B_i = \frac{\theta_i}{\theta_u} = \begin{cases} \left(\frac{T}{T_f}\right)^B - 1, & T < T_f \\ 0, & T \geq T_f \end{cases} \tag{5.10}$$

式中：B_i——经验值，其中含砾粉质黏土取 0.63，粉土取 0.47，粉质黏土取 0.56，含砾石取 0.42；

T_f——土体冻结温度，℃。

通过固液比概念，得到水热耦合联系方程为：

$$\theta_i = B_i \theta_u \tag{5.11}$$

即式(5.4)、式(5.9)和式(5.11)共同构成水热耦合数学模型。选取 Comsol Multiphysics 等有限元软件来实现水热耦合模型，该模型可以实现真正意义上的任意多物理场直接耦合，提供了众多预定义物理接口模块，涵盖了热分析、流动分析和力学分析等多种工程领域。选取 Richards 方程模块和多孔介质传热模块来进行水热耦合分析。

其中，Richards 方程模块提供的数学模型为：

$$\rho\left[\left(\frac{C_m}{\rho g} + S_e S\right)\frac{\partial P}{\partial t}\right] + \rho \nabla\left[-\frac{K}{\rho g}(\nabla p + \rho g \nabla D)\right] = Q_m \tag{5.12}$$

式中：$\rho \cdot S_e S \frac{\partial P}{\partial t}$——储水模型；

P——压力，kPa；

Q_m——质量源。

由 Van Genuchten 模型可以得到土体未冻结含水量和压力水头之间的关系：

$$\theta_u(h_p) = \begin{cases} \theta_r + \frac{\theta_s - \theta_r}{(1+|ah^l|)^m}, & h_p < 0 \\ \theta_s, & h_p \geq 0 \end{cases} \tag{5.13}$$

式中：θ_s——饱和含水量，%；

θ_r——残余含水量，%；

a, l, m——经验常数。

由压力水头和压力之间的关系 $hP = P/\rho g$ 以及式(5.13)，可以把式(5.12)转换成式(5.9)的表达形式，因此为使 Comsol Multiphysics 等有限元软件自带的 Richards 方程模型跟上述水热耦合的水分场控制方程一样，用以模拟土体冻融过程中水分迁移情况，需要修改质量源 Q_m：

$$Q_m = \frac{\rho_i}{\rho_w} \cdot \frac{\partial \theta_i}{\partial t} = -\frac{\rho_i}{\rho_w}\left(\frac{\partial B_i}{\partial t} \cdot \theta_u + \frac{\partial \theta_u}{\partial t} \cdot B_i\right)$$
$$= -\frac{\rho_i}{\rho_w}\left[\frac{dB_i}{dt} \cdot \theta_u(p) + \frac{C_m}{g} \cdot \frac{dp}{dt} \cdot B_i\right] \tag{5.14}$$

其中，$\theta_u(p)$ 为未冻水含水量与压力之间的关系，表达如下：

$$\theta_u(p) = \begin{cases} \theta_r + \dfrac{\theta_s - \theta_r}{\left(1 + \left| a \cdot \dfrac{p}{\rho g} \right|^n \right)^m}, & p < 0 \\ \theta_s, & p \geqslant 0 \end{cases} \tag{5.15}$$

多孔介质传热模块提供的数学模型为：

$$\rho C \frac{\partial T}{\partial t} - \lambda \nabla^2 T = Q \tag{5.16}$$

式中：Q——热源。

要使多孔介质传热模块数学模型跟上述水热耦合的温度场控制方程一样，用以模拟土体冻融过程中土体温度变化，需要修改热源 Q：

$$Q = L\rho_i \cdot \frac{\partial \theta_i}{\partial t} = L\rho_i \left(\frac{\partial B_i}{\partial t} \cdot \theta_u + \frac{\partial \theta_u}{\partial t} \cdot B_i \right)$$

$$= L\rho_i \left(\frac{dB_i}{dt} \cdot \theta_u(p) + \frac{C_m}{g} \cdot \frac{dp}{dt} \cdot B_i \right) \tag{5.17}$$

（4）应力场控制方程。为模拟土体冻结的冻融过程，建立可以描述含冰量和土体体积冻融率之间关系的冻融模型，定义当土体中的孔隙冰含量大于等于起始冻融含冰量时，土体才发生冻融。冻结土体中的应力包括外部荷载产生的应力，由土体中的孔隙冰和孔隙水的压力引起的应力以及由冻融引起的应力。在冻结土体的应力场控制方程中，主要考虑冻结土体由于冻融引起的应力变化，且在应力场控制方程中不考虑冻结土体的蠕变和塑性变形，并且假定土体为弹性介质，且刚性冰不可压缩。基于上述假定条件，仅考虑水分冻结体积膨胀产生的膨胀变形的土体体积变形公式为：

$$\varepsilon_v = 0.09(\theta_0 + \Delta\theta - \theta_w) + (\theta_w - n) \tag{5.18}$$

式中：ε_v——体积膨胀变形，mm；

　　　$\Delta\theta$——水分迁移增量，%；

　　　n——土体孔隙率，%。

将土体的体积膨胀变形 v 视为初始应变量，则可以建立冻结土体的本构模型为：

$$\{\sigma\} = [C](\{\varepsilon\} - \{\varepsilon_v\}) \tag{5.19}$$

式中：$[C]$——应力-应变刚度矩阵；

　　　$\{\varepsilon_v\}$——土体的体积膨胀变形增量。

（5）THM——温度、地下水和应力耦合模型。主要采用 Comsol Multiphysics 等有限元软件中的固体力学模块来建立越冬基坑土体的冻融模型。具体 THM 耦合模型的实现是通过将水热耦合数学模型模拟得到的瞬态某时刻的土体含冰量导出，再使用模型中全局变量中的插值函数将含冰量导入固体力学模型，并且在模型中添加材料的热膨胀系数，以冻土应力-应变基本方程来联系，最后运算得到冻土的体积膨胀变形和冻融力结果。

此外，由于北方现场监测数据结果显示，越冬基坑在水平方向的变形更为明显，因此冻融模型只考虑水平方向上的结果，考虑基坑自身重力和桩板锚所产生的影响作用。

5.7 基坑桩板锚支护结构几何及有限元模型构建

几何模型。以现场基坑监测资料为依据，利用冻土的水热力耦合数值模型对沙河基坑进行模拟计算。基坑模型采用对称形式，基坑的深度为 6.0m，支护形式为桩锚支护，其中桩体高度为 10.0m，桩体直径为 0.4m，计算模型的宽度取 4 倍的基坑宽度，深度取 5 倍的基坑深度，即模型尺寸为 40m×30m。为简化模型，把计算模型的土层划分为三层，其中 0~4m 为粉质黏土，4~5m 为黏质粉土，5~30m 为粉质黏土。

边界条件。由于基坑地表土层的温度变化符合附面层理论，因此根据附面层理论和实测地表土层温度数据，通过最小二乘法拟合得到基坑上边界温度条件。温度场边界条件，由于外界温度只能对一定深度的基坑土体产生影响，因此基坑计算模型底边边界应设置为定值，根据实测数据设置为 20 ℃。基坑左右边界设置为绝热边界。对于水分场边界的设置，由于基坑的抽水泵一直保持工作状态，因此仅考虑补水管的补水作用，忽略降雨和地下水的补给，补水管的补水速率为 0.11m³/h，其余边界条件均设置为零通量。

以各土层的初始含水率作为水分场的初始值。在进行应力场分析时，把基坑计算模型的左右两边界设置为横向约束边界，即只允许其发生竖直方向的位移，其下边界设置为固定边界，其余基坑边界设置为自由边界，考虑地下水渗流与补给定流量水井，开挖土体为干。此外，将基坑土体和支护结构之间添加接触面，使整体基坑结构可以协调变形。

表 5.1　地层土体未冻结水含量曲线表

序　号	温度/K	未冻水含量
1	273.0	1.00
2	272.0	0.99
3	271.6	0.96
4	271.4	0.90
5	271.3	0.81
6	271.0	0.38
7	270.8	0.15
8	270.6	0.06
9	270.2	0.02
10	268.5	0.00

地层土体未冻结水含量(如表 5.1 所示)。设置保温层措施参数选取。铺设保温层措施主要是通过在基坑的表面铺设保温性能较好的材料,以达到防止基坑发生冻害的效果,从而达到减小基坑水平冻融的效果,常用的材料有:草帘、草皮、树皮、炉渣和聚苯乙烯保温板等。为了比对不同材料的防冻融效果,设以下几种工况,如表 5.2 所示。

表 5.2　铺设保温层措施工况设置

控制参数	具体工况
保温层材料	草帘、聚苯乙烯保温板、XPS 保温板
保温层厚度	2、4、6cm

不同保温材料的参数选取如表 5.3 所示。

表 5.3　保温材料热力学参数选取

保温材料	密度 $\rho/(\mathrm{kg \cdot m^{-3}})$	导热系数 $\lambda/[\mathrm{w \cdot (m \times K)^{-1}}]$	比热容 $c/[\mathrm{pJ \cdot (kg \times K)^{-1}}]$
草帘	350	0.05	2016
聚苯乙烯保温板	40	0.03	1400
XPS 保温板	30	0.028	1250

基坑桩板锚支护结构施工 HM 模型。基坑桩板锚支护结构施工 THM 模型。补给定流量水井基坑桩板锚支护结构 THM 模型。

通过常数(0 和-5 ℃)并改变围压 $0.33 \times (p_{y0})_{in}$, $0.66 \times (p_{y0})_{in}$ 和 $1.00 \times (p_{y0})_{in}$。温度变化影响的单应力点环境测试结果和围压变化影响的单应力点环境测试结果如图 5.13 所示。验证并揭示曲线图代表了偏应力超过轴向应变的演变以及体积行为与轴向应变。

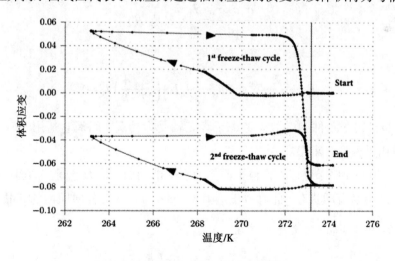

图 5.13　体积应变 ν 与温度 T 的关系

在弹性区域,刚度随温度的降低而增大。随着温度的降低和/或围压的增加,强度增加。硬化和软化行为,以及相关的压缩和膨胀行为可以表示。围压对体积变形影响较大。高围压下,体积随轴向应变的增大而减小。低围压下,在应变软化阶段发生体积膨胀之前，体积总是降低到一个临界值。

5.8 国内外主要屈服条件

5.8.1 拉德–邓肯(Lade-Duncan)屈服条件、松冈元–中井(Matsuoka-Nakai)屈服条件和郑颖人–陈瑜瑶屈服条件

除了上述基于理论导出的屈服条件外，还出现一些其他基于岩土材料真三轴试验拟合得出的屈服条件以及其他一些屈服条件。国际上有拉德–邓肯屈服条件(1972)、松冈元–中井屈服条件(1974)和Hoek-Brown破坏条件。国内还有基于双剪应力的统一强度理论与统一屈服条件和基于空间滑动面的广义非线性强度条件等。由于当前对屈服条件有不同的理解，有的写成破坏条件、强度条件、强度理论等，下面介绍中尽量反映原作者的写法。

拉德–邓肯屈服条件和松冈元–中井屈服条件在π平面上都是不规则的形状，近似为一个曲边三角形。这两种屈服条件没有角点，都是光滑曲线，而且拉德–邓肯屈服曲线内接摩尔–库仑屈服条件的三个外角顶点，而松冈元–中井屈服曲线内接摩尔–库仑条件的6个内外角点。

拉德–邓肯屈服条件是根据土体的真三轴试验拟合得出的，其表达式为

$$F = \frac{\sigma_1 \sigma_2 \sigma_3}{p^3} = \frac{I_3}{I_1^3} = k(\text{常数}) \tag{5.20}$$

或

$$F = -\frac{2}{3\sqrt{3}} J_2^{3/2} \sin 3\theta_\sigma - \frac{1}{3} I_1 J_2 + \left(\frac{1}{27} - \frac{1}{k}\right) I_1^2 = 0 \tag{5.21}$$

拉德–邓肯屈服条件中常数k考虑了真三轴受力情况，因而它适用于真三轴情况。常数k可以由试验拟合求得。

松冈元–中井屈服条件以八面体平面作为空间滑动面，认为空间滑动面(SMP面)上的土体处于最容易滑动状态，此时剪正应力比(τ/σ_N)最大，各向同性的SMP准则可以表示为：

$$F = \left(\frac{\tau}{\sigma_N}\right)_{SMP} = \frac{I_1 I_2}{I_3} = k(\text{常数}) \tag{5.22}$$

或

$$F = \frac{(\sigma_2 - \sigma_3)^2}{\sigma_2 \sigma_3} + \frac{(\sigma_3 - \sigma_1)^2}{\sigma_3 \sigma_1} + \frac{(\sigma_1 - \sigma_2)^2}{\sigma_1 \sigma_2} = k(\text{常数}) \tag{5.23}$$

该条件适用于常规三轴情况和非黏性土情况。1976年松冈元在此基础上提出了拓

展空间滑动面条件(SMP)，适用于非黏性土与黏性土，1995 年又进行了砂土的真三轴试验，并将表达式写成：

$$\left(\frac{\tau}{\sigma_N}\right)_{SMP} = \sqrt{\frac{I_1 I_2 - 9I_3}{9I_3}}$$

$$= \frac{2}{3}\sqrt{\frac{(\sigma_1-\sigma_2)^2}{4(\sigma_1+\sigma_0)(\sigma_2+\sigma_0)} + \frac{(\sigma_2-\sigma_3)^2}{4(\sigma_2+\sigma_0)(\sigma_3+\sigma_0)} + \frac{(\sigma_3-\sigma_1)^2}{4(\sigma_3+\sigma_0)(\sigma_1+\sigma_0)}} = k(\text{常数})$$

$$(5.24)$$

式中 σ_0 为黏聚力与 $\tan\varphi$ 之比，见图 5.14。

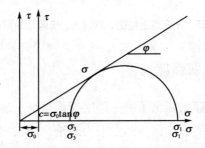

图 5.14　三轴压缩子午面上的屈服曲线

由于 SMP 条件设定常规三轴压缩条件($\sigma_1 > \sigma_2 = \sigma_3$)下，偏平面上 SMP 破坏线中该点与摩尔-库仑破坏线中该点重合，由此可以导出常数项：

$$\left(\frac{\tau}{\sigma_N}\right)_{SMP} = \frac{2\sqrt{2}}{3}\frac{\sigma_1-\sigma_3}{2\sqrt{(\sigma_1+\sigma_0)(\sigma_3+\sigma_0)}} = \frac{2\sqrt{2}}{3}\tan\varphi \qquad (5.25)$$

该条件可以用于各种土体，但没有考虑土体的压硬性，设定空间滑动面为八面体平面。

式(5.20)、式(5.22)与式(5.25)虽然没有给出 $g(\theta_\sigma)$ 式，但在 I_1 为常数时，即可绘出 π 平面上的形状曲线(如图 5.15 所示)。

郑颖人、陈瑜瑶根据重庆红黏土的三轴试验结果，应用式(5.26)进行拟合，提出了偏平面上屈服曲线得出形状函数 $g(\theta_\sigma)$

$$g(\theta_\sigma) = \frac{2K}{(1+K)-(1-K)\sin 3\theta_\sigma + \alpha_1 \cos^2 3\theta_\sigma} \qquad (5.26)$$

式中 K、α_1 为系数，可由试验数据拟合得出。本次试验中 $K=0.77$，$\alpha_1=0.45$。

图中列出了郑颖人-陈瑜瑶拟合曲线，由于它与拉德-邓肯曲线十分接近，因而两条曲线画在一条曲线上。从图可以看出，拉德-邓肯曲线与郑颖人-陈瑜瑶拟合曲线十分相近，它们都是由土体真三轴试验拟合得到，其三轴拉伸试验时的抗剪强度大于摩尔-库仑条件的抗剪强度，因而适用于真三轴情况，但常数项都需要通过试验拟合得到。松冈元-中井曲线，无论是三轴压缩点还是三轴拉伸点都与摩尔-库仑曲线重合，适用于岩土材料常规三轴情况。

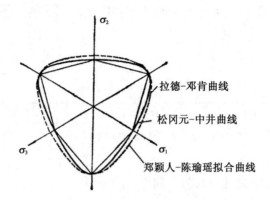

图 5.15　π平面上拉德、郑颖人、松冈元屈服曲线

5.8.2　双剪应力条件屈服强度条件

基于双剪应力条件，俞茂宏提出了统一强度理论与统一屈服条件。它可以包括拉压同性材料和拉压异性材料，可以考虑中间主应力影响。当设定参数为某一定值时，可以得出摩尔-库仑条件、广义双剪应力条件、屈瑞斯卡条件和双剪应力条件，但不能得到米赛斯条件。其数学表达式为：

$$F = \sigma_1 - \frac{\alpha}{1+b}(b\sigma_2 + \sigma_3) = \sigma_t, \quad 当 \quad \sigma_2 \leqslant \frac{\sigma_1 + \alpha\sigma_3}{1+\alpha} \tag{5.27}$$

$$F' = \frac{1}{1+b}(\sigma_1 + b\sigma_2) - \alpha\sigma_3 = \sigma_t, \quad 当 \quad \sigma_2 \geqslant \frac{\sigma_1 + \alpha\sigma_3}{1+\alpha} \tag{5.28}$$

式中：$\alpha = \sigma_t / \sigma_c$——材料的拉压强度比；

$\quad\quad\sigma_c$——抗压强度；

$\quad\quad\sigma_t$——抗拉强度；

$\quad\quad b$——统一强度理论中引进的破坏准则选择参数。它是反映中间主应力及相应面上的正应力对材料破坏影响程度的参数，也是反映中间主应力对材料破坏影响的参数。

在取不同的 α、b 值时，公式可以退化为其他屈服条件：

（1）当 $\alpha = 1$ 时，可以退化为拉压同性的屈服条件，俞茂宏称它为统一屈服条件；

$$F = \sigma_1 - \frac{1}{1+b}(b\sigma_2 + \sigma_3) = \sigma_t, \quad \sigma_2 \leqslant \frac{\sigma_1 + \sigma_3}{2} \tag{5.29}$$

$$F' = \frac{1}{1+b}(\sigma_1 + b\sigma_2) - \sigma_3 = \sigma_t, \quad \sigma_2 \geqslant \frac{\sigma_1 + \sigma_3}{2} \tag{5.30}$$

（2）当 $\alpha = 1$，$b = 1$ 时，可以退化为双剪应力条件；

（3）当 $\alpha = 1$，$b = 0$ 时，可以退化为屈瑞斯卡条件；

（4）当 $\alpha \neq 1$，$b = 1$ 时，可以退化为广义双剪应力条件；·

(5)当 $\alpha \neq 1$，$b=0$ 时，可以退化为摩尔-库仑条件。

$\alpha \neq 1$，$b=1$ 时的广义双剪应力条件的屈服面在主应力空间是一个以静水压力线为轴的不等边六角锥体面，在偏平面上是一个顶点不在主轴而与主轴对称的不等边六角形。图 5.16 示出了统一强度理论的上、中、下三个典型极限面。

统一强度理论也可用应力张量第一不变量 I_1、应力偏量第二不变量 J_2 和应力角 θ 表示为统一屈服函数 $F(I_1, J_2, \theta)$。

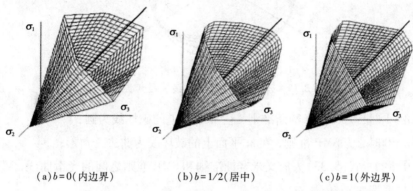

(a)$b=0$(内边界)   (b)$b=1/2$(居中)   (c)$b=1$(外边界)

图 5.16　统一强度理论的上、中、下三个典型极限面

上述统一强度理论表达式中，材料强度参数为 σ_t 和 α。如取岩土工程中常用的黏结力参数 c 和摩擦角参数 φ，则双剪统一强度理论的表达式可写为：

$$F = \frac{2I_1}{3}\sin\varphi \frac{2\sqrt{J_2}}{1+b}\sin\left(\theta+\frac{\pi}{3}\right) - \frac{2b\sqrt{J_2}}{1+b}\sin\left(\theta-\frac{\pi}{3}\right) + \frac{2b\sqrt{J_2}}{(1+b)\sqrt{3}}\sin\left(\theta+\frac{\pi}{3}\right) +$$

$$\frac{2\sqrt{J_2}}{(1+b)\sqrt{3}}\sin\varphi\cos\left(\theta+\frac{\pi}{3}\right) + \frac{2b\sqrt{J_2}}{(1+b)\sqrt{3}}\sin\varphi\cos\left(\theta-\frac{\pi}{3}\right) \qquad (5.31)$$

$$= 2c\cos\varphi \qquad (0^{\circ} \leqslant \theta \leqslant \theta_b)$$

$$F' = \frac{2I_1}{3}\sin\varphi \frac{2\sqrt{J_2}}{1+b}\sin\left(\theta+\frac{\pi}{3}\right) + \frac{2\sqrt{J_2}}{(1+b)\sqrt{3}}\sin\varphi\cos\left(\theta+\frac{\pi}{3}\right) + \frac{2b\sqrt{J_2}}{1+b}\sin\theta -$$

$$\frac{2b\sqrt{J_2}}{(1+b)\sqrt{3}}\sin\varphi\cos\theta \qquad (5.32)$$

$$= 2c\cos\varphi \qquad (\theta_b \leqslant \theta \leqslant 60^{\circ})$$

5.8.3　基于空间滑动面强度准则的广义非线性强度条件

姚仰平等在 SMP 条件与广义米赛斯条件基础上提出广义非线性条件(GNST)。设三轴压缩条件下 $(\sigma_1 > \sigma_2 = \sigma_3)$ 广义米赛斯准则与 SMP 准则重合，则广义剪应力 q_c 的表达式为：

$$q_c = \alpha q_M + (1-\alpha)q_s \qquad (5.33)$$

其中，α 为反映 π 平面上的拉压强度比的材料参数（见图 5.17）：

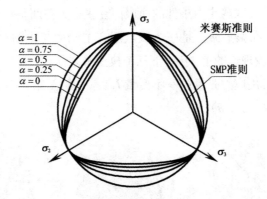

图 5.17　π 平面上的广义非线性强度准则

（1）当 $\alpha=1$ 时，为广义米赛斯准则，在 π 平面上的破坏线为圆；

（2）当 $\alpha=0$ 时，为 SMP 准则，在 π 平面上的破坏线为曲边三角形；

（3）当 $0<\alpha<1$，式（5.33）为广义米赛斯准则和 SMP 准则之间的光滑曲线，可以描述各种材料的强度特性。

q_M 为广义米赛斯准则对应的广义剪应力，其值为

$$q_{\mathrm{M}}=\sqrt{I_1^2-3I_2} \tag{5.34}$$

q_S 为 SMP 准则对应的广义剪应力，其值为

$$q_{\mathrm{S}}=\frac{2I_1}{3\sqrt{\dfrac{I_1I_2-I_3}{I_1I_2-9I_3}-1}} \tag{5.35}$$

将公式整理，令三轴压缩情况下破坏应力比为 $M_{\mathrm{c}}=\dfrac{q_{\mathrm{c}}}{p}$，得

$$q_{\mathrm{c}}=\alpha\sqrt{I_1^2-3I_2}+\frac{2(1-\alpha)I_1}{3\sqrt{(I_1I_2-I_3)/(I_1I_2-9I_3)-1}}=M_{\mathrm{c}}\mathrm{p} \tag{5.36}$$

材料参数 α 可以表示为三轴压缩条件下的内摩擦角 φ_{c} 与三轴伸长条件下的内摩擦角 φ_{e} 的函数。推导时先导出 α 及三轴压缩条件下破坏应力比 M_{c} 与三轴拉伸条件下破坏应力比 M_{e} 的关系，然后转换成 φ_{c} 与 φ_{e} 的关系，得到

$$\alpha=\frac{3(3+\sin\varphi_{\mathrm{e}})(\sin\varphi_{\mathrm{e}}-\sin\varphi_{\mathrm{c}})}{2\sin^2\varphi_{\mathrm{e}}(3-\sin\varphi_{\mathrm{c}})} \tag{5.37}$$

通过三轴压缩试验与三轴拉伸试验，即可求得 φ_{c} 与 φ_{e}，从而得到材料参数 α。

当 $\varphi_{\mathrm{c}}=\varphi_{\mathrm{e}}$ 时，$\alpha=0$，此时在 π 平面上破坏准则为 SMP 准则，见图 5.18 中的细实线；当求得摩擦角 $\varphi_{\mathrm{c}}>\varphi_{\mathrm{e}}$ 时，$\alpha>0$，见图 5.18 中的粗实线；当 $\alpha=1$ 时，是广义米赛斯准则。

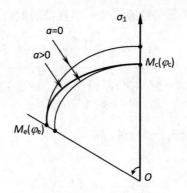

图 5.18　求土性参数 a

5.8.4　胡克-布朗(Hoek-Brown)条件

1985 年胡克-布朗依据列出的各类岩石的试验结果,提出了一个经验性的适用于岩体材料的破坏条件(如图 5.19 所示),一般叫作胡克-布朗条件,其表达式为

$$F = \sigma_1 - \sigma_3 - \sqrt{m\sigma_c\sigma_3 + s\sigma_c^2} \tag{5.38}$$

式中: σ_c ——单轴抗压强度;

m , s ——岩体材料常数,取决于岩石性质以及破碎程度。

在这一条件中考虑了岩体质量数据,即考虑了与围压有关的岩石强度,使它比摩尔-库仑条件更适用于岩体材料。

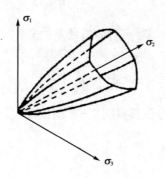

图 5.19　应力空间中的胡克-布朗条件

这一条件与摩尔-库仑条件一样没有考虑中主应力的影响。在子午平面上,它的极限包络线是一条曲线,而不是一条直线,这是与摩尔-库仑条件不同的。

当以应力不变量表述时,胡克-布朗条件可以写成

$$F = m\sigma_c \frac{I_1}{3} + 4J_2 \cos^2\theta_\sigma + m\sigma_c \sqrt{J_2}\left(\cos\theta_\sigma + \frac{\sin\theta_\sigma}{\sqrt{3}}\right) - s\sigma_c^2 = 0 \tag{5.39}$$

在应力空间中,它是一个由 6 个抛物面组成的锥形面,如图 5.19 所示。在 6 个抛物面的交线上具奇异性。

为了消除奇异性，用一椭圆函数逼近这一不规则的六角形，$g(\theta_\sigma)$被表述如下：

$$g(\theta_\sigma) = \frac{4(1-e^2)\cos^2\left(\frac{\pi}{6}+\theta_\sigma\right)+(1-2e)^2}{2(1-e^2)\cos^2\left(\frac{\pi}{6}+\theta_\sigma\right)+(2e-1)D} \tag{5.40}$$

式中：$D = \sqrt{4(1-e^2)\cos^2\left(\frac{\pi}{6}+\theta_\sigma\right)+5e^2-4e}$；

$e = \dfrac{q_1}{q_c}$；

q_c，q_1——受压与受拉时的偏应力。

因而，式（5.39）的胡克-布朗成为一个光滑、连续的凸曲面，并表示如下：

$$F = q^2 g^2(\theta_\sigma)+\overline{\sigma}_c qg(\theta_\sigma)+3\,\overline{\sigma}_c p-s\,\overline{\sigma}_c^2 = 0 \tag{5.41}$$

式中：$\overline{\sigma}_c = m\dfrac{\sigma_c}{3}$；

$q = \sqrt{3J_2}$；

$p = \dfrac{I_1}{3}$。

1992年，胡克对胡克-布朗条件作了一点修正，给出了更一般的表达式：

$$\sigma_1 = \sigma_3+\sigma_c\left(m\frac{\sigma_3}{\sigma_c}+s\right)^\alpha \tag{5.42}$$

对于大多数岩石采用$\alpha=\dfrac{1}{2}$。对于岩体质量差的岩体，式（5.42）不适用，建议改用：

$$\sigma_1 = \sigma_3+\sigma_c\left(m\frac{\sigma_3}{\sigma_c}\right)^\alpha \tag{5.43}$$

2008年，我国学者朱合华与张其将胡克-布朗条件发展为广义三维胡克-布朗条件，内容从略。

5.9 应力表述的屈服安全系数

表征岩土中某应力点达到屈服程度的指标采用应力表述的屈服安全系数，其物理意义亦可理解为从特定应力状态达到屈服状态的程度。当前国内外一些软件中曾提出岩土破坏接近度的概念，但这一概念中存在某些误解，首先以应力表述的摩尔-库仑条件只能表述岩土体的屈服，而不能表述岩土体的破坏；其次，岩土材料强度的降低不仅包含黏聚力的降低，还包含摩擦系数的降低。破坏接近度的概念可以用来确定岩土应力点的屈服接近度，但依据摩尔-库仑条件强度参数的降低，既要包含黏聚力又要包含摩擦系数，并应按同一比例降低。接近度的度量值应用不广，可以采用大家更为熟悉的安全系数取代。在岩土工程中常用的安全系数有两类，一类是强度储备安全系数，以降低岩土抗剪强度体现岩土的安全度，常用在边（滑）坡工程中；另一类是超载安全系数，以增加荷载体现岩土的安全度，常用在地基工程中。

5.9.1　强度折减屈服安全系数

采用摩尔-库仑屈服条件求解强度折减屈服安全系数。材料的初始屈服意味着材料从弹性进入塑性，屈服是针对材料弹性状态来说的，所以强度极限曲线是在弹性极限情况下得到的。下面采用的屈服条件为平面状态下的摩尔-库仑屈服条件，强度极限曲线为库仑直线。

材料强度指标下降适用于材料的强度储备安全系数。按库仑定律有（见图 5.20）：

$$\tau = c + \sigma \tan\varphi \tag{5.44}$$

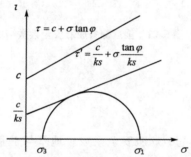

图 5.20　求强度储备屈服安全系数示意图

一般采用强度折减法，将 c、$\tan\varphi$ 按同一比例值（ks）下降，直至强度极限曲线与实际摩尔应力圆相切达到屈服，此时的 ks 值就是屈服安全系数。屈服时的抗剪强度 τ' 为

$$\tau' = \frac{c}{ks} + \sigma\,\frac{\tan\varphi}{ks} = c' + \sigma\tan\varphi' \tag{5.45}$$

式中：$c' = \dfrac{c}{ks}$，$\varphi' = \arctan\left(\dfrac{\tan\varphi}{ks}\right)$

由相切处满足摩尔-库仑屈服条件，得

$$\sigma_1 = \frac{2c\cos\varphi'}{ks(1-\sin\varphi')} + \frac{1+\sin\varphi' - 2\nu(1-\sin\varphi')}{1-\sin\varphi'}\sigma_3 \tag{5.46}$$

求得该应力点的强度折减屈服安全系数为

$$ks = \frac{2\sqrt{\sigma_1\sigma_3\tan^2\varphi + (\sigma_1+\sigma_3)c\tan\varphi + c^2}}{\sigma_1 - \sigma_3} = \frac{2\sqrt{(c+\sigma_1\tan\varphi)(c+\sigma_3\tan\varphi)}}{\sigma_1 - \sigma_3} \tag{5.47}$$

当 $\varphi = 0$ 时，式（5.47）即为屈瑞斯卡条件下应力点的屈服安全系数。

算例1：已知一点的应力与剪切强度参数（表5.12），求强度储备屈服安全系数。

由式（5.47）算得 $ks = 1.657$，折减后的 $c' = 1.81\text{MPa}$，$\varphi' = 19.21°$。折减后的强度极限曲线与摩尔应力圆相切（见图5.21），算例表明，屈服安全系数计算结果可信。

表 5.4　应力与强度参数

σ_1	σ_3	c	φ
15MPa	5 MPa	3 MPa	30°

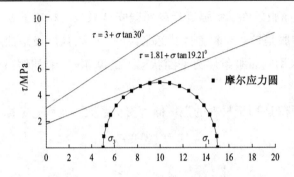

图 5.21　强度储备屈服安全系数

5.9.2　超载屈服安全系数

采用摩尔-库仑条件求解超载屈服安全系数。地基与桩基工程中通常采用超载屈服安全系数。一般采用荷载增量法，即以逐步增加荷载使其达到屈服状态，最简单的方法是增加第一主应力使其逐渐达到屈服状态。将最大主应力 σ_1 逐渐增大，当最大主应力由初始的 σ_1 增大到 $ks\sigma_1$，其摩尔应力圆恰好与强度极限曲线相切，则 ks 为超载屈服安全系数。此时 φ 角不变，这是因为荷载增大时摩擦力也随之增大，安全系数不随摩擦力而变，相当于只增大 c 值，而不增大 φ 值（见图5.22）。

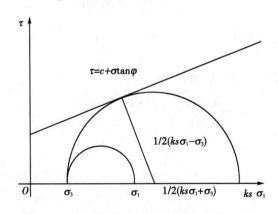

图 5.22　求超载屈服安全系数示意图

由几何关系可以得到下式：

$$\frac{1}{2}(ks\sigma_1-\sigma_3)=2c\cos\varphi+\frac{1}{2}(ks\sigma_1+\sigma_3)\sin\varphi \tag{5.48}$$

得超载屈服安全系数：

$$ks=\frac{2c\cos\varphi+(1+\sin\varphi)\sigma_3}{(1-\sin\varphi)\sigma_1} \tag{5.49}$$

算例2：已知一点的应力与剪切强度参数（见表5.4），求超载屈服安全系数（见图5.23）。

表 5.5　应力和强度参数

σ_1	σ_3	c	φ
15MPa	5MPa	3MPa	30°

由式（5.49）算得 $ks=1.693$，主应力 σ_1 增加到 $ks\sigma_1$，即25.39MPa。由图5.23可以看出，主应力增加后的摩尔尔应力圆与强度曲线相切，表明超载屈服安全系数计算结果可信。

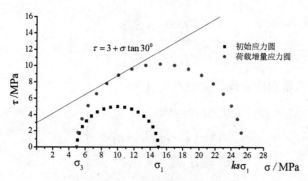

图 5.23　超载屈服安全系数

5.10　应变表述的屈服条件

近年来，随着对材料破坏准则的认识以及有限元计算方法的发展，要求采用应变表述的屈服条件，即应变空间中的屈服函数与屈服面。

建立以应变表述的屈服条件，最好的方法是通过以应变表示的大量试验数据的分析，提出既符合实际与力学理论，又使用简单的屈服条件。但是这需要做大量的试验，然而目前这样的试验不多。此外对线弹性材料亦可直接从应力表述的屈服函数转换为应变表述的屈服函数。本节就是采用这种方法，以获得应变屈服条件与屈服面。

物体内某一点开始产生塑性变形时，应变分量之间需要满足的条件叫作应变表述的屈服条件，或简称应变屈服条件。设材料各向同性并不考虑应力主轴旋转，则六维应变空间的屈服函数可以在三维应变空间中讨论，应变屈服函数可表达为：

$$\left.\begin{array}{l} f(\varepsilon_1,\ \varepsilon_2,\ \varepsilon_3)=0 \\ f(I_1',\ J_2',\ J_3')=0 \\ f(I_1',\ J_2',\ \theta_\varepsilon)=0 \end{array}\right\} \tag{5.50}$$

屈服条件是指弹性条件下的界限，因而完全可以采用弹性力学中的应力和应变的关系。

$$\sigma_{ij}=\frac{E}{1+v}\left(\varepsilon_{ij}+\frac{v}{1-2v}\varepsilon_{ij}\delta_{ij}\right) \tag{5.51}$$

根据公式，应力张量和应力偏张量的不变量为：

$$\left.\begin{array}{l} I_1=\sigma_1+\sigma_2+\sigma_3 \\ I_2=-(\sigma_1\sigma_2+\sigma_2\sigma_3+\sigma_3\sigma_1) \\ I_3=\sigma_1\sigma_2\sigma_3 \end{array}\right\}$$

$$\left.\begin{array}{l} J_1=0 \\ J_2=\frac{1}{2}S_{ij}S_{ij} \\ J_3=S_1S_2S_3 \end{array}\right\} \tag{5.52}$$

按公式，应变张量和应变偏张量的不变量为：

$$\left.\begin{array}{l} I_1'=\varepsilon_1+\varepsilon_2+\varepsilon_3 \\ I_2'=-(\varepsilon_1\varepsilon_2+\varepsilon_2\varepsilon_3+\varepsilon_3\varepsilon_1) \\ I_3'=\varepsilon_1\varepsilon_2\varepsilon_3 \end{array}\right\}$$

$$\left.\begin{array}{l} J_1'=0 \\ J_2'=\frac{1}{2}e_{ij}e_{ij} \\ J_3'=e_1e_2e_3 \end{array}\right\} \tag{5.53}$$

根据式(5.53)及式(5.51)推得应力空间中不变量与应变空间中不变量的转换公式

$$I_1=\frac{E}{1-2v}I_1'=3KI_1' \tag{5.54}$$

$$J_2=\left(\frac{E}{1+v}\right)^2J_2'=4G^2J_2'=(2G)^2J_2' \tag{5.55}$$

$$J_3=\left(\frac{E}{1+v}\right)^3J_3'=8G^3J_3'=(2G)^3J_3' \tag{5.56}$$

$$I_3=\left(\frac{E}{1+v}\right)^3J_3'-\frac{1}{3}\frac{E}{1-2v}\left(\frac{E}{1+v}\right)^2I_1'J_2'+\frac{1}{27}\left(\frac{E}{1+v}\right)^3(I_1')^3 \tag{5.57}$$

并有

$$\left.\begin{aligned}\theta_\sigma &= \theta_\varepsilon \\ \mu_\sigma &= \mu_\varepsilon\end{aligned}\right\} \tag{5.58}$$

在推导中还使用了不变量间的如下关系式：

$$\left.\begin{aligned}J_2 &= I_2 + \frac{1}{3}I_1^2 \quad J_2' = I_2' + \frac{1}{3}I_1'^2 \\ J_3 &= I_3 + \frac{1}{3}I_1 I_2 + \frac{2}{27}I_1^3 \quad J_3' = I_3' + \frac{1}{3}I_1' I_2' + \frac{2}{27}I_1'^3\end{aligned}\right\} \tag{5.59}$$

将上述关系式代入到以应力表达的屈服条件中，即得各种以应变表述的屈服条件。

对于米赛斯应变屈服条件有

$$\sqrt{J_2'} - \frac{1+\upsilon}{E}c = \sqrt{J_2'} - \frac{1+\upsilon}{E}\tau_S = 0 \tag{5.60}$$

即

$$\sqrt{J_2'} - \frac{\gamma_y}{2} = 0 \quad （纯剪试验）$$

式中：$\gamma_y = \dfrac{\tau_y}{G} = \dfrac{1+\upsilon}{E}\sigma_s$——材料的弹性极限剪应变。

当以纯拉试验的屈服极限主应变 ε_y 来确定 c 值时，可以使 $\varepsilon_1 = \varepsilon_y$，$\varepsilon_2 = \varepsilon_3 = -\upsilon\varepsilon_y$，代入式(5.60)，则有：

$$c = \frac{E}{\sqrt{3}}\varepsilon_y \tag{5.61}$$

则米赛斯应变屈服条件可以写成：

$$f = \sqrt{J_2'} - \frac{1+\upsilon}{\sqrt{3}}\varepsilon_y = 0 \quad （纯拉试验） \tag{5.62}$$

对于屈瑞斯卡条件，有：

$$f = \frac{\varepsilon_1 - \varepsilon_3}{2} - \frac{1+\upsilon}{E}c = \varepsilon_1 - \varepsilon_3 - \frac{c}{G} = \varepsilon_1 - \varepsilon_3 - \frac{\tau_S}{G} = \varepsilon_1 - \varepsilon_3 - \gamma_y = 0 \tag{5.63}$$

若以应变洛德角 θ_ε 表示，则：

$$f = \frac{E}{1+\upsilon}\sqrt{J_2'}\cos\theta_\varepsilon - c = \sqrt{J_2'}\cos\theta_\varepsilon - \frac{\gamma_y}{2} = 0 \quad \left(-\frac{\pi}{6} \leqslant \theta_\varepsilon \leqslant \frac{\pi}{6}\right) \tag{5.64}$$

由式(5.60)及式(5.64)可见，在应变 π 平面上，应变瑞斯卡屈服条件显然是应变米赛斯屈服条件的内接正六角形。与应力屈服条件一样，应变米赛斯屈服条件与屈瑞斯卡屈服条件，只适用于金属材料。

德鲁克-普拉格(广义屈瑞斯卡)屈服条件，可以写成

$$f = \alpha' I_1' + \sqrt{J_2'} - k' = 0 \tag{5.65}$$

(1)对 DP1 外角圆锥：

$$\left.\begin{array}{c}\alpha' = \dfrac{1+\upsilon}{1-2\upsilon} \cdot \dfrac{2\sin\varphi}{\sqrt{3}\,(3-\sin\varphi)} \\[3mm] k' = \dfrac{1+\upsilon}{E} \cdot \dfrac{6c\cos\varphi}{\sqrt{3}\,(3-\sin\varphi)}\end{array}\right\} \tag{5.66}$$

在应变空间中材料常数也用应变来表示，这时 $\tau\text{-}\sigma$ 曲线改为 $\gamma\text{-}\varepsilon$ 曲线（见图5.24）。其中

$$\left.\begin{array}{c}\gamma_y = \dfrac{c}{G} = \dfrac{\tau_S}{G} \\[3mm] \varphi' = \arctan\left(\dfrac{E}{G}\tan\varphi\right)\end{array}\right\} \tag{5.67}$$

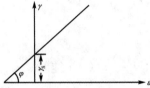

图5.24 $\gamma\text{-}\varepsilon$ 平面上剪切强度极限曲线

这是 $\gamma\text{-}\varepsilon$ 应变平面中的材料常数，显然有

$$\varphi = \arctan\left(\dfrac{G}{E}\tan\varphi'\right) \tag{5.68}$$

由此，式(5.66)可以写成

$$\left.\begin{array}{c}\alpha' = \dfrac{1+\upsilon}{1-2\upsilon} \cdot \dfrac{2\sin\varphi}{\sqrt{3}\,(3-\sin\varphi)} \\[3mm] k' = \dfrac{3\gamma_y\cos\varphi}{\sqrt{3}\,(3-\sin\varphi)}\end{array}\right\} \tag{5.69}$$

（2）对 DP2 内角圆锥：

$$\left.\begin{array}{c}\alpha' = \dfrac{1+\upsilon}{1-2\upsilon} \cdot \dfrac{2\sin\varphi}{\sqrt{3}\,(3+\sin\varphi)} \\[3mm] k' = \dfrac{1+\upsilon}{E} \cdot \dfrac{6c\cos\varphi}{\sqrt{3}\,(3+\sin\varphi)} = \dfrac{3\gamma_y\cos\varphi}{\sqrt{3}\,(3+\sin\varphi)}\end{array}\right\} \tag{5.70}$$

（3）对 DP3 摩尔-库仑等面积圆锥

$$\left.\begin{array}{c}\alpha' = \dfrac{1+\upsilon}{1-2\upsilon} \cdot \dfrac{2\sqrt{3}\,\sin\varphi}{\sqrt{2\sqrt{3}\,\pi\,(9-\sin^2\varphi)}} \\[3mm] k' = \dfrac{1+\upsilon}{E} \cdot \dfrac{6\sqrt{3}\,c\cos\varphi}{\sqrt{2\sqrt{3}\,\pi\,(9-\sin^2\varphi)}} = \dfrac{3\sqrt{3}\,\gamma_y\cos\varphi}{\sqrt{2\sqrt{3}\,\pi\,(9-\sin^2\varphi)}}\end{array}\right\} \tag{5.71}$$

（4）对 DP4 德鲁克-普拉格内切圆锥（关联平面应变圆锥）：

$$\left.\begin{array}{l} \alpha' = \dfrac{1+\upsilon}{1-2\upsilon} \cdot \dfrac{\sin\varphi}{\sqrt{3}\left(3+\sin^2\varphi\right)} \\[4mm] k' = \dfrac{1+\upsilon}{E} \cdot \dfrac{3c\cos\varphi}{\sqrt{3}\sqrt{3+\sin^2\varphi}} = \dfrac{3\gamma_y\cos\varphi}{2\sqrt{3}\sqrt{3+\sin^2\varphi}} \end{array}\right\} \tag{5.72}$$

（5）对 DP5 非关联平面应变圆锥：

$$\left.\begin{array}{l} \alpha' = \dfrac{\sin\varphi}{3} \cdot \dfrac{1+\upsilon}{1-2\upsilon} \\[4mm] k' = \dfrac{\gamma_y\cos\varphi}{\sqrt{3}} \end{array}\right\} \tag{5.73}$$

对于应变，摩尔-库仑应变屈服条件为：

$$f = \frac{\sin\varphi}{3} \cdot \frac{1+\upsilon}{1-2\upsilon} I_1' + \left(\cos\theta_\varepsilon - \frac{1}{\sqrt{3}}\sin\theta_\varepsilon\sin\varphi\right)\sqrt{J_2'} - \frac{\gamma_y}{2}\cos\varphi = 0 \tag{5.74a}$$

$$-\frac{\pi}{6} \leqslant \theta_\varepsilon \leqslant \frac{\pi}{6}$$

或

$$(\varepsilon_1 - \varepsilon_3) + (\varepsilon_1 + \varepsilon_3)\sin\varphi\frac{1}{1-2\upsilon} - \frac{\gamma_y}{2}\cos\varphi = 0 \tag{5.74b}$$

表 5.6 给出了对应的应变空间表述的几种屈服条件，包括岩土真三轴三维条件与常规三轴三维屈服条件。

5.11　破坏条件

塑性材料的破坏过程必然从弹性进入塑性，然后塑性发展直至破坏。屈服与破坏两者含义不同，不能等同。关于工程材料的破坏，当前有许多不同的定义，有的以工程材料强度不足，或承载力不足定义为破坏；有的则以工程材料不能正常使用定义为破坏，这种破坏除上述承载力不足引起的破坏外，还包括工程材料变形过大而造成的破坏，工程设计通常需要兼顾这两种破坏定义。工程材料的破坏形式有脆性断裂和塑性破坏两种类型，脆性断裂一般是对脆性材料而言，破坏时材料处于弹性状态没有明显的塑性变形，突然断裂。例如硬脆性岩石在单轴压力作用下发生拉破坏，又如铸铁在拉力作用下发生拉伸破坏等。塑性破坏是对塑性材料而言的，破坏时以出现屈服和显著的塑性变形为标志。例如岩土材料在压力作用下发生剪切破坏，软钢在拉力或压力作用下发生剪切破坏等。

表 5.6　工程材料应变屈服条件体系（以拉为正，I_1、J_2、θ_σ 表达式）

材料	平面情况		三维情况	
	名称	公式	名称	公式
岩土材料	摩尔－库仑条件 $n=1$ 常数项中 $\theta_\varepsilon=\pm\dfrac{\pi}{6}$ $I_1'=\varepsilon_1+2\varepsilon_3$	$\dfrac{\sin\varphi}{3}\dfrac{1+v}{1-2v}I_1'+\left(\cos\theta_\varepsilon-\dfrac{1}{\sqrt{3}}\sin\theta_\varepsilon\sin\varphi\right)\sqrt{J_2'}-\dfrac{\gamma_y}{2}\cos\varphi=0$ $-\dfrac{\pi}{6}\le\theta_\varepsilon\le\dfrac{\pi}{6}$ $2\sqrt{\dfrac{1+\sqrt{3}\tan\theta_\varepsilon\sin\varphi}{3+3\tan^2\theta_\varepsilon+4\sqrt{3}\tan\theta_\varepsilon\sin\varphi}}=1$	岩土真三轴三维条件 $1>n>0$	$\dfrac{\sin\varphi}{3}\dfrac{1+v}{1-2v}I_1'+\sqrt{J_2'}\left(\cos\theta_\varepsilon+\dfrac{1}{\sqrt{3}}\sin\theta_\varepsilon\sin\varphi\right)$ $-\gamma_y\cos\varphi\sqrt{\dfrac{1+\sqrt{3}\tan\theta_\varepsilon\sin\varphi}{3+3\tan^2\theta_\varepsilon+4\sqrt{3}\tan\theta_\varepsilon\sin\varphi}}=0$ $-\dfrac{\pi}{6}\le\theta_\varepsilon\le\dfrac{\pi}{6}$，$\theta_\varepsilon=\arctan\dfrac{2n\varepsilon_2-\varepsilon_1-\varepsilon_3}{\sqrt{3}(\varepsilon_1-\varepsilon_3)}$，$1>n>0$
			岩土常规三轴三维条件 $n=1$	$\dfrac{\sin\varphi}{3}\dfrac{1+v}{1-2v}I_1'+\sqrt{J_2'}\left(\cos\theta_\varepsilon+\dfrac{1}{\sqrt{3}}\sin\theta_\varepsilon\sin\varphi\right)$ $-\gamma_y\cos\varphi\sqrt{\dfrac{1+\sqrt{3}\tan\theta_\varepsilon\sin\varphi}{3+3\tan^2\theta_\varepsilon+4\sqrt{3}\tan\theta_\varepsilon\sin\varphi}}=0$ $-\dfrac{\pi}{6}\le\theta_\varepsilon\le\dfrac{\pi}{6}$，$\theta_\varepsilon=\arctan\dfrac{2\varepsilon_2-\varepsilon_1-\varepsilon_3}{\sqrt{3}(\varepsilon_1-\varepsilon_3)}$
	德鲁克－普拉格条件	$\alpha'I_1'+\sqrt{J_2'}-k'=0$	三维德鲁克－普拉格条件	$\alpha_a'I_1'+\sqrt{J_2'}-k_a'=0$

表5.6（续）

材料	平面情况 名称	平面情况 公式	三维情况 名称	三维情况 公式
岩土材料	θ_σ 为常数		DP1	$\alpha_a' = \dfrac{1+\nu}{1-2\nu} \cdot \dfrac{2\sin\varphi}{\sqrt{3}(3-\sin\varphi)}$ $k_a' = \dfrac{3\gamma_y\cos\varphi}{\sqrt{3}(3-\sin\varphi)}$
			DP2	$\alpha_a' = \dfrac{1+\nu}{1-2\nu} \cdot \dfrac{2\sin\varphi}{\sqrt{3}(3+\sin\varphi)}$ $k_a' = \dfrac{3\gamma_y\cos\varphi}{\sqrt{3}(3+\sin\varphi)}$
			DP3+	$\alpha' = \dfrac{1+\nu}{1-2\nu} \cdot \dfrac{2\sqrt{3}\sin\varphi}{\sqrt{2\sqrt{3}\pi(9-\sin^2\varphi)}}$ $k_a' = \dfrac{3\sqrt{3}\gamma_y\cos\varphi}{\sqrt{2\sqrt{3}\pi(9-\sin^2\varphi)}}$
	DP4	$\alpha' = \dfrac{1+\nu}{1-2\nu} \cdot \dfrac{\sin\varphi}{\sqrt{3(3+\sin^2\varphi)}}$ $k' = \dfrac{\gamma_y\cos\varphi}{\sqrt{3+\sin^2\varphi}}$	DP4	$\alpha_a' = \dfrac{1+\nu}{1-2\nu} \cdot \dfrac{\sin\varphi}{\sqrt{3}\sqrt{3+\sin^2\varphi}}$ $k_a' = 2\sqrt{2}\sqrt{3}\,\dfrac{\gamma_y\cos\varphi}{\sqrt{3+\sin^2\varphi}}$
	DP5	$\alpha' = \dfrac{\sin\varphi}{3}\dfrac{1+\nu}{1-2\nu}$ $k' = \dfrac{\gamma_y\cos\varphi}{\sqrt{3}}$	DP5	$\alpha_a' = \dfrac{\sin\varphi}{3}\dfrac{1+\nu}{1-2\nu}$ $k_a' = \dfrac{2}{\sqrt{3}}\dfrac{\gamma_y\cos\varphi}{\sqrt{3}}$

屈瑞斯卡条件 $n=1$，常数项中 $\theta_\varepsilon=\pm\dfrac{\pi}{6}$

$$2\sqrt{\dfrac{1-\sqrt{3}\tan\theta_\varepsilon\sin\varphi}{3+3\tan^2\theta_\varepsilon-4\sqrt{3}\tan\theta_\varepsilon\sin\varphi}}=1,\ \varphi=0$$

$$\sqrt{J_2}\cos\theta_\varepsilon-\dfrac{\gamma_y}{2}=0$$

$$-\dfrac{\pi}{6}\le\theta_\varepsilon\le\dfrac{\pi}{6},\ \varepsilon_1-\varepsilon_3-\gamma_y=0$$

金属材料

米赛斯条件 $n=1$，$\theta_\varepsilon=\pm\dfrac{\pi}{6}$

$$2\sqrt{\dfrac{1-\sqrt{3}\tan\theta_\varepsilon\sin\varphi}{3+3\tan^2\theta_\varepsilon-4\sqrt{3}\tan\theta_\varepsilon\sin\varphi}}=1,\ \varphi=0$$

$$\sqrt{J_2}-\gamma_y/2=0\ (\text{纯剪})$$

$$\sqrt{J_2}-\dfrac{1+\nu}{\sqrt{3}}\dfrac{1}{1-2\nu}\varepsilon_y=0\ (\text{纯拉})$$

在强度理论中以材料中某点的应力或应变达到屈服与破坏来定义屈服条件与破坏条件，它也是塑性力学中的初始屈服条件与极限屈服条件。屈服条件与破坏条件都是相对材料中一点的应力或应变而言的。研究强度理论中的屈服条件和破坏条件，通常都是按理想弹塑性材料提出的，这种情况下研究屈服与破坏特别方便。对于初始屈服，弹性阶段应力与应变呈一一对应的线弹性关系，无论用应力表述还是用应变表述都可得到屈服条件。金属材料在应力和应变达到屈服应力和弹性极限应变时，材料出现初始屈服，它符合理想弹塑性材料定义，可由此导出屈服条件。岩土材料一般是硬化材料，往往在未达到弹性极限条件时就出现屈服，而后硬化过程中既会出现塑性应变，同时会出现弹性应变，推导较为麻烦。若将其视作理想弹塑性材料，则很容易导出屈服条件，岩土力学中摩尔-库仑条件就是按理想弹塑性材料导出的。从后述可知，强度理论与极限分析法与本构无关，既可按刚塑性材料推导，也可按理想弹塑性和硬化材料推导，而按理想弹塑性推导最为方便适用。

与弹性阶段不同，在塑性阶段应力与应变没有一一对应关系。若视作理想弹塑性材料，塑性阶段应力不变，因此应力不能反映材料的塑性变化过程，无法用应力来表述破坏条件，它只是破坏的必要条件，而非充分条件。塑性阶段应变随受力增大而不断发展，直至应变达到弹塑性极限应变时该点材料破坏，它反映了材料从弹性到塑性阶段的变化全过程，此时应力和应变都达到了极限状态，它是破坏的充要条件，因而强度理论中的破坏条件可以用应变量导出。然而，当前塑性力学中尚没有导出点破坏条件，塑性力学中常常把屈服条件与破坏条件混为一谈，这显然是不正确的。屈服条件是判断材料从弹性进入塑性的条件，可用弹性力学导出；而破坏条件是判断材料从塑性进入破坏的条件，必须用弹塑性力学才能导出。可见屈服条件与破坏条件不同，屈服表明材料受力后进入塑性，材料性质发生变化，但它可以继续承载，尤其在岩土工程中，希望通过岩土进入塑性以充分发挥岩土的自承作用，减少支护结构的受力。破坏表示材料承载力逐渐丧失，直至完全丧失。如岩土、混凝土材料进入软化阶段后，应力逐渐降低表示强度逐渐丧失，同时材料中某些点先出现开裂，显示局部宏观裂隙直至裂缝完全贯通材料导致整体破坏。对于钢材，强度理论中采用屈服强度而非极限强度，因而钢材不是出现开裂和承载力不足而破坏，而是显示出材料中某些点的应变突然快速增大，最终导致整体变形超出工程允许值而失效。由此可见，工程材料的破坏是一个渐进过程，先出现点破坏，但整体承载力并未完全丧失，然后随着破坏点的增多，承载力逐渐丧失直至形成破坏面导致整体破坏，从点破坏发展到整体破坏的过程可称为破坏阶段。依据上述，材料从受力到破坏经过了三个阶段。弹性阶段：随着受力增大，材料从少数点受力发展至整体受力，此时变形可以恢复，材料性质不变。塑性阶段：先是少数点屈服进入塑性，随屈服点增多逐渐发展成塑性剪切带，此时出现不可恢复的变形并在塑性阶段后期材料中出现一些细微裂缝，材料性质变化。破坏阶段：剪切带内少数屈服点先达到点破坏而出现局部裂缝，随破坏点增多直至裂缝贯通整体，此时岩土类材料的黏聚力几乎完全丧失，剪切带破裂发生整体破坏。

在强度理论和传统极限分析中，通常以材料整体破坏作为破坏依据，即以破坏面贯通整体材料视作工程破坏，所以传统极限分析中的破坏是指材料整体破坏，并以整体破坏作为材料破坏判据。可见传统极限分析理论中已经给出了材料整体破坏条件，可由此求解材料整体稳定安全系数，但它不是任意点的破坏条件，不能作为塑性力学中的破坏条件。

应用上述极限应变作为点破坏条件可以判断材料中任一点是否破坏。随着材料中破坏点增多，当裂缝逐渐贯通成整体破坏面时材料发生整体破坏，由此可以把破坏点贯通工程整体作为整体破坏的判据，它是材料整体破坏的充要条件。当前，传统极限分析和有限元极限分析法中已经给出了各自的整体破坏判据，虽然不同的极限分析方法中整体破坏判据不同，但都可以得到相同的稳定安全系数。

下面给出大理岩试样，在常规三轴试验下加荷的应力应变变化过程。图 5.25(a)是岩样在 10MPa 围压下的常规三轴试验的全过程应力-应变曲线，图 5.25(b)是其放大图，从图中可以看出应力-应变曲线和受力破坏的发展过程。

（1）压密阶段（OA 段）：应力-应变曲线呈下凹形，主要是岩样中的原生裂纹和孔隙在小荷载作用下压缩闭合。

（2）弹性变形阶段（AB 段）：该阶段应力水平较低，主应变 ε_1 和体应变 ε_v 变化相对较小，应力-应变曲线接近直线，岩样发生可恢复的压缩变形。

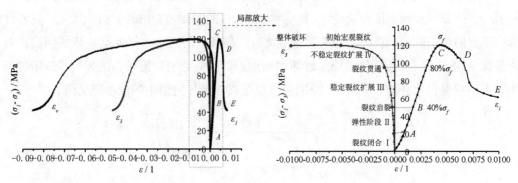

（a）大理岩围压 10MPa 应力-应变曲线　　　　　（b）放大图

图 5.25　大理岩全过程应力-应变曲线

（3）塑性变形阶段（BC 段）：该阶段为微裂隙扩展和出现宏观裂隙阶段，B 点后岩样开始产生微裂纹，主应变 ε_1 和体应变 ε_v 偏离线性，ε_v 出现负增长，进入塑性阶段；当应力接近峰值应力的 80%后，ε_3 和 ε_v 增长速率明显加快，岩样产生扩容现象，微裂纹加速扩展，出现肉眼可见的细微裂缝。达到峰值应力 C 点时，ε_3 和 ε_v 水平增长，塑性应变达到极限状态，出现明显局部裂隙。C 点以左应力随荷载增大而增大，C 点以右应力随荷载增大而降低，所以把 C 点视作岩样点破坏的临界点。

（4）破坏阶段（CE 段）：宏观裂隙扩展和贯通阶段，峰值应力后应力逐渐下降，显示强度降低，宏观裂隙加速扩展，达到 E 点后宏观裂隙完全贯通岩样，黏聚力几乎完全丧失，ε_v 急剧增大，岩样整体破坏并向下滑移，E 点是岩样整体破坏的临界点。

5.11.1 破坏条件与破坏曲面

如前所述，当前塑性力学所说的应力破坏条件实际上是应力屈服条件，不能作为判断材料破坏的判据。在塑性阶段应力虽然不变，但应变是在不断变化的，塑性应变从零达到塑性极限应变，反映了塑性阶段的受力变化过程，此时应力和应变都达到极限状态，它是破坏的充要条件。在20世纪70年代，拉德在岩土本构关系研究中就曾经提出基于点破坏的破坏条件，他认为破坏条件与屈服条件形式一致，只是常数项不同，因而可通过试验拟合得到破坏条件。但没有从理论上形成破坏准则，即建立点破坏时应力与峰值强度的关系和应变与弹塑性极限应变的关系。郑颖人等提出了基于理想弹塑性模型的极限应变点破坏准则，即把物体内某一点开始出现破坏时应变所必须满足的条件，也就是将弹性与塑性应变都达到极限状态时的条件定义为点破坏条件。下面将导出应变空间内破坏条件完整的力学表达式，其解析式称为破坏函数，其图示称为破坏曲面。

图 5.26 示出理想弹塑性材料与硬-软化材料的应力-应变关系曲线，左面为弹塑性阶段应力-应变曲线，右面为破坏阶段应力-应变曲线。理想弹塑性材料在弹性阶段应力与应变成线性关系，当任一点的应力达到屈服强度时或剪应变达到弹性极限剪应变 γ_y 时材料发生屈服。但材料屈服并不代表破坏，只有塑性剪应变发展到塑性极限剪应变 γ_f 或总剪应变达到弹塑性极限剪应变 γ_f（简称极限应变）的时候才会破坏。由此可见，只要计算中某点的剪应变达到极限剪应变时该点就发生破坏，因而它可作为点破坏的判据。对于整体结构来说，虽然材料已局部破坏而出现裂缝，但受到周围材料的抑制，破坏过程中该点的应变仍然会增大，因此，极限应变也是材料破坏阶段中的最小应变值。

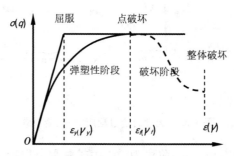

图 5.26　理想弹塑性材料与硬-软化材料应力-应变曲线

如上所述，破坏条件可定义为物体内某一点开始破坏时应变所必须满足的条件。其物理意义就是材料中某点的剪应变达到极限应变 γ_f 时或某点的塑性应变达到塑性极限应变 γ_f^p 时该点发生了破坏。无论是刚塑性材料、理想弹塑性材料还是硬-软化材料都有一个共同的破坏点，该点在弹塑性阶段内应力与应变都达到了极限状态。正如英国土力学家罗斯科等人所说，破坏是一种临界状态，达到临界状态就发生破坏，它与应力路径无关。

破坏条件是应变的函数，称为破坏函数，其方程为

$$f_f(\varepsilon_{ij}) = 0 \qquad\qquad (5.75)$$

或写成 $\qquad\qquad f_f(\varepsilon_{ij}, \gamma_f) = 0; f_f(\varepsilon_{ij}, \gamma_y, \gamma_f^p) = 0$

式中：$\gamma_y, \gamma_f^p, \gamma_f$——分别为弹性、塑性、弹塑性极限剪应变。

屈服面是屈服点的应变连起来构成的一个空间曲面（见图 5.27 和图 5.28），塑性理论指出，塑性材料的初始应力屈服面形状与应变空间中的初始应变屈服面都符合强化模型。对于金属材料，两者形状相同，中心点不动，只是大小相差一个倍数。应变空间中理想弹塑性材料的后继屈服面符合随动模型，因而破坏面的形状和大小与初始应变屈服面相同，而屈服面中心点的位置随塑性应变增大而移动（见图 5.27 和图 5.28）。破坏面把应变空间分成几种状况：当应变在破坏面上（$\gamma = \gamma_f$）时，要处于破坏状态；当应变在屈服面上和屈服面与破坏面之间（$\gamma_y \leqslant \gamma < \gamma_f$）时，处于塑性状态；当应变在屈服面内（$\gamma < \gamma_y$）时，处于弹性状态。

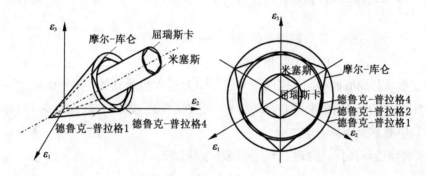

图 5.27　直角坐标、偏平面中岩土与金属材料的屈服面

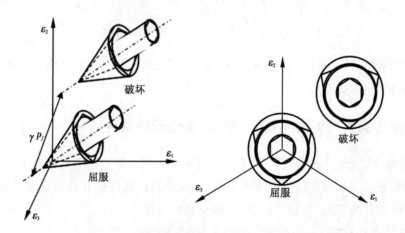

图 5.28　直角坐标、偏平面中岩土与金属材料的破坏面

5.11.2 金属材料的破坏条件

(1)屈瑞斯卡破坏条件。在弹性状态下应力和弹性应变都在不断增长，无论在应力空间中还是在应变空间中的屈服条件都属强化模型，两者的形状一致。屈瑞斯卡应变屈服条件可由应力屈服条件转化而来，由此得到应变表述的屈瑞斯卡屈服条件（$f = \varepsilon_1 - \varepsilon_3 - \gamma_y$）。但开始出现塑性应变以后，理想弹塑性材料应力不变，应变不断增长，应变空间中力学模型成为随动模型，屈服面形状不变，但屈服面中点随塑性应变增大而增大，直至达到塑性极限应变 γ_f^p，由此得到屈瑞斯卡破坏面。按照上述意思，屈瑞斯卡破坏条件的破坏函数为：

$$f_f = \varepsilon_1 - \varepsilon_3 - (\gamma_y + \gamma_f^p) = \varepsilon_1 - \varepsilon_3 - \gamma_f = 0 \tag{5.76}$$

或

$$f_f = \sqrt{J_2'}\cos\theta_\varepsilon - \frac{\gamma_y + \gamma_f^p}{2} = \sqrt{J_2'}\cos\theta_\varepsilon - \frac{\gamma_f}{2} = 0 \qquad -\frac{\pi}{6} \leqslant \theta_\varepsilon \leqslant \frac{\pi}{6} \tag{5.77}$$

式中：$\gamma_y = \dfrac{\tau_y}{G} = \dfrac{1+\upsilon}{E}\sigma_s$——材料弹性极限剪应变；

$\qquad \sqrt{J_2'}$——应变偏张量的第二不变量；

$\qquad \theta_\varepsilon$——应变洛德角。

破坏面形状与屈服面相同，屈瑞斯卡破坏面为正六角形柱体，偏平面上为一正六角形，破坏面中心与应变屈服面中心距离为 γ_f^p（纯拉试验）。式(5.73)、式(5.74)体现了材料从弹性到屈服直至破坏的全过程。

(2)米赛斯破坏条件。同理，米赛斯破坏条件如下：

$$f_f = \sqrt{J_2'} - \frac{1}{\sqrt{3}}(\gamma_y + \gamma_f^p) = \sqrt{J_2'} - \frac{1}{\sqrt{3}}\gamma_f = 0 \qquad （纯拉试验） \tag{5.78}$$

$$f_f = \sqrt{J_2'} - \frac{\gamma_y + \gamma_f^p}{2} = \sqrt{J_2'} - \frac{\gamma_f}{2} = 0 （纯剪试验） \tag{5.79}$$

破坏面形状与屈服面相同，米赛斯破坏面为圆柱体，偏平面上为圆形。破坏面中心与应变屈服面中心距离为 γ_f^p。

5.11.3 岩土类材料的破坏条件（摩尔-库仑破坏条件等）

弹性状态下，岩土类摩擦材料不考虑中间主应力时，即平面应变情况下通常采用摩尔-库仑屈服条件。下面先将应力表述的摩尔-库仑屈服条件换算成应变表述的摩尔-库仑屈服条件（以压为正）。然后导出摩尔-库仑破坏条件。

已知平面应变情况下，应力表述的摩尔-库仑条件：

$$\frac{1}{2}(\sigma_1 - \sigma_2) - \frac{1}{2}(\sigma_1 + \sigma_3)\sin\varphi - c\cos\varphi = 0 \tag{5.80}$$

依据平面应变条件 $\varepsilon_2 = 0$，得到广义胡克定律：

$$\left.\begin{aligned}
\sigma_1 &= \frac{E(1-\nu)}{(1-2\nu)(1+\nu)}\left(\varepsilon_1 + \frac{\nu}{1-\nu}\varepsilon_e\right) \\
\sigma_2 &= \frac{E(1-\nu)}{(1-2\nu)(1+\nu)}\left(\frac{\nu}{1-\nu}(\varepsilon_1+\varepsilon_3)\right) \\
\sigma_3 &= \frac{E(1-\nu)}{(1-2\nu)(1+\nu)}\left(\varepsilon_3 + \frac{\nu}{1-\nu}\varepsilon_1\right)
\end{aligned}\right\} \tag{5.81}$$

由公式(5.81)，可得：

$$\left.\begin{aligned}
\sigma_1 - \sigma_3 &= \frac{E}{1-\nu}(\varepsilon_1-\varepsilon_3) \\
\sigma_1 + \sigma_3 &= \frac{2\nu E}{(1-2\nu)(1+\nu)}(\varepsilon_1+\varepsilon_3) + \frac{E}{(1+\nu)}(\varepsilon_1+\varepsilon_3) = \frac{E(1-\nu)}{(1-2\nu)(1+\nu)}(\varepsilon_1+\varepsilon_3)
\end{aligned}\right\} \tag{5.82}$$

将公式简化，可得：

$$\frac{\varepsilon_1-\varepsilon_3}{2} - \frac{\varepsilon_1+\varepsilon_3}{2}\sin\varphi = \frac{\gamma_y}{2}\cos\varphi + \frac{2\nu}{1-2\nu}\frac{\varepsilon_1+\varepsilon_3}{2}\sin\varphi \tag{5.83}$$

或

$$\frac{\varepsilon_1-\varepsilon_3}{2} - \frac{\varepsilon_1+\varepsilon_3}{2}\sin\varphi\frac{1}{1-2\nu} - \frac{\gamma_y}{2}\cos\varphi = 0 \tag{5.84}$$

应变表述的摩尔-库仑屈服条件，也可写成公式的形式。

由公式(5.83)可以看出，应变表述的摩尔-库仑屈服条件比应力表述的多了一项 $\dfrac{2\nu}{1-2\nu}\dfrac{(\varepsilon_1+\varepsilon_3)}{2}\sin\varphi$，但该项是平均弹性应变而不是应变差，所以它不影响摩尔应变圆的形状，而转换过来的摩尔应变圆尚需要移动一个水平距离，即将圆心位置增大一个水平距离，才能构成真正的摩尔应变圆(屈服摩尔应变圆)，由此得到应变表述的摩尔-库仑屈服条件。当材料的弹性极限应变曲线与屈服摩尔应变圆相切时就得到摩尔-库仑屈服条件，如图 5.29 左边所示。

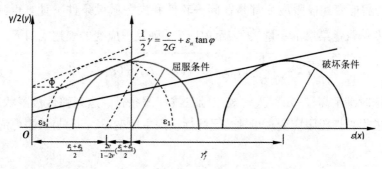

图 5.29　应变屈服条件和破坏条件

同上,将应变屈服面的中点移动 γ_f^p 距离后即可得到破坏摩尔应变圆。当破坏摩尔应变圆与材料弹塑性极限应变曲线相切,就是摩尔-库仑破坏条件(如图 5.29 右边所示)。

由公式(5.84)可得到以压为正的摩尔-库仑准则的破坏函数:

$$f_f = (\varepsilon_1 - \varepsilon_3) - (\varepsilon_1 + \varepsilon_3)\sin\varphi\frac{1}{1-2\nu} - \frac{\gamma_y + \gamma_f^p}{2}\cos\varphi = (\varepsilon_1 - \varepsilon_3) - (\varepsilon_1 + \varepsilon_3)\sin\varphi\frac{1}{1-2\nu} - \frac{\gamma_f}{2}\cos\varphi = 0$$

$$\text{或} \quad f_f = -\sin\varphi\frac{1+\nu}{1-2\nu}\varepsilon_m + \left(\cos\theta_\varepsilon + \frac{1}{\sqrt{3}}\sin\theta_\varepsilon\sin\varphi\right)\sqrt{J_2'} - \frac{\gamma_y + \gamma_f^p}{2}\cos\varphi$$

$$= -\sin\varphi\frac{1+\nu}{1-2\nu}\varepsilon_m + \left(\cos\theta_\varepsilon + \frac{1}{\sqrt{3}}\sin\theta_\varepsilon\sin\varphi\right)\sqrt{J_2'} - \frac{\gamma_f}{2}\cos\varphi = 0 \quad \left(-\frac{\pi}{6} \leq \theta_\varepsilon \leq \frac{\pi}{6}\right)$$

$$(5.85)$$

摩尔-库仑破坏面与摩尔-库仑屈服面的形状大小相同,是一个不等角六角形锥体,偏平面上为一不等角六角形,破坏面中心距屈服面中心为 γ_f^p。

同理可得到德鲁克-普拉格破坏条件,其破坏面是一个圆锥,偏平面上为一圆,破坏面中心距屈服面中心为 γ_f^p。也可得到常规三轴与真三轴三维能量破坏条件。

5.11.4 极限应变计算

(1)弹性极限应变的解析计算。目前国内外尚无求解材料极限应变的计算方法。钢材、混凝土等材料一般通过试验来确定材料极限应变。阿比尔的、郑颖人等提出通过强度与变形参数求岩土类材料(包括混凝土)和钢材等工程材料的极限应变计算方法,从而减少了试验的工作量。求解的思路是,通过建立合适的计算模型,应用现有的整体破坏判据和数值极限分析方法,求取材料点破坏的弹塑性极限应变(见表5.7)。

应变可分为弹性应变与塑性应变,总应变为弹性应变和塑性应变之和。弹性状态下,岩土类摩擦材料在不考虑中间主应力时,弹性压应变与剪应变关系应满足应变表述的摩尔-库仑条件。数值分析中各种国际通用软件假设剪应变定义有所不同,但这不影响使用,因为剪应变和极限应变都是在同一软件和同一假设条件下计算得到的。FLAC软件中以应变偏张量第二不变量 $\sqrt{J_2'}$ 表示剪应变,弹性剪应变的表达式如下:

$$\sqrt{J_2'^e} = \sqrt{\frac{1}{6}\left[(\varepsilon_1^e - \varepsilon_2^e)^2 + (\varepsilon_2^e - \varepsilon_3^e)^2 + (\varepsilon_1^e - \varepsilon_3^e)^2\right]} \tag{5.86}$$

材料屈服时满足高红-郑颖人常规三轴三维屈服条件,达到弹性极限状态时,由广义胡克定律求得弹性极限应变。单轴情况弹性极限主应变 ε_{1y}、ε_{2y} 与极限剪应变 γ_y 计算公式为:

$$\left.\begin{array}{l} \varepsilon_{1y} = \dfrac{1}{E}\sigma_1 = \dfrac{2c\cos\varphi}{E(1-\sin\varphi)} \\[3mm] \varepsilon_{3y} = -\dfrac{\nu}{E}\sigma_1 = -\dfrac{2\nu c\cos\varphi}{E(1-\sin\varphi)} \end{array}\right\} \tag{5.87}$$

表 5.7 应变表述的破坏条件体系（以拉为正，其中岩土主应力表达式以压为正）

剪切状态	平面情况 名称	平面情况 公式	三维情况 名称	三维情况 公式
金属材料	屈瑞斯卡	$\sqrt{J_2'}\cos\theta_\varepsilon - \dfrac{\gamma_f}{2} = 0$	米赛斯	$\sqrt{J_2'} - \dfrac{\gamma_f}{2} = 0$（纯剪）；$\sqrt{J_2'} - \dfrac{\gamma_f}{\sqrt{3}} = 0$（纯拉）
岩土材料	摩尔-库仑	$-\dfrac{\pi}{6} \le \theta_\varepsilon \le \dfrac{\pi}{6}$ 或 $\varepsilon_1 - \varepsilon_3 - \gamma_f = 0$ $(\varepsilon_1 - \varepsilon_3) - (\varepsilon_1 + \varepsilon_3)$ 0 或 $\dfrac{1}{\sin\varphi}\dfrac{\gamma_f}{1-2\nu}\dfrac{\gamma_f}{2}\cos\varphi = 0$	岩土三维能量条件 当 $1 > n > 0$ $\varepsilon_1 > \varepsilon_2 > \varepsilon_3$ 岩土真三轴三维条件	$\dfrac{\sin\varphi}{3}\dfrac{1+\nu}{1-2\nu}I_1' + \sqrt{J_2'}\left(\cos\theta_\varepsilon + \dfrac{1}{\sqrt{3}}\sin\theta_\varepsilon\sin\varphi\right)$ $-\gamma_f\cos\varphi\sqrt{\dfrac{1+\sqrt{3}\tan\theta_\sigma\sin\varphi}{3+3\tan^2\theta_\varepsilon + 4\sqrt{3}\tan\theta_\varepsilon\sin\varphi}} = 0$ $-\dfrac{\pi}{6} \le \theta_\varepsilon \le \dfrac{\pi}{6}$；$\theta_\varepsilon = \text{atan}\dfrac{2\nu\varepsilon_2 - \varepsilon_1 - \varepsilon_3}{\sqrt{3}(\varepsilon_1 - \varepsilon_3)}$（$1 > n > 0$） n 值依据 ε_{cc}、ε_c 值通过计算确定 或 $(\varepsilon_1 - \varepsilon_3) - (\varepsilon_1 + \varepsilon_3)\sin\varphi$ $-\dfrac{\gamma_f}{2}\cos\varphi\sqrt{\dfrac{1-(2\beta-1)\sin\varphi}{\beta^2 - \beta + 1 + \sin\varphi(1-2\beta)}} = 0$ $\beta = \dfrac{\varepsilon_2 - \varepsilon_3}{\varepsilon_1 - \varepsilon_3}$，$1 \ge \beta \ge 0$
			岩土常规三轴三维条件（三维摩尔-库仑）	同上，$n=1$
	德鲁克-普拉格	$\alpha'I_1' + \sqrt{J_2'} - k' = 0$	三维德鲁克-普拉格	$\alpha'I_1' + \sqrt{J_2'} - k_a' = 0$

表5.7（续）

剪切状态		平面情况		三维情况	
		名称	公式	名称	公式
岩土材料	θ_σ 为常数			DP1	$\alpha_s' = \dfrac{1+\nu}{1-2\nu}\cdot\dfrac{2\sin\varphi}{\sqrt{3}(3-\sin\varphi)}$; $k_s' = \dfrac{3\gamma_f\cos\varphi}{\sqrt{3}(3-\sin\varphi)}$
				DP2	$\alpha_s' = \dfrac{1+\nu}{1-2\nu}\cdot\dfrac{2\sin\varphi}{\sqrt{3}(3+\sin\varphi)}$; $k_s' = \dfrac{3\gamma_f\cos\varphi}{\sqrt{3}(3+\sin\varphi)}$
				DP3+	$\alpha' = \dfrac{1+\nu}{1-2\nu}\cdot\dfrac{2\sqrt{3}\sin\varphi}{\sqrt{2\sqrt{3}\pi(9-\sin^2\varphi)}}$; $k_s' = \dfrac{3\sqrt{3}\gamma_f\cos\varphi}{\sqrt{2\sqrt{3}\pi(9-\sin^2\varphi)}}$
		DP4	$\alpha' = \dfrac{1+\nu}{1-2\nu}\cdot\dfrac{\sin\varphi}{\sqrt{3(3+\sin^2\varphi)}}$; $k' = \dfrac{\gamma_f\cos\varphi}{\sqrt{3+\sin^2\varphi}}$	DP4	$\alpha_s' = \dfrac{1+\nu}{1-2\nu}\cdot\dfrac{\sin\varphi}{\sqrt{3}(3+\sin^2\varphi)}$; $k_s' = \dfrac{2}{\sqrt{3}}\cdot\dfrac{\gamma_f\cos\varphi}{\sqrt{3+\sin^2\varphi}}$
		DP5	$\alpha' = \dfrac{1+\nu}{1-2\nu}\cdot\dfrac{\sin\varphi}{3}$; $k' = \dfrac{\gamma_f\cos\varphi}{\sqrt{3}}$	DP5	$\alpha_s' = \dfrac{1+\nu}{1-2\nu}\cdot\dfrac{\sin\varphi}{3}$; $k_s' = \dfrac{2}{\sqrt{3}}\cdot\dfrac{\gamma_f\cos\varphi}{\sqrt{3}}$

FLAC 软件中规定的极限剪应变为：

$$\sqrt{J'_{2y}} = \frac{(1+\nu)\,\varepsilon_{1y}}{\sqrt{3}} = \frac{2c\cos\varphi\,(1+\nu)}{\sqrt{3}\,E\,(1-\sin\varphi)} \tag{5.88}$$

实际的极限剪应变写成：

$$\gamma_y = \sqrt{3J'_{2y}} = (1+\nu)\,\varepsilon_{1y} = \frac{2c\cos\varphi\,(1+\nu)}{E\,(1-\sin\varphi)} \tag{5.89}$$

式中：ε_{1y}，ε_{3y}——弹性极限第一主应变与第三主应变；

　　　　γ_y——弹性极限剪应变。

（2）弹塑性极限应变计算。应变表述的摩尔–库仑公式只能满足弹性条件下的应变关系，即刚进入塑性时的应变关系，因而上述计算式都是弹性应变计算公式。弹塑性情况下不能再用应变表述的摩尔–库仑公式，必须另辟蹊径。下面由应变张量一般公式导出弹塑性总应变中压应变与剪应变关系。

依据应变张量分析，若在偏应变平面上取极坐标 r_ε，θ_ε，其矢径 γ_ε 为：

$$r_\varepsilon = \sqrt{x^2 + y^2} = \sqrt{2J'_2} = \frac{1}{\sqrt{3}} \big[(\varepsilon_1 - \varepsilon_2)^2 + (\varepsilon_2 - \varepsilon_3)^3 + (\varepsilon_3 - \varepsilon_1)^2 \big]^{\frac{1}{2}} \tag{5.90}$$

$$\tan\theta_\varepsilon = \frac{y}{x} = \frac{1}{\sqrt{3}} \frac{2\varepsilon_2 - \varepsilon_1 - \varepsilon_3}{\varepsilon_1 - \varepsilon_3} \tag{5.91}$$

偏应变平面上的主应变与剪应变 $\sqrt{J'_2}$ 和洛德角 θ_ε 关系为：

$$\varepsilon_2 - \varepsilon_m = \frac{2}{\sqrt{3}} \sqrt{J'_2 \sin\theta_\varepsilon} \tag{5.92}$$

已知 $\varepsilon_m = (\varepsilon_1 + \varepsilon_2 + \varepsilon_3)/3$，代入式（5.92），可得：

$$\gamma = \varepsilon_1 - \varepsilon_3 = 2(\varepsilon_2 - \varepsilon_3) - 2\sqrt{3}\sqrt{J'_2}\sin\theta_\varepsilon \tag{5.93}$$

常规三轴试验下，泊松比为常数，$\varepsilon_2 = \varepsilon_3$，应变洛德角 $\theta_\varepsilon = -30°$，代入式（5.92）有：

$$\varepsilon_2 = \varepsilon_3 = -\frac{1}{\sqrt{J'_2}} + \varepsilon_m \tag{5.94}$$

式（5.93）是弹塑性总压应变与总剪应变的普遍关系，将式（5.94）代入式（5.93），其中 $\theta_\varepsilon = -30°$，可以获得极限剪应变 $\sqrt{J'_{2f}}$ 和 γ_f 的关系式：

$$\sqrt{J'_{2f}} = \frac{\gamma_f}{\sqrt{3}} = \frac{\varepsilon_{1f} - \varepsilon_{3f}}{\sqrt{3}} \tag{5.95}$$

$$\gamma_f = \sqrt{3J'_{2f}} = \varepsilon_{1f} - \varepsilon_{3f} \tag{5.96}$$

式中：γ_f，ε_{1f}，ε_{3f}——弹塑性剪应变 γ 与压应变 ε_1、ε_3 的极限值，对于岩土类材料是剪切强度 c、φ 的函数。

式（5.95）与式（5.96）中给出的剪应变与主应变都是未知的，难以用解析方法求得极限剪应变与主应变，但可采用数值计算求得。

（3）混凝土与钢材极限应变计算。①混凝土极限应变计算。阿比尔的、郑颖人等应用 FLAC3D 软件和有限元荷载增量法，由材料参数求出材料的极限应变。混凝土计算模型取边长 150mm 的立方体，底面施加约束，顶面施加竖向单轴荷载，由于给出的 c、φ 值相当于混凝土棱柱体轴心受压的试验值，计算中不考虑摩擦力。应注意合理划分计算网格，每边划分 20 格为宜。采用荷载增量法或强度折减法进行计算。计算模型如图 5.30 所示，其中点 1~12 为关键记录点（单元）。计算参数见表 5.8，图 5.31 为极限状态的剪应变增量云图。

表 5.8　混凝土物理学力学计算参数

混凝土强度等级	弹性模量/GPa	泊松比	密度/(kg·m⁻³)	黏聚力/MPa	内摩擦角/(°)
C20	25.5	0.2	2400	2.6	61.1
C25	28.0	0.2	2400	3.2	61.4
C30	30.0	0.2	2400	3.9	61.6
C35	31.5	0.2	2400	4.4	61.9
C40	32.5	0.2	2400	5.0	62.2
C45	33.5	0.2	2400	5.5	62.4

采用理想弹塑性模型，通过有限元荷载增量法计算，逐渐单轴加压直至有限元计算从收敛到不收敛，即达到了试件整体破坏状态。计算单轴压力作用下的 1~12 号单元的应变值。以混凝土强度等级 C25 试件为例，计算结果记录见图 5.32、图 5.33，图中列出了各单元的弹塑性应变值。由图可知，混凝土试块加载到极限荷载 50% 左右时 7 单元和 8 单元开始出现塑性变形。随着荷载增加，8 单元的塑性变形发展明显，加载到极限荷载后该单元应变最大，并依据材料整体破坏可确定该单元已经发生破坏，而其他单元均未破坏，说明正是该单元的破坏导致试件整体破坏。由此可知，该单元的应变即为 C25 混凝土的极限应变，因而可提取该单元破坏时的主应变 ε_1 和剪应变 $\sqrt{J_2'}$ 作为该材料的极限主应变和极限剪应变（见表 5.9）。

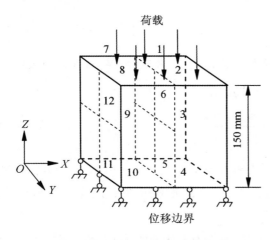

图 5.30　混凝土极限应变计算模型图

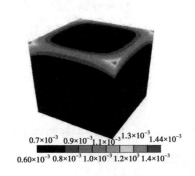

图 5.31　极限状态的剪应变增量云图

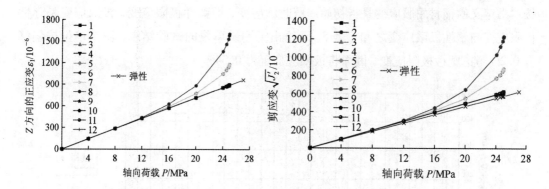

图 5.32　C25 混凝土轴向荷载–轴向主应变 ε_1 曲线　　图 5.33　C25 混凝土轴向荷载–剪应变 $\sqrt{J_2'}$ 曲线

表 5.9　普通混凝土轴向、侧向主应变和剪应变的极限应变值

混凝土强度等级	抗压强度/MPa	轴向应变 ε_1		侧向应变 ε_2		剪应变 ε_{1y}	
		ε_{1y}	ε_{1f}	ε_{2y}	ε_{2f}	$\sqrt{J_{2y}'}$	$\sqrt{J_{2f}'}$
C20	20.13	0.79%	1.38%	−0.158%	−0.461%	0.548%	1.063%
C25	25.04%	0.90%	1.61%	−0.179%	−0.542%	0.621%	1.242%
C30	30.74%	1.03%	1.88%	−0.206%	−0.640%	0.712%	1.457%
C35	35.05%	1.12%	2.07%	−0.223%	−0.717%	0.773%	1.607%
C40	40.28%	1.24%	2.39%	−0.249%	−0.832%	0.861%	1.864%
C45	44.63%	1.34%	2.56%	−0.267%	−0.893%	0.926%	2.000%

　　由表 5.9 可知，普通混凝土的极限压应变在 1.38‰～2.56‰，该计算结果与《混凝土结构设计原理》中提供的实验结果 1.50‰～2.50‰一致，验证了这一求解方法的可靠性，上述计算方法同样可用于求解岩土材料和钢材的极限应变。

　　不同数值分析软件中所采用的剪应变表达形式是不同的，如 FLAC3D 软件采用剪应变增量（弹性和塑性剪应变之和） $\sqrt{J_2'}$ 表示剪应变。ANSYS 软件中采用等效塑性应变表示，所以不同软件得到的极限剪应变值是不同的，但这并不影响岩土破坏状态的分析和安全系数的确定，因为在使用同一软件进行分析时剪应变和极限剪应变都是在同一力学参数条件下得到的。此外，还要注意采用的收敛标准不同算得的极限应变会有所不同，ANSYS 软件收敛标准越高算得的极限应变越大，但尽管极限应变值变化较大，但算得的安全系数或极限承载力却相差甚微，不影响计算结果。另外，材料变形参数，尤其是弹性模量对极限应变值有很大的影响，弹性模量有误会严重影响极限应变值，但弹性模量和泊松比误差也不影响最终的极限分析计算结果。网格划分也会影响计算结果，按本节提出的划分方法影响不大。最后还应注意求极限应变时采用的屈服准则必须与工程计算时采用的屈服准则相同。

　　②钢材极限应变计算结果。钢材极限应变试验与计算结果的比较。为验证钢材极限应变计算结果，做了 Q235 低碳钢的实际拉伸试验的应力–应变曲线（如图 5.34 所示）。

按本书定义的钢材屈服应变是指初始屈服时的应变，即弹性极限应变；极限应变是弹性极限应变与塑性极限应变之和。表 5.10 给出了测试单位的试验结果，测试单位按偏移量 0.2% 考虑塑性极限应变，因而将极限应变定为 0.34%。

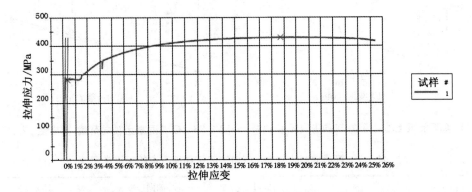

图 5.34　Q235 钢材拉伸应力-应变曲线（测试单位提供）

表 5.10　Q235 钢材拉伸试验结果

样品材料	拉伸应力 /MPa	弹性模量 /MPa	屈服应力 /MPa	屈服应变	极限应变（偏移量 0.2%）
Q235	430	204	282	0.14%	0.34%

采用上述方法对试验钢材（Q282）用 FLAC 软件做了相应的数值计算，以求得该钢材的屈服极限主应变与剪应变。鉴于钢材拉、压性质相同，拉主应变与压主应变以及拉剪应变与压剪应变相等，做了压主应变与压剪应变计算。试件大小为 15mm 的立方体，计算参数与结果如表 5.11 所示，当计算采用屈瑞斯卡准则时剪切强度 c 为屈服强度的一半。当受压荷载加至模型整体破坏时，计算获得的极限荷载也是 282.0/MPa，此时关键点 8 剪应变最大，关键点 10 主应变最大，见图 5.35 至图 5.37，由此得到极限主应变 3.33×10^{-3} 与极限剪应变 2.84×10^{-3}。

表 5.11　Q282 钢材力学参数与计算结果

钢筋	E/GPa	ν/1	φ/(°)	c/MPa	极限荷载 /MPa	弹性极限主应变 ε_{1y}	弹性极限剪应变 $\sqrt{J_{2y}}$	极限主应变 ε_{1f}	极限剪应变 $\sqrt{J_{1f}}$
Q282	204	0.27	0	141.0	282.0	1.40×10^{-3}	1.02×10^{-3}	3.33×10^{-3}	2.84×10^{-3}

低碳钢的计算参数与计算结果。采用上述方法对各类钢材用 FLAC3D 软件做了相应的数值计算，表 5.12 列出了低碳钢的计算参数与计算结果。当钢材达到极限应变时，钢材应变突变，变形快速增大，已不适合工程应用。获得的低碳钢极限主应变在 0.2%～0.33%，这与《混凝土结构设计原理》中给出的钢筋混凝土极限应变在 0.25%～0.35% 相近。

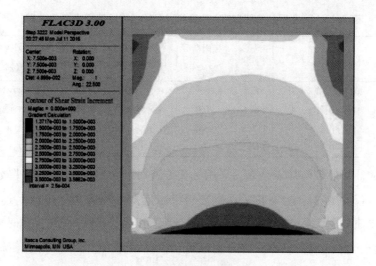

图 5.35　极限荷载时剪应变云图

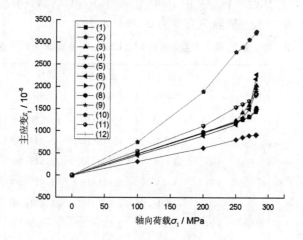

图 5.36　轴向荷载-轴向主应变 ε_1 关系曲线

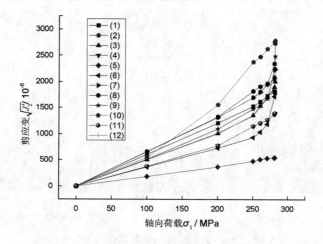

图 5.37　轴向荷载-剪应变 $\sqrt{J_2'}$ 关系曲线

表 5.12　低碳钢的极限应变 (采用 FLAC3D，按屈瑞斯卡条件求得)

编号	钢材	E/GPa	$\nu/1$	$\varphi/(°)$	c/MPa	极限荷载/MPa	弹性极限主应变 (ε_{1y})	弹性极限剪应变 ($\sqrt{J_{2y}'}$)	极限主应变 (ε_{1f})	极限剪应变 ($\sqrt{J_f'}$)
1	Q165	201	0.27	0	82.5	165	0.821×10^{-3}	0.597×10^{-3}	1.999×10^{-3}	1.729×10^{-3}
2	Q205	201	0.27	0	102.5	205	0.95×10^{-3}	0.724×10^{-3}	2.451×10^{-3}	2.119×10^{-3}
3	Q235	201	0.27	0	117.5	235	1.169×10^{-3}	0.857×10^{-3}	2.801×10^{-3}	2.422×10^{-3}
4	Q275	201	0.27	0	137.5	275	1.370×10^{-3}	0.995×10^{-3}	3.273×10^{-3}	2.831×10^{-3}

合金钢的计算参数与计算结果。采用上述方法对合金钢用 FLAC 软件做了相应的数值计算，表 5.13 列出了合金钢的计算参数与极限应变。图 5.38 为 Q345 达到极限荷载时的位移收敛曲线图，极限荷载为 345.1；图 5.39 示出了 Q345 极限荷载时剪应变云图；图 5.40 示出了 Q345 轴向荷载-轴向主应变 (ε_1) 关系曲线及 Q345 的局部放大图；图 5.41 示出了相应轴向荷载-剪应变 ($\sqrt{J_2'}$) 关系曲线。由表 5.12、表 5.13 可见钢材的塑性极限应变随极限荷载的提高而提高，而不是一个固定的值，低碳钢的塑性极限主应变为 1.1‰~1.9‰，合金钢的塑性极限主应变为 2.3‰~3.2‰。

表 5.13　合金钢的极限应变 (采用 FLAC3D，按屈瑞斯卡条件求得)

编号	钢筋	E/GPa	$\nu/1$	$\varphi/(°)$	c/MPa	极限荷载/MPa	弹性极限主应变 (ε_{1y})	弹性极限剪应变 ($\sqrt{J_{2y}'}$)	极限主应变 (ε_{1f})	极限剪应变 ($\sqrt{J_2'}$)
1	Q335	206	0.3	0	167.5	335.0	1.626×10^{-3}	1.221×10^{-3}	3.936×10^{-3}	3.538×10^{-3}
2	Q345	206	0.3	0	172.5	345.0	1.675×10^{-3}	1.257×10^{-3}	4.059×10^{-3}	3.649×10^{-3}
3	Q370	206	0.3	0	185	370.0	1.796×10^{-3}	1.348×10^{-3}	4.583×10^{-3}	4.119×10^{-3}
4	Q390	206	0.3	0	195	390.0	1.893×10^{-3}	1.421×10^{-3}	4.350×10^{-3}	3.911×10^{-3}
5	Q400	206	0.3	0	200	400	1.942×10^{-3}	1.457×10^{-3}	4.698×10^{-3}	4.223×10^{-3}
6	Q420	206	0.3	0	210	420	2.039×10^{-3}	1.530×10^{-3}	4.933×10^{-3}	4.435×10^{-3}
7	Q440	206	0.3	0	220	440	2.136×10^{-3}	1.603×10^{-3}	5.166×10^{-3}	4.644×10^{-3}
8	Q460	206	0.3	0	230	460	2.233×10^{-3}	1.676×10^{-3}	5.404×10^{-3}	4.857×10^{-3}

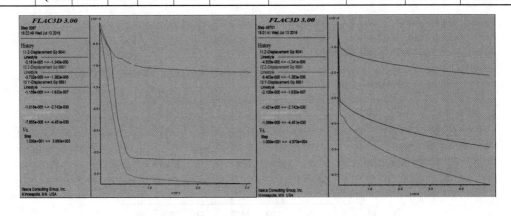

$\sigma_1 = 345.0\ \text{MPa}$　　　　　　　　　　　　　　$\sigma_1 = 345.2\ \text{MPa}$

图 5.38　Q345 达到极限荷载时点位移收敛曲线图

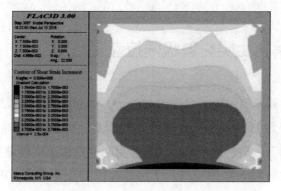

图 5.39　Q345 在 $\sigma_1 = 345.1$ MPa 时剪应变云图

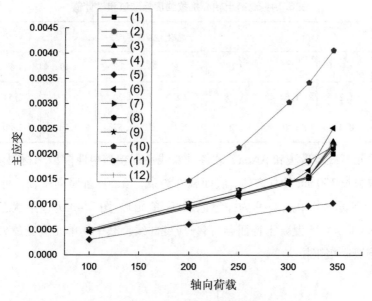

图 5.40　Q345 轴向荷载-轴向主应变关系曲线

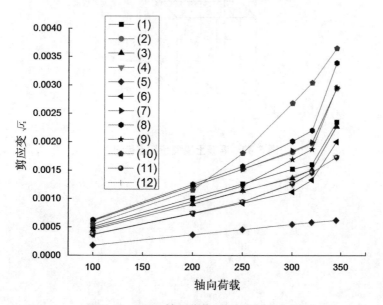

图 5.41　Q345 轴向荷载-剪应变关系曲线

◥◣ 5.12 求解岩土类材料极限拉应变方法

岩土和混凝土材料承受拉应力的能力很低，拉破坏时应变很小，通常视作脆性材料。对于弹脆性材料的应力-应变关系，目前尚未有共识，它处在弹性阶段，应力-应变关系为直线，但它又不同于一般的弹性材料，不能用胡克定律求得极限拉应变，但可用上述数值方法求出弹脆性材料极限拉应变。下面以 C25 混凝土为例，求出混凝土极限拉应变。表 5.14 列出了混凝土的抗拉强度的标准值 f_{tk} 与设计值 f_t。

表 5.14 混凝土轴心抗拉强度标准值和设计值　　　　　　单位：N/mm^2

强度	混凝土强度等级							
	C15	C20	C25	C30	C35	C40	C45	C50
标准值 f_{tk}	1.27	1.54	1.78	2.01	2.20	2.39	2.51	2.64
设计值 f_t	0.91	1.10	1.27	1.43	1.57	1.71	1.80	1.89

采用有限元荷载增量法和 ANSYS 软件的双线性理想弹塑性模型求材料的极限应变，混凝土试件取边长 150mm 的立方体，底面施加约束，顶面施加竖向单轴拉伸荷载。计算模型如图 5.42 所示，其中点 1~9 为关键记录点（单元）。图 5.43 为极限状态的剪应变增量云图。图 5.44 为 C25 混凝土特征点荷载-应变曲线。其中 3 单元应变最大，该单元应变即为 C25 混凝土极限拉应变。

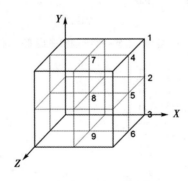

图 5.42 混凝土模型特征点标记

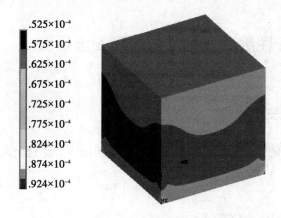

图 5.43　C25 混凝土极限状态剪应变增量云图

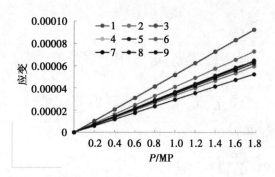

图 5.44　C25 混凝土特征点荷载—应变曲线

　　表 5.15 列出了不同强度等级混凝土计算拉应变值与规范提供的拉应变值，可见两者相差不大。

表 5.15　普通混凝土极限拉应变

混凝土标号	抗拉强度/MPa	极限拉应变/×10⁻⁴		
	标准值	计算值	规范值	误差
C20	1.54	0.878	0.821	6.8%
C25	1.78	0.924	0.884	4.3%
C30	2.01	0.974	0.952	2.3%
C35	2.2	1.02	0.998	2.2%
C40	2.39	1.07	1.044	2.4%
C45	2.51	1.09	1.072	1.7%

5.13 应变屈服安全系数与破坏安全系数

5.13.1 应变屈服安全系数

首先求应变表述的强度极限曲线，即弹性应变包络线，库仑公式可写成：

$$\frac{\gamma}{2} = \frac{c}{2G} + \varepsilon_n \tan\varphi \tag{5.97}$$

式中：ε_n——斜面上的法向应变。

然后求出 ε_n 的应变表达式即可获得弹性应变表述的库仑包络线。由应力表述的摩尔-库仑条件可知：

$$\frac{\gamma}{2} = \frac{\tau_n}{2G} = \frac{1}{4G}(\sigma_1 - \sigma_3)\cos\varphi$$

$$\varepsilon_n = \frac{\sigma_n}{2G} = \frac{1}{4G}(\sigma_1 + \sigma_3) - \frac{1}{4G}(\sigma_1 - \sigma_3)\sin\varphi \tag{5.98}$$

根据广义胡克定理，可得：

$$\sigma_1 - \sigma_3 = \frac{E}{1+\nu}(\varepsilon_1 - \varepsilon_3)$$

$$\sigma_1 + \sigma_3 = \frac{E(1-\nu)}{(1-2\nu)(1+\nu)}\left(\frac{1}{1-\nu}\varepsilon_1 + \frac{2\nu}{1-\nu}\varepsilon_2 + \frac{1}{1-\nu}\varepsilon_3\right) \tag{5.99}$$

$$= \frac{2\nu E}{(1-2\nu)(1+\nu)}(\varepsilon_1 + \varepsilon_2 + \varepsilon_3) + \frac{E}{(1+\nu)}(\varepsilon_1 + \varepsilon_3)$$

将上式代入，可得应变表述的法向应变 ε_n：

$$\frac{\tau_n}{2G} = \frac{1}{2}(\varepsilon_1 - \varepsilon_3)\cos\varphi \tag{5.100}$$

$$\varepsilon_n = \frac{\sigma_n}{2G} = \frac{1}{2}(\varepsilon_1 + \varepsilon_3) + \frac{\nu}{1-2\nu}(\varepsilon_1 + \varepsilon_2 + \varepsilon_3) - \frac{1}{2}(\varepsilon_1 - \varepsilon_3)\sin\varphi \tag{5.101}$$

式中：ε_1，ε_2，ε_3，ε_n——第一、第二、第三主应变与斜面上的法向应变，并有 $\varepsilon_2 = \varepsilon_3$；

   φ——材料剪切强度指标；

   E，G，ν——弹性模量、剪切模量和泊松比；

   τ_n，σ_n——斜面上的剪应力与法向应力。

（1）强度折减法求解强度储备屈服安全系数。要知道应变点的破坏安全系数，首先要知道应变点的屈服安全系数。如果已知一点的应变，由屈服摩尔应变，先求出应变表述的屈服安全系数，然后依据极限应变求得破坏摩尔应变圆。如果还知道弹塑性极限应变曲线，只要两者相切即为破坏状态，由此可求出应变点的破坏安全系数。

计算中强度折减时 c、$\tan\varphi$ 按同一比例下降，直至弹性极限应变曲线与屈服摩尔应力圆相切达到屈服，此时弹性极限剪应变公式为：

$$\frac{\gamma'}{2} = \frac{c}{2Gks} = \varepsilon_n \frac{\tan\varphi}{ks} = \frac{c'}{2G} + \varepsilon_n \tan\varphi' \tag{5.102}$$

式中：$c' = \dfrac{c}{ks}$，$\tan\varphi' = \dfrac{\tan\varphi}{ks}$。

与前面相似，只是这里采用了高红-郑颖人常规三轴三维条件（应变表述的三维摩尔-库仑条件），即可求得强度储备屈服安全系数为：

$$ks = \frac{2(1+\nu)\sqrt{\left(c + \dfrac{E}{(1+\nu)(1-2\nu)}((1-\nu)\varepsilon_1 + \nu\varepsilon_2 + \nu\varepsilon_3)\tan\varphi\right)\left(c + \dfrac{E}{(1+\nu)(1-2\nu)}\right)((1-\nu)\varepsilon_3 + \nu\varepsilon_1 + \nu\varepsilon_2)\tan\varphi}}{E(\varepsilon_1 - \varepsilon_3)}$$

$$\tag{5.103}$$

注意：常规三轴下 $\varepsilon_2 = \varepsilon_3$。

【例 1】地基中某一单元的大主应力为 20MPa，小主应力为 10MPa。通过试验测得土的弹性模量 $E = 10.0$MPa，泊松比 $\nu = 0.2$，抗剪强度指标 $c = 3.0$MPa，$\varphi = 30°$。物理力学参数及其应力-应变见表 5.16，求地基强度储备屈服安全系数。

表 5.16　例 1 的物理力学参数及其应力应变

弹性模量/MPa	泊松比(ν)	σ_1/MPa	σ_3/MPa	ε_1/MPa	ε_3/MPa	c/MPa	φ/(°)
10.0	0.2	20	10	1.6	0.4	3.0	30

解：已知 $\sigma_2 = \sigma_3$，得

$$\varepsilon_1 = \frac{1}{E}(\sigma_1 - 2\nu\sigma_3) = \frac{1}{10}(20 - 20\nu) = 1.6$$

$$\varepsilon_3 = \frac{1}{E}[(1-\nu)\sigma_3 - \nu\sigma_1] = \frac{1}{10}[(1-\nu)10 - 20\nu] = 0.4$$

类比摩尔应力圆，已知应力表述的摩尔-库仑定律采用摩尔应力圆表示时，以 $\dfrac{1}{2}(\sigma_1 - \sigma_3)$ 为半径，以 $\left(\dfrac{1}{2}(\sigma_1 + \sigma_3), 0\right)$ 为圆心，而以应变表述的摩尔应变圆与摩尔应力圆相似，同样以 $\dfrac{1}{2}(\varepsilon_1 - \varepsilon_3)$ 为半径，以 $\left(\dfrac{1}{2}(\varepsilon_1 + \varepsilon_3), 0\right)$ 为圆心，但在此基础上应变圆水平向右移动 $\dfrac{\nu}{1-2\nu}(\varepsilon_1 + 2\varepsilon_3)$ 距离：

$$d = \frac{\nu}{1-2\nu}(\varepsilon_1 + 2\varepsilon_3) = 0.8$$

强度折减前，应变表述的库仑包络线由公式（5.98）和公式（5.101）确定。由式（5.103）得到地基强度储备屈服安全系数为（ks）= 2.26。由此

$$c' = \frac{c}{ks} = 1.33 , \quad \tan\varphi' = \frac{\tan\varphi}{ks} = 14.33°$$

强度折减后，应变表述的弹性应变包络线由公式确定。强度折减前后，应变表述的弹性极限应变曲线和摩尔应变圆绘制在 $\varepsilon-\gamma/2$ 平面（见图5.45）。算例计算表明，折减后的弹性极限应变曲线与屈服摩尔应变圆相切，达到极限平衡状态，可见安全系数计算结果可信。

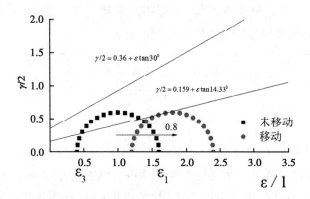

图5.45　求解强度储备屈服安全系数图

（2）荷载增量法求解超载屈服安全系数。当采用超载安全系数时，增大主应力 σ_1，直至弹性极限应变曲线与屈服摩尔应力圆相切，与前面相似，常规三轴条件下求得超载屈服安全系数为：

$$ks = \frac{2c\cos\varphi \dfrac{(1-2\nu)(1+\nu)}{E(1-\nu)} + (1+\sin\varphi)\left[\varepsilon_3 + \dfrac{\nu}{1\nu}(\varepsilon_1+\varepsilon_2)\right]}{(1-\sin\varphi)\left[\varepsilon_1 + \dfrac{2\nu}{1\nu}\varepsilon_3\right]} \tag{5.104}$$

【例2】地基中某一单元的大主应力为20MPa，小主应力为10MPa。通过试验测得土的弹性模量 $E=10.0$MPa，泊松比 $\nu=0.2$，抗剪强度指标 $c=3.0$MPa，$\varphi=30°$。物理力学参数及其应力-应变见表5.17，求该单元地基的超载屈服安全系数。

表5.17　例2的物理力学参数及其应力应变

弹性模量	泊松比 ν	σ_1	σ_3	ε_1	ε_3	c	φ
10.0 MPa	0.2	20 MPa	10 MPa	1.6 MPa	0.4 MPa	3.0 MPa	30°

解：

由已知条件：初始的摩尔应变圆与例1相同，$\varepsilon_1=1.6$，$\varepsilon_3=0.4$，平移距离 $d=0.8$（图5.46小圆）。由式（5.104），土体的超载屈服安全系数为2.02。最大主应力增大 ks 倍后，土体的主应变：

$$\varepsilon_1' = \frac{1}{E}(ks\sigma_1 - 2\nu\sigma_3) = \frac{1}{10}(2.02 \times 20 - 20\nu) = 3.64$$

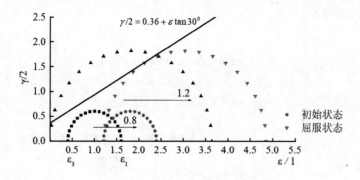

图 5.46　求解超载屈服安全系数图

$$\varepsilon_2' = \varepsilon_3' = \frac{1}{E}\left[\sigma_3 - \nu(ks\sigma_1 + \sigma_3)\right] = \frac{1}{10}\left[10 - \nu(2.02\times20 + 10)\right] = 0$$

超载后，摩尔应变圆（图 5.46 大圆）以 $\frac{1}{2}(\varepsilon_1' - \varepsilon_3') = 1.82$ 为半径，以 $(1.82,0)$ 为圆心，但在此基础上应变圆水平向右平移的距离为

$$d = \frac{\nu}{1-2\nu}(\varepsilon_1' + 2\varepsilon_3') = 1.20$$

算例计算表明，超载后的弹性极限应变曲线与屈服摩尔应变圆相切，超载安全系数计算结果可信。

5.13.2　应变表述的破坏安全系数

破坏安全系数与屈服安全系数不同，它只能用应变表述。屈服摩尔应变圆平移塑性极限应变距离以后，即可得到破坏摩尔应变圆，不断移动材料应变极限曲线，当与破坏摩尔应变圆相切时达到破坏，此时应变极限曲线为弹塑性极限应变曲线。下面以例子说明求解方法。

【例 3】已知材料的力学参数和一点的应力与应变状态及其极限应变值。表 5.18 列出 C25 混凝土轴向、侧向和剪应变的极限应变值，得到屈服时屈服摩尔应变圆，同时依据屈服条件得到混凝土屈服时的弹性极限应变曲线，然后由极限应变值得到破坏摩尔应变圆。算例中以 C25 混凝土屈服应变圆对应的弹性极限应变曲线作为初始条件，$c/2G = 0.1366$，$\varphi = 61.4°$（见图 5.47），然后通过不断增大折减系数 ks，逼近破坏摩尔应变圆切线，即可获得应变点破坏安全系数。具体做法如下：通过不断增大折减系数 ks 获得一系列包络线，并从几何上判断折减后的弹塑性极限应变曲线与破坏摩尔应变圆的相互关系，当相邻两折减系数（4.1、4.2）对应的极限应变曲线与破坏摩尔应变圆的相对位置关系由相离到相割时，表明安全系数介于 4.1 与 4.2 之间，然后通过二分法，不断逼近破坏摩尔应变圆切线，即可获得破坏安全系数 $ks = 4.1375$，如表 5.19 所示。算例表明，达到破坏时应变点的破坏安全系数计算结果可信。

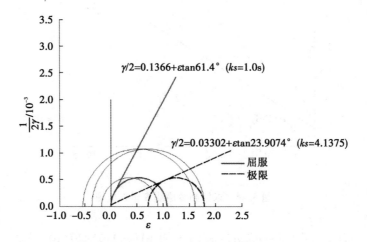

图 5.47　求解破坏安全系数图

表 5.18　普通混凝土轴向、侧向主应变和剪应变的极限应变值

混凝土强度等级	抗压强度/MPa	轴向应变 ε_1		侧向应变 ε_2		剪应变 $\sqrt{J_2'}$	
		ε_{1y}	ε_{1f}	ε_{2y}	ε_{2f}	$\sqrt{J_{2y}'}$	$\sqrt{J_{2f}'}$
C25	25.04	0.90‰	1.61‰	−0.179‰	−0.542‰	0.621‰	1.242‰

表 5.19　求解破坏安全系数过程表

ks	1.0	1.2	1.4	1.6	1.8	2.0	2.2	2.4	2.6
$c/2G$	0.1366	0.1138	0.0976	0.0854	0.0759	0.0683	0.0621	0.0569	0.0525
φ	61.4000	56.8048	52.6453	48.9002	45.5381	42.5228	39.8178	37.3878	35.2005
相对位置关系	相离	相离	相离	相离	相离	相离	相离	相离	相离
ks	2.8000	3	3.2000	3.4000	3.6000	3.8000	4	4.1000	4.2000
$c/2G$	0.0488	0.0455	0.0427	0.0402	0.0379	0.0359	0.0342	0.0333	0.0325
φ	33.2267	31.4406	29.8198	28.3446	26.9980	25.7650	24.6330	24.1013	23.5908
相对位置关系	相离	相离	相离	相离	相离	相离	相离	相离	相割
ks	4.1000	4.1250	4.1375	4.1500	4.2000				
$c/2G$	0.0333	0.03312	0.03302	0.0329	0.0325				
φ	24.1013	23.9717	23.9074	23.8435	23.5908				
相对位置关系	相离	相离	相切	相割	相割				

第6章 基于 Barcelona 模型热流固 THM 耦合方法

冻土行为已被研究了几十年。为了开发新的本构模型或改进已有的模型来模拟冻结材料的行为，学界已经进行了许多尝试。了解冻土的力学特性对解决冻土、寒区工程和冰缘过程的挑战至关重要。现场研究、大规模实验室测试和离心建模都能提供很好的见解，但它们都是昂贵且耗时的活动。因此，有必要采用数值模拟方法。挪威科技大学（NTNU）与 Plaxis bv 合作，开发了一种新的数值模型来解决上述问题。研究这种新方法的目的是提供一个可靠的设计工具，以评估气候变化和温度变化对各种工程问题的影响。

本构模型需要几个参数，其中有很多是岩土工程师不常见的。此外，为了分析冻土和相变发生时的特性，必须考虑到在标准的现场调查和土壤实验室测试活动中无法确定的特定特性。这就需要一种简化的方法，根据常见的数据（如颗粒大小分布）来确定这些属性。其思想是，作为初步估计，将这些数据与土壤冻结特性曲线和部分冻土的水力特性联系起来。因此，本书提出了一种实用的方法，利用有限的输入数据获取冻土的冻结特性曲线 SFCC、土壤-水体系的冻结/熔点及其导水性等关键特性。结合不同的模型和经验方程，提供了一个封闭的公式，可用于计算机模拟的水分迁移在部分冻土相。输入粒度分布、干容重等数据即可获得上述特性。进一步考虑水/冰冻结/融化温度的压力依赖关系，甚至可以考虑相变点降低，从而出现压力融化现象。该模型不仅能定性地表征不同土壤类型的 SFCC，而且能提供许多具有对数正态分布的土壤类型的模型预测数据与实测数据的一致性。这种用户友好的方法在岩土有限元代码 PLAXIS2D 中进行了测试。虽然可以提供一些相关性和默认值，但为了提供一整套必要的土壤参数，实验室测试是不可避免的。为了校准一些最困难的参数，包括巴塞罗那基本模型 BBM 参数，研究想法是使用流速计测试结果。温控里程表试验需要的设备比温控各向同性压缩试验复杂。较短的测试周期可以节省时间和金钱。Zhang 等（2016）开发了一种用于识别非饱和土 BBM 弹塑性模型中材料参数的优化方法，该方法使用吸力控制的流速计试验结果。将同样的方法重新表述为冻土和非冻土的本构模型。这种优化方法允许同时确定控制各向同性的原始行为以及卸载和重新加载行为的参数。

6.1 冻土的基本特征

冻土工程几十年来发展迅速。随着冻土工程活动的增多，冻土工程研究的必要性也随之提高。因此，冻土与非冻土的过渡成为一个重要的研究课题。寒区工程、冰缘过程和建筑地基冻结是这一深入研究的有益领域。由于季节温度的变化、全球变暖和人类的干扰，周围土壤的热态发生了变化，景观被重塑（Glendinning，2007；Zhang，2014）。所有这些因素迫使岩土工程师开始了相关研究。无论是自然天气条件还是人类活动引起的土壤冻结，其影响都是深远的。工程师面临着更高的滑坡风险，道路路堤和地基的稳定性降低，路面开裂和冻土退化。此外，人工冻结的使用也将增加。了解冻土的力学行为是至关重要的，且发挥了关键作用。实地研究、大规模实验室实验和离心机建模可以提供很好的方法，但其昂贵且耗时。数值模拟方法的必要性是显而易见的。使用数值模型可节省大量时间，可作为设计工具，并可评估气候变化对各种工程和地质问题的影响。对岩土工程师来说，了解土壤在冻结和融化时的行为是必要的。与适当的本构模型的一起使用，可以发挥改变操作实践和设计理念的潜力，还可以开发新的方法来预测和减少风险和损害。

6.1.1 工程注意事项

（1）冻融作用。冻融土壤中的冻作用涉及冻结和融化的过程。Andersland 和 Ladanyi（2004）将冻融作用描述为冻结期土壤冻结面形成冰晶，然后季节性冻土解冻时解冻减弱或承载强度降低而导致冻融的有害过程。为了使冻融作用发生，必须满足一些要求：存在易冻土壤、水的供应、土壤温度低到足以导致部分土壤水冻结（Hohmann，1997；Zhang，2014）。

冻融作用是许多破坏性影响产生的原因（Alfaro 等，2009；Wu 等，2010；Fortier 等，2011 年；de Grandpré，2012；Zhang，2014；Li 等，2016）。管道开裂和破损、公用设施故障、路面开裂[见图 6.1（a）]、结构倾斜[见图 6.1（b）]和基础差冻隆起只是冻害的一些例子。长期记录表明，气候正在变暖，这导致了部分永久冻土层的融化。Lemke 等（2007）报告称。自 20 世纪 80 年代以来，北极永久冻土层顶部的温度上升了 3 ℃。1992年以来，阿拉斯加的永久冻土层以每年 0.04 m 的速度融化。自 20 世纪 60 年代以来，青藏高原的永久冻土层以每年 0.02 m 的速度融化。冻土退化正在导致地表特征和排水系统的变化。冻土温度的升高导致土壤的增厚活动层成为地壳上层活跃的冻融层。这一层的增厚导致地表大面积沉降。季节温度变化对活动层的年冻结和冻结锋向下运动时的升沉起决定作用。水变成冰需要体积增加约 9%。然而，实际的冻融作用不是由体积膨胀引起的，而是由冰晶体的形成引起的（Taber1916，1929，1930；Andersland 和 Ladanyi，

2004；Rempel 等，2004；Michalowski 和 Zhu，2006；Rempel，2007；Azmatch 等，2012；Peppin 和 Style，2012）。冻融是由可利用的自由孔隙水和季节温度变化引起的，它可以对任何工程结构造成破坏。大多数土壤的非均匀性会导致非常不均匀的隆起。例如，这种差动升沉可能严重影响行驶质量和交通路面的使用。整个结构可能会变形（见图6.1）。

（a）冻融循环引起的路面开裂破损　　　　　（b）下永冻层融化导致建筑物倾斜

图 6.1　冻融作用造成的破坏性影响（国家冰雪数据中心）

（2）冻融特点。冻融是季节性冻融地区管道、铁路和公路等交通基础设施损坏的主要原因。在美国，每年仅用于修复道路冻融损坏的费用就超过 20 亿美元（DiMillio，1999）。这样看来，全球解决冻融问题的成本是巨大的。冻融是指地表由于冰偏析和冰晶体的形成而发生的向上位移。冻结边缘土体的开裂和未冻水向冻结锋面流动是冰晶的形成过程。Taber（1916）、Taber（1929）和 Taber（1930）可能是最早研究冻融现象的人，并提出了非常重要的见解。Taber 论证了冻融是由水从土柱下部的未冻区向冻结锋移动引起的。在那里，它以土壤中的纯冰带（冰晶）的形式沉积下来，随着土壤的生长，冰晶迫使土壤分开，使表面向上隆起（见图 6.2）。只要有足够的水和足够慢的冻结速度，这个过程可以引起土壤表面几乎无限的隆起。冻融现象已被研究了近一个世纪，但其机理仍有许多未解之处。科学家们仍在积极研究 Taber 的观测结果。Rempel（2007）解释说，例如最显著的冻融破坏发生在分离的冰生长和推开矿物颗粒产生多孔介质的宏观变形时，冰的生长是通过预熔液膜（见图 6.3）来提供的，这些液膜使冰与矿物颗粒分离。这些薄膜之间的分子间相互作用是造成冻融破坏的驱动力。冻融过程如图 6.2 和 6.3 所示。

（3）解冻固结和解冻沉降。在冻结过程中，可能会发生冰的堆积和冻融。当温度升高或冻土受到很高的压力时，冻土就会融化。在冻结过程中形成的冰晶逐渐融化。由于冰的消失，土壤骨架必须适应新的平衡孔隙比（Andersland 和 Ladanyi，2004）。从冰镜中融化的多余水分可能超过土壤骨架的吸收能力。当水试图通过土壤骨架找到它时，或由于其自身重量和/或外力，导致解冻固结正在。融化固结速率既取决于冰的融化速率，也取决于土壤的水力性质（Zhang，2014）。

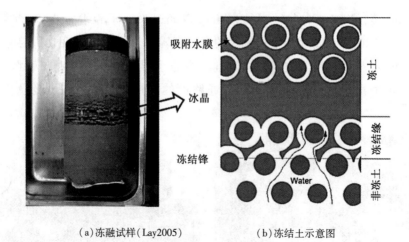

（a）冻融试样（Lay2005）　　　　　　（b）冻结土示意图

图 6.2　冻结土示意图

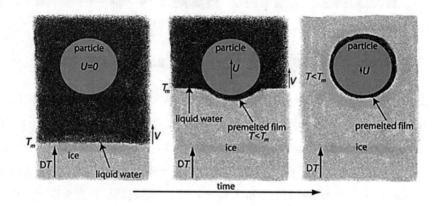

图 6.3　温度梯度下冻结锋与外来固体颗粒相互作用阶段示意图

　　所有这些定居点的总和可以称为解冻定居点。固结完成后，融沉可能大于或小于冻融引起的位移（Konrad，1989）。它主要取决于冻结前的加载历史和冻融循环次数。冻结正常固结土在其第一次冻融循环中融化后，其沉降量大于冻融量。超固结土在第一次冻融循环作用下仍会存在一些隆起现象。在软土施工中应用的人工地面冻结，例如隧道或开挖［见图 6.4(a)］，以及通过未冻土输送冷冻介质的管道，都是土壤可能遭受第一次冻融循环的例子（Konrad，1989；Zhang，2014）。图 6.4（b）显示了建造在永久冻土层上的非保温加热房屋造成的典型解冻定居点。

　　（4）Artiftcial 地面冻结。人工控制冻结土作为一种支护施工方法，在岩土工程中已经应用了一个多世纪。在施工过程中，冻土可用于提供地面支持、地下水控制或结构托换。采用人工冻结的方法如图 6.4 所示。通过安装冷冻管，让温度低于水冰点的循环液体（主要是氮气）通过管道，孔隙水就会变成冰。冰变成了一种黏结剂。它将相邻的土壤颗粒或岩石块黏合在一起，增加了冻结土壤的强度和抗渗性。地面冻结可用于任何土壤或岩层，无论其结构、粒度或渗透性如何（Andersland 和 Ladanyi，2004）。但是，人工冻结使地表基础设施的破坏有一定的风险。此外，控制冻结可以导致冰晶的形成，因此冻融融化后土壤结构和密度的显著变化会导致不利的沉降。不均匀隆起和沉降的发生，可能会使现有建筑物和道路产生裂缝。此外，地下水流动起着至关重要的作用。由于地下水或渗流提供了一个连续的热源，因此它对一个完整的冻结体的形成负有时间关系。在渗流较大的情况下，可以达到热平衡状态，停止冻结，无法发展所需的冻壁封闭（Zhou，2014）。因此，人工冻结还需要了解土体强度、土体刚度和渗透性随温度的变化规律。

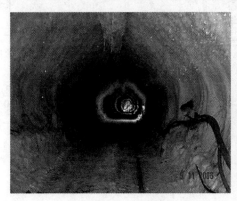

（a）瑞典隧道内冻土的景象　　　　　　　　　（b）表层的盐水循环管道

图6.4　隧道施工中的人工冻结

（5）冻土的有益特性。冻土提供了一些对工程项目非常有益的特性。具有较高的抗压强度、优良的承载力，以及冻土层相对于渗水的防渗性工程在地面支持系统、地基、土坝等设计中使用的特性冻土结构（Andersland和Ladanyi，2004）。

冻土强度包括孔隙冰强度、土体颗粒间摩擦阻力和相互干扰强度、土体剪胀强度和相互作用强度、冰基质和土壤骨架之间的关系（Ting等，1983；Andersland和Ladanyi，2004）。同样，温度、围压、应变速率、含冰量和变形历史等都具有重要意义。

冰的内容。力学行为在很大程度上取决于孔隙冰的那部分。因此，冻土的强度也一样。Sayles和Carbee（1981）的研究结果表明，初始断裂强度随单位体积土体中冰的体积呈非线性增加[见图6.5（a）]。由于冰基质是试验土中最坚固的黏结材料，其断裂可视为破坏的开始。然而，它们区别于发生在小应变下的冰基质破坏和发生在大应变下的整个混合物的剪切破坏。测试表明，在泥沙浓度小于约50%，冰在强度上占主导地位，而在较大的颗粒浓度下，应力-应变曲线表现出越来越强的应变硬化特征，这是由一个渐进的过程造成的大应变下摩擦和联锁的动员（Andersland和Ladanyi，2004）。这种行为如图6.5（b）所示，Baker（1979）也发现了这一现象。他指出，冻结沙子的强度会增加，直到土壤完全被冰饱和，然后会下降，直到土壤颗粒不再影响它[见图6.5（c）]。

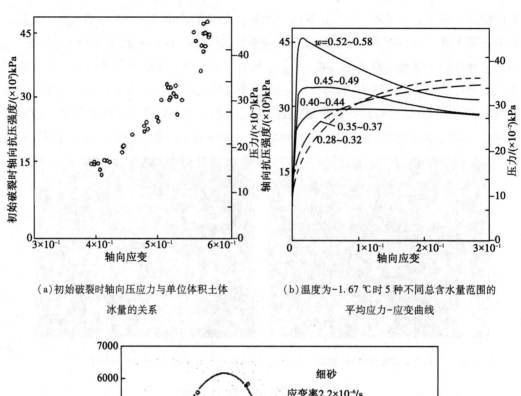

（a）初始破裂时轴向压应力与单位体积土体　　　　　（b）温度为−1.67 ℃时5种不同总含水量范围的
冰量的关系　　　　　　　　　　　　　　　　平均应力−应变曲线

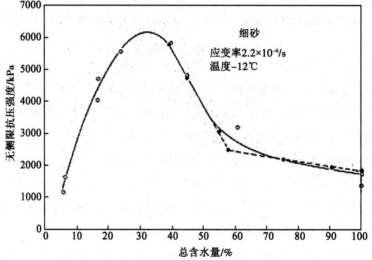

（c）总含水率对无侧限抗压强度的影响

图6.5　含冰量对冻土强度的影响曲线图

　　围压。冻土在围压变化下的行为已经被许多研究者报道（Alkire，1973；帕拉姆斯瓦兰和琼斯，1981；Ma 等，1999；Yang 等，2010；Lai 等，2010）。当颗粒浓度足够高时，冻土强度是冰水泥和土骨架强度的函数。张伯伦等（1972）发现这两种力量来源并不一定同时起作用。这是因为在常压和常温条件下，冰基质比土壤骨架更具有刚性，并在更低的应变下达到其峰值强度（Andersland 和 Ladanyi，2004）。Ladanyi（1981）给出了在恒定应变速率和温度下，但在不同围压下的压缩试验中观察到的现象，其摩尔图如图 6.6 所示，图中由三条失效线和四个区域组成，即：

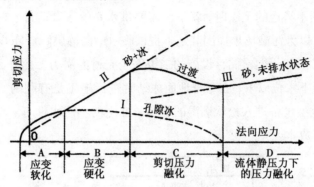

图 6.6　冻结的 Ottaw 砂的整个失效包络面示意图(Chamberlain 等,1972)

A：在低围压下，以冰晶为主。应力–应变行为在拉伸中是脆性的压缩应变软化。第一个强度峰值出现在应变约 1% 时。

B：在 B 区域，应变硬化发生，由于砂冰混合物的摩擦和剪胀，在应变变大 10 倍左右时，第二个峰值占主导地位。

C：高围压时，剪胀率可能受到抑制，随着围压的增加，剪胀率甚至会发生变化。冰承受了大部分正常压力，开始部分融化。

D：当围压高到足以粉碎颗粒时，已经处于压缩状态的孔隙冰就会融化，剪切破坏就会发生，就像不排水状态下的未冻砂一样。

温度。温度可能是影响冻土性质的最重要的因素。许多测试结果证实了这一说法(Haynes，1978；Baker，1979；Parameswaran 和 Jones，1981；Lai 等，2010)。它直接影响着粒间冰的强度、土颗粒与冰界面的结合强度以及冻土中未冻水的含量。在一般情况下，温度下降导致冻土强度的增加，但同时增加其脆性，表现出更大的强度峰值后下降，增加抗压强度比抗拉强度(Andersland 和 Ladanyi，2004)。Fairbanks 淤泥的抗压强度随温度变化的结果由 Haynes(1978)得出，[见图 6.7(a)]。

应变率。冰和冻土高度依赖于速率。随着应变速率的降低，峰值和残余值都有所下降(Haynes，1978；Andersland 和 Ladanyi，2004；Arenson 和 Springman，2005)。图 6.7(b)表明，在一定温度下，抗压强度随应变速率的增加而增加。此外，Arenson 和 Springman(2005)注意到，随着轴向应变率的降低，峰值接近残余剪切强度的值。他们的解释是，材料在较低的应变速率下开始蠕变，导致应力重新分布并发生松弛。随着应变的增加，土体的膨胀趋势被抑制，土体的附加剪切阻力被激活。

低渗透饱和冻土表现出非常低的渗透(Burt 和 Williams，1976；Horiguchi 和 Miller，1983；Oliphant，1983；Benson 和 Othman，1993；Andersland，1996；Tarnawski 和 Wagner，1996；McCauley 等，2002；Watanabe 和 Wake，2009)。渗透系数接近零的土壤可以看作水力屏障，有许多优点。Benson 和 Othman(1993)提出了冻土被广泛用作废物封存结构。其应用的例子包括垃圾填埋场衬垫和覆盖物、危险废物处理场的盖帽，以及用于地面蓄水池和污水泻湖的衬垫。Andersland 和 ladanyi（2004）解释说，对于大型挖掘工程，当冻土支撑系统延伸到不渗透的土层时，就不再需要供水系统了。此外，在地下水修复工程中，地下冻土墙可以为污染场地周围和地下提供临时的防渗屏障。McCauley 等（2002）评估了冻土作为阿拉斯加州燃料储存设施的二级安全壳衬的潜力。此外，在排水较差的地区，开挖需要在地下水位以下，在冬季地面冻结时进行施工是有利的。较高的冻土强度通常在夏季允许重型设备进入松软潮湿的地点。冻土的不透水性有一个很大的好处，就是无需泵送，节省成本。

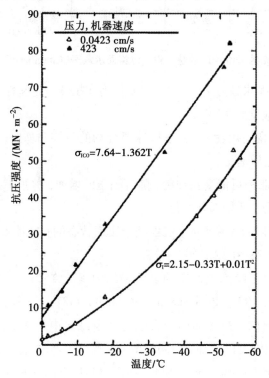

（a）Fairbanks 淤泥的抗压强度与温度（Haynes，1978）

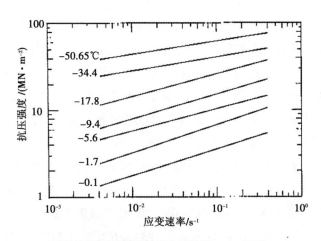

（b）抗压强度随应变速率的函数（Haynes，1978）

图 6.7　温度和应变速率对冻土强度的影响图

6.1.2　人类活动和冻土

世界上有许多人生活在季节性冻土或永久冻土层上。随着气候的变化和寒冷地区工程活动的增加，冻土对人们生活的影响越来越大。一方面，当冻土开始融化时，它会沉降并破坏建筑和交通基础设施。另一方面，当所有靠近地表的水都结冰时，可能会引起冻融，使城镇很难找到饮用水。建筑物、道路、桥梁、铁路、供水、石油和天然气井都会受到冻土的影响，人们不得不处理所有与冻融相关的问题并承担后果。建在季节性冻土或永久冻土层上的建筑物大多从内部加热并散发热量。热量可以融化建筑物下面的冰冻地面。冻土一旦开始融化，就会由于冰向水的体积变化、固结和建筑物的超载而下沉，破坏其所支撑的建筑物［见图 6.1(b)］。为了防止这种不利情况的发生，需要精心设计，选择合适的基础类型、保温方法和对基础的维护。路堤上的桥梁、铁路、公路和任何其他类型的交通基础设施往往跨越冻土和永久冻土层。如果地面解冻或冻结，经常会发生不同程度的隆起或沉降，并造成损害。需要不断地维修和维护来保证它们的安全。钻探石油和天然气的深井也会导致永久冻土融化。如果发生这种情况，油井可能会坍塌，管道可能会下沉并破裂。工程师已经提出了缓解和避免这种有害情况的解决方案。相关部门提出，首先钻探公司需要把他们的设备放在特殊的混凝土平台上，用来防止地下的地面融化。其次，水泥井衬管可以防止井塌。公司还可以使用特殊的钻井液体来润滑钻头，这种液体不会像水那样快速结冰。此外，工程师在许多地方修建了地面以上的管道。在有大片连续永久冻土地带的地区，供水可能会很困难。大部分的地下水是冻结的。如果存在液体水，土壤中的冰就会将矿物质排出。矿物质会浓缩，土壤中的水就不能饮用了。导致村庄城镇被迫修建从供水区(湖泊和河流)到建筑物的水管。

6.1.3　模拟冻土

冻土的特性的相关研究已经进行了几十年。土壤中孔隙流体冻结和融化的表征涉及复杂的热、水和力学过程，在地质力学的几个领域都是必不可少的。根据其特定的应用目的，开发出来的模型具有不同程度的复杂性(Nishimura 等, 2009)。热-水-机耦合有限元模型。热-水-机耦合数值模拟处理了温度、液压和力学变形的同时考虑多个物理过程。THM 模型被广泛应用于解决温度变化和质量运动相结合的多孔介质问题(Zhang, 2014)。Bekele(2014)概述了冻土随时间完全耦合 THM 模型的相关研究。

冻土本构模型。现有的本构模型已经变得越来越复杂。土壤响应的具体方面的表征要求使这种复杂性增加，以考虑温度、应变大小和速率、相对密度以及剪胀和破碎的相反效应(Springman 和 Arenson, 2008)。历史上，可以将冻土本构模型分为两类：一类是基于总应力的力学处理，另一类是基于有效应力的力学处理。但针对冻土的塑性本构模型的研究也变得越来越有趣(Xu, 2014)。基于总应力的模型在文献中被广泛用于描述土壤的力学行为，并被大多数冻土岩土工程分析所采用（Arenson 和 Springman，2005；Lai 等，2008，2009，2010；Zhu 等，2010；Xu，2014）。然而，这些模型只倾向于强调围压对弹塑性行为的影响，而较少强调温度和冰含量等重要因素的影响（Ghoreishian Amiri 等，2016）。这意味着它们无法在冻结或融化期间模拟冰含量和/或温度变化下的变形。同时，对于基于总应力的本构模型的发展，一些研究者采用了总应力减去孔隙压力的有效应力原理来模拟冻土的特性（Thomas 等，2009；Nishimura 等，2009；Zhou，2014；Zhang，2014；Ghoreishian Amiri 等，2016）。然而，孔隙水压力的定义、表示和掺入是不一致的。由于水与冰的相变，在描述孔隙水压力变化时遇到了困难，因此需要引入不同的方法。例如，Thomas 等（2009）假设，在部分冻结的土壤中，孔隙不会形成连续的相，也不能施加力学压力。而当土体完全冻结时，孔隙冰是连续的，孔隙水压力有效地代表了力学冰压力。Zhang（2014）采用了有效应力原理，即总应力由有效应力和水压力组成。Nishimura 等（2009），Zhou（2014），Ghoreishian Amiri 等（2016）对平衡方程中的冰压力和水压力进行了区分，并用 Clausius-Clapeyron 方程来定义两者之间的关系。

Nishimura 等（2009）首次提出了两应力状态变量模型来模拟冻土的行为。与 Alonso 等（1990）相比，冻结饱和土和非冻结非饱和土的物理特性之间的相似性导致了需要采用替代的双应力状态变量本构关系。净应力定义为总应力超过冰压或水压力和低温吸力的超额，是除偏应力之外的两个应力状态变量。使用修正的剑桥-黏土模型作为参考解冻条件，该模型能够捕捉许多基本特征并研究冻结土的复杂力学行为，包括抗剪强度与温度和孔隙度的关系。Ghoreishian Amiri 等（2016）注意到，使用 Nishimura 模型，在冻结期间，冰压力的增加会导致净平均应力为零或负值，进而导致拉伸破坏和土壤颗粒离析。这导致了孔隙比的增加和土壤的软化行为。在各向同性应力条件下，由于温度降低导致的偏析现象使发生拉伸破坏的试样在剪切时始终表现出膨胀行为。此外，在未冻结状态下，模型简化为基于应力的有效临界状态模型。在净应力的定义中，水的压力代替了冰的压力。因此，对融化固结的模拟也是可能的。Nishimura 等（2009）应用离析势理论来解释冻融现象。

Zhou（2014）提出了双应力状态变量框架下的另一种方法。他将冷冻时的温度作为第二个自变量，提出了一种多尺度强度均质化方法，用于预测与温度和孔隙度有关的冻结土强度准则。它可以根据冻结土的微观结构确定宏观黏聚力和摩擦系数。Ghoreishian Amiri 等（2016）指出，考虑到该模型与 Nishimura 等（2009）引入的冰分离现象的应力测量和屈服机制的一致性，上述各向同性应力条件下冻结后试样剪切的问题仍然存在。

Zhang 和 Michalowski（2015）采用有效应力和孔冰比作为本构模型的自变量。在该模型中，冻融现象是用孔隙度增长函数模拟的。Ghoreishian Amiri 等（2016）开发的本构模型是笔者的主要研究对象。在之后的章节中，将详细介绍此模型。

6.2　本构模型及其实现

6.2.1　本构模型理论

假设土壤是一个完全饱和、各向同性和弹性的天然颗粒复合材料。它可以解冻、部分冻结或完全冻结。未冻土由固体颗粒和孔隙水组成，部分冻土由固体颗粒、孔隙冰和孔隙水组成。当温度足够低时，土壤可能会经历完全冻结状态，其中复合材料由土壤颗粒和孔隙冰组成。假定复合材料的每一组分是不可压缩的。为了考虑局部热平衡，土壤颗粒、孔隙水和孔隙冰在土壤中每一点的温度是相同的（Thomas 等，2009）。

冻结和融化的过程。土壤中的冻结过程不同于纯自由水的冻结过程（Low 等，1968；Andersland 和 Ladanyi，2004；Kozlowski，2004；Lal 和 Shukla，2004；Kozlowski，2009）。纯自由水的冻结或融化发生在 0 ℃，而在土壤-水系统中，它发生在 0 ℃以下。根据 Low等（1968）相关研究，导致冰点降低的主要宏观参数是含水量 w。对于表面积较小的无黏性土（SSA），这种温度降低是可以忽略的，但对于细粒土壤，如粉砂和黏土，具有保持高未冻水含量（因此高 SSA）的能力，它可以达到 5 ℃（Andersland 和 Ladanyi，2004）。除了水含量（w）的重要性之外，高压和溶质的存在也会降低冰点/熔点。此外，还必须考虑到初始冻结过程并不是从冰点开始的。为了冰晶的成核和生长，需要在冰点以下进行过冷处理。这种现象甚至适用于纯水。图 6.8 分别为纯水和黏土-水体系的冻结过程随时间的变化。以土壤-水系统为重点，土壤的冻结过程可以解释为以下几点。

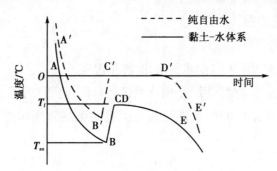

T_f—黏土-水体系的冰点；T_sn—黏土-水体系的自发成核温度

图 6.8　纯自由水和土壤-水体系的冷却曲线图（Kozlowski，2009）

（1）一般来说，当土壤温度低于孔隙水凝固点 T_f 时，水开始结冰。孔隙水的这种相变发生在所谓冻结边缘。

（2）土壤温度必须降至孔隙水冻结温度以下，直到有足够的能量激发孔隙水成核。这发生在自发成核温度 T_sn 下。

（3）冰的形成释放潜热，孔隙水温度随之升高至其初始冻结温度 T_f。

（4）潜热的释放减缓了冷却，直到所有的核聚变潜热都被释放。

（5）如果环境温度低于孔隙水冰点，土壤温度就会下降。

（6）所有的自由水和大部分结合水冻结在$-70\ ℃$（Andersland 和 Ladanyi，2004）。

尽管冰晶的形成需要过冷，但在后续描述的本构模型的实施中没有考虑自发成核温度的掺入。假设水/冰的冻结/融化过程遵循相同的路径，本研究不考虑土壤冻结特性的一般滞后性质。

许多研究人员一直致力于确定土壤-水系统的冰点/熔点（Low 等，1968；Kozlowski，2004；Xia 等，2011；Kozlowski，2016）。然而，他们的方法并不简单。为了解释冰点/熔点的降低，本研究提出了一种新的经验方法。

6.2.2 控制方程

本书提出并描述了热-流体-力学（THM）模型所需要和使用的平衡方程，并将重点放在实际的本构模型上。但对未冻水含量的测定、低温吸湿和水分传递的方法进行了详细的阐述。

（1）热力学平衡。冻土的热力学平衡是通过考虑液态水和冰相的平衡来实现的。这种平衡由 Clausius-Clapeyron 方程描述（Henry，2000），可以如下表示（Thomas，2009）：

$$\frac{p_{ice}}{\rho_{ice}}-\frac{p_w}{\rho_w}=-L\ln\frac{T}{T_f} \tag{6.1}$$

式中：p_w，p_{ice}——孔隙水压力和冰压力；

$\quad\ \rho_w$，ρ_{ice}——孔隙水密度和冰的密度；

$\qquad L$——融化潜热；

$\qquad T$——当前温度；

$\qquad T_f$——土壤和压力下冰/水的融化/冻结温度。

水在压力梯度和温度梯度作用下，向冻结区运移的过程称为低温吸力。冻结区又称冻结边缘，如图 6.9 所示。由冰/水界面张力引起的毛细管作用推导如下（Thomas 等，2009）：

$$s_c=p_{ice}-p_w \tag{6.2}$$

$$=\rho_{ice}\left(\frac{p_w}{\rho_w}-L\ln\frac{T}{T_f}\right)-p_w \tag{6.3}$$

$$\approx-\rho_{ice}L\ln\frac{T}{T_f} \tag{6.4}$$

根据热力学符号，约定压强是正的。考虑到温度高于 T_f，土壤完全饱和孔隙水。然后将低温吸力 s_c 设为 0。压力融化现象已经可以用 Clausius-Clapeyron 方程来描述，但是冻结/融化温度本身也与压力有关。关于融化温度与压力的关系，最著名和最常被引用

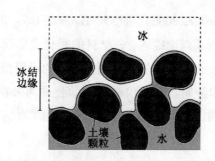

图 6.9　带冻结边缘的冻土示意图(Peppin 和 Style2012)

的可能是 Simon 和 Glatzel(1929)提出的经验方程。这一方程不能用于下降的融化曲线或具有极大值的曲线(克钦,1995)。因此,应用这一来表示水冻结和/或冰融化的压力依赖关系是不合适的。因此,Wagner 等(2011)建议使用 IceIh 的融化压力方程:

$$\frac{p_{melt}}{p_z} = 1 + \sum_{j=1}^{3} a_j \left(1 - \left(\frac{T}{T_t}\right)^{b_j}\right) \tag{6.5}$$

式中:$T_t = 273.16K$——气-液-固三相温度;

$p_t = 611.657\ Pa$——三相点压力。用

$$p_{melt} = p_{ice} = s_c + p_w \tag{6.6}$$

可以得到与压力有关的冻结/融化温度 $T_f(p)$ 公式

$$\frac{s_c + p_w}{611.675\ Pa} = 1 + \sum_{j=1}^{3} a_j \left(1 - \left(\frac{T_f}{273.16K}\right)^{b_j}\right) \tag{6.7}$$

系数 a_j 和指数 b_j 见表 6.1。

表 6.1　融化压力方程的系数 a_j 和指数 b_j(Wagner 等, 2011)

j	a_j	b_j
1	$0.119539337×10^7$	$0.300000×10^1$
2	$0.808183159×10^5$	$0.257500×10^2$
3	$0.333826860×10^4$	$0.103750×10^3$

压力融化通过降低冰的融化温度来降低低温吸力和增大水压力。该耦合公式可以通过提供实际温度和孔隙水压力来计算低温吸力 s_c 和冻融温度 T_f。

(2)冰冷的特征函数。土壤-水系统的冷却曲线如图 6.8 所示,在冻结温度 T_f 下,冰正在形成。然而,在土壤-水系统中,并不是所有的自由孔隙水都在相同的温度下冻结。Rempel 等(2004),Wettlaufer 和 Worster(2006)以及 Zhou(2014)的研究结果显示,两种主要机制使得水在低于整体冰点的温度下保持不冻态。这两种机制分别是曲率诱导预融机制和界面预融机制(见图 6.10)。水表面张力的存在与土颗粒之间形成的弯月面非常相似,通过黏接颗粒使毛细吸力增大。相反,后者是斥力的结果,在冰和固体颗粒之间,这些力起到分离压力的作用,通过更多的水吸收来扩大差距。

这两种机制可以在一个热力学处理中结合起来,得出广义 Clapeyron 关系(Rempel

等，2004；Wettlaufer 和 Worster，2006）。此外，Hansen-Goos 和 Wettlaufer（2010）对多孔基质中包含的冰的预融进行了理论描述，该材料的融化温度远远大于冰本身，以预测基质中在冰点以下温度下的液态水的数量。它结合了冰的界面预融与基体接触、晶界在冰中融化、曲率引起的预融和杂质。上述预融动力学公式均未直接应用于本研究。然而，上述机制可以通过考虑与两个依赖于吸力的屈服标准相关联的低温吸力来实现。

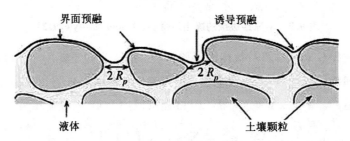

图 6.10　曲率在冰侵入楔形优先固体过程中诱导预融和界面预融（Wettlaufer 和 Worster 2006）

冻土中未冻水的残留量与冻结温度的关系可以看作一种土壤性质，用土壤冻结特性曲线（SFCC）来描述这种关系。由于非饱和土的冻结特性和水分保持特性类似（Black 和 Tice，1989；Spaans 和 Baker，1996；Coussy，2005；Ma 等，2015），使用 van Genuchten 模型（van Genuchten，1980 和 Fredlund 和 Xing，1994）来表示冻结特征函数（Nishimura 等，2009；Azmatch 等，2012b）。然而，也有人试图找到一个经验公式来计算未冻水含量 w_u（Tice 等，1976）。

研究中选择将体积未冻水含量 θ_{uw} 与温度采用基于 Anderson 和 Tice（1972）试验结果的经验公式，其中比表面积 SSA、未冻土容重 ρ_b 和温度 T 是唯一的输入参数。

$$\theta_{uw}=\frac{\rho_w}{\rho_b}\exp\left(0.2618+0.5519\ln(SSA)-1.4495(SSA)^{-0.2640}\ln(T_f-T)\right)\quad(T\leqslant T_f)\quad(6.8)$$

土壤的比表面积定义为单位质量土壤颗粒的表面积和，用 $\mathrm{m^2/g}$ 表示。土壤的许多物理和化学过程都与比表面积密切相关。Sepaskhah 等（2010）使用非线性回归分析来关联土壤颗粒直径的几何平均值 d_g 的测量 SSA 次方。这个经验幂函数允许计算具体的仅提供粒径分布的表面积：

$$SSA=3.89d_g^{-0.905}\left[\mathrm{m^2/g}\right]\tag{6.9}$$

土壤颗粒直径的几何平均值（Shirazi 和 Boersma，1984），单位为 mm。

$$d_g=\exp(m_{cl}\ln d_{cl}+m_{si}\ln d_{si}+m_{sa}\ln d_{sa})\left[\mathrm{mm}\right]\tag{6.10}$$

式中：m_{cl}，m_{si}，m_{sa}——黏土、粉土和砂的质量分数，%；

$\quad\quad d_{cl}$，d_{si}，d_{sa}——分离黏土、粉土和砂的粒径极限（$d_{cl}=0.001\mathrm{mm}$，$d_{si}=0.026\mathrm{mm}$，$d_{sa}=1.025\mathrm{mm}$）。

几何平均和粒径限制由基于 U.S.D.A.分类方案的纹理图（Shirazi 和 Boersma，1984）

获得，其中等效直径如图 6.11 所示。

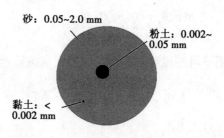

图 6.11　U.S.D.A.分类方案示意图

这个新纹理图的一个主要假设是在每个粒度分数内具有对数正态的粒度分布。这样就可以用几何（或对数）平均粒径（d_g）和几何标准差（σ_g）来表示砂、粉土和黏土的任意组合。

利用 d_g 和 σ_g 不仅可以定性利用，而且可以定量利用质地数据来判断土壤的其他物理性质，如 *SSA*。Petersen 等（1996）指出，土壤比表面积的大小在很大程度上取决于土壤中黏土矿物的数量和类型。然而，这种结构信息方法不能考虑不同类型黏土矿物的比表面积差异很大的事实。然而，提出的 *SSA* 方程也在 Fooladmand（2011）中得到了检验，并发现它提供了土壤比表面积的一个很好的近似值。使用这种经验的方法的原如下：

① 考虑到工程实践，工程师更有可能知道土壤的矿物学，而不是土壤水分保持曲线（SWRC）和/或 SFCC。

② van Genuchten（1980）；Fredlund 和 Xing（1994）的模型是确定非饱和土水力特性常用的封闭公式，但拟合参数较为敏感，其确定不是日常的岩土工程工作。

③ 与真实测试数据相比，有限的输入数据和低工作量提供了快速和方便的结果。

④ 利用 Tarnawski 和 Wagner（1996）的论文提出的 Campbell 模型（Campbell，1985），可以计算部分冻土的导水率等土壤水分特征。因此，一个封闭关于水分转移的配方可以实现。

（3）水分转移。冻结土壤水分质量守恒定律可表示为：（Thomas 等，2009）

$$\frac{\partial(\rho_w\theta_w\mathrm{d}V)}{\partial t}+\frac{\partial(\rho_{ice}\theta_{ice}\mathrm{d}V)}{\partial t}+\rho_w\nabla v_w\mathrm{d}V+\rho_{ice}\nabla v_{ice}\mathrm{d}V=0 \tag{6.11}$$

式中：下标 w——孔隙水；

　　　下标 ice——冰；

　　　　　ρ——密度；

　　　　　θ——体积水/冰含量；

　　　　　v——相对于固体骨架的速度；

　　　　　dV——土壤的体积元；

　　　　　t——时间。

孔隙冰相对于固体土骨架的速度可以忽略，故 $v_{ice}=0$。而且，dV 出现在所有项中，可以消去。这个方程可以简化为：

$$\frac{\partial(\rho_{\mathrm{w}}\theta_{\mathrm{w}})}{\partial t}+\frac{\partial(\rho_{\mathrm{ice}}\theta_{\mathrm{ice}})}{\partial t}+\rho_{\mathrm{w}}\nabla v_{\mathrm{w}}=0 \tag{6.12}$$

Ratkje 等（1982）利用不可逆过程热力学，提出了水的输运方程为：

$$f_1=\rho_{\mathrm{w}}v_{\mathrm{w}}=-\kappa\left(\nabla P+\frac{\rho_{\mathrm{ice}}L}{T_{\mathrm{f}}}\nabla T\right) \tag{6.13}$$

式中：f_1——质量通量，$\mathrm{kg/(m^2 \cdot s)}$。

Thomas 等（2009）提出采用达西定律（Darcy's law）以压力水头来描述孔隙水的流动（Bear 和 Verruijt，1987），并假定压力和温度是独立的驱动力，如式（6.14）所示（Ratkje 等，1982；Nakano，1990）。

$$v_{\mathrm{w}}=-\frac{k}{\gamma_{\mathrm{w}}}\left[\nabla(p_{\mathrm{w}}-\gamma_{\mathrm{w}}z)+\frac{\rho_{\mathrm{ice}}L}{T_{\mathrm{f}}}\nabla T\right] \tag{6.14}$$

式中：γ_{w}——水的单位重量；

p_{w}——孔隙水压力；

z——深度；

k——导水率。

Azmatch 等（2012）认为，确定部分冻土的导水率最常用的方法可能是结合不同的导水率估算方法使用土壤-水保持曲线（van Genuchten，1980；Fredlund 等，1994）。然而，这种方法假设 SWRC 是已知的。将 SWRC 与 SFCC 联系起来，并确定拟合曲线所需的参数，甚至会使部分冻土的导水率的确定复杂化，这并不是日常的工程实践。直接测量的成本、数据的缺乏以及时间压力，要求对冻土的水力特性进行快速可靠的估计。Tarnawski 和 Wagner（1996）建议利用未冻非饱和土的导水函数来计算部分冻土的导水率。这是基于这样的假设：部分冻结的孔隙对水流的影响与充满空气的孔隙相似，阻碍了水分的流动，而水分的流动只发生在充满水的小孔隙中。考虑到这些假设，用 Campbell（1985）的模型来计算部分冻土的渗透系数为：

$$k=k_{\mathrm{sat}}\left(\frac{\theta_{\mathrm{uw}}}{\theta_{\mathrm{sat}}}\right)^{2b+3}=k_{\mathrm{sat}}(S_{\mathrm{uw}})^{2b+3}=k_{\mathrm{sat}}k_{\mathrm{r}}[\mathrm{m/s}] \tag{6.15}$$

其中，θ_{sat}——饱和土壤的体积含水量，因此假定其等于孔隙度 n；

θ_{uw}——当前的体积未冻水含量；

θ_{uw} 与 θ_{sat} 的比值为所谓未冻水饱和度 S_{uw}，而相对渗透率 k_{r} 定义为：

$$k_{\mathrm{r}}=(S_{\mathrm{uw}})^{2b+3} \tag{6.16}$$

其中，b——基于粒度分布的经验参数（Campbell，1985）；

k_{sat}——饱和土的导水率。

Campbell（1985）提到饱和水导率取决于孔隙的大小和分布，因此，从土壤质地出发，推导出许多预测饱和水导率的方程。Tarnawski 和 Wagner（1996）对该方程进行了略微修正，提出了以下经验方程，给出了 k_{sat} 的默认值：

$$k_{sat} = 4 \times 10^{-5} \left(\frac{0.5}{1-\theta_{sat}} \right)^{1.3b} \cdot \exp\left(-6.88 m_{cl} - 3.63 m_{si} - 0.025 m_{sa} \right) \; [\text{m/s}] \quad (6.17)$$

式中：m_{cl}，m_{si}，m_{sa}——黏土、粉土和砂的质量分数，%。

经验参数 b（Campbell，1985）可以计算如下：

$$b = d_g^{-0.5} + 0.2\sigma_g \quad (6.18)$$

式中：d_g——几何平均粒径，mm；

σ_g——几何标准差（Shirazi 和 Boersma，1984）：

$$\sigma_g = \exp\left[\sum_{n=1}^{3} m_i (\ln d_i)^2 - \left(\sum_{n=1}^{3} m_i \ln d_i \right)^2 \right]^{0.5} \quad (6.19)$$

其中，m_i 和 d_i 为颗粒质量分数和颗粒尺寸极限。

参数 b 表示在对数标尺图上水势 ψ 相对于体积含水量 θ_w 的斜率。然而必须记住，式（6.19）是一个估计值，永远不会正确地预测含有大型、相互连接的裂缝或根状渠道的土壤的饱和水力传导率（Campbell，1985）。

（4）传热。冻结土的热量能量守恒定律可以表示为：（Thomas 等，2009）

$$\frac{\partial(\Phi \text{d}V)}{\partial t} = \nabla Q \text{d}V = 0 \quad (6.20)$$

式中：Φ——土壤热含量；

Q——单位体积热通量。

（5）力学的平衡。总应力和体力的变化之和等于零，可以写成：

$$\nabla \cdot \sigma + b = 0 \quad (6.21)$$

式中：σ——总应力；

b——体力。

6.2.3　力学模型

力学模型的邻接描述主要基于 Ghoreishian Amiri 等（2016）的研究。他们在相关论文中描述了本构模型的初始版本。该模型是在双应力状态变量框架下建立的临界状态弹塑性力学土模型。应力状态变量为低温吸力和固相应力。后者被认为是土壤颗粒和冰的联合应力，定义为：

$$\sigma^* = \sigma - S_{uw} p_w \boldsymbol{I} \quad (6.22)$$

式中：σ^*——固相应力；

σ——总应力；

S_{uw}——未冻水饱和度；

p_w——孔隙水压力；

$\boldsymbol{I}$——单位张量。

根据式(6.22)，饱和冻土可以看作由土壤颗粒和冰组成的多孔材料，其中孔隙被水填满。冰是固相应力的一部分，因为它能够承受剪切应力。这种基于有效应力的公式是Bishop 单有效应力，将未冻水饱和度 S_{uw} 作为有效应力参数或 Bishop 的参数。固相应力能够反映未冻水对力学行为的影响。低温吸力作为第二个状态变量，可以建立一个完整的流体力学框架。通过考虑低温吸力，可以考虑含冰量和温度变化的影响。因此，任何应变增量都可以相加分解为：

$$dc = d\varepsilon^{me} + d\varepsilon^{se} + d\varepsilon^{mp} + d\varepsilon^{sp} \tag{6.23}$$

式中：$d\varepsilon^{me}$ 和 $d\varepsilon^{mp}$——固相应力变化引起的应变的弹塑性部分；

$d\varepsilon^{se}$ 和 $d\varepsilon^{sp}$——由于低温吸力变化引起的应变的弹塑性部分。

(1)弹性响应。根据混合物等效弹性参数，固相应力变化引起的应变弹性部分可计算：

$$K = (1-S_{ice}) \frac{(1+e) p_{y0}^{*}}{\kappa_0} + \frac{S_{ice}E_f}{3(1-2\nu_f)} \tag{6.24}$$

$$G = (1-S_{ice}) G_0 + \frac{S_{ice}E_f}{2(1+\nu_f)} \tag{6.25}$$

式中，G 和 K——等效应力相关的剪切模量和体积模量；

κ_0——土体在未冻状态下的恒弹性压缩系数；

G_0——土体的恒剪切模量；

p_{y0}^{*}——未冻工况的预固结应力；

E_f 和 ν_f——完全冻结状态下土体的杨氏模量和泊松比；

S_{ice}——冰的饱和度，在完全饱和的土壤中，可以确定为：

$$S_{ice} = (1-S_{uw}) \tag{6.26}$$

其中，S_{uw}——未冻水饱和度。

考虑到冰的温度依赖性行为：

$$E_f = E_{f, ref} - E_{f, inc}(T - T_{ref}) \tag{6.27}$$

其中，$E_{f, ref}$——参考温度下 E_f 的值；

T_{ref} 和 $E_{f, inc}$——E_f 随温度的变化率。

定义固相应力变化引起的应变的弹性部分后，吸力变化引起应变的弹性部分可以计算为

$$d\varepsilon^{se} = \frac{\kappa_s}{1+e} \cdot \frac{ds_c}{(s_c + p_{at})} \tag{6.28}$$

式中：κ_s——弹性区域内吸力变化引起压缩系数；

$(1+e)$——比体积；

e——孔隙比；

p_{at}——大气压力。

大气压力增加到 s_c，以避免 s_c 接近 0 时的无限大值。然后给出应变的体积和剪切弹

性分量：

$$d\varepsilon_v^e = \frac{1}{K}dp^* + \frac{\kappa_s}{1+e} \frac{ds_c}{1+e(s_c+p_{at})}$$ (6.29)

$$d\varepsilon_p^e = \frac{1}{3G}dq^*$$ (6.30)

式中：K，G——由式(6.24)和式(6.25)求得；

　　　dp^*——固相平均应力的变化量；

　　　dq^*——固相偏应力的变化量。

(2)屈服面。在解冻状态下，该模型成为传统的临界状态模型。即当低温吸力值为0时，模型简化为普通的未冻土模型。未冻态采用简单修正的剑桥黏土模型。考虑到冻结状态，应用两个依赖吸力的屈服函数来考虑前面描述的预融效应。考虑到曲率诱导的预融效应对晶粒黏结的影响，考虑了随吸力增大而扩大屈服面的屈服准则。根据 Barcelona 基本模型 BBM(Alonso 等,1990)，固相应力变化引起的载荷崩溃(LC)屈服面表示为：

$$F_1 = (p^* + k_t s_c)\left[(p^* + k_t + s_c)S_{uw}^{\ m} - (p_y^* + k_t s_c)\right] + \frac{(q^*)^2}{M^2} = 0$$ (6.31)

$$p_y^* = p_c^* \left(\frac{p_{y0}^*}{p_c^*}\right)^{\frac{\lambda 0 - x}{\lambda - \kappa}}$$ (6.32)

$$\lambda = \lambda_0\left[(1-r)\exp(-\beta s_c) + r\right]$$ (6.33)

式中：p^*——固相平均应力；

　　　q^*——固相偏应力；

　　　M——临界状态线(CSL)的斜率；

　　　k_t——描述低温吸力作用下表观黏聚力增加的参数；

　　　p_c^*——参考应力；

　　　κ——弹性区域内系统的压缩系数，κ 整体土的压缩系数见式(6.34)，κ 在一定程度上也与压力和温度有关；

$$\kappa = \frac{1+e}{K}p_{y0}^*$$ (6.34)

　　　λ_0——未冻结状态下土体的弹塑性压缩系数；

　　　r——与土体最大刚度相关的常数(无限低温吸力时)；

　　　β——控制土体在低温吸力作用下刚度变化速率的参数。

随着温度的降低，未冻水的数量减少。在完全冻结状态下，当未冻水含量非常少时，土壤应该表现得像纯冰或冰碎石。纯冰的性质与金属的性质相当，而冰碎石的性质与沙的性质相似。考虑到砂土的各向同性特性，砂土会发生劈裂或粉碎，但不发生剪切就不会发生屈服。最常用的模拟砂土或冰碎石的模型是摩尔-库仑模型。为了解释这一行为，剑桥黏土型屈服面必须在未冻水饱和度下迁移到摩尔-库仑型屈服面。考虑了未冻水饱和度 S_{uw} 的依赖性，对这一问题进行了探讨。指数 m 表示需要在多大程度上考虑这种行为。m 的大小必须在 0 和 1 之间选择。

因此，这一公式能够从高未冻水饱和度的剑桥黏土型（能够屈服于各向同性压缩）转变为极低未冻水饱和度的摩尔-库仑型（不屈服于各向同性压缩）。然而，在很低的解冻饱和度下，屈服面仍然有一个上限（见图 6.12）。当 S_{uw} 等于 0 时，帽子消失了。

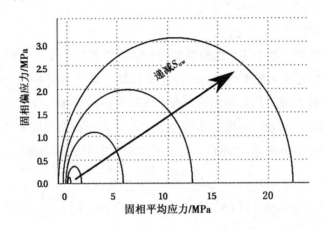

图 6.12　恒定 $m=1$ 时未冻水饱和度降低的屈服面演变示意图

前述中讨论的曲率诱导的预熔化效应是通过将晶粒黏结在一起来实现的。由此产生的压缩变形被认为是由于吸力变化引起的变形的弹性部分。当界面预融机制主导预融动力学行为时，低温吸力的增加导致颗粒偏析和冰晶的形成，并使土壤膨胀。这种变形被认为是由吸力变化引起的不可恢复应变的变形部分，即所谓塑性部分。因此，采用一个简单的二次吸力相关的屈服准则来捕捉这一现象。晶粒偏析（GS）屈服准则可写为：

$$F_2 = s_c - s_{c,\,seg} \tag{6.35}$$

式中：s_c，$s_{c,\,seg}$——冰分离现象的吸力阈值，限制了低温吸力增加时从弹性状态过渡到原始状态范围。

图 6.13 展示了在 $p^* - q^* - s_c$ 空间中屈服面的三维视图。

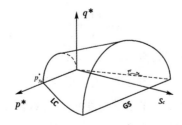

图 6.13　在 $p^* - q^* - s_c$ 空间中屈服面的三维视图

（3）硬化规则。不可逆变形控制 LC 和 GS 屈服面的位置。然而，并不认为 $p^* - s_c$ 应力空间中的两条屈服曲线是独立运动的，而是建议它们之间产生确定的耦合。

根据 Ghoreishian Amiri 等(2016)提出的考虑塑性压缩由于固相压力的变化,一方面在严格的行为和导致 LC 屈服面外;另一方面,这种塑性压缩导致了维数减少的空洞。因此,期望有一个更低的隔离阈值。图 6.14(a)表明了这种耦合硬化规律,导致 LC 屈服面扩张,GS 屈服面向下平移。

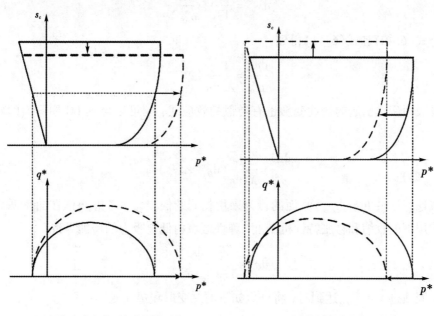

(a)固相应力变化引起的塑性压缩　　　　(b)冰偏析引起的塑性膨胀

图 6.14　GSLC 曲线的耦合示意图

此外,由于冰偏析的发生而产生的塑性膨胀也会导致 GS 屈服面移动向上,反过来导致土壤的软化行为,引发 LC 产量向内移动表面。此耦合规则如图 6.14(b)所示。为了耦合两个屈服曲线,选择它们的位置受总塑性体积变形控制。

$$d\varepsilon_v^p = d\varepsilon_v^{mp} + d\varepsilon_v^{sp} \tag{6.36}$$

作为起始点,在弹性区域内增加 p^* 会引起压缩的体积变形。在弹塑性和弹性范围内,采用特定体积 $v = 1+e$ 和 $\ln p^*$ 之间的线性依赖关系,可以写出弹性区域:

$$d\varepsilon_v^{me} = \frac{\kappa}{1+e} \frac{dp^*}{p^*} \tag{6.37}$$

一旦净平均应力 p^* 达到屈服值 p_y^*,总体积变形可以计算如下:

$$d\varepsilon_v^m = \frac{\lambda}{1+e} \frac{dp_y^*}{p_y^*} \tag{6.38}$$

因此,由于 p_y^* 的增加,体积应变的塑性组件将变成:

$$d\varepsilon_v^{mp} = \frac{\lambda-\kappa}{1+e} \frac{dp_y^*}{p_y^*} \tag{6.39}$$

考虑到 LC 产量轨迹的方程式(6.32):

$$\frac{p_y^*}{p_c^*} = \left(\frac{p_{y0}^*}{p_c^*}\right)^{\frac{\lambda_0 - \kappa}{\lambda - \kappa}} \tag{6.40}$$

塑性体应变式(6.39)也可以写成:

$$d\varepsilon_v^{mp} = \frac{\lambda_0 - \kappa}{1+e} \frac{dp_{y0}^*}{p_{y0}^*} \tag{6.41}$$

结合式(6.40)和式(6.41)得到:

$$\frac{dp_{y0}^*}{p_{y0}^*} = \frac{1+e}{\lambda_0 - \kappa} d\varepsilon_v^{mp} \tag{6.42}$$

假设吸力变化引起的塑性变形也有类似的效应式,则可以得到 LC 屈服面的硬化规律:

$$\frac{dp_{y0}^*}{p_{y0}^*} = \frac{1+e}{\lambda_0 - \kappa}(d\varepsilon_v^{mp} + d\varepsilon_v^{sp}) \tag{6.43}$$

类似地,对 v: $\ln(s_c + p_{at})$ 平面的行为采用相同的假设,并考虑土体在曲率诱导和界面预融作用下的收缩和膨胀特性机制上,弹性区域内低温吸力的增加导致

$$d\varepsilon_v^{se} = \frac{\kappa_s}{1+e} \frac{ds_c}{s_c + p_{at}} \tag{6.44}$$

当屈服轨迹 $s_c = s_{c,seg}$ 达到时,将产生如下的总变形和塑性变形:

$$d\varepsilon_v^s = -\frac{\lambda_s}{1+e} \frac{ds_{c,seg}}{s_{c,seg} + p_{at}} \tag{6.45}$$

$$d\varepsilon_v^{sp} = -\frac{\lambda_s + \kappa_s}{1+e} \frac{ds_{c,seg}}{s_{c,seg} + p_{at}} \tag{6.46}$$

重新排列式(6.46),结果为:

$$\frac{ds_{c,seg}}{s_{c,seg} + p_{at}} = -\frac{1+e}{\lambda_s + \kappa_s} d\varepsilon_v^{sp} \tag{6.47}$$

假设固相应力变化引起的塑性变形的效应与式(6.46)相似,则 GS 屈服面硬化规律为

$$\frac{ds_{c,seg}}{s_{c,seg} + p_{at}} = -\frac{1+e}{\lambda_s + \kappa_s}(d\varepsilon_v^{sp} + d\varepsilon_v^{mp}) \tag{6.48}$$

而界面预融机制是通过吸收更多的水来实现的。因此,水的可用性对塑性应变的积累具有更大的影响。冻结边缘的未冻水饱和度越低,吸水的渗透率越低。这会使得低温吸力的增加,而可能的应变量更小。土壤的塑性阻力随含水量的降低而增大。当水饱和度很低时,低温吸力会随着温度的降低而增加,但由于相对渗透率非常有限,能进入的水很少。因此,体积不可能增加。GS 曲线应该能够在成交量没有任何变化的情况下向上移动。这也是符合现实的,如果没有水进来,低温吸力增加不会导致冻融。采用该修正,提出了 GS 屈服面硬化规律如下:

$$\frac{\mathrm{d}s_{c,\,seg}}{s_{c,\,seg}+p_{at}}=-\frac{1+e}{S_{uw}(\lambda_s+\kappa_s)}\mathrm{d}\varepsilon_v^{sp}-\frac{1+e}{\lambda_s+\kappa_s}\left(1-\frac{s_c}{s_{c,\,seg}}\right)\mathrm{d}\varepsilon_v^{mp} \tag{6.49}$$

（4）流动规则。对于塑性应变增量的方向，与 LC 屈服面相关联的平面内非关联流动规则 s_c 为常量被使用。对于 GS 屈服面，则采用关联流动规则：

$$\mathrm{d}\varepsilon^{mp}=\mathrm{d}\lambda_1\frac{\partial Q_1}{\partial\sigma^*} \tag{6.50}$$

$$\mathrm{d}\varepsilon^{sp}=-\mathrm{d}\lambda_2\frac{\partial F_2}{\partial s_c}I \tag{6.51}$$

其中，$\mathrm{d}\lambda_1$ 和 $\mathrm{d}\lambda_2$ 为 LC 和 GS 屈服面的塑性乘法系数，可通过塑性稠度条件得到。Q_1 为塑性势函数，定义为：

$$Q_1=S_{uw}{}^{\gamma}\left[p^*-\left(\frac{p_y^*-k_ts_c}{2}\right)\right]^2+\frac{(q^*)^2}{M^2} \tag{6.52}$$

式中：S_{uw}——未冻水饱和度；

　　　　γ——塑性势参数。

添加这个塑性势参数是为了对体积行为有更多的控制。考虑到具有高未冻水饱和度的冻土的体积特性，孔隙中有大量的水，这些水能够移动，并提供了塑性体积变化的可能性。然而，当未冻水饱和度很低时，没有水流动，冻土就会表现为无孔材料。随着冰含量的增加，塑性势面由椭圆向直线变化，体积变化趋势随冰饱和度的增加而减小。在未冻结状态下，塑性势函数与屈服面相同。这种所谓关联塑性也被用于修正的 Cam 黏土模型（MCC）。

6.2.4　模型参数

目前的模型总共需要 17 个参数（见表 6.2）。11 个参数描述了固相应力变化下的行为，即 κ_0、G_0、$E_{f,\,ref}$、$E_{f,\,inc}$、ν_f、p_{y0}^*、p_c^*、λ_0、M、m 和 γ。3 个参数描述了与屈服应变有关的行为：$s_{c,\,seg}$ 和 κ_s。最后，β、r 和 k_t 解释了固相应力变化与低温吸力的耦合效应。

◢◣ 6.3　实证方法验证土壤冻结特性曲线与水力土壤性质

前面内容中提出了一种经验方法来获得给定土壤的冻结特性曲线（SFCC）和水力特性。所描述的程序包含一个数学模型，用于预测部分冻土的未冻水含量和水力传导性的基础上有限的输入数据，如粒径分布和孔隙度。然而，进一步考虑水/冰冻结/融化温度的压力依赖关系，甚至可以考虑冻结/熔点降低，从而出现压力融化现象。由于广泛的现场测试和实验室测试既耗时又昂贵，因此采用这种实际方法可以避免对土壤样品内的未冻水含量和温度进行测量。对于任何具有对数正态粒度分布的冻结土壤，都可以得到良好而快速的土壤性质估计。以下将定量和定性地证实所提出的经验方法。

表 6.2 本构模型参数表

参 数	描 述	单 位
G_0	未冻土剪切模量	N/m^2
κ_0	未冻土弹性压缩系数	—
$E_{f,ref}$	参考温度下冻土的杨氏模量	N/m^2
$E_{f,inc}$	杨氏模量随温度的变化率	$N/m^2/K$
ν_f	冻土泊松比	—
m	屈服参数	—
γ	塑性潜在的参数	—
$(p_{y0}^*)_{in}$	未冻结条件下的初始预固结应力	N/m^2
p_c^*	参考压力	N/m^2
λ_0	未冻结状态弹塑性压缩系数	—
M	临界状态线的斜率	—
$(s_{c,seg})_{in}$	分隔界限值	N/m^2
κ_s	吸力变化的弹性压缩系数	—
λ_s	吸力变化的弹塑性压缩系数	—
k_t	随吸力变化的表观黏聚力变化率	—
r	与土体最大刚度相关的系数	—
β	土壤刚度随吸力的变化率	$(N/m^2)^{-1}$

6.3.1 土壤冻结特性曲线

SFCC 是冻结土壤温度与未冻水含量之间的关系。虽然时域反射法(TDR)的广泛应用已成为一种成熟的测量方法,但部分冻土中未冻水含量,通过粒径的方法测定 SFCC 分布(PSD)和孔隙比看起来更方便,避免了额外的输入参数。下面将使用有限的输入数据对这种方法进行验证。

Smith 和 Tice(1988)对各种土壤的未冻水含量进行了测量。他们的选择涵盖了粒径分布和比表面积 SSA 的一个代表范围。土壤样品用蒸馏水完全饱和,最初土壤样品被冷却到-10 ℃至-15 ℃之间,并逐渐加热到 0 ℃。0 ℃处的未冻水含量等于土壤样品的孔隙度。加热样品的方法可能会提供与冻结样品时稍有不同的未冻水含量结果。其中一个原因是孔隙水必须克服过冷效应(Kozlowski,2009)。Oliphant 等(1983)针对 Morin Clay 和 Williams(1963)的试验结果显示了这种效应。

Smith 和 Tice(1988)没有提供不同土壤的粒度分布曲线,因此采用 U.S.D.A.土壤三角形的极限值来估计。假设的粒径质量分数见表 6.3 和图 6.15。

表 6.3　Smith 和 Tice(1988)试验土壤的假定粒径质量分数表

土　壤	$m_{黏土}$	$m_{淤泥}$	$m_{砂}$
Castor 砂壤土	0.06	0.22	0.72
Athena 粉砂壤土	0.15	0.58	0.27
Niagara 淤泥	0.08	0.87	0.05
Suffieltel 粉质黏土	0.41	0.41	0.18
Regina 黏土	0.52	0.25	0.23

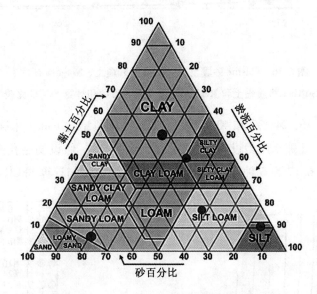

图 6.15　U.S.D.A. 土壤三角形粒度分布图

采用时域反射(TDR)方法得到 5 种不同土壤的 SFCC 及其计算对比图(如图 6.16 所示。该图清楚地表明建议的方法,

使用土壤矿物学,是获得大多数土壤类型 SFCC 的首选和默认方法。细粉含量越高,比表面积越高。这允许一个更高的能力,以保持一定数量的未冻水,因此导致冰点降低(Petersen 等,1996;Andersland 和 Ladanyi,2004;Watanabe 和 Flury,2008)。计算得到的冻结特性曲线不仅具有正确的定性性质,而且具有较好的定量一致性。

6.3.2　压力的依赖

如前所述,冰点的压力依赖关系也影响在负温度下保持不冻的水的数量。未冻水含量与压力之间的关系对于研究冻土在高压下的物理性质和力学行为具有重要意义(Zhang 等,1998)。为了验证这一关系,选择了 Zhang 等(1998)的实验数据,所用土壤为兰州黄土。其粒径质量分数分别为 $m_{clay}=0.12$,$m_{silt}=0.80$,$m_{sand}=0.08$。试样在试管中的施加

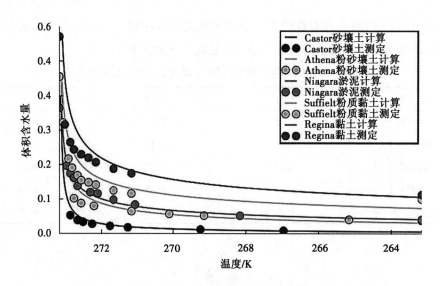

**图 6.16　Castor 砂壤土、Athena 粉砂壤土、Niagara 淤泥、
Suffielt 粉质黏土和 Regina 黏土测定 SFCC 和计算 SFCC 比较**

压力分别为 0, 8, 16, 24, 32 和 40 MPa。在测定不同负温度下冻土未冻水含量时, 各阶段压力保持恒定。孔隙水压力设为施加在试样上的压力。假设初始孔隙比为 0.7, 即孔隙度 $n = 0.41$。图 6.17 为 6 种不同压力水平下的实测数据与计算 SFCC 的对比。

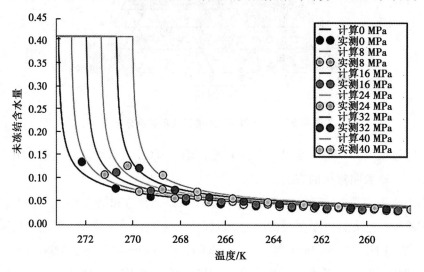

图 6.17　高压下兰州黄土实测 SFCC 与计算 SFCC 比较

图 6.17 通过考虑凝固点的压力相关性, 准确再现了 Anderson 和 Tice(1972)之后经验公式计算体积未冻水含量的能力式。

6.4 水力特性

了解水力学性质不仅对未冻土很重要，对部分冻土也很重要。冻土中的流动在许多冰缘地貌和过程的详细分析中是很重要的，例如热岩溶、有模式的地面和土壤蠕变（Burt 和 Williams，1976）。由于需要改进预测方法和环境问题，因此增加了对水力传导性研究的兴趣（Andersland 等，1996；Andersland 和 Ladanyi，2004）。此外，冻土中的水分运动可能对冻融起重要作用。它不仅会影响边坡的稳定性，还会影响公路和管道的施工。

6.4.1 饱和导水率

饱和渗透系数（k_{sat}）是水饱和非冻土的一种水力性质。k_{sat}决定于孔隙的大小和分布，通常假设在给定的材料和位置上保持恒定。然而，有时 k_{sat} 在工程实践中并不为人所知。在这种情况下，常用公式提供了在每个粒径级段内具有对数正态粒径分布（PSD）的土壤类型的饱和水导率的经验估计。为了验证这一经验方法，选择了美国农业部提供的土壤质地等级和相关的饱和渗透系数等级作为比较值。计算得到的 k_{sat}值采用 U.S.D.A.土壤质地等级的默认粒径分布及其孔隙比的适当范围（见表 6.4）。

表 6.4 根据 U.S.D.A.土壤结构等级和假定孔隙比范围的粒径质量分数表

土 壤	m_{clay}	m_{silt}	m_{sand}	e_{min}	e_{man}
砂	0.04	0.04	0.92	0.30	0.75
壤土砂	0.06	0.11	0.83	0.30	0.90
砂质壤土	0.11	0.26	0.63	0.30	1.00
壤土	0.20	0.40	0.40	0.30	1.00
粉砂	0.06	0.87	0.07	0.40	1.10
粉质壤土	0.14	0.14	0.21	0.40	1.10
砂质黏质壤土	0.28	0.12	0.60	0.30	0.90
黏质壤土	0.34	0.34	0.32	0.50	1.2
粉质黏质壤土	0.34	0.55	0.11	0.40	1.1
砂质黏土	0.42	0.05	0.53	0.30	1.80
粉质黏土	0.48	0.45	0.07	0.30	1.80
黏土	0.70	0.13	0.17	0.50	1.80

将计算得到的饱和渗透系数范围与给出的饱和渗透系数范围进行对比。通过对比U.S.D.A.提供的范围(图6.18中条形图)和计算的 k_{sat} 值范围(图6.18中的线)可以看出,估计的 k_{sat} 值的范围高度依赖于孔隙比。U.S.D.A.所显示的饱和水力传导率与质地的关系只是一个一般的指南,体积密度的差异可能会改变速率。当考虑最小孔隙比(松散状态)和最大孔隙比(密集状态)的计算范围时,这种对土体初始孔隙比的依赖关系在这张图中得到了证明。两种土壤类型,即砂质黏土和砂质黏质壤土,在两个图解范围之间有显著的偏差。但U.S.D.A.土壤类型均与估算值一致。必须记住只有在没有其他可用的实际 k_{sat} 信息时,才建议使用这种方法来估计饱和水力传导率。尽管如此,仍然可以预期初步估计(见图6.18和图6.19)。

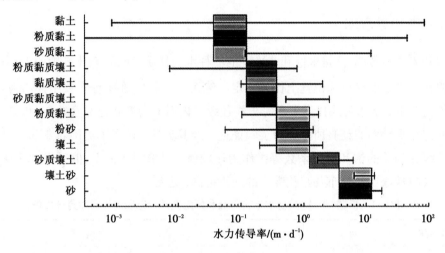

图 6.18　饱和渗透系数范围—U.S.D.A.范围(彩色条)与基于 PSD 和孔隙比计算 k_{sat} 范围(线)的比较图

6.4.2　冻土的水力传导率

许多研究人员为冻土水力特性的测定和测量做出了贡献(Burt 和 Williams,1976;Horiguchi 和 Miller,1983;Oliphant 等,1983;Benson 和 Othman,1993;Andersland 等,1996;Tarnawski 和 Wagner,1996;McCauley 等,2002;Watanabe 和 Wake,2009)。然而,由于部分冻土导水率的测量存在较大的挑战,目前仅有有限的实验数据。Burt 和 Williams(1976)对部分冻土的水力传导率进行了直接测量,发现渗透系数取决于土壤类型和温度,并与未冻水含量有关。在 0 ℃,系数显然范围在 $10^{-5} \sim 10^{-9}$ cm/s,并仅缓慢下降约 -0.5 ℃。此外,还表明已知易受冻融影响的土壤具有显著的水力传导性,远低于 0 ℃。Horiguchi 和 Miller(1983)测量了冻土的水力传导率在 0~0.35 ℃ 内随温度变化的函数。由于很难进行直接测量,结果可能存在一些不准确的地方。因此,间接测量和经验方法获得部分冻土的水力特性已成为普遍的方法,Azmatch 等(2012)提出并针对这种方法进行了解释。

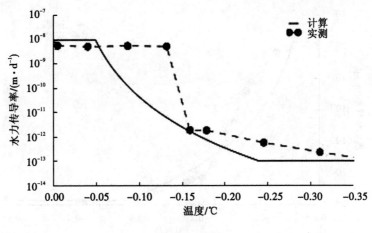

(a) Chena 淤泥

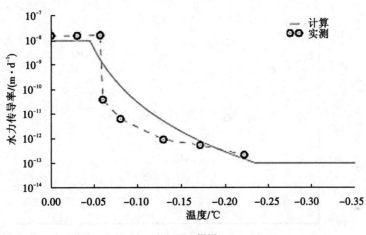

(b) NWA 淤泥

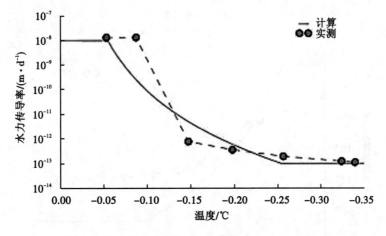

(c) Manchester 淤泥

图 6.19　不同冻土类型实测和计算的水力传导率比较(Horiguchi 和 Miller，1983)

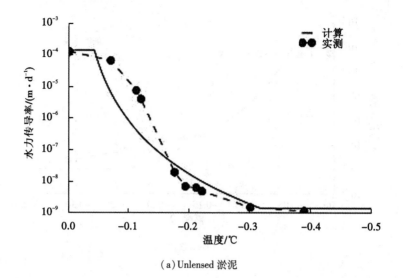

（a）Unlensed 淤泥

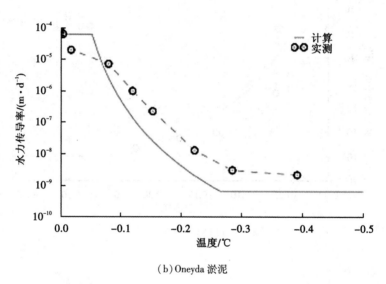

（b）Oneyda 淤泥

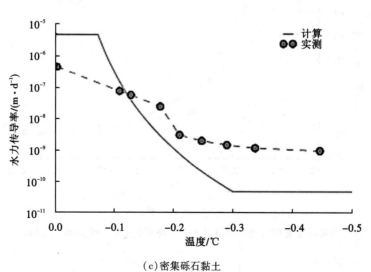

（c）密集砾石黏土

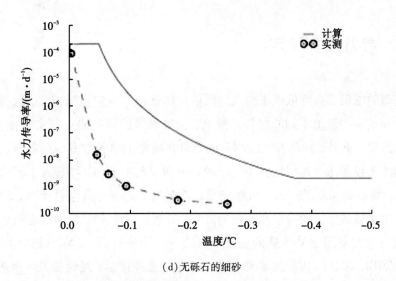

（d）无砾石的细砂

图 6.20　不同冻土类型实测和计算的水力传导率比较（Burt 和 Williams，1976）

以 Burt 和 Williams（1976）、Horiguchi 和 Miller（1983）的试验数据作为比较依据。水力传导率值可由式（6.15）估算。该方程利用 PSD，并利用式（6.8）经验得到体积未冻水含量，利用式（6.17）预测饱和导水率。对于与 Burt 和 Williams（1976）的实测数据的比较，使用式（6.15）估计了 k_{sat}，而对于与 Horiguchi 和 Miller（1983）的实测数据的比较，则选择了 10^{-8} m/s 的值。对大多数土壤类型给出了 PSD。然而，必须估算初始孔隙比。表 6.5 列出了所使用的值。两个测量数据都表明，一个非常关键的问题是导致水力传导率的下降的温度范围很小，小于 0.50 ℃。在冻结土壤中，出现这个温度范围的区域称为冻结区条纹。另一个结论是，在这之后，水力传导率突然急剧下降达到一个阈值，意味着预期 k 不会进一步相关下降。最低 k 值与初始饱和导水率有关，并选择 $k_{sat} \times 10^{-6}$。这个极限值对于水分传递方程的数值实现是很重要的。

表 6.5　Burt 和 Williams（1976）、Horiguchi 和 Miller（1983）试验土的粒径分布和孔隙比表

土　壤	$m_{黏土}$	$m_{淤泥}$	$m_{砂}$	e_0
Chena 淤泥	0.05	0.88	0.07	0.48
NWA 淤泥	0.02	0.85	0.13	0.50
Manchester 淤泥	0.04	0.96	0.00	0.43
Carleton 淤泥	0.03	0.40	0.57	0.60
Oneyda 淤泥	0.28	0.42	0.30	0.60
Leda 黏质粉土	0.40	0.45	0.15	0.50
Fine 细砂	0.06	0.06	0.88	0.50

⚄ 6.5 参数及其确定

每个模型的结果都高度依赖于输入参数的正确选择。我们必须记住,选择不恰当的参数可能会导致一些意想不到的结果。然而,土壤参数的适当确定与实验室测试有关,因此耗时且昂贵。此外,样品和试验本身的质量在确定土壤参数方面起着至关重要的作用。考虑到冻土和非冻土本构模型所基于的非饱和土巴塞罗那基本模型,其应用较多的是研究人员,而不是实际工作者。虽然它是最著名的非饱和土弹塑性模型,但由于缺乏从室内试验中选择参数值的简单和客观的方法,导致其对岩土工程师没有吸引力。这是该本构模型在研究范围之外传播的主要障碍之一(Wheeler 等,2002;加里波利,2010;D'onza 等,2012,2015)。因此,试图提供一个描述土体试验、经验相关性和迭代校准的指南,以便从土体试验中获得所有必要的输入参数,以使用新的冻土和未冻土本构模型。在阐述这一准则时,重点在于找到一种折中的办法,一方面提供准确和可靠的土壤参数,另一方面尽量减少进行实验室土壤试验的工作量和费用。但是,这种减少需要减少输入参数。减少所需的输入参数在工程实践意义上是至关重要。它增加了实际项目的用户友好性和适用性。

6.5.1 模型参数的分类

在解释所提出的获取所有 17 个参数的策略之前,先将表 6.6 中给出并描述的模型参数分为以下三类。

表 6.6 模型参数分类

弹性参数	强度参数	各向同性应力下的加载状态和低温抽吸变异参数控制
κ_0	M	β
κ_s	k_t	λ_0
G_0	$(s_{c,seg})_{in}$	r
$E_{f,ref}$	m	p_c^*
$E_{f,inc}$	γ	$(p_{y0}^*)_{in}$
ν_f		λ_s

(1)弹性参数。对于未冻土,弹性参数一般不太重要,因为弹性应变明显小于塑性应变。然而,当考虑冻土时,它是不可忽略的,弹性参数的确定具有重要意义。部分冻土的弹性响应在很大程度上取决于温度和未冻水的可用性。因此,与这种温度依赖性相关的弹性参数对弹性响应有重要影响,分别为 $E_{f,ref}$,$E_{f,inc}$ 和 ν_f。因此,受 κ_0 和 G_0 影响的弹性反应中压力相关部分的作用较小。然而,它们表征了未冻结状态下的弹性行为,并有助于相变发生时的弹性响应。假设低温吸力变化的弹性压缩系数 κ_s 为常数参数。它描

述了解冻和冻结的逆转。在解冻过程中，κ_s 呈正值会导致体积增大，但同时也会因固结或屈服面的减小而使体积减小。

（2）强度参数。5 个强度参数 M，k_t，$(s_{c,\,seg})_{in}$，m 和 γ 包括并描述了一些重要的土壤特性。M 描述剪切应力的影响，k_t 表观黏聚力（抗拉强度）的增加，$(s_{c,\,seg})_{in}$ 表现了颗粒偏析的影响和由于冰积累的膨胀行为。屈服参数 m 和塑性势参数 γ 的含义分别在前面进行过解释。

假设保持饱和条件下临界状态线 CSL，M 的斜率为非零低温吸入条件。此外，低温吸力也会增加 CSL 的强度（表观黏聚力）。黏聚力的增加被认为是线性的与低温吸力的关系，用常数斜率 k_t 表示，这是一种简化。真正的冻结结果表明，低温吸力对土壤抗拉强度的影响不是线性的（Akagawa 和 Nishisato，2009；Wu 等，2010；Azmatch 等，2011；Zhou 等，2015）。晶粒偏析的阈值为 $(s_{c,\,seg})_{in}$，当达到该值时，由于低温的增加而发生弹塑性应变吸入，与这种不可恢复的应变和土骨架的分离有关的是新冰的形成镜体。

（3）各向同性应力下的加载状态和低温抽吸变异参数控制。β，λ_0，r 和 p_c^*，以及预固结应力的初始值 p_{y0}^* 和 λ_s，是一般 Barcelona 基本模型中最难以确定的参数，因此在其未冻结/冻结公式中也是如此。它们同时影响各向同性应力状态下土壤行为的许多方面（Alonso 等，1990；Wheeler 等，2002；Gallipoli 等，2010；D'Onza 等，2012）。Gallipoli 等（2010）提出了一种直接的顺序校准程序，其中模型中的自由度按特定顺序逐步消除。因此，相应的参数值每次选择一个，而不必对其余的参数进行假设。从选择 β 开始点，β 是单一参数，控制 $\nu^* \sim \ln p$ 面中相对间距的正常压缩线。相对间距定义为给定的恒温（低温吸入）正常压缩线与参考温度 T_{ref1} 下的正常压缩线，按垂直距离归一化在两个参考温度 $(T_{ref1} T_{ref2})$ 下的正常压缩线，其中计算了所有距离在相同参考应力下的 p_t。对参数 λ_0 和 $r\lambda_0$ 进行了简化计算，将优化过程转化为对实验数据进行直接线性插值的方法低温吸盘 s_c，到一个映射的低温吸盘 s_c^*，这在数学上有相当大的优势。一个通过适当的映射过程进行的类似线性化在推荐的程序中被用于确定硬化参数的初始值 p_{y0}^*。

这种方法需要在不同恒定的正、负温度下对土壤样品进行各向同性测试。由于这种类型的测试需要精密的设备，而且耗时，因此提出使用流速计测试结果，而不是各向同性测试结果。温控里程表测试需要的设备不那么复杂。此外，更短的测试周期可以节省时间和金钱。然而，测力计测试的主要缺点是它的侧向应力在零侧向应变的条件下处于控制状态，并且在测试过程中仍然未知。此外，在 Zhang 等（2016）研究使用流速计试验结果进行本构建模之前，还没有成熟、简单和客观的方法。Zhang 等（2016）推导了非饱和土的稳态系数的明确公式，并开发了一种优化方法，用于简单、客观地识别非饱和土弹塑性模型（如 BBM）中的材料参数吸力控制的流速计测试结果。

6.5.2　提出土壤测试

为了获得所需的所有材料参数，建议进行下列室内土壤试验(见表6.7)。

表 6.7　建议的土壤试验

1	流速计在未冻结和冻结状态下进行测试
	N: $\ln\sigma_1^*$ 平面提供了未冻结条件下初始预固结应力的计算数据 $(p_{y0}^*)_{in}$，进而得到参数 β、κ_0、r 和 p_c^* 可以通过标定方法来确定。各向同性下未冻结状态弹塑性压缩系数加载 λ_0，可通过取冻融条件下的测压指数 C_c 来求得考虑状态($\lambda_0 = C_c / \ln 10$)
2	未冻状态下的简单剪切试验
	得到了土体在未冻结状态下的剪切模量 G_0，以及临界状态线(CSL)的斜率 M。
3	冻结状态下任意参考温度下无侧限轴向压缩试验
	确定冻土的杨氏模量 $E_{f,ref}$ 和冻结状态下的泊松比 ν_f。
4	冻结状态下不同温度下无侧限轴压试验
	确定了冻土杨氏模量随温度的变化率 $E_{f,inc}$ 和表观黏聚力的增加率 k_t。
6	冻融试验(冻融循环)
	通过找出冻融现象开始时的温度，确定初始偏析阈值。进一步绘制 ν: $\ln(s_c + p_{at})$ 平面上的冻融循环，以确定 λ_s 和 κ_s 的值

6.5.3　可能的相关性和默认值

实验室检测数据，如果有的话，是更可靠的，应该作为依据。

(1)杨氏模量及杨氏模量随温度的变化。Tsytovich(1975)根据对三种不同冻土的200 mm 立方体的循环压缩试验结果发现，在200 kPa 压力下，杨氏模量 E 随温度的变化可以用以下公式表示(Johnston, 1981)：

对于冻砂(粒径 0.05~0.25mm，总含水量 17%~19%)在-10 ℃温度下。

$$E = 500(1 + 4.2|T|) \tag{6.53}$$

对于冻结粉土(粒度在 0.005~0.050mm，总水分含量为 26%~29%)，温度降到-5 ℃。

$$E = 400(1 + 3.5|T|)$$

对于冻结黏土(50%通过 0.005mm 筛)和在温度下降到-5 ℃的 46%~56%水含量。

$$E = 500(1 + 0.46)|T| \tag{6.54}$$

其中，E——杨氏模量，MPa；

$|T|$——低于 0 ℃的温度，℃。

表6.8 提供了不同土壤类型的 $E_{f,ref}$ 和 $E_{f,inc}$ 可能默认值。根据 Andersland 和 Ladanyi (2004)试验结果可以观察到，在类似条件下，冰的模量比致密冻结砂和淤泥的模量小，但比黏土的模量大得多，这是因为后者含有大量未冻水。相比之下，在 0 ℃时冰的杨氏

模量为 8700MPa。

表 6.8　弹性参数默认值

参数	冻砂	冻淤泥	冻黏土
$E_{f, ref}$	500 MPa	400 MPa	500 MPa
$E_{f, inc}$	2100 MPa/K	1400 MPa/K	230 MPa/K

（2）冻结状态下的泊松比。前面提到过的 3 种冻土类型的泊松比随温度的降低而减小，直至孔隙水全部冻结，土体变为刚性。然而，该模型假定冻结状态下的泊松比为常数。相比之下，冰的泊松比约为 $\nu_{ice} = 0.31$。提议用一个值将 ν_f 靠近 ν_{ice}。

（3）临界状态线的斜率。Muir Wood（1991）认为，在临界状态下土壤以纯摩擦方式被破坏。破坏后变形是如此之大，以至于土壤被彻底搅拌起来。所有粒子间的结合力都被破坏了，没有了凝聚力。因此，对于三轴压缩而言，M 可估计为：

$$M = \frac{6\sin\varphi_f}{3 - \sin\varphi_f} \tag{6.55}$$

对于三轴延伸，M 的结果为：

$$M = \frac{6\sin\varphi_f}{3 + \sin\varphi_f} \tag{6.56}$$

式中：φ_f——剩余摩擦角或临界摩擦角。Ortiz 等（1986）提供了表 6.9 中 φ_f 的一些默认值。

表 6.9　Ortiz 等（1986）试验后土体的选定强度特性（排水，实验室尺度）

参数	峰值摩擦角/（°）	剩余摩擦角/（°）
砾石	34	32
含少量细粒的砂质砾石	35	32
含粉砂或黏土的砂质砾石	35	32
砂砾与砂子的混合料	28	22
均匀细沙	32	30
均匀砂层	34	30
分选良好砂	33	32
低可塑性淤泥	28	25
中等至高塑性淤泥	25	22
低可塑性泥	24	20
中等塑性黏土	20	10
高塑性黏土	17	6
有机淤泥或黏土	20	5

（4）晶粒偏析阈值。这个阈值与冰晶的形成密切相关。一旦温度下降到低温吸力超过这个阈值时，塑性应变就会积累，土壤就会膨胀。Rempel 等（2004），Rempel（2007），

Wettlaufer 和 Worster(2006)描述了冰晶和冻融的形成。Rempel(2007)提供了一个表格，计算了三种不同类型的多孔介质在第一个冰晶形成时，随后的新晶和最大程度上的冰温度(见表 6.10)。

表 6.10　第一个冰晶形成时的冰晶温度，随后的新冰晶温度和最大冰晶温度

参数	理想的土壤	Chen 淤泥	Invuik 黏土
$T_{f, bulk} - T_{1st}/K$	0.57	1.27	3.48
$T_{f, bulk} - T_{new}/K$	0.68	1.66	5.06
$T_{f, bulk} - T_{max}/K$	2.63	4.86	10

为了提供低温吸力的数值，将表 6.10 中给定的温度用近似公式进行变换，这个近似公式提供了合理的值。

$$s_c \approx |T_{f, bulk} - T|$$

进一步假设理想的土壤可以被看作一种砂，Chena 粉土代表任何类型的粉土，Invuik 黏土代表黏土。表 6.11 为未进行冻融试验时建议的默认值。

表 6.11　建议的晶粒偏析初始阈值

参数	砂	淤泥	黏土
$(s_{c, seg})_{in}/MPa$	0.55	1.25	3.50

6.6　参数控制初装、卸载和再装的校准方法

下面将解释如何利用不同恒定正、负温度下的流量计测试结果来获得一些模型参数。Zhang 等(2016)开发并描述了这种方法，并将其应用于当前的模型。所使用的输入参数和静息系数 K_0 的显式推导。

6.6.1　改进的状态面方法

采用修正状态面法 MSSA(Zhang 和 Lytton，2009，2012)模拟非饱和土的弹塑性行为，有利于冻结和未冻结 BBM 模型参数的标定。在三轴应力状态下(Zhang，2010)，弹性区域内的体积变化可以用弹性面表示为：

$$v^e = C_1 - \kappa \ln p^* - \kappa_2 \ln(s_c + p_{at}) \tag{6.57}$$

式中：C_1——常数，与土壤的初始比体积有关。

弹塑性区域内的塑性超表面定义如下：

$$v = N(0) - \kappa \ln \frac{p^*}{p_c^*} - \kappa_s \ln \left(\frac{s_c + p_{at}}{p_{at}}\right) - (\lambda_2 - \kappa) \left[\ln\left(\frac{(q^*)^2}{M^2(p^* + k_t s_c)} + (p^* + k_t s_c)s_{uw}^m - k_t s_c\right) - \ln(p_c^*) \right]$$

$$\tag{6.58}$$

6.6.2 利用 K_0 显式公式校正模型参数

校准的目标是找到最适合定义的 K_0 应力路径的模型参数 $N(0)$, κ_0, β, r, $p_c{}^*$, M, k_t, m 和 γ 的组合。这是通过将原始状态下的试验数据与理论结果之间的总体差异最小化[具体体积由式(6.59)预测]来实现的。利用最小二乘法,所有的试验结果使用相同的权重($w_j = 1$)。目标函数可以表示为:

$$
\begin{aligned}
F(X) &= \sum_{j=1}^{n} w_j (v_j - \hat{v}_j)^2 \\
&= \sum_{j=1}^{n} w_j \left[v_j - \left[N(0) - \kappa \ln \frac{p_j^*}{p_c^*} - \kappa_s \ln \left(\frac{s_{c,j} + p_{at}}{p_{at}} \right) \right] \right] \\
&\quad - (\lambda_s - \kappa) \left[\ln \left(\frac{(q_j^*)^2}{M^2(p_j^* + k_t s_{c,j})} + (p_j^* + k_t s_{c,j}) s_{uw,j}^{in} - k_t s_{c,j} \right) - \ln p_c^* \right]^2
\end{aligned}
\tag{6.59}
$$

6.6.3 优化策略

为了使原始状态下的试验数据与理论结果之间的差异最小,采用了粒子群优化 PSO 技术。PSO 算法在 Kennedy 和 Eberhart(1995)的相关研究结果中进行了描述。它的工作原理是,有一个群体,即所谓群,是优化问题的候选解决方案(称为粒子)。根据几个简单的定律,这些粒子在搜索空间中四处移动。粒子的运动是由它们自己在搜索空间中最已知的位置以及整个群的最已知位置来指导的。当发现改进的位置时,它们将指导群的移动。这个过程是重复的,通过这样做,希望最终发现一个令人满意的优化问题的解决方案。粒子群算法不能保证找到问题的最优解决方案,但它通常效果非常好。

6.6.4 约束,上界和下界

为了确保快速而准确地优化,正确选择上界和下界是很重要的。一般约束见表 6.12。

表 6.12 策略的一般约束

参数	约束
$N(0)$, κ_0, β, r, $p_c{}^*$, M, k_t, m 和 γ	$x > 0$
m, γ	$0 \leqslant x \leqslant 1$

除了这些约束之外,还指定了一些其他依赖项。由于缺乏冻土各向同性或一维压缩试验的数据,以下依赖关系是 BBM 和非饱和土的行为(Alonso 等,1990;Wheeler 等,2002;Gallipoli 等,2010)。当不同低温吸力值下的法向压缩线随着平均净应力的减小而发散时,与最大土刚度 r 相关的系数应小于 1.0。当 $r < 1.0$ 时,参考应力 $p_c{}^*$ 必须选择很小,且小于最初的预固结压力 $(p_{y0}^*)_{in}$。如果法向压缩线以增大的 p^* 收敛,则应该为模型参数 r 选择一个大于 1.0 的值。当 r 大于 1.0 时,必须为参考应力 $p_c{}^*$ 选择一个非常大

的值——要比任何建模练习中设想的 p^* 的最大值大得多。这是为了确保 LC 屈服曲线在扩展时具有合理的形状，以及在不同的低温吸力值下正常压缩线的合理位置（Wheeler等，2002）。$N(0)$ 的取值应接近于初始比体积$(1+e)$。建议强度参数 M，k_t，m 和 γ 的取值应固定，因为测土仪测试并不能反映土壤的强度。

6.7 THM 耦合有限元模型环境验证

对冻土和非冻土本构模型在实际应用中的适用性进行验证。简单的边值问题，其中温度和压力的变化相结合，提出更具体的应用。本构模型的两个主要特征，即对冻融和融沉的模拟能力，可以成功地模拟出来。冷冻管道埋在非冻土中模拟冻融现象，一个立足点放置在冻土上，在一个变暖的时期显示了冰融化的后果和相关的解冻定居点。为了进一步提高人工冻结的认识，以隧道施工中的冻结管为例，对模型进行了验证。

6.7.1 边值问题

边值问题试图涵盖并呈现本构模型在热-流体-力学有限元环境中的主要能力和局限性。主要考虑以下情况。

案例1：无侧限压缩试验下的温度梯度；案例2：压力融化；案例3：冻融循环；案例4：冷冻管道冻融分析；案例5：冻土地基经历增温期；案例6：隧道施工中管道冻结。

但是，土壤参数设置要研究的边值问题需要提供土壤参数集。案例1至案例6仅在一个土壤参数集下进行。案例4和案例5考虑两层地层，需要两个参数集。选择前述描述的参考土黏土，以及为砂土设置的新参数。在THM有限元环境中，现在可以考虑热力学影响。它们对于评估模型的性能非常重要。因此，参考土黏土的初始分离阈值$(s_{c,seg})_{in}$设为3.50 Pa，为前述提出的黏土的默认值。获得部分冻结状态下SFCC、饱和导水率和导水率所需的一组物理性质如表6.13所示。黏土和砂的完整参数，两种土壤参数集的产量面差异见图6.21(a)和图6.21(b)。两种材料的屈服面只显示出平均有效应力为5MPa。两种土壤材料产量表面的差异是由于两个事实：一方面，所选参数的差异（见表6.12）影响屈服面；另一方面，未冻水含量的影响[见式(6.31)和图6.22(a)与图6.22(b)]。由于所选的屈服参数 $m=1.0$，导致了形状上的主要差异。

表 6.13　黏土和砂土的物理特性

土壤	颗粒直径组合/%			孔隙比	固体密度/ (kg/m^3)
	2.0~0.05 mm	0.05~0.002 mm	<0.002 mm		
黏土	13	17	70	0.90	2700
砂土	92	4	4	0.35	2650

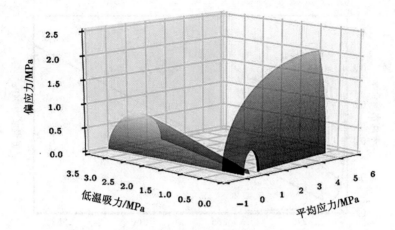

（a）黏土和砂的三维屈服视面图（1）

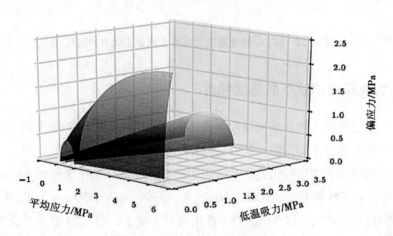

（b）黏土和砂的三维屈服视面图（2）

图 6.21　黏土和砂土的三维屈服面

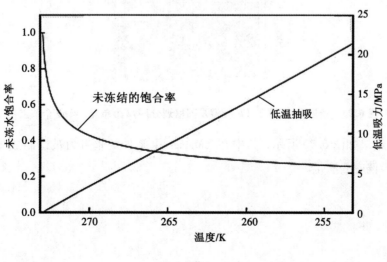

（a）黏土

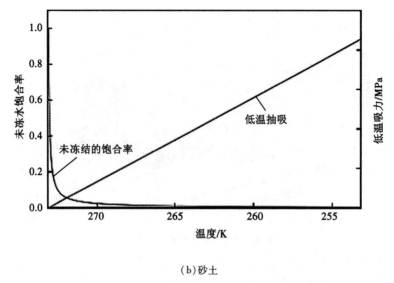

（b）砂土

图 6.22　SFCC 和低温吸力随黏土和砂土温度的变化

6.7.2　无约束压缩试验下的温度梯度

具有温度梯度的冻土的变形和强度特性具有重要意义。考虑到冻土的温度分布，大多数情况下温度分布是不均匀的。这可以看作不同温度梯度的温度场。因此，需要很好地理解热梯度对强度和变形行为的影响。为了研究热梯度对土样变形和单轴压缩强度的影响，对土样进行了 3 种不同的热梯度（$0.25\ ℃·cm^{-1}$，$0.50\ ℃·cm^{-1}$，$1.00\ ℃·cm^{-1}$）和 2 种平均温度（$-10\ ℃$，$-15\ ℃$）试验。使用参考土黏土。图 6.23 显示了设置和剪切过程中保持恒定的温度分布。有限元网格和固定度如图 6.24 所示。排水是被允许的。

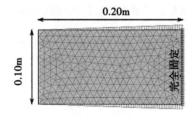

图 6.23　情形 1，2，3 的 FE 模型及网格划分（492 个单元，4069 个节点）

得到的结果如图 6.25 所示，其中在 ΣMstage 上施加的垂直力被绘制成图。图 6.26 和图 6.27 为偏应变演化。

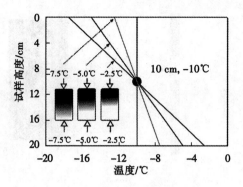

（a）平均温度 $T_{avg} = -10$ ℃

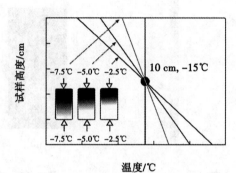

（b）平均温度 $T_{avg} = -15$ ℃

图 6.24　应用温度梯度

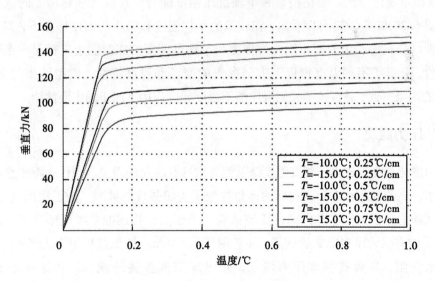

图 6.25　垂直力与 ΣMstage

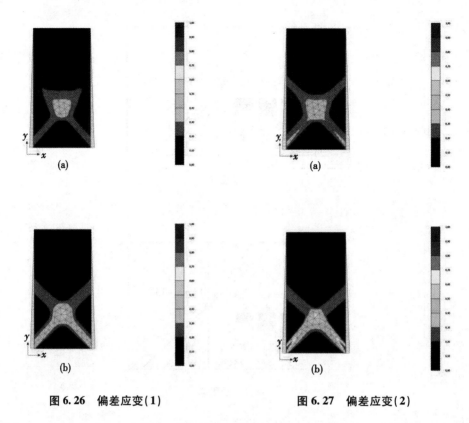

图 6.26　偏差应变(1)　　　　　　图 6.27　偏差应变(2)

由图 6.25 可以看出,在恒定平均温度下,弹性模量变化不大,而在较低的平均温度下,弹性模量变化较大。硬化模量和单轴抗压强度随着平均温度和热梯度的减小而增大。从图 6.26 和图 6.27 可以看出,在较低的平均温度和较小的温度梯度下,累积的偏应变较少。Zhao 等(2013)对不同温度梯度和平均温度下的冻结黏土进行了一系列单轴压缩试验,分析了不同温度梯度下冻结黏土的变形和强度特性。模拟结果与 Zhao 等(2013)的结果一致,并覆盖了无侧限压缩下温度梯度作用下冻土的主要性能。

6.7.3　压力融化

压力融化是高围压由于相变温度降低而导致冰晶融化的现象。预计孔隙中会有更多的未冻水。高的未冻水饱和度和低的冰量导致了土壤强度的减弱。为了模拟这一特性,对黏土试样进行了不排水各向同性压缩试验。采用前面描述的参考土参数集。根据图 6.28 所示的有限元模型定义的试样,加载围压为 5MPa。模拟过程中考虑了−1 ℃的温度。排水受阻,导致孔隙水压力增加,并出现前面描述的现象。初始冰饱和度为 41.06%,长期施加围压后冰饱和度为 29.13%。孔隙压力和净平均应力分别与冰饱和度的关系如图 6.28 所示。Ghoreishian Amiri 等(2016)阐述了考虑不排水三轴试验的剪切压力融化现象的行为。

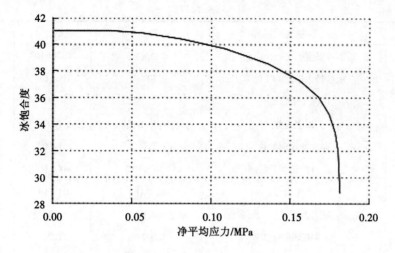

(a)冰饱和度与净平均应力的关系

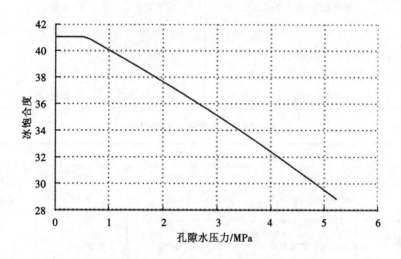

(b)冰饱和度与孔隙水压力的关系

图 6.28　随着冰饱和度的降低净平均应力和孔隙水压力的变化

6.7.4　冻融循环

冻融循环表明该模型能够模拟冰的离析现象(冻融)以及融沉特性。在此应用中,可以显示晶粒偏析屈服面与加载崩落屈服面的耦合关系。为此,对表 6.14 和表 6.15 所示参数组的黏土试样进行两次冻融循环试验。

表 6.14　黏土和砂土本构模型参数

参数	描述	黏土	砂土	单位
G_0	未冻土剪切模量	2.22×10^6	5.00×10^6	N/m^2
κ_0	未冻土弹性压缩系数	0.08	0.15	—

表6.14（续）

参数	描述	黏土	砂土	单位
$E_{f,ref}$	参考温度冻土杨氏模量	6.00×10^6	20.00×10^6	N/m²
$E_{f,inc}$	温度杨氏模量的变化率	9.50×10^6	100×10^6	N/m²/K
ν_f	冻土泊松比	0.35	0.30	—
m	屈服参数	1.00	1.00	—
γ	塑性潜在的参数	1.00	1.00	—
$(p_{y0}^*)_{in}$	对未冻条件的初始预固结应力	300×10^3	800×10^3	N/m²
p_c^*	参考应力	45.0×10^3	100×10^3	N/m²
λ_0	对未冻状态的弹塑性压缩系数	0.40	0.50	—
M	临界状态线的斜率	0.77	1.20	—
$(s_{c,seg})_{in}$	分隔阈值	3.50×10^6	0.55×10^6	N/m²
κ_s	对吸力变化弹性压缩系数	0.005	0.001	—
λ_s	弹塑性压缩系数	0.80	0.10	—
k_t	吸力变化的表观内聚力变化率	0.06	0.08	—
r	与土体最大刚度相关的系数	0.60	0.60	—
β	土壤刚度随吸力的变化率	0.60×10^{-6}	1.00×10^{-6}	(N/m²)⁻¹

表 6.15 黏土和砂土的热特性

参数	描述	黏土	砂土	单位
cs	比热容	945	900	J/(kg·K)
λ_{s1}	导热系数	1.50	2.50	W/(m·K)
ρ_s	固体材料的密度	2700	2650	kg/m³
α_x	x 方向的热膨胀系数	5.20×10^{-6}	5.00×10^{-6}	1/K
α_y	y 方向的热膨胀系数	5.20×10^{-6}	5.00×10^{-6}	1/K
α_z	z 方向的热膨胀系数	5.20×10^{-6}	5.00×10^{-6}	1/K

在第一次冷却过程开始前，施加 250kPa 的围压。因此黏土可以被认为是轻微的过度固结的。冷却过程从高于冰点（274.16K）的温度开始，然后逐渐降低到 263.16K 的最终温度。在冻结过程中可以观察到两个阶段。在弹性区域，κ_s 主导着晶粒间的结合和体积的减小。当 GS 屈服面产生并向上移动时，便开始发生膨胀塑性应变。观测到的体积增加发生冻融。此外，LC 向内移动与未冻结状态下预固结压力的降低有关。当整个土壤样品冷却到 263.16 K 时，解冻过程开始。假设第一次融化循环时围压增加到 500kPa。这一增加保证了冻融后 LC 屈服曲线在早期受到冲击，同时发生塑性压缩和融固结。图 6.29 显示，在第一个冻融循环之后，最终得到了显著的解冻定居点。当触及 LC 屈服曲线时，导致了 GS 屈服面向下移动。一旦样品完全解冻，就可以认为是正常固结的。开始第二次冻融循环。在第一次解冻阶段，GS 屈服曲线虽然向下移动，但并没有达到初始

位置。这意味着在下一个冻结期，冰分离将在较低的温度下发生。从第二次冻结期的结果可以看出这一点。弹性部分和曲率诱导的预融机制在冻结时的主导时间比冻结初期更长。与冻结初期相比，GS 屈服曲线在较低温度下被击中，膨胀塑性应变积累较少。一旦完全冷却到 263.16 K，允许土样解冻，但现在不增加围压。土样中孔隙水压力较低，固结时间较长。此外，LC 屈服曲线在融化初期比融化后期出现。可以观察到，最初 κ_s 的影响导致对解冻的膨胀行为，主导其他两种机制。当触及 LC 屈服曲线时，发生塑性压缩，GS 屈服曲线向下移动。第二解冻期的融化沉降小于第二冻结期的膨胀变形。

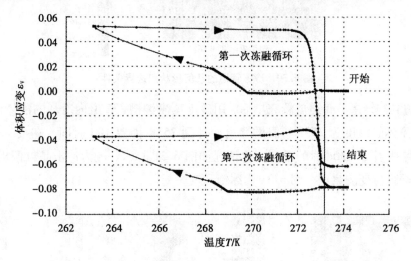

图 6.29　体积应变 ε_v 与温度 T 的关系

6.7.5　冷冻管道

冻融和冰离析可能会引起许多工程问题，如路面开裂和管道断裂。因此，在公路和管道工程中，这是一个特别值得关注的问题。冻融可以解释为水的迁移引起的地面膨胀，水的迁移提供了越来越大的冰晶。冻融与冻结后水密度的降低无关（Taber1929，1930）。低温吸力是水运移的驱动因素，但同时受到部分冻土渗透性降低的阻碍。

（1）几何和边界条件。一条管线（φ0.60m）埋深 1.30m，沟渠埋深 1.20m。在黏土层中挖出沟渠，然后用砂土回填。管道的抗弯刚度为 $EI = 2.82 \times 10^5 \mathrm{Nm^2/m}$。模型域宽 3.00m，高 3.00m。所研究问题的对称性模拟一半的管道截面。由于对称的原因，模型的左边界是封闭的，不允许热流，而在模型的右边界是可能的渗流。由于未冻水饱和度和导水率的快速变化，采用了相对精细的网格划分方法。考虑了一个恒定的空气温度为 294K，假设表面导热为 300W/m² 的情况。3m 深度的温度设置为 283K。其几何形状、初始地面温度和边界条件如图 6.30 所示。

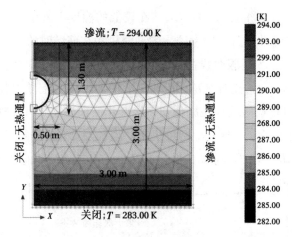

图 6.30　冷冻管道的几何形状和边界条件

（2）仿真和结果。管道放置完毕后，用砂土填满沟槽，管道内冷却的液体使周围温度降低。流体的温度为 253K。假设管道冷却到 253K 需要 10d 时间。在接下来的 20d 里，温度保持不变。30d 后的温度变化情况如图 6.31 所示。应力冲击晶粒偏析屈服面，引起膨胀塑性应变的累积。图 6.31 为冰饱和度。

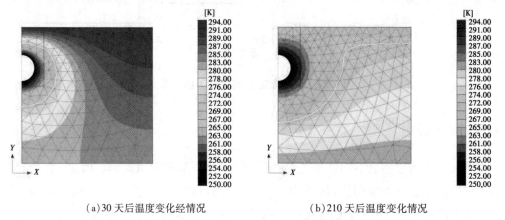

（a）30 天后温度变化经情况　　　　　　（b）210 天后温度变化情况

图 6.31　第 30d 和第 210d 的温度分布

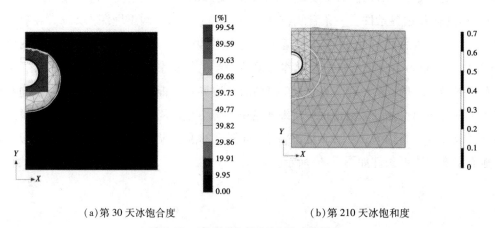

（a）第 30 天冰饱合度　　　　　　（b）第 210 天冰饱和度

图 6.32　第 30d 和第 210d 的冰饱和度

　　图 6.33 为 30d 后的变形网格。可以清楚地看到，冻结的黏土比砂材料含有更多的未冻结的水。发生了约两厘米的冻融。在这 30d 的恒温之后，考虑 180d 内气温下降 25K。底部边界的温度保持不变。这种模拟的目的是演示冻融是如何随着时间和温度变化而演变的。得到一个新的温度分布（见图 6.29，变形网格显示冻融大于 7.0cm。图 6.33 显示了这段冷却期之后的最终冰饱和度。温度变化和冻土的形成不仅改变了地面的应力状态，也影响了已安装管道的应力状态。在设计这种结构时，必须考虑可能导致管道开裂的应力合力的增大。图 6.34 为弯矩随时间增加的例子。如果周围土壤处于未冻结状态，且没有冷冻流体流过管道，则弯矩相对较小。一旦管道开始冷却，周围土体开始冻结，所引起的变形会引起应力合力的适应。弯矩急剧增加，在这个例子中增加了 34 倍。

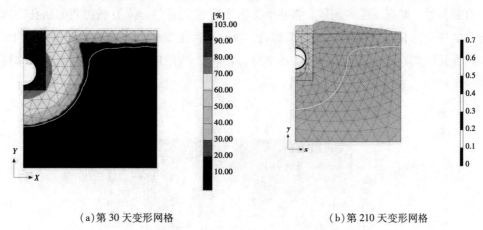

（a）第 30 天变形网格　　　　　　　　　　（b）第 210 天变形网格

图 6.33　第 30d 和第 210d 变形网格

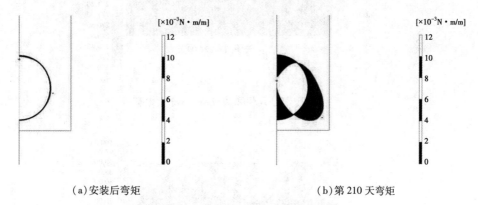

（a）安装后弯矩　　　　　　　　　　（b）第 210 天弯矩

图 6.34　安装后弯矩和第 210d 弯矩

6.7.6　冻土地基受增温期影响

　　在冻土工程中，冻土内冰融化引起的沉降是一个重要的问题。冻土带上的路基和冻土带上的地基是冻土带上可能发生融化沉降的两个典型例子。

　　（1）几何和边界条件。在厚度为 1.00m 的冻黏土层上设置宽度为 2.00m 的筏板基础。黏土层以下为致密砂层。在这一层中发生了相变，即这一层的一部分处于冻结状态，而砂层的另一部分处于未冻结状态。再次，考虑了所研究问题的对称性/平面应变。模型域宽6.00m，高4.00m。使用相对精细的网格。地面初始温度设定为恒定温度，地表为270K，深度为4.00m时为274K。其几何形状、温度分布和边界条件如图6.35所示。在施加基础荷载之前，重要的是模拟冻结时间对电流温度分布的影响。这也意味着土壤的正确应力状态。初始冰饱和度如图6.36和图6.37所示。

（2）仿真和结果。土壤一旦受到很高的地基荷载，即500kPa，地基下面的土壤就会开始屈服。这种向外移动的荷载坍塌屈服面导致了高达3.5cm的沉降。黏土层和砂土层都因超载的增加而发生变形。虽然如此高的地基荷载可能是不现实的，但它表明冻土与它的有益特性，如高强度和刚度，能够承受非常高的负载。土体加载初期的超孔隙水压力导致的压力融化不是问题。负载不够高，导致这种现象的发生。冰饱和度仅在1%的范围内变化。假设地表温度在很长一段时间内线性增加2K。这可能与未来几十年最有可能发生的气候变暖有关。

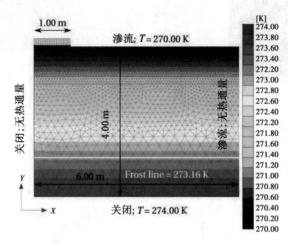

图6.35　几何和边界条件-冻土地基

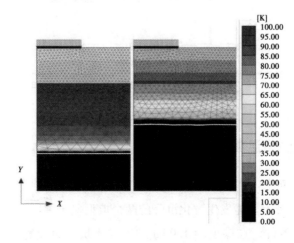

图6.36　初始冰饱和度（左）和增温期后的冰饱和度（右）

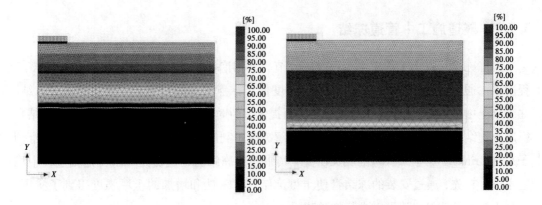

图 6.37　初始冰饱和度和气温升高后的情况

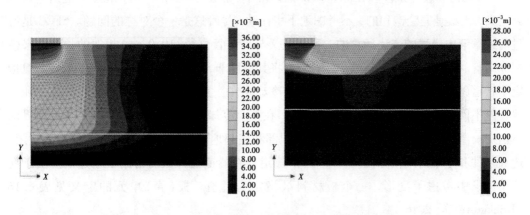

图 6.38　基础荷载和气候变暖引起的阶段位移

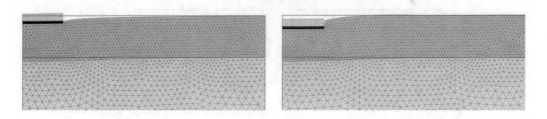

（a）地基荷载引起的网格变形　　　　　　　　　　　（b）气候变暖引起的网格变形

图 6.39　地基荷载和气候变暖引起的网格变形

一种新的温度分布形成了。冻融线向上移动。两层土壤的低温吸力和冰饱和度均降低，见图 6.37 和图 6.38（右）。低温吸力的降低和未冻水的增加以及孔隙水压力的增加，会导致一个新的应力状态，在某一时刻可能会达到 LC 屈服曲线。一旦应力达到 LC 屈服曲线，就会产生显著的压缩应变和融沉。其次是固结作用，因此超孔隙水压力随时间的消散，导致融沉。在图 6.39（b）中可以清楚地看到温度升高的影响，在图 6.39（b）中，位移主要发生在上部黏土层。低密度砂层仍能承受温度变化、冰饱和度降低及强度损失。

6.7.7　隧道施工中管道冻结

人工冻结是岩土工程中必不可少的环节。利用饱和土冻结后的特性，解决了许多工程问题。通过安装冻结管和循环的流体温度低于冰点的水通过它们，周围的土壤冻结。在冻结土中，强度增加，渗透性降低，从而提供了暂时的土壤稳定和封水。然而，冻结会引起土壤结构的显著变化。冻结时冻融和解冻时不利的沉降是可以预料的。下面这个例子来自 Brinkgreve 等（2016）的相关研究，其中使用冻结管建造隧道，以在挖掘过程中稳定土壤。首先，通过安装的冻结管使土壤冻结。水密性和增加的土壤强度得到了实现。一旦土壤充分冻结，就可以进行隧道建设。

（1）几何和边界条件。在深 30.0m 的砂层中，施工半径为 3.0m 的隧道，隧道输入参数定义，土壤是完全饱和的，不考虑地下水流动，尽管这是一个对称的问题。SFCC 是通过前述章节中描述的方法计算的。通过定义与冻结管直径（10.0 cm）相似的长度线来模拟冻结管。虽然对流边界条件表示流体，将其温度非常精确地传递给周围的管道，但指定了管道（线）本身的温度。定义了 12 个冷却元件。实际上，安装的冷冻管的数量和位置可能不同。土壤初始温度设定为 283K。在整个冷却过程中，该温度在模型的外边界保持恒定。渗水允许在模型的左右两侧。顶部和底部地下水流动条件的行为设置为封闭。边界条件和生成的网格如图 6.40 所示。隧道是在隧道设计器的帮助下创建的。由于在这个例子中考虑了变形，一个板材料被指定为隧道。板（壳）单元的定义见表 6.16（Brinkgreve 等，2016）。

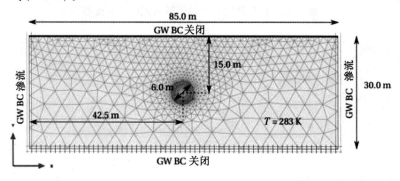

图 6.40　隧道施工中的几何形状、边界条件和网格冻结管

表 6.16　内衬属性

轴向刚度 $(EA)/(N \cdot m^{-1})$	抗弯刚度 $(EI)/(Nm^2 \cdot in^{-1})$	板厚 $(d)/m$	具体的重量 $(w_{plate})/(N \cdot mm^{-1})$	泊松比 (ν_{plate})	最大弯矩 $(M_p)/(Nm \cdot m^{-1})$	最大轴向力 $(N_p)/(N \cdot m^{-1})$
14×10^9	143×10^6	0.35	8400	0.15	1×10^{18}	10×10^{12}

（2）仿真和结果。经过 10d 的时间，冻结管的温度达到 250K。在接下来的 170d，这个温度保持恒定。图 6.41 中捕捉到了温度分布。

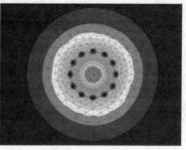

（a）10 d 后的温度分布　　　　　　（b）180 d 后的温度分布

图 6.41　10 d 和 180 d 后的温度分布图

　　人工地基冻结作用的后果如图 6.42 所示。观察到 8mm 的小冻融发生，几乎所有的挖掘土冻结。建造隧道需要部分冻土的开挖，这一过程以两种不同的方式进行，即在地面上不征收附加费。冻结期停止，两案例在一天的时间内进行调查。由图 6.43 可知，在开挖未来隧道衬砌处的冻土时，下垫层未冻土和冻土的向上作用力会引起较大的冻融（2.3cm）。这种刚性的向上运动是由于移除重冰体时的浮力产生的。

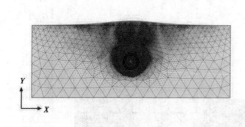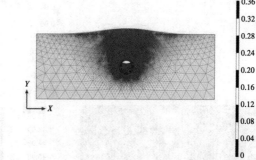

图 6.42　180 d 后的变形

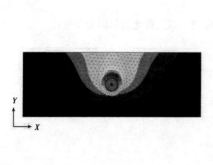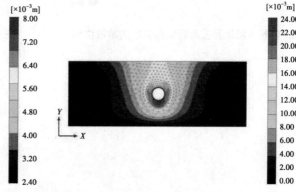

图 6.43　隧道开挖引起的阶段位移

当施加 70 kPa 的额外电荷时，这种向上的运动不仅受到阻碍，而且在地面上发生了沉降（高达 6.8 cm），见图 6.44。可以清楚地看到，由此产生的地面位移在坚硬的冻结"环面"周围搜索它们的方式。两例调查结果表明，基坑开挖安全稳定，保证了几天的稳定时间。经过 1d 的无支撑隧道开挖，衬砌安装。在不运行冷冻管道的情况下，考虑 15d 的期限。一种新的温度分布形成，冰开始融化，可以观察到强度的降低。在不运行冻结管的情况下，15d 的位移如图 6.45 和图 6.46 所示。融化沉降量分别为 0.6cm 和 1.8cm。总位移如图 6.47 所示。

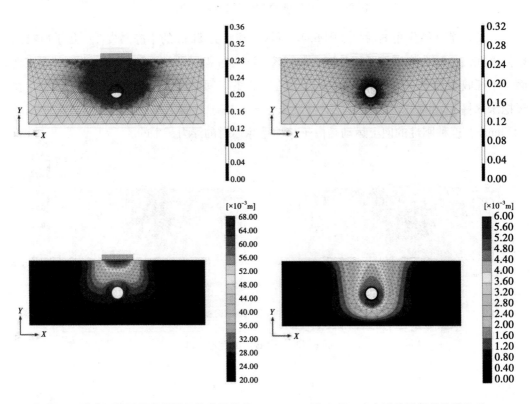

图 6.44　隧道开挖及超载用引起的阶段位移　　图 6.45　冻土融化引起的阶段位移

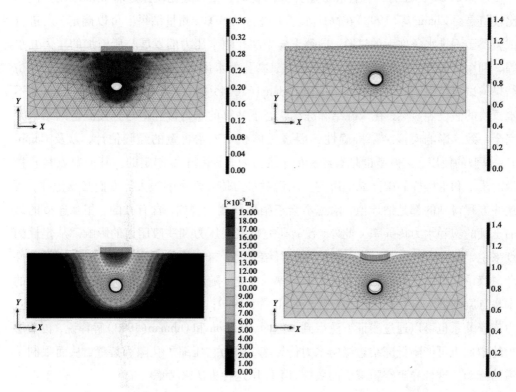

图 6.46　冻土体与超载融化引起的阶段位移　　图 6.47　人工地基冻融前后的最终位移

6.8　土壤冻结特性曲线的确定及水力土壤的适宜性

这一直截了当的方法表明，通过有限的输入数据可以获得关键的冻土性质。可以避免耗时的现场测试和实验室测试。此外，使用其他方法将水保持曲线与 SFCC 联系起来，并估计冻土的水力特性，如 Van Genuchten(1980)或 Fredlund 等(1994)的方法，需要确定额外的参数，可以避免。对许多工程师来说，这些参数的确定并不是日常的工程实践。

研究提出的方法提供了初步结果，以确定不同类型的土壤在不同压力水平下的 SFCC。在计算未冻水含量的经验公式中，比表面积代表了土壤类型的相关性。土壤中的许多物理和化学过程都与 SSA 密切相关，这一事实证明使用该土壤参数是合理的。使用 Sepaskhah 等(2010)的经验关系，通过土壤颗粒直径的几何平均值来估计比表面积，已由相关人员进行检验(2011)，并发现提供了不同土壤 SSA 的良好近似。然而，确定土壤颗粒直径的几何平均值(Shirazi 和 Boersma，1984)需要一些假设。首先，土壤在每个粒径分数内必须具有对数正态的粒径分布。其次，它是基于 U.S.D.A.的分类方案，并坚持其粒径限制。最后，颗粒直径测定和 SSA 测定的一个重要局限性是，不同类型的黏土矿物的比表面积有很大的不同，使用结构信息方法不能考虑到这一点。

在考虑 SFCC 的压力依赖性和冻融点的降低时，压力融化现象起着关键作用。使用的比较值是由 Zhang 等（1998）在高压水平下进行的 SFCC 测量结果。可以确定，所进行的试验属于不排水条件下的试验，导致土样中超孔隙水压力的发展与所施加的压力几乎相等。利用与压力有关的凝固点/熔点公式，高孔隙水压力导致凝固点/熔点的降低。仿真结果与试验结果吻合。Andersland 和 Ladanyi（2004）支持大多数冻土试验可归类为不排水试验的假设。显然，在未冻结和冻结状态下估算的水力传导率与直接测量的结果并不完全一致。影响模拟结果准确性的因素是体积未冻水含量的经验估计，以及 Campbell's 模型的使用，该模型也是有经验的，最初为非饱和土壤制定的。其他要点是直接测量的质量和土壤样品中冰晶的影响。它们对水力传导性影响很大。人们必须记住，所有这些方程得到的都是估计值，永远不会正确地预测。例如，含有大的、相互连接的裂缝的土壤的饱和水力传导率。此外，没有研究覆盖层压力和一般压力的影响。从定性的角度来说，压力的增加引起凝固点的降低。结果是，未冻水的可用性更大，在恒温条件下考虑双重孔隙网络具有更高的水力传导率。反之，随着压力（或温度）的降低，冻土的导水率急剧降低。这在冻土中很常见（Stähli 等，1999；McCauley 等，2002）。综上所述，压力依赖关系也可以通过实证方法得到。然而，Benson 和 Othman（1993）解释说，覆盖层压力的增加也可能降低冻结边缘的水力传导率，因为它压缩了孔隙和裂缝，从而限制了管道的流动。这种导致空隙减少的效应，不能用这种方法来考虑。

第 7 章　北京季节冻土基坑冻融变形
时效性分析

北方季节性冻土区域的基坑支护工程，一般由于冻结时间较短、冻结温度不是很低，冻融的影响很容易被忽略，但在某些特殊的天气和工程条件下，冻融和融化后的沉陷影响经常会使基坑变形大幅度增加，引起基坑侧壁的破坏，进而引发周边建筑物及管线开裂、变形，甚至导致基坑垮塌事故发生。通过监测冬季施工过程中基坑侧壁水平位移和锚杆轴力的变化，分析冬季施工时冻融作用对桩锚支护结构稳定性的不利影响，为今后类似工程提供参考依据。

7.1　冻融机理及冻融力计算方法

土体的冻融是一个复杂的物理过程。随着地层温度下降，热交换过程的进行，当土体温度达到土中水结晶点时，便发生冻结。伴随土中孔隙水和迁入水的结晶体、透镜体、冰夹层等形成的冰侵入土体，引起土体体积增大，这就是土体的冻融。当土层温度上升时，冻结面的土体产生融化，伴随着土体中冰侵入体的消融出现沉陷，同时使土体处于饱和及过饱和状态而引起土体承载力降低，称为土体的融沉。冻融可分为原位冻融和分凝冻融。孔隙水原位冻结称为原位冻融，造成体积增大约9%；由外界水分补给并在土中迁移到某个位置的冻结称为分凝冻融，占体积增大的109%。所以在开放系统饱水土中的分凝冻融是构成土体冻融的主要分量。一般来说，分凝冻融的机理应包括两个物理过程：水分迁移和成冰作用。冻融过程中土体性质的变化直接影响着地下及地上结构物。深基坑工程中，冻融可能会使挡土结构产生位移、破坏。地下管线在土体的冻融融沉中若受到过大的拉应力和剪切应力会遭到破坏。因此，在季节性冻土区深基坑进行支护体系冻融影响研究分析是十分必要的。

按规范的条例规定，作用于墙背的水平冻融力的大小和分布应由现场试验确定。在无条件进行试验时，其分布图式可按图 7.1 选定，图中最大值应按表 7.1 的规定选用。对于粗颗粒填土，不论墙高的值是多少，均可假定水平冻融力为直角三角形分布，如图 7.1(a)所示；对于黏性土、粉土，当墙高小于等于 3 倍 Z_a 时，可采用图 7.1(b)的分布图式；当墙高大于 3 倍 Z_a 时，可采用图 7.1(c)的分布图式。

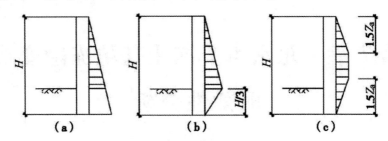

图 7.1　水平冻融力沿墙背的分布图式

表 7.1　水平冻融力设计值

冻融等级	冻融率 η	水平冻融力 H_0/kPa
不冻融	$\eta \leqslant 1.0$	$H_0 < 15$
弱冻融	$1.0 < \eta \leqslant 3.5$	$15 \leqslant H_0 < 70$
冻融	$3.5 < \eta \leqslant 6.0$	$70 \leqslant H_0 < 140$
强冻融	$6.0 < \eta \leqslant 12.0$	$140 \leqslant H_0 < 200$
特强冻融	$\eta > 12.0$	$H_0 \geqslant 200$

基坑工程冻融影响下可参照相关规范要求，先行选取适合的水平冻融力数值，再按照相应的分布规律进行计算，以获得在确保边坡安全稳定状态下的支护体系内力及变形。

综上所述，北方地区基坑桩锚支护的越冬工程必须考虑其冻融作用的不利影响。

7.2　工程实例

7.2.1　工程概况

北京某深基坑工程，深度约 25m，与地铁车站及区间相邻，由于地下水位较低(-17.0m)并采用降水方案，且工期要求基坑须在冬季完成施工并在来年进行底板施工，故方案设计时冻融等级仅按不冻融考虑了 10kPa 水平冻融力。为了确保基坑的安全性，进行了相应的监测，以验证越冬期间冻融作用对基坑的不利影响。施工后期，由于冬季降雪及管线渗漏影响，冻融现象较明显，后经采取阻断、清排渗漏水源、补充卸压孔等措施，基坑冻融变形得到有效控制。

7.2.2 施工场地的工程水文地质条件

(1)工程地质条件。拟建工程地下 4 层,基坑深度约 25m,基坑平面尺寸约为 110m×120 m。工程场地地貌上属于永定河冲洪积扇中上部,地层情况按沉积年代、成因类型可分为人工堆积层、第四纪沉积层。具体参数见表 7.2。

表 7.2 基坑土层的物理力学参数

地层排序	厚度/m	重度/(kN·m⁻³)	含水率	黏聚力/kPa	内摩擦角/(°)
填土	12.0	18.0	—	10.0	10.0
粉质黏土	1.0	20.2	22.6%	20.1	14.9
重粉质黏土	5.3	20.3	21.9%	25.5	14.8
粉砂-细砂	7.4	19.0	—	0.0	35.0
卵石	6.1	20.0	—	0.0	48.0

(2)水文地质条件。本场地在钻探深度范围内测得 3 层地下水,第一层、第二层地下水类型为层间潜水,第三层地下水类型为潜水。第一层静止水位埋深为 3.50~7.40m,静止水位标高为 35.84~39.04m;第二层静止水位埋深为 11.20~14.90m,静止水位标高为 28.05~32.27m;第三层静止水位埋深为 18.50~20.00m,静止水位标高为 23.35~24.74m。

(3)基坑岩土与材料物理力学指标见表 7.3 和表 7.4 所列。

7.2.3 支护方案及支护参数设计

(1)支护方案。综合考虑场地岩土工程条件、周边环境条件及其对边坡位移的要求,结合北京地区类似工程中的设计与施工经验,经专家与相关技术人员共同研究论证,基坑上部拟采用复合土钉墙/土钉墙,下部采用桩锚支护结构体系的支护方案,土钉墙支护高约 6.0m,桩锚支护高度约 19.0m。根据周边环境条件,将基坑分为多个支护分区,现主要以 $C-C$ 剖面支护断面进行分析讨论。该断面位于基坑南侧,与地铁车站、附属结构及区间相邻,最近处约 6.1m,地铁构筑物等深度约 12m,基坑南侧平面关系见图 7.2 至图 7.4。

(2)支护参数设计。

①支护形式:复合土钉墙+护坡桩+预应力锚杆。

②上部支护:复合土钉墙支护,支护高度:6.0m,坡度:1:0.4,设置 4 排土钉。

③护坡桩:桩径 Φ800mm,桩间距 1500mm;桩顶标高为-6.0m,嵌固深度 5.0m。

表 7.3 基坑试验物理力学参数和热物理参数

土样编号	比热容/(kJ·t⁻¹·K⁻¹)	导热系数/(kW·m⁻¹·K⁻¹)	密度/(t·m⁻³)	x 向热膨胀/1/K	y 向热膨胀/1/K	z 向热膨胀/1/K	容重/(kN·m⁻³)	弹性模量/MPa	泊松比	黏聚力/kPa	内摩擦角/(°)	实测渗透系数/(m·s⁻¹) 垂直	实测渗透系数/(m·s⁻¹) 水平
1 粉质黏土	1420	0.001640	1.88	9×10^{-5}	9×10^{-5}	9×10^{-5}	14.9	40.0	0.312	22.4	14.8	3.14×10^{-7}	7.45×10^{-7}
2 细砂	850	0.002000	2.12	5×10^{-5}	5×10^{-5}	5×10^{-5}	19.7	98.0	0.250	0.05	28.0	9.01×10^{-7}	8.75×10^{-7}
21 粉质黏土	1450	0.001695	1.87	8×10^{-5}	8×10^{-5}	8×10^{-5}	15.7	78.0	0.270	17.0	26.0	3.01×10^{-7}	2.75×10^{-7}
3 黏质粉土	1500	0.001680	1.97	8×10^{-5}	8×10^{-5}	8×10^{-5}	15.7	78.0	0.270	17.0	26.0	3.01×10^{-7}	2.75×10^{-7}
31 黏土	1350	0.001540	1.81	7×10^{-5}	7×10^{-5}	7×10^{-5}	15.5	72.0	0.285	19.0	16.0	3.00×10^{-7}	2.00×10^{-7}
32 粉质黏土	1420	0.001640	1.87	8×10^{-5}	8×10^{-5}	8×10^{-5}	15.8	35.0	0.330	11.3	18.3	3.00×10^{-7}	2.00×10^{-7}
4 中砂	950	0.002500	2.25	5×10^{-5}	5×10^{-5}	5×10^{-5}	20.1	120.0	0.245	0.01	30.5	1.50×10^{-5}	1.43×10^{5}
5 粉质黏土	1420	0.001640	1.87	8×10^{-5}	8×10^{-5}	8×10^{-5}	15.8	65.0	0.290	11.3	15.3	3.00×10^{-7}	7.00×10^{-7}
混凝土	1046	0.001850	2.50	1×10^{-5}	1×10^{-5}	1×10^{-5}	25.0	22000	0.160				
草苔	2016	0.000050	0.35	1×10^{-5}	1×10^{-5}	1×10^{-5}	0.05	0.02	0.400				
EPS保温板	1400	0.000030	0.04	1×10^{-5}	1×10^{-5}	1×10^{-5}	0.0045	0.02	0.400				
XPS保温板	1250	0.000028	0.03	1×10^{-5}	1×10^{-5}	1×10^{-5}	0.0035	0.02	0.400				

表 7.4 地下水物性参数

土样编号	USDA	Van Genuchten
1 粉质黏土		砂质肥土
2 细砂		壤质砂土
21 粉质黏土		粉质黏土
3 黏质粉土		砂质黏性肥土
31 黏土		黏土
32 粉质黏土		粉质黏土
4 中砂		砂
5 粉质黏土		粉质黏土

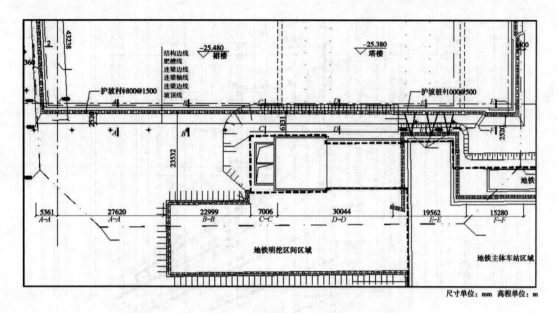

尺寸单位：mm　高程单位：m

图 7.2　基坑南侧平面布置图

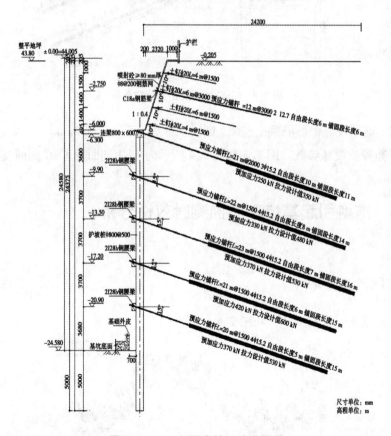

尺寸单位：mm
高程单位：m

图 7.3　*A-A* 剖面支护设计布置图

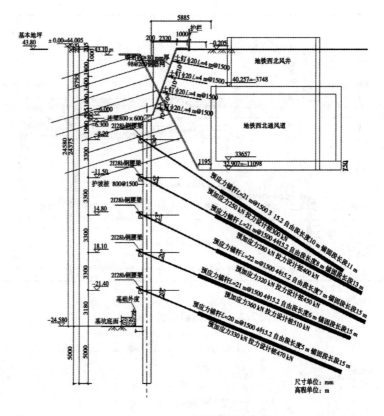

图 7.4 *C-C* 剖面支护设计布置图

④连梁：桩顶设置钢筋混凝土连梁，断面尺寸为 800mm×600mm。

⑤锚杆布置及设计参数。图 7.3 和图 7.4 所示为 *A-A* 剖面及 *C-C* 剖面支护设计图。

7.3 冻融引起基坑变形监测时效性分析

7.3.1 冻融气温变化

冻融气温变化规律见图 7.5 和图 7.6。

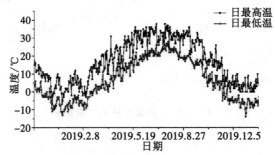

图 7.5 北京昌平地区 **2018** 年至 **2019** 年气温变化

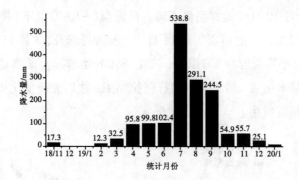

图 7.6 北京昌平地区 2018 年至 2019 年降水量变化

7.3.2 监控量测

（1）监控量测点的布置。为确保既有地铁的安全运营及边坡支护结构的稳定，施工时在基坑地铁相邻侧支护范围内布设了桩身测斜管及锚杆轴力计，原则为每一个剖面段选取一个点作为变形监测、桩身测斜及各排锚杆轴力计布置点，监测点平面布置如图 7.7 所示。

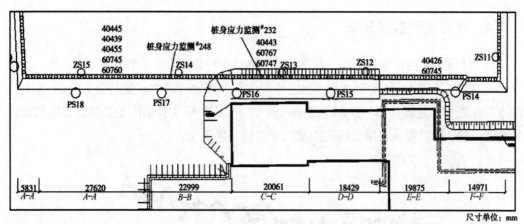

注：ZS为桩顶变形监测点、桩身测斜管位置点，40431等为轴力计编号，后续编号以剖面段及排数确定，如D1为D剖面段第一排锚杆轴力计，桩身测斜2孔、PS18、ZS15对应A-A剖面，桩身测斜5孔、PS16、ZS13对应C-C剖面，桩身测斜4孔、PS15、ZS12对应D-D剖面。

图 7.7 地铁侧基坑监测点布置示意图

（2）监控量测数据的整理与反馈。对现场取得的建筑物监测数据及时进行整理，绘制温度-变形时态变化曲线。根据曲线图的数据分布状况，对监测结果进行分析，判断建筑物安全状况，以便及时采取相应措施。

7.3.3 温度变化过程分析

从图 7.8 北京 2012 年 1~3 月天气变化曲线可看出，1 月 20 日前变化平缓，日平均气温在 0℃以下，属于缓慢下降趋势，基坑土钉墙支护边坡表层土体已开始产生冻结现象。1月21日至2月10日气温有明显下降，且低温(-10℃以下)持续时间较长，土体冻结现象加剧，冻深加深。此后至3月11日，气温缓慢回升，3月11日后至最低温度基本达到0℃以上，日平均温度在4℃以上，冻结土体开始解冻。该侧基坑支护工程于1月8日土方开挖工作基本结束、最下一排锚杆张拉结束，往后无新变化土方开挖工况，也无坡顶堆载、卸载等情况发生。

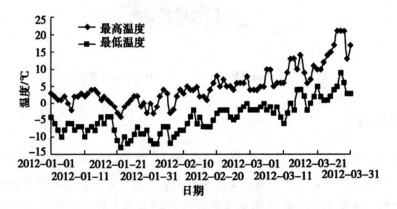

图7.8　北京2012年1—3月气温变化曲线

7.3.4　现场监测数据分析

（1）桩顶水平位移变化特征。从图7.9和图7.10桩顶位移变化曲线可以看出，桩顶水平位移自1月8日至18日变化不大，表现为缓慢增加，最大数值约为20mm。3个监测点变化趋势及速度基本一致，ZS15相对较小。分析变形主要是由于开挖后工况及冻融影响造成的，此时边坡表层土冻融类型属于原位冻融类型。

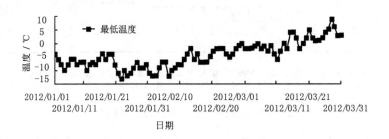

图7.9　气温走势图

1月20日~2月10日，气温明显下降，最低气温降至-13℃左右，且持续时间较长。从3个监测点变形曲线可以看出，随温度下降及持续低温相应的水平变形增加趋势明显、变化速度增大。其中ZS12、ZS13两点的水平位移达到了将近50mm，增加约150%；ZS15相对较小，也达到了约40mm。分析原因仍然考虑为冻融影响，但原位冻融不致造成如此大的增幅。后经现场查找分析，发现近期该边坡附近有一根地下管线因天气原因

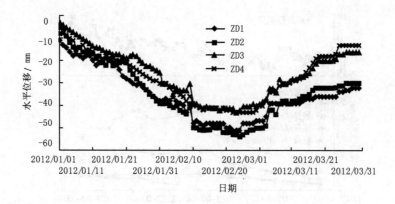

图 7.10　桩顶水平位移随温度变化曲线

造成冻融破坏后渗漏，相应边坡桩间某些位置出现渗水结冰现象，因此认为此时该边坡土层内存在自由水，可为冻结面提供补给水，冻融类型已变为分凝冻融，该冻融类型可导致较原位冻融更大的冻融变形。为了减小冻融情况的恶化，及时采取了排查、阻断渗漏水源，并采取了在边坡侧施工卸压孔的方法。卸压孔直径 250mm，长度 9m，间距 800mm，沿基坑边坡坡口线距离 800mm。从 2 月 10 日至 3 月初，气温虽逐步回升，但表层土体仍处于冻结状态，桩顶水平变形曲线显示此期间水平变形略有增加，但水平位移增长速度已明显降低。由于采取了阻断补给水源的措施，遏制了分凝冻融的影响，虽然温度仍然在冰冻温度下，但冻融量并未明显增加。此外，虽然卸压孔的施工位置（由于后期施工的局限性）距离边坡冻土层较远，施工时机也有些滞后，但也起到了一定减小冻融变形的作用。3 月 15 日以后，气温回升，冻结土体开始解冻，在锚杆预加应力影响下，桩顶水平变形开始回缩减小，ZS12、ZS13 在消除冻融影响后由最大值 54mm 回缩至 30mm 左右，ZS15 由冻融影响最大值 43mm 回缩至约 17mm。

（2）桩身水平位移变化特征。从图 7.11 至图 7.13 各剖面桩身变形曲线可以看出，各剖面桩顶部测斜结果与桩顶水平位移监测结果基本一致，符合上述冻融过程影响分析。

由桩身不同深度 $H=-3$、-6、-9m 的水平变形曲线可以看出，沿桩身向下，桩身的水平变形依次减小，至 $H=-9$m 以下桩身水平变形已较小、曲线接近直线。各剖面桩身水平变形分布与支护结构设计、冻融影响与所处土层条件有关。A 剖面水平变形数值小于 C、D 剖面，是因为 A 剖面位于基坑角附近，空间作用较强，此外，该剖面支护土体上部杂填土层较薄，均为原状土，对冻融影响相对不敏感。C、D 剖面支护结构形式基本一致，边坡上部土体杂填、回填土较厚，对冻融影响较为敏感，且桩顶均存在 2.0m 左右的悬臂段，同时桩身上部锚杆因避让邻近地下构筑物倾角较大，影响了对桩身的水平约束，故而两剖面支护桩桩身变形顶部较大，至 $H=6$m 以下，锚杆约束条件及土层条件变好，桩身水平变形也快速减小。

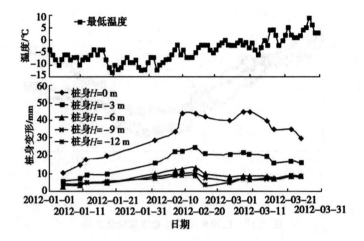

图 7.11　2012 年 1—3 月份 A 剖面、2 孔桩身变形随温度变化曲线

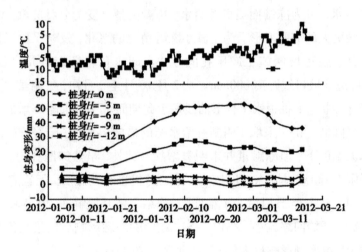

图 7.12　2012 年 1—3 月份 D 剖面、4 孔桩身变形随温度变化曲线

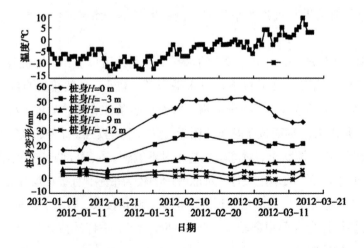

图 7.13　2012 年 1—3 月份 C 剖面、5 孔桩身变形随温度变化曲线

（3）锚杆轴力变化特征。从图 7.14 至图 7.16 下各剖面锚杆轴力监测曲线可以得出与温度变化曲线和桩身水平位移基本一致的变化趋势。各剖面自桩顶附近第一排锚杆往下，轴力变化幅度依次减小，A 剖面因为支护条件相对好于 C、D 剖面，锚杆轴力增加幅度要相对小些。其中 A 剖面第一排锚杆在整个冻融期间由 230kN 增加到 380kN，增幅最大值为 150kN，增加约为初始锚杆轴力的 65%；D 剖面第一排锚杆在整个冻融期间由 240kN 增加到 440kN，增幅最大值为 200kN，增加约为初始锚杆轴力的 83%；C 剖面第一排锚杆在整个冻融期间由 175kN 增加到 400kN，增幅最大值为 225kN，增加约为初始锚杆轴力的 128%。各排锚杆轴力至 2 月 10 日左右增加至峰值，虽然之后至 3 月初仍处于冻融阶段，但锚杆轴力却缓慢下降，说明施工过程中采取的施工泄压孔等处理措施取得了一定效果。

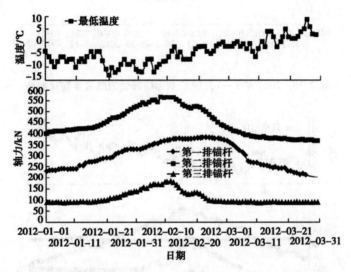

图 7.14　2012 年 1—3 月份 A 剖面锚杆轴力随温度变化曲线

（4）桩身水平位移曲线特征。随时间变化的桩身水平位移曲线从图 7.17 中可以看出，环境温度回升至约-5 ℃时桩身位移最大。由于支护桩顶部约束作用较小，且杂填土内水分受外界影响更加敏感。因此，受冻融和锚杆作用影响桩身水平位移自桩顶向桩底逐渐减小，为减少冻融影响，现场及时采取了覆盖保温和桩后减压孔措施，随后在 2012 年 3 月 12 日后随温度的回升，桩身明显出现了回弹现象，桩顶水平位移也相应地回弹至约 30mm。

（5）冻融引起的基坑桩顶水平位移。从气温走势图中可以看出：年度最低温度在 1 月 21 日—2 月 10 日期间，约为-10 ℃~-15 ℃。而桩顶最大位移出现在 2 月 10 日—3 月 11 日期间，最大位移约为 50mm，桩顶位移变化对比环境温度变化相对滞后。受冻融影响，支护桩位移呈现先增加后减小的趋势，说明降温过程中，由于冰分凝导致的冻融力作用使得桩身应力重新分布，而随着冻结锋面的不断推进，冻融力不断增加导致支护桩顶位移逐渐增大。随后受回温的影响，已冻结的土体融化后冻土压力减小，加之锚杆自由段的弹性变形使得支护桩顶出现回弹现象，但桩顶位移未恢复至原有状态，仍存在一定的残余变形，残余变形量约为 15mm。

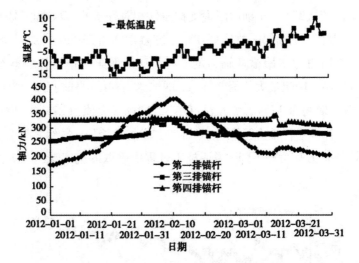

图 7.15　2012 年 1—3 月份 *C* 剖面锚杆轴力随温度变化曲线

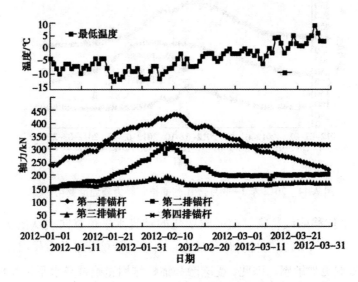

图 7.16　2012 年 1—3 月份 *D* 剖面锚杆轴力随温度变化曲线

（6）桩身水平位移。随时间变化的桩身水平位移曲线从图 7.17 中可以看出，环境温度回升至约−5 ℃时桩身位移最大。由于支护桩顶部约束作用较小，且杂填土内水分受外界影响更加敏感，因此，受冻融和锚杆作用影响，桩身水平位移自桩顶向桩底逐渐减小，为减少冻融影响，现场及时采取了覆盖保温和桩后减压孔措施，随后在 2012 年 3 月 12 日后随温度的回升，桩身明显出现了回弹现象，桩顶水平位移也相应地回弹至约 30mm。

（7）锚杆轴力。从锚杆轴力曲线图 7.18 中可以看出，第一排锚杆受冻融影响轴力变化最为剧烈，对比桩顶位移和桩身位移监测数据，第一排锚杆轴力最大值的出现日期相

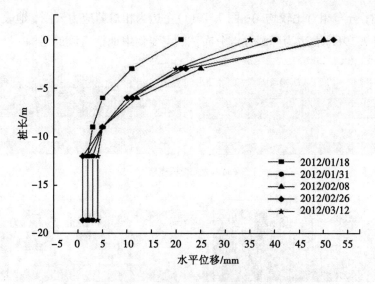

图 7.17　桩身水平位移曲线

对环境温度同样滞后，最大值增加约为冻融前的 3 倍。第三排锚杆轴力相对冻前增加约
1.2 倍，而第二排锚杆冻前受土压力分布影响锚杆轴力最大，但受冻融影响相对较小。
而在温度回升后，伴随着覆盖保温和减压孔等措施的采用，锚杆轴力随温度的变化呈缓
慢下降的趋势。

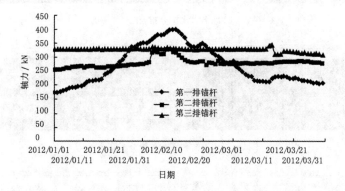

图 7.18　锚杆轴力曲线

7.4　基坑开挖支护流固耦合数值模拟分析

基坑开挖支护流固耦合分析如图 7.19 所示，图 7.19(a)为有限元数值模型；图 7.19
(b)为位移等值线云图和矢量分布图，基坑边壁位移和矢量分布集中，地铁通风道位移
分布集中明显增大；图 7.19(c)为地下水水头分布云图；图 7.19(d)为地下水渗流云图
和矢量分布图，基坑坑底地下水水头、渗流出现，需要控制排水；图 7.19(e)为剪应变与

体积应变云图，分布相对比较均匀；图7.19(f)左边为相对剪应力云图，地表相对剪应力明显增大，图7.19(f)右边为弹塑性点分布图，主要集中地铁通风道结构。

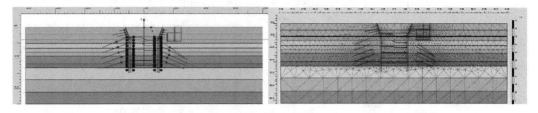

(a)有限元数值模型

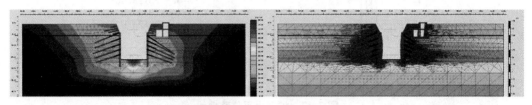

(b)位移等值线云图和矢量分布图

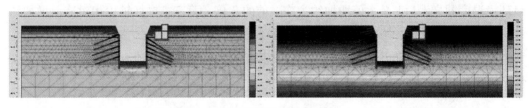

(c)地下水水头分布云图

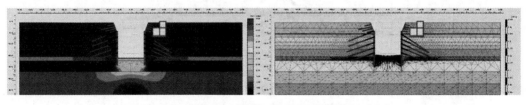

(d)地下水渗流云图和矢量分布图

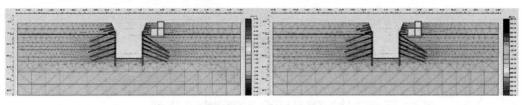

(e)剪应变与体积应变云图

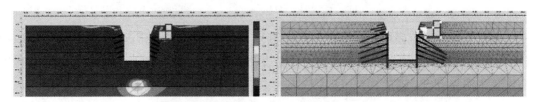

(f)相对剪应力云图与弹塑性点分布图

图7.19　基坑开挖支护流固耦合分析

7.5　基坑冻融时效性变形数值模拟分析

(1)初冬-6 ℃。由图 7.20(a)温度分布等值线云图和图 7.20(b)热流量矢量分布图可知,冻融温度变化明显;由图 7.20(c)主应力方向分布云图和图 7.20(d)相对剪应力分布云图可知,主应力方向变化明显集中在基坑桩锚板附近,相对剪应力变化明显集中在地铁变电站结构部分;由图 7.20(e)总主应变角度变化云图和图 7.20(f)总偏应变分布云图可知,总主应变角度变化明显集中在基坑桩锚板和地铁变电站结构附近,总偏应变分布在基坑桩锚板附近。

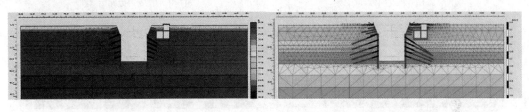

(a)温度分布等值线云图　　　　　　　　　(b)热流量矢量分布图

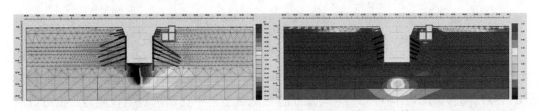

(c)主应力方向分布云图　　　　　　　　　(d)相对剪应力分布云图

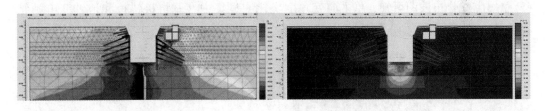

(e)总主应变角度变化云图　　　　　　　　(f)总偏应变分布云图

图 7.20　基坑初冬-6 ℃(45d)冻融分析

(2)深冬-15 ℃。由图 7.21(a)温度分布等值线云图和图 7.21(b)热流量矢量分布图可知,冻融温度变化增加明显;由图 7.21(c)主应力方向分布云图和图 7.21(d)相对剪应力分布云图可知,主应力方向变化明显集中在基坑桩锚板附近,相对剪应力变化明显集中在地铁变电站结构部分,范围明显增加;由图 7.21(e)总主应变角度变化云图和图 7.21(f)总偏应变分布云图可知,总主应变角度变化明显集中在基坑桩锚板和地铁变电站结构部分附近,范围明显增加,总偏应变分布在基坑桩锚板附近。

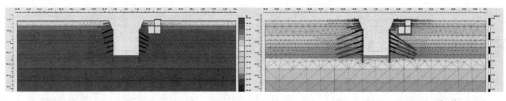

<table>
<tr><td>(a)温度分布等值线云图</td><td>(b)热流量矢量分布图</td></tr>
</table>

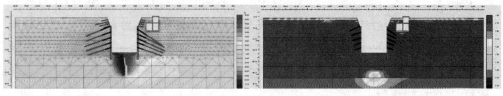

<table>
<tr><td>(c)主应力方向分布云图</td><td>(d)相对剪应力分布云图</td></tr>
</table>

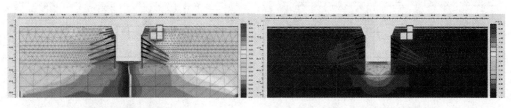

<table>
<tr><td>(e)总主应变角度变化云图</td><td>(f)总偏应变分布云图</td></tr>
</table>

图 7.21　基坑深冬−15 ℃(45d)冻融分析

（3）冬末−6 ℃。由图 7.22(a)温度分布等值线云图和图 7.22(b)热流量矢量分布图可知，冻融温度变化明显，增长明显缓慢；由图 7.22(c)主应力方向分布云图和图 7.22(d)相对剪应力分布云图可知，主应力方向变化明显集中在基坑桩锚板附近，相对剪应力变化明显集中在地铁变电站结构部分；由图 7.22(e)总主应变角度变化云图和图 7.22(f)总偏应变分布云图可知，总主应变角度变化明显集中在基坑桩锚板和地铁变电站结构部分附近，总偏应变分布在基坑桩锚板附近。

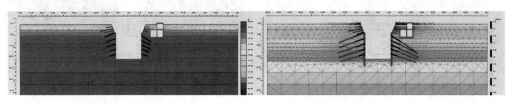

<table>
<tr><td>(a)温度分布等值线云图</td><td>(b)热流量矢量分布图</td></tr>
</table>

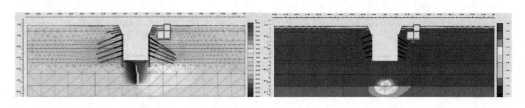

<table>
<tr><td>(c)主应力方向分布云图</td><td>(d)相对剪应力分布云图</td></tr>
</table>

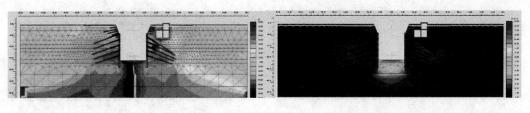

(e)总主应变角度变化云图　　　　　　　　　(f)总偏应变分布云图

图 7.22　基坑冬末-6 ℃(45d)冻融分析

7.6　基坑冻融变形演化过程力学特性分析

(1)深秋 6 ℃(45d)、深冬-15 ℃(90d)。温度分布等值线云图 7.23 冻融变化明显。

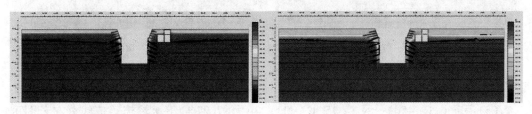

(a)深秋 6 ℃温度分布等值线　　　　　　　(b)深冬-15 ℃温度分布等值线

图 7.23　温度分布等值线云图

(2)深秋 6 ℃(45d)、深冬-15 ℃(90d)。由图 7.24 热流量矢量分布图可知,深秋 6 ℃热流量矢量流入基坑,深冬-15 ℃热流量矢量流入基坑,导致基坑冻涨。

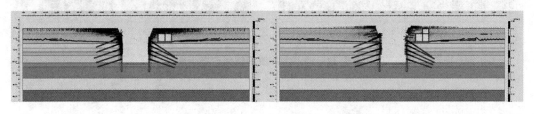

(a)深秋 6 ℃热流量矢量分布　　　　　　　(b)深冬-15 ℃热流量矢量分布

图 7.24　热流量矢量分布图

(3)深秋 6 ℃(45d)、深冬-15 ℃(90d)。由图 7.25 拉塑性点分布图可知,锚索和锚杆拉塑性点普遍分布,拉塑性点分布主要集中在地铁通风道结构。

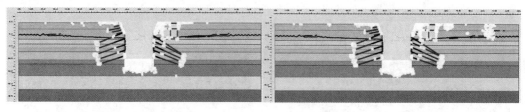

(a)深秋 6 ℃拉塑性点分布 　　　　　　　　(b)深冬-15 ℃拉塑性点分布

图 7.25　拉塑性点分布图

(4)深秋 6 ℃(45d)、深冬-15 ℃(90d)。由图 7.26 地下水压分布云图可知,地下水压分布基本均匀。

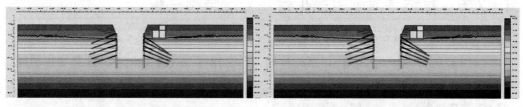

(a)深秋 6 ℃地下水压分布 　　　　　　　　(b)深冬-15 ℃地下水压分布

图 7.26　地下水压分布云图

(5)深秋 6 ℃(45d)、深冬-15 ℃(90d)。由图 7.27 地下水渗流等值线分布云图可知,基坑边壁地下水渗流等值线分布比较均匀,基坑坑底略有增大。

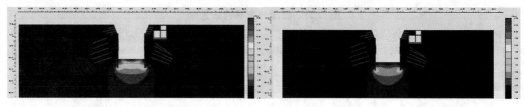

(a)深秋 6 ℃地下水渗流等值线 　　　　　　　　(b)深冬-15 ℃地下水渗流等值线

图 7.27　地下水渗流等值线分布云图

(6)深秋 6 ℃(45d)、深冬-15 ℃(90d)。由图 7.28 地下水渗流量矢量分布图可知,基坑边壁地下水渗流分布比基坑坑底减小。

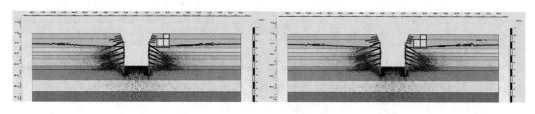

(a)深秋 6 ℃地下水渗流量矢量分布 　　　　　　　　(b)深冬-15 ℃地下水渗流量矢量分布

图 7.28　地下水渗流量矢量分布图

（7）深秋6℃（45d）、深冬-15℃（90d）。由图7.29总主应变角度分布云图可知，其总主应变角度变化明显集中在基坑桩锚板结构附近。

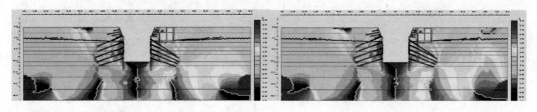

（a）深秋6℃总主应变角度　　　　　　　　（b）深冬-15℃总主应变角度

图7.29 总主应变角度分布云图

（8）深秋6℃（45d）、深冬-15℃（90d）。由图7.30地表位移矢量分布图可知，深秋6℃左侧基坑地表位移曲线（最大值24.12mm）与深冬-15℃左侧基坑地表位移曲线（最大值31.03mm）变化小；深秋6℃右侧基坑地表位移曲线（最大值24.12mm）与深冬-15℃右侧基坑地表位移曲线（最大值31.03mm）变化小，冻融温度变化明显。

（a）深秋6℃地表位移曲线　　　　　　　　（b）深冬-15℃地表位移曲线

图7.30 地表位移矢量分布图

（9）深秋6℃（45d）、深冬-15℃（90d）。由图7.31图左侧基坑边壁位移矢量分布图可知，深秋6℃左侧基坑边壁位移曲线（最大值28.32mm）与深冬-15℃左侧基坑边壁位移曲线（最大值33.33mm）变化小，冻融温度变化明显。

（a）深秋6℃左侧基坑边壁位移曲线　　　　（b）深冬-15℃左侧基坑边壁位移曲线

图7.31 左侧基坑边壁位移矢量分布图

深秋6℃（45d）、深冬-15℃（90d）。由图7.32右侧基坑边壁位移矢量分布图可知，深秋6℃右侧基坑边壁位移曲线（最大值28.32mm）与深冬-15℃右侧基坑边壁位移曲线（最大值33.33mm）变化小，冻融温度变化明显。

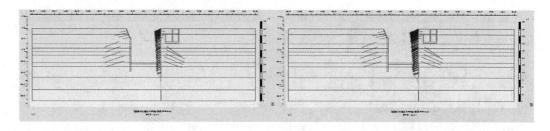

（a）深秋 6 ℃右侧基坑边壁位移曲线 　　　　　　（b）深冬−15 ℃右侧基坑边壁地移曲线

图 7.32　右侧基坑边壁位移矢量分布图

（10）锚索拉力：基坑左边壁 N1 = 860kN，N2 = 608kN，N3 = 1413kN，N4 = 2597kN，N5 = 2011kN；基坑右边壁 NT1 = 1120kN，NT2 = 1926kN，NT3 = 1596kN，NT4 = 4830kN，NT5 = 4401kN。

7.7　冻融引起的基坑变形总结分析

（1）桩顶水平位移。从气温走势图中可以看出：年度最低温在 1 月 21 日~2 月 10 日，温度为−10 ℃~−15 ℃。而桩顶最大位移出现在 2 月 10 日~3 月 11 日，最大位移约为 50mm，桩顶位移变化对比环境温度变化相对滞后。受冻融影响，支护桩位移呈现先增加后减小的趋势，说明温降过程中，由于冰分凝导致的冻融力作用使得桩身应力重新分布，而随着冻结锋面的不断推进，冻融力不断增加导致支护桩顶位移逐渐增大。随后受回温的影响，已冻结的土体融化后冻土压力减小，加之锚杆自由段的弹性变形使得支护桩顶呈现回弹现象，但桩顶位移未恢复至原有状态，仍存在一定的残余变形，残余变形量约为 15mm。

（2）桩身水平位移。随时间变化的桩身水平位移曲线如图 7.17 所示，可以看出，环境温度回升至约−5 ℃时桩身位移最大。由于支护桩顶部约束作用较小，且杂填土内水分受外界影响更加敏感，因此，受冻融和锚杆作用影响，桩身水平位移自桩顶向桩底逐渐减小，为减少冻融影响，现场及时采取了覆盖保温和桩后减压孔措施，随后在 2012 年 3 月 12 日后随着温度的回升，桩身明显出现了回弹现象，桩顶水平位移也相应地回弹至约 30mm。

（3）锚杆轴力。从锚杆轴力曲线图 7.18 中可以看出，第一排锚杆受冻融影响轴力变化最为剧烈，对比桩顶位移和桩身位移监测数据，第一排锚杆轴力最大值的出现日期相对环境温度同样滞后，最大值增加约为冻融前的 3 倍。第三排锚杆轴力相对冻前增加约 1.2 倍，而第二排锚杆冻前受土压力分布影响锚杆轴力最大，但受冻融影响相对较小。而在温度回升后，伴随着覆盖保温和减压孔等措施的采用，锚杆轴力随温度的变化呈缓慢下降的趋势。

（4）冻融引起的基坑变形分析。通过该工程的现场实测数据分析，深基坑桩锚支护结构第一排锚杆轴力以及桩顶位移的变化量相对冻前变化明显，与冻融协调相互响应计算结果与数值分析结果相吻合。基坑最大位移和锚杆轴力相对最低温的出现略显滞后，桩身在冻融作用下超过基坑位移控制标准。基坑施工采用一定的防冻融安全控制措施是必要的。通过监测数据，第一排锚杆应有足够大的安全储备，建议控制值不小于计算值的 3 倍，初始预应力可以相应降低，防止锚杆力达到最大限值从而导致基坑失稳。越冬基坑受环境温度影响较剧烈，应加密越冬期间的监测频率，及时发现问题，并采取有效的防冻融和减缓冻融的措施。

综上所述，通过结合工程实例对季节性冻土区深基坑桩锚支护结构冻融力产生原因、发展过程与处理措施的分析，得出以下结论：在季节性冻土区且采取了工程降水的深基坑支护体系在冬季采取一定的预防冻融影响措施是十分必要的。即使基坑边坡只发生原位冻融，基坑支护结构的变形也是十分可观的，对于桩锚支护结构体系，由冻融作用产生的桩顶水平变形甚至超过正常工况产生变形的 100%。因此，桩锚支护结构体系设计必须考虑冻融荷载影响并预留足够的安全度，否则有可能在冻融发生的过程中由于过大的变形产生破坏或在后期融解过程中出现边坡垮塌等事故。处理冻融影响的措施首先是在预防阶段，如在可能发生冻融影响的支护结构区段采取预先施工卸压孔的办法，减小冻融后变形影响；同时严格控制地下水位高度或渗漏水源，避免产生分凝冻涨现象；可对较为松散的边坡土层进行适当的地基处理，如夯实、注浆等，以减小冻融影响。在冻融过程中应严密监测桩锚结构的变形及锚杆轴力，降低锚杆初始应力，对增长过大的锚杆要及时采取放松拉力的方法，以避免达到极限拉力导致锚杆失效。在冻融结束后，对因冻融产生较大变形的边坡，有条件时可对锚杆进行补张拉，还应及时采取渗透注浆等措施，以降低因融陷对边坡安全的危害。对易发生冻融影响的边坡，对支护结构体系进行监测是十分重要的，应充分掌握冻融过程产生的危害进展，以便采取及时、必要的处理措施。通过该工程的现场实测数据分析，深基坑桩锚支护结构第一排锚杆轴力以及桩顶位移的变化量相对冻前变化明显，与冻融协调相互响应计算结果和数值分析结果相吻合。基坑最大位移和锚杆轴力相对最低温的出现略显滞后，桩身在冻融作用下超过基坑位移控制标准。基坑施工采用一定的防冻融安全控制措施是必要的。通过监测数据，第一排锚杆应有足够大的安全储备，建议控制值不小于计算值的 3 倍，初始预应力可以相应降低，防止锚杆力达到最大限值从而导致基坑失稳。越冬基坑受环境温度影响较剧烈，应加密越冬期间的监测频率及时发现问题，并采取有效的防冻融和减缓冻融的措施。

第8章 鞍山紧邻建筑基坑冻涨 时效性破坏分析

拟建鞍山紧邻建筑基坑工程场地第四系地层主要为黏性土层和碎石层,基岩为混合岩,岩性主要为花岗混合岩及石英岩脉。场地地貌主要由丘陵和周围堆积的坡积裙组成,地形起伏较大,大体呈北高南低趋势。场地经过整平,现地表绝对标高在34.95～42.87m。

拟建场地地势较高,经查阅沙河水文资料,该场地不会遭受洪水灾害。降雨时,会产生暂时性地表流水,流向为从东向西和从北向南。鞍山属温带大陆性季风气候,相关数据见图8.1至图8.3。

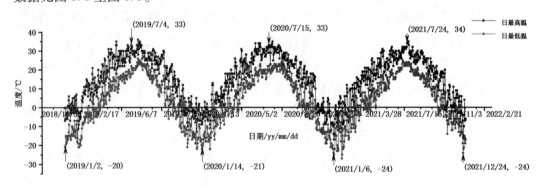

图8.1 气温温度变化

🗹 8.1 工程水文地质条件

8.1.1 工程地质条件

根据勘察结果,在勘察深度内,拟建场地地层自上而下依次为:①人工填土;②黏土;③粉质黏土;③₁碎石;④强风化混合岩;⑤中风化混合岩,上述各岩土层的分布和岩性特征描述如下。

(1)人工填土(地层编号①,Q_4^{ml})。普遍分布。主要由碎石、混凝土碎块、砖块、黏性土等组成。呈松散～稍密、稍湿状态。层厚0.50～6.50m,层底标高30.91～41.02m。

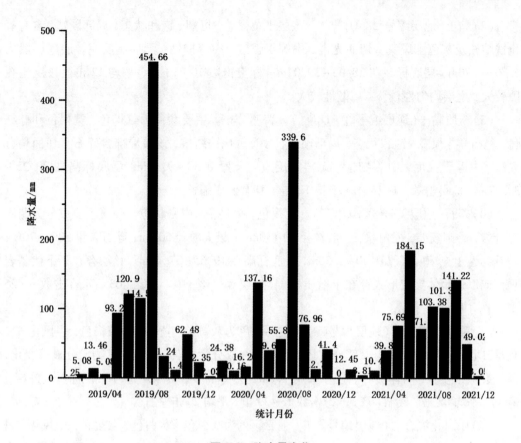

图 8.2 降水量变化

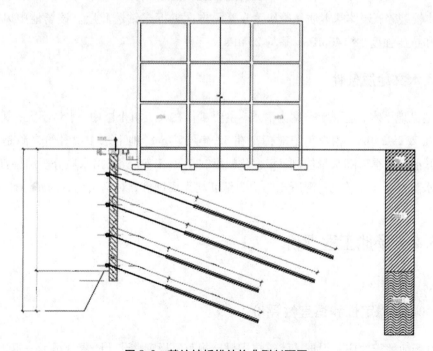

图 8.3 基坑桩板锚结构典型剖面图

（2）黏土（地层编号②，Q_4^{al+pl}）。该层土黄褐色，可塑、饱和状态，局部硬塑，含有氧化铁结核及灰色土斑块。切面光滑，中等干强度，中等韧性，无摇震反应。层厚一般为0.70~4.70m，层底标高在28.95~39.07m。标贯击数10~13击，平均12击。该层土孔隙较大，土层均匀性较差，离散性较大。

（3）粉质黏土（地层编号③，Q_4^{pl+dl}）。普遍分布。主要颜色为红褐色、黄褐色和棕红色，呈可塑、很湿~饱和状态，局部硬塑，含有氧化铁结核，该层局部含碎石。切面稍有光泽，中等干强度，中等韧性，无摇震反应。层厚0.50~9.40m，层底标高在20.25~39.72m。标贯击数10~15击，平均12击。具有低压缩性。

（4）碎石（地层编号③$_1$，Q_4^{pl+dl}）。黄褐色，呈稍密~中密状态。碎石主要成分为花岗混合岩，磨圆较差，棱角状，一般粒径20~30mm，最大粒径50mm，碎石含量50%~70%，砂及黏性土充填。层厚0.50~1.50m，层底标高在19.65~37.45m。该层存在于下伏基岩顶部或以透镜体夹层形式存在于粉质黏土（地层编号③）中。动触（63.50kg）击数9~25击，平均10击左右。

（5）强风化混合岩（地层编号④）。主要颜色为灰黄色、黄白色、黄褐色，强风化，风化呈砂状、碎块状。结构大部分破坏，主要矿物成分为石英、长石，矿物成分显著变化，风化裂隙很发育，岩体破碎。层厚2.0~3.0m，层底标高在17.93~34.76m。标贯击数64~67击，平均65击。动触（63.50kg）击数13~29击，平均20击左右。

（6）中风化混合岩（地层编号⑤）。主要颜色为灰白色、黄白色、灰褐色，中风化，风化呈碎块状、块状。中粗粒结构，块状构造，主要矿物成分为石英、长石，风化裂隙较发育，岩体较破碎，岩体基本质量等级为Ⅳ类。本次勘探未钻透此层。该场地中风化岩石单轴饱和抗压强度18~40MPa，平均25MPa。

8.1.2　水文地质条件

场地见地下水，地下水类型为潜水，主要赋存在人工填土层中，水量不大，其稳定水位埋深在2.2~3.0m，相当于绝对标高在32.5~35.0m。地下水主要补给来源是大气降水，地下水位受季节降水量控制，年变化幅度在1.0~1.5m。根据水质分析结果判定，场地地下水对混凝土结构、对混凝土结构中钢筋均无腐蚀性，对钢结构有弱腐蚀性。

8.2　场地工程评价

8.2.1　场地稳定性和适宜性评价

（1）场地地震效应。根据《建筑抗震设计规范》规定，设计地震分组为一组，本场地土类型属于中软场地土及中硬场地土，场地类别为Ⅱ类，场地所处位置属于抗震一般地段。场地的抗震设防烈度为 7 度，设计基本地震加速度值为 0.1g，特征周期值为 0.35s。场地内无地震液化敏感地层。

（2）场地内地质构造简单，无全新活动断裂带和发震断裂带通过。场地无滑坡、岩溶、土洞等不良地质作用。场地覆盖层厚度在 4~15m，下伏基岩为混合岩，岩性主要为花岗混合岩及石英岩脉。场地基岩面起伏较大，总体呈北高南低趋势。基岩强风化层厚度在 2.0~3.0m，中风化混合岩属较软岩，岩体较易破碎，岩体基本质量等级为 Ⅳ 类。

（3）拟建场地除人工填土（地层编号①）属于欠固结土外，其他各土层均处于正常及超固结状态，不会产生自重固结沉降，采用桩基不会产生负摩阻力。综上所述，场地建筑条件较好，适宜本工程建设。

8.2.2　地基与基础型式建议

由于各栋住宅楼所处地质条件不同，宜采用不同的地基与基础型式。

8.2.3　基坑开挖、地下水及地表水的评价

由于基坑开挖深度不大，可采用放坡开挖，第四系土层坑壁坡度允许值可采用 1:0.80。地下水稳定水位深度在 2.2~3.0m，相当于绝对标高在 32.5~35.0m，主要赋存在人工填土层中，其下为弱透水层，水量不大，开挖基坑时可进行坑内集水明排，采用人工挖孔灌注桩可直接进行井内降水。地下室抗浮设计水位的标高可按 37.0m 考虑。

拟建场地地势较高，经查阅沙河水文资料，该场地不会遭受洪水灾害。降雨时，会产生暂时性地表流水，流向为从东向西和从北向南。由于拟建场地处于丘陵斜坡地带，应防止降雨时暂时性地表洪流对基础外墙处地基土的冲刷。

8.3　基坑岩土工程评价

（1）拟建场地内无不良地质作用，无地震液化敏感地层，场地稳定，适宜建筑。

（2）场地地震效应分析场地类别为 Ⅱ 类。本场地土类型属中软场地土及中硬场地土。属于建筑抗震一般地段。场地设计地震分组为一组，抗震设防烈度为 7 度，设计基本加速度为 0.10g，特征周期为 0.35s。

（3）地基基础型式及各层岩土地基设计参数。适宜采用人工挖孔灌注桩，强风化混合岩（地层编号④）及中风化混合岩（地层编号⑤）均为良好的桩端持力层。也可采用天然地基（筏基），以黏土（地层编号②）或粉质黏土（地层编号③）为持力层；采用人工挖孔灌注桩或钻孔灌注桩，以强风化混合岩（地层编号④）或中风化混合岩（地层编号⑤）为桩端持力层；也可采用水泥粉煤灰碎石桩（CFG）地基处理方案。

（4）各层岩土天然地基承载力及压缩（变形）模量、强度参数。计算沉降时，压缩模量应采用相应压力区间数值，强风化混合岩和中风化混合岩层可不考虑竖向压缩变形（见表8.1）。

表8.1　强风化混合岩和中风化混合岩层物理力学指标

岩土名称	参数			
	承载力特征值 $(f_a)_k$/kPa	压缩模量（变形模量）$Es_{1-2}(E_0)$/MPa	内摩擦角 Φ_k/(°)	黏聚力 C_k/kPa
黏土（地层编号②）	150	7.0	10.0	33
粉质黏土（地层编号③）	190	10.0	13.0	70
碎石（地层编号③₁）	300	20.0	25.0	—
强风化混合岩（地层编号④）	1500	—	—	—
中风化混合岩（地层编号⑤）	5000	—	—	—

（5）各层岩土人工挖孔桩设计参数。中风化混合岩（地层编号⑤）岩石饱和单轴抗压强度 f_{rk} 取25.0MPa（见表8.2）。

表8.2　中风化混合岩物理力学指标

岩土名称	参数			
	桩极限侧阻力标准值 q_{sik}/kPa	桩极限端阻力标准值 q_{pk}/kPa	桩侧阻力特征值 q_{sia}/kPa	桩端阻力特征值 q_{pa}/kPa
黏土（地层编号②）	40	—	25	—
粉质黏土（土地层编号③）	70	—	40	—
碎石（地层编号③₁）	100	—	60	—
强风化混合岩（地层编号④）	120	3600	65	1800
中风化混合岩（地层编号⑤）	600	10000	300	5000

（6）基坑岩土与结构材料物理力学指标见表8.3和表8.4所列。

表 8.3 地下水物性参数

土样编号	USDA	Van Genuchten
1 粉质黏土	砂质肥土	Van Genuchten
2 细砂	壤质砂土	
21 粉质黏土	粉质砂土	
3 黏质粉土	粉质黏土	
31 黏土	砂质粘性肥土	
32 粉质黏土	黏土	
4 中砂	粉质黏土	
5 粉质黏土	砂	
	粉质黏土	

表 8.4 基坑试验物理力学参数和热物理参数

土样编号	比热容 /(kJ·t⁻¹·K⁻¹)	导热系数 /(kW·m⁻¹·K⁻¹)	密度 /(t·m⁻³)	x 向热膨胀 1/K	y 向热膨胀 1/K	z 向热膨胀 1/K	容重 /(kN·m⁻³)	弹性模量 /MPa	泊松比	黏聚力 /kPa	内摩擦角 /(°)	实测渗透系数 /(m·s⁻¹) 垂直	水平
1 粉质黏土	1420	0.001640	1.88	9×10^{-5}	9×10^{-5}	9×10^{-5}	14.9	40.0	0.312	22.4	14.8	3.14×10^{-7}	7.45×10^{-7}
2 细砂	850	0.002000	2.12	5×10^{-5}	5×10^{-5}	5×10^{-5}	19.7	98.0	0.250	0.05	28.0	9.01×10^{-7}	8.75×10^{-7}
21 粉质黏土	1450	0.001695	1.87	8×10^{-5}	8×10^{-5}	8×10^{-5}	15.7	78.0	0.270	17.0	26.0	3.01×10^{-7}	2.75×10^{-7}
3 黏质粉土	1500	0.001680	1.97	8×10^{-5}	8×10^{-5}	8×10^{-5}	15.7	78.0	0.270	17.0	26.0	3.01×10^{-7}	2.75×10^{-7}
31 黏土	1350	0.001540	1.81	7×10^{-5}	7×10^{-5}	7×10^{-5}	15.5	72.0	0.285	19.0	16.0	3.00×10^{-7}	2.00×10^{-7}
32 粉质黏土	1420	0.001640	1.87	8×10^{-5}	8×10^{-5}	8×10^{-5}	15.8	35.0	0.330	11.3	18.3	3.00×10^{-7}	7.00×10^{-7}
4 中砂	950	0.002500	2.25	5×10^{-5}	5×10^{-5}	5×10^{-5}	20.1	120.0	0.245	0.01	30.5	1.50×10^{-5}	1.43×10^{5}
5 粉质黏土	1420	0.001640	1.87	8×10^{-5}	8×10^{-5}	8×10^{-5}	15.8	65.0	0.290	11.3	15.3	3.00×10^{-7}	7.00×10^{-7}
混凝土	1046	0.001850	2.50	1×10^{-5}	1×10^{-5}	1×10^{-5}	25.0	22000	0.160				
草帘	2016	0.000050	0.35	1×10^{-5}	1×10^{-5}	1×10^{-5}	0.05	0.02	0.400				
EPS 保温板	1400	0.000030	0.04	1×10^{-5}	1×10^{-5}	1×10^{-5}	0.0045	0.02	0.400				
XPS 保温板	1250	0.000028	0.03	1×10^{-5}	1×10^{-5}	1×10^{-5}	0.0035	0.02	0.400				

（7）各层岩土钻孔灌注桩设计参数。由于地质条件限制，拟建场地不宜采用预应力管桩，除 2 号楼和 3 号楼可采用人工挖孔灌注桩和钻孔灌注桩两种桩型外，其他住宅楼采用人工挖孔灌注桩从技术、经济和工期方面都优于钻孔灌注桩（见表 8.5）。

表 8.5　人工挖孔灌注桩和钻孔灌注桩指标

岩土名称	参数			
	桩极限侧阻力标准值 q_{sik}/kPa	桩极限端阻力标准值 q_{pk}/kPa	桩侧阻力特征值 q_{sia}/kPa	桩端阻力特征值 q_{pa}/kPa
黏土（地层编号②）	40	–	25	–
粉质黏土（地层编号③）	65	–	35	–
碎石（地层编号③₁）	90	–	45	–
强风化混合岩（地层编号④）	100	2400	50	1200
中风化混合岩（地层编号⑤）	600	10000	300	5000

（8）场地地下水类型为潜水，主要赋存在人工填土层中，水量不大，其稳定水位深度在 2.2~3.0m，相当于绝对标高在 32.5~35.0m。地下水主要补给来源是大气降水，地下水位受季节降水量控制，年变化幅度在 1.0~1.5m。根据水质分析结果判定，场地地下水对混凝土结构、混凝土结构中的钢筋均无腐蚀性。对钢结构有弱腐蚀性。地下室抗浮设计水位的标高可按 37.0m 考虑。由于拟建场地处于丘陵斜坡地带，应防止降雨时暂时性地表洪流对基础外墙处地基土的冲刷。

（9）场地标准冻结深度为 1.10m。

8.4　紧邻建筑基坑桩板锚支护结构冻融破坏

紧邻建筑基坑桩板锚支护结构冻融破坏现象见图 8.4 至图 8.6。

图 8.4　紧邻酒店建筑物基坑桩板锚结构与高地下水位延冰

图 8.4 紧邻酒店建筑物基坑桩板锚结构与高地下水位延冰,上部建筑为洗浴中心。由于紧邻建筑基坑桩板锚支护,紧邻建筑与基坑稳定性很好。由于紧邻酒店建筑物基坑施工需要越冬,原本紧邻建筑与基坑的稳定性变差,基坑桩板锚支护侧壁上初冬已经出现冰柱挂坡,基坑底部出现洗浴中心泉水涌出,表明基坑上部建筑洗浴中心有漏水发生,使得基坑桩板锚支护侧壁岩土层饱水/过饱和,随着冬季低温的发生,冻融深度加大,冻涨力加大,出现诱发基坑桩板锚支护变形开裂,锚杆支护被拉断(现场施工人员听到断裂声音出现),出现紧邻建筑基坑冻涨时效性破坏。图 8.5 紧邻酒店建筑物基坑桩板锚结构冻融破坏垮塌,发生突发性灾害,导致洗浴中心停业。图 8.6 紧邻临建筑物基坑桩板锚结构冻融基岩风化碎石土破坏垮塌,发生突发性灾害问题。

图 8.5　紧邻酒店建筑物基坑桩板锚结构冻融破坏垮塌

图 8.6　紧邻建筑物基坑桩板锚结构冻融基岩风化碎石土破坏垮塌

图 8.7 紧邻建筑物基坑冻融基岩顺倾节理面碎石破坏垮塌,发生突发性灾害问题。紧邻建筑物基坑桩板锚结构冻融破坏垮塌,发生突发性灾害表明,北方冻土基坑越冬会

出现稳定问题。有必要开展紧邻建筑物基坑冻融突发性灾害研究与分析。

图 8.7　紧邻建筑物基坑冻融基岩顺倾节理面碎石破坏垮塌

8.5　紧邻建筑基坑支护流固耦合数值模拟

紧邻建筑基坑支护模型见图 8.8。

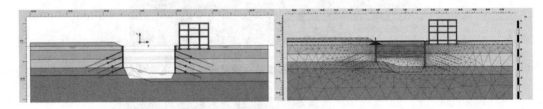

图 8.8　紧邻建筑基坑支护模型图

针对紧邻地铁基坑开挖支护结构流固耦合分析见图 8.9 所示，由图 8.9(a)地下水水头分布云图和图 8.9(b)地下水渗流分布云图可知，基坑开挖支护边壁地下水渗流明显；由图 8.9(c)总位移及水平位移分布云图和图 8.9(d)总沉降位移及总位移矢量分布图可知，基坑开挖支护边壁位移明显，紧邻地铁隧道位移明显；由图 8.9(e)相对剪应变及体积应变图可知，基坑开挖支护边壁位移明显，紧邻地铁隧道位移明显；由图 8.9(f)剪应力及弹塑性点分布图可知，基坑开挖支护边壁位移明显，紧邻地铁隧道位移明显，紧邻地表及地铁隧道上部拉破坏明显。

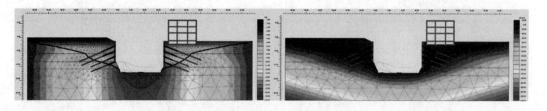

(a)地下水水头分布云图

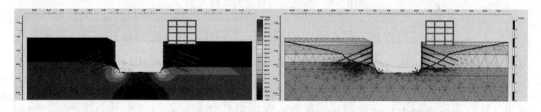

(b)地下水渗流分布云图

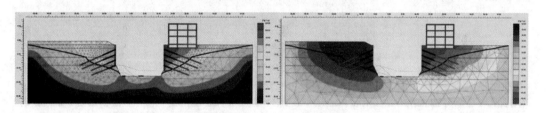

(c)总位移及水平位移分布云图

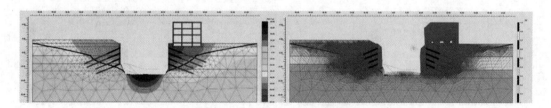

(d)总沉降位移及总位移矢量分布图

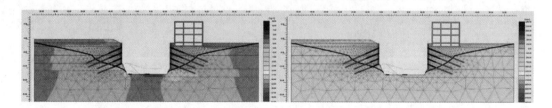

(e)相对剪应变及体积应变云图

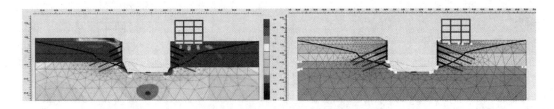

(f)剪应力及弹塑性点分布图

图8.9　基坑支护物理力学特性图

针对紧邻地铁基坑开挖支护结构流固耦合分析见图8.10,由图8.10(a)地下水水头分布云图可以看出,基坑开挖支护边壁地下水渗流明显;由图8.10(b)中总位移分布云图可以看出,基坑开挖支护边壁位移明显,紧邻地铁隧道明显,由剪应力分布云图可以看出,基坑开挖支护边壁位移明显,紧邻地铁隧道位移明显;由图8.10(c)总位移网格图与弹塑性破坏点分布图可以看出,紧邻地表及地铁隧道上部拉破坏明显。

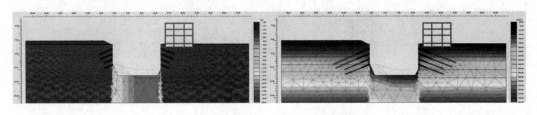

(a)地下水水头分布云图

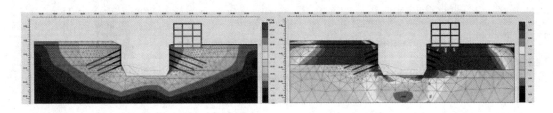

(b)总位移分布与剪应力云图

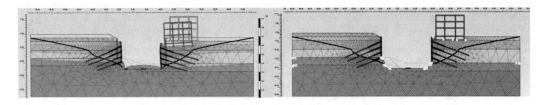

(c)总位移网格图和弹塑性点分布图

图8.10　降雨基坑支护物理力学特性图

8.6　紧邻建筑基坑支护流固耦合冻融数值模拟

（1）初冬−12 ℃（45d）。由图 8.11（a）温度分布等值线云图和图 8.11（b）热流量矢量分布图可知，冻融温度变化明显；由图 8.11（c）主应力方向分布云图和图 8.11（d）相对剪应力分布云图可知，主应力方向变化明显集中在基坑桩锚板附近，相对剪应力变化明显集中在地铁变电站结构部分；由图 8.11（e）总主应变角度变化云图和图 8.11（f）总偏应变分布云图可知，总主应变角度变化明显集中在基坑桩锚板和地铁变电站结构附近，总偏应变分布在基坑桩锚板附近。

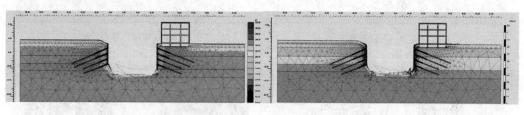

（a）温度分布等值线云图　　　　　　　　　（b）热流量矢量分布图

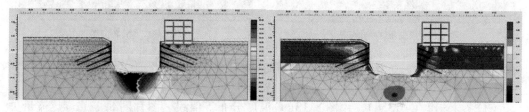

（c）主应力方向分布云图　　　　　　　　　（d）相对剪应力分布云图

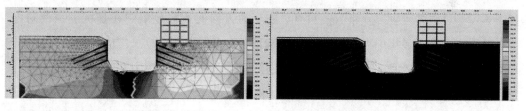

（e）总主应变角度变化云图　　　　　　　　　（f）总偏应变分布云图

图 8.11　紧邻建筑初冬−12 ℃（45d）冻融变化

（2）深冬−28 ℃（90d）。由图 8.12（a）温度分布等值线云图和图 8.12（b）热流量矢量分布图可知，冻融温度变化增加明显；由图 8.12（c）主应力方向分布云图和图 8.12（d）相对剪应力分布云图可知，主应力方向变化明显集中在基坑桩锚板附近，相对剪应力变化明显集中在地铁变电站结构部分，且范围明显增加；由图 8.12（e）总主应变角度变化云图和图 8.12（f）总偏应变分布云图可知，总主应变角度变化明显集中在基坑桩锚板和地铁变电站结构部分附近，且范围明显增加，总偏应变分布在基坑桩锚板附近。

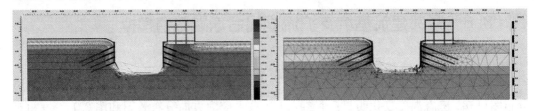

(a)温度分布等值线云图 　　　　　　　(b)热流量矢量分布图

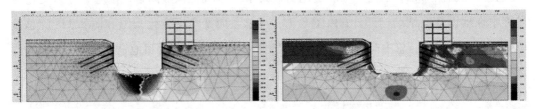

(c)主应力方向分布云图 　　　　　　　(d)相对剪应力分布云图

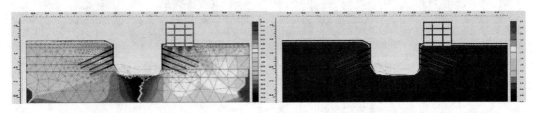

(e)总主应变角度变化云图 　　　　　　(f)总偏应变分布云图

图 8.12　紧邻建筑深冬-28 ℃(90d)冻融变化

(3)冬末-12 ℃(135d)。由图 8.13(a)温度分布等值线云图和图 8.13(b)热流矢量分布图可知，冻融温度变化明显，增长明显缓慢；由图 8.13(c)主应力方向分布云图和图 8.13(d)相对剪应力分布云图可知，主应力方向变化明显集中在基坑桩锚板附近，相对剪应力变化明显集中在地铁变电站结构部分；由图 8.13(e)总主应变角度变化云图和图 8.13(f)总偏应变分布云图可知，总主应变角度变化明显集中在基坑桩锚板和地铁变电站结构部分附近，总偏应变分布在基坑桩锚板附近。

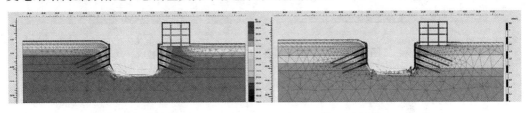

(a)温度分布等值线云图 　　　　　　　(b)热流量矢量分布图

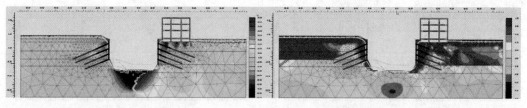

（c）主应力方向分布云图　　　　　　　　　　（d）相对剪应力分布云图

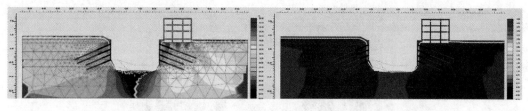

（e）总主应变角度变化云图　　　　　　　　　　（f）总偏应变分布云图

图 8.13　紧邻建筑冬末-12 ℃（135d）冻融变化

8.7　紧邻建筑基坑支护流固耦合冻融演化分析

（1）初冬-12 ℃（45d）、深冬-28 ℃（90d）和冬末-12 ℃（135d）见图 8.14 总位移网格形变分布图，初冬-12 ℃冻深 128mm，深冬-28 ℃冻深 1580mm，冬末-12 ℃冻深 1605mm。冻融温度变化明显，增长明显加快，出现冻胀破坏，紧邻临建筑物基坑桩板锚结构冻融破坏垮塌。发生突发性灾害表明，北方冻土基坑越冬会出现稳定问题。

（2）初冬-12 ℃（45d）、深冬-28 ℃（90d）和冬末-12 ℃（135d）见图 8.15 温度场分布云图，基坑初冬-12 ℃、深冬-28 ℃和冬末-12 ℃温度场变化剧烈。

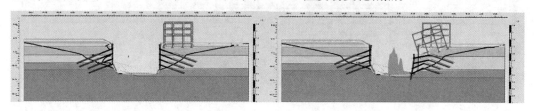

（a）初冬-12 ℃（45d）总位移网格形变　　　　　（b）深冬-28 ℃（90d）总位移网格形变

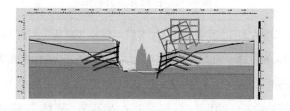

（c）冬末-12 ℃（135d）总位移网格形变

图 8.14　总位移网格形变分布图

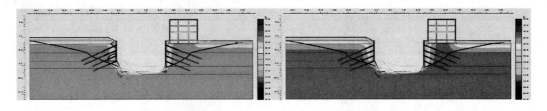

(a)初冬-12℃(45d)温度场分布　　　　　(b)深冬-28℃(90d)温度场分布

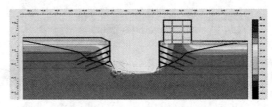

(c)冬末-12℃(135d)温度场分布

图8.15　温度场分布云图

(3)初冬-12℃(45d)、深冬-28℃(90d)和冬末-12℃(135d)见图8.16拉破坏点分布图,基坑左侧初冬-12℃、深冬-28℃和冬末-12℃边壁出现拉破坏,基坑右侧初冬-12℃、深冬-28℃和冬末-12℃边壁出现连续性拉破坏,建筑基础出现垮塌、锚索拉断,发生突发性灾害。

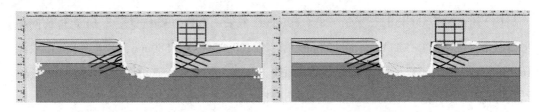

(a)初冬-12℃(45d)拉破坏点分布　　　　　(b)深冬-28℃(90d)拉破坏点分布

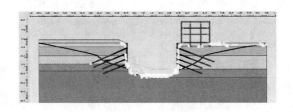

(c)冬末-12℃(135d)拉破坏点分布

图8.16　拉破坏点分布图

(4)初冬-12℃基坑左侧边壁锚索拉力 NT1=698.2973kN、NT2=533.871kN、NT3=456.727kN、NT4=323.603kN,基坑右侧边壁锚索拉力 N1=631.928kN、N2=541.817kN、N3=646.343、N4=594.229kN。深冬-28℃基坑左侧边壁锚索拉力 NT1=1443.513kN、NT2=933.018kN、NT3=888.390kN、NT4=467.282kN,基坑右侧边壁锚索拉力 N1=1043.670kN、N2=1407.306kN、N3=1167.983kN、N4=1092.952kN。初冬-12℃基坑右

侧边壁锚索拉力为左侧最大处 1.836 倍，深冬-28 ℃基坑右侧边壁锚索拉力为左侧最大处 2.338 倍，如果有地下水漏失补给，会发生严重的冻融突发性垮塌灾害。

（5）初冬-12 ℃（45d）、深冬-28 ℃（90d）和冬末-12 ℃（135d）见图 8.17 总位移分布云图，基坑右侧初冬-12 ℃建筑基础有变形影响，深冬-28 ℃建筑基础出现垮塌、锚索拉断，发生突发性灾害。

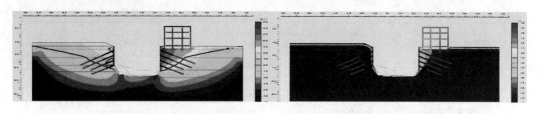

（a）初冬-12 ℃（45d）总位移分布　　　　　　（b）深冬-28 ℃（90d）总位移分布

（c）冬末-12 ℃（135d）总位移分布

图 8.17　总位移分布云图

（6）初冬-12 ℃（45d）、深冬-28 ℃（90d）和冬末-12 ℃（135d）见图 8.18 主应变方向分布图，基坑右侧初冬-12 ℃基本未出现垮塌迹象，深冬-28 ℃出现了垮塌。

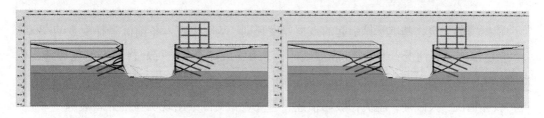

（a）初冬-12 ℃（45d）总主应变方向分布　　　　（b）深冬-28 ℃（90d）总主应变方向分布

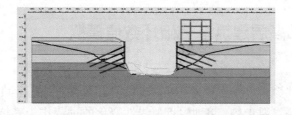

（c）冬末-12 ℃（135d）总主应变方向分布

图 8.18　总主应变方向分布图

（7）基坑建筑入冬前基坑支护等施工完成，沉降 745.6mm，旋转 0.077°，倾斜 0.134%＝1：745.6。基坑建筑初冬－12 ℃（45d）、深冬－28 ℃（90d）和冬末－12 ℃（135d）见图 8.19 沉降倾斜图，基坑建筑初冬－12 ℃沉降 315mm，旋转 1.030°，倾斜 1.802%＝1：55.50；深冬－28 ℃沉降 590mm，旋转 1.926°，倾斜 3.373%＝1：29.64；冬末－12 ℃沉降 738mm，旋转 2.432°，倾斜 4.263%＝1：23.46。可见，建筑初冬出现垮塌迹象，深冬出现了垮塌。

测量			测量		
拉长		0.004 m	拉长		0.040 m
|Δu|		0.024 m	|Δu|		0.318 m
Δu perpendicular		0.023 m	Δu perpendicular		0.315 m
旋转		0.077 °	旋转		1.030 °
倾斜		0.134 % = 1 : 745.6	倾斜		1.802 % = 1 : 55.50

（a）初冬－12 ℃（45d）沉降倾斜图　　　　　　（b）初冬－12 ℃（45d）沉降倾斜图

测量			测量		
拉长		0.058 m	拉长		0.064 m
|Δu|		0.593 m	|Δu|		0.741 m
Δu perpendicular		0.590 m	Δu perpendicular		0.738 m
旋转		1.926 °	旋转		2.432 °
倾斜		3.373 % = 1 : 29.64	倾斜		4.263 % = 1 : 23.46

（c）深冬－28 ℃（90d）沉降倾斜图　　　　　　（d）冬末－12 ℃（135d）沉降倾斜图

图 8.19　基坑建筑基础沉降倾斜图

依据紧邻建筑物基坑开挖引起的破损程度判别，基坑建筑入冬前沉降梯度 $\beta=1/800\sim 1/500$ 建筑物破坏情况：小破坏-表层破坏；建筑物破坏描述：石膏材料上出现裂缝。依据紧邻建筑物基坑开挖引起的破损程度判别，基坑建筑入冬后沉降梯度 $\beta=1/150\sim0$，建筑物破坏情况：大破坏；建筑物破坏描述：承重墙和支撑梁出现明显的开口裂缝

可见，有必要开展紧邻建筑物基坑冻融突发性灾害发生的研究。

8.8　紧邻高层建筑基坑破坏数值模拟

冻土层中水分在冬季负温条件下结成冰晶，使土体膨胀，产生冻涨，引起基坑侧壁冻胀破坏。基于实测气温走势，将地温近似线性变化的过程作为基坑控温过程曲线，研究在温度应力作用下桩锚基坑支护结构的冻涨动态响应规律（见图 8.20）。

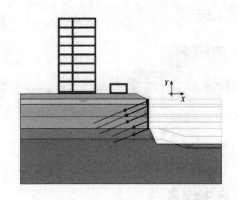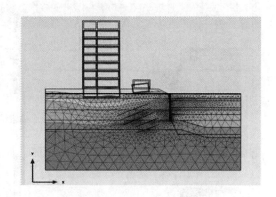

图 8.20　紧邻高层建筑基坑支护模型图

从基坑分析结果图可以看出（见图 8.21），图 8.21（a）基坑支护+小锚索结构网格变形和矢量分布图主要是紧邻高层建筑影响，使得基坑支护边壁出现明显变形；图 8.21（b）基坑支护+小锚索结构位移和矢量分布云图主要是紧邻高层建筑影响，使得基坑支护边壁出现明显变形；图 8.21（c）基坑支护+小锚索结构相对剪应力云图和弹塑性点分布图是紧邻高层建筑影响，使得基坑支护边壁出现明显变形；图 8.21（d）基坑支护+小锚索结构四下水水头分布图和图 8.21（e）基坑支护+小锚索结构地下水渗流分布图，不均衡分布使得高层建筑发生不均匀沉降，进而使得基坑支护边壁出现明显变形。

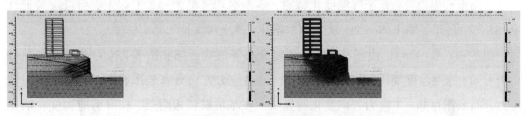

（a）基坑支护+小锚索结构网格变形和矢量分布图

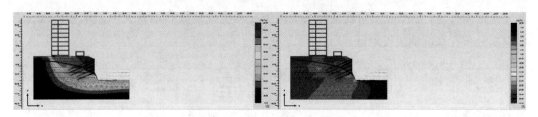

（b）基坑支护+小锚索结构位移和矢量分布云图

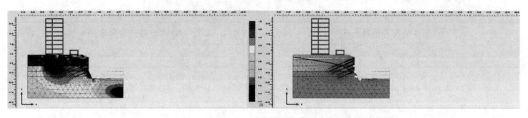

（c）基坑支护+小锚索结构相对剪应力云图和弹塑性点分布图

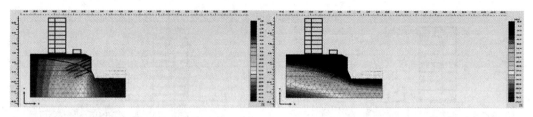

(d)基坑支护+小锚索结构四下水水头分布图

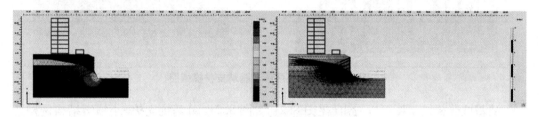

(e)基坑支护+小锚索结构地下水渗流分布图

图 8.21　基坑支护+小锚索结构工程力学分析图

8.9　紧邻高层建筑基坑冻融破坏数值模拟

鞍山市气温走势：基于气温变化特点，冬季平均气温为-12 ℃以下，年极端最低气温-45 ℃，每年冬季土体冻结，次年春季融化，冻土层深达 1.7m 左右。

初冬-12 ℃(45d)。由图 8.22(a)温度分布等值线云图和图 8.22(b)热流量矢量分布图可知，冻融温度变化明显；由图 8.22(c)主应力方向分布云图和图 8.22(d)相对剪应力分布云图可知，主应力方向变化明显集中在基坑桩锚板附近，相对剪应力变化明显集中在地铁变电站结构部分；由图 8.22(e)总主应变角度变化云图和图 8.22(f)总偏应变分布云图可知，总主应变角度变化明显集中在基坑桩锚板和地铁变电站结构附近，总偏应变分布在基坑桩锚板附近。

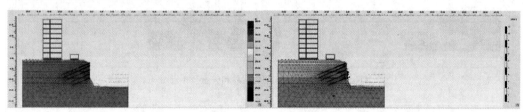

(a)温度分布等值线云图　　　　　　　　　　(b)热流量矢量分布图

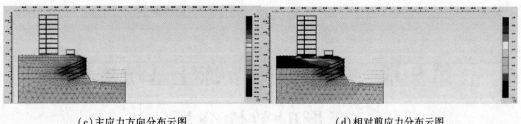

（c）主应力方向分布云图　　　　　　　　（d）相对剪应力分布云图

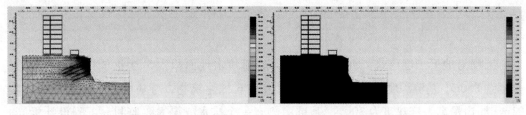

（e）总主应变角度变化云图　　　　　　　　（f）总偏应变分布云图

图 8.22　紧邻高层建筑初冬−12 ℃（45d）冻融变化

图 8.23 为基坑建筑基础沉降倾斜图，基坑建筑初冬（−12℃）沉降−14mm，旋转−0.053°，倾斜 0.092%＝1：1088。

测量	
拉长	0.000 m
|Δu|	0.014 m
$\Delta u_{perpendicular}$	−0.014 m
旋转	−0.053°
倾斜	0.092%=1:1088

图 8.23　基坑建筑基础沉降倾斜图

依据建筑物基坑开挖引起的破损程度判别，沉降梯度 $\beta = 1/1200 \sim 1/800$，建筑物破坏情况：微小裂缝；建筑物破坏描述：微小裂缝。

第9章 哈尔滨季节冻土基坑冻融变形时效性分析

工程为地下二层建筑，地面为公共广场，基坑占地面积约5万平方米，基坑支护总长度约850m，基坑深度−15.50m，基坑周边有6栋建筑物，与基坑边缘的最近距离为21m，周边最高一栋建筑为30层，基坑南侧有一个排水方渠需要监测。工程设计标高±0.000相当于绝对标高129.672m，建筑物主体覆土厚度为1.8~2.8m，平面位置见总平面图。基坑外轮廓为主体建筑以外1.2~3.0m，基坑底部深度为−11.4~−16m。工程地下抗浮水位为123.5m，施工期间需进行降水，为防止对周边建筑产生不利影响，采用悬挂式止水帷幕，对坑内进行降水，坑外进行回灌处理。止水帷幕采用三轴水泥土搅拌桩。场地内局部存在上层滞水或空隙潜水，勘查期间地下水稳定水位埋深在地面下7.4~7.9m。哈尔滨温度及降水量变化见图9.1和图9.2。

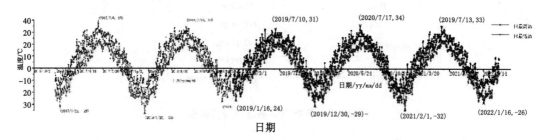

图9.1 哈尔滨温度变化

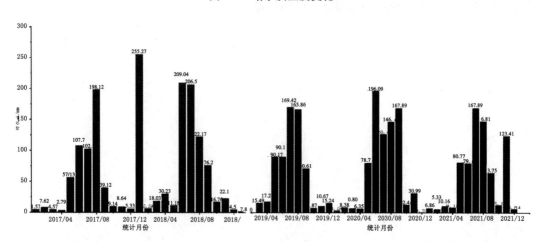

图9.2 哈尔滨降水量变化

9.1　结构设计主要技术指标

(1)结构设计标准。工程基坑支护的设计使用年限为 2 年，冬季应采取越冬措施，防止基坑围护构件产生冻害。基坑安全等级为一级；结构重要性系数为 1.1。基坑工程围护结构最大水平位移<0.2%h；地面最大沉降量<0.15%h，且应满足周边各建(构筑)物最小位移的相应规范要求。在基坑开挖过程与支护结构使用期内，必须进行支护结构的水平位移监测和基坑开挖影响范围内建(构)筑物、地面的沉降监测。工程抗浮设防水位为 123.5m，实际降水与回灌水位以现场实测为准。

(2)主要荷载(作用)取值。基坑内外土重取 19kN/m³，地面超载按 20kPa 进行计算，在使用期间，基坑周边 5m 范围内堆载不得超过此值。工程按常温设计未考虑温度荷载，如存在越冬工况时，入冬前应采取适当的措施减少土体冻融效应对支护结构的损伤；开春后应及时对锚具及锚头处进行检查，有松动迹象时应及时补张拉、及时重新锁定。

(3)计算软件。工程设计计算采用北京理正软件股份有限公司"深基坑支护结构设计软件"7.0PB1 版。

(4)主要结构材料。设计中采用的各种材料，必须具有出厂质量证明书或试验报告单，并在进场后按现行国家有关标准的规定进行检验和试验，检验和试验合格后方可在工程中使用。所有结构材料均应采用施工现场 500km 以内生产的。排桩、冠梁混凝土强度等级：C30。三轴水泥土搅拌桩水泥强度等级不低于 42.5 级普通硅酸盐水泥。水泥用量和水灰比应结合土质条件和机械性能通过现场试验确定。锚杆注浆材料：水泥宜使用普通硅酸盐水泥，强度等级不应低于 20MPa，42.5 级。锚杆的注浆应采用二次注浆工艺。

9.2　工程地质

根据地岩土工程勘察报告，拟建场地土层分布大致如下。

第(1)层杂填土：杂色，以建筑垃圾为主，层底埋深 0.00～12.60m，平均厚度为 2.00m。

第(1-1)层空洞：原地下构筑物形成的地下洞室。埋深 0.50～10.40m，平均厚度为 3.95m。粉砂及流塑土，埋深 1.70～11.80m，平均厚度为 2.70m。

第(2)层粉质黏土：黄褐色，可塑，中-高压缩性，干强度中等，韧性中等，稍光滑，摇振反应无。

第(2-1)层粉质黏土：黄褐色，硬塑，中压缩性，干强度中等，韧性中等，稍光滑，摇振反应无，包含粉土级配一般，形状亚圆形，黏粒含量低，埋深9.10-13.20m，平均厚度为4.93m。

第(2-2)层粉质黏土：黄褐色，软塑，中-高压缩性，干强度中等，韧性中等，稍光滑，摇振反应无，粉土级配一般，形状亚圆形，黏粒含量低，埋深9.20~24.20m，平均厚度为2.88m。

第(3)层粉砂：黄色，稍密-中密，湿-饱和，包含黏性土夹层及细砂，矿物成分以长石、石英为主，颗粒级配一般，形状亚圆形，包含黏性土夹层及细砂，黏粒含量低，埋深3.20~19.20m，平均厚度为6.01m。

第(3-1)层中砂：黄色，稍密-中密，湿-饱和，包含黏性土夹层及粗砂，矿物成分以长石、石英为主，颗粒一般，形状亚圆形，黏粒含量低，埋深18.80~23.10m，平均厚度为2.46m。

第(4)层中砂：黄色-灰色，稍密-中密，饱和，包含黏性土夹层及粗砂，矿物成分以长石、石英为主，颗粒一般，形状亚圆形，黏粒含量低，埋深19.80~29.60m，平均厚度为1.63m。

第(4-1)层粉砂：黄色-灰色，稍密-中密，饱和，包含黏性土夹层，矿物成分以长石、石英为主，颗粒级配一般，形状亚圆形，黏粒含量低，埋深21.00~31.80m，平均厚度为2.41m。

第(5)层中砂：灰色，中密-密实，饱和，包含黏性土夹层及粗砂，矿物成分以长石、石英为主，颗粒级配一段，摇振仪器无，埋深13.50~26.30m，平均厚度为2.07m。

第(5-1)层砾砂：灰色，中密-密实，饱和，包含黏性土夹层，矿物成分以长石、石英为主，颗粒级配一般，摇振反应无，埋深17.90~24.30m，平均厚度为1.84m。

第(5-2)层粉砂：灰色，中密-密实，饱和，包含黏性土夹层及细砂，矿物成分以长石、石英为主，颗粒级配一般，形状亚圆形，黏粒含量低，埋深24.40~50.0，平均厚度为5.00m。

第(5-3)层粉质黏土：灰色，软塑，中-高压缩性，包含砂夹层，干强度中等，韧性中等，稍光滑，摇振反应无，形状亚圆形，黏粒含量低，层底埋深15.70~22.20m，平均厚度为2.03m。

第(5-4)层粉质黏土：灰色，软塑，中压缩性，包含砂夹层及流塑土，干强度中等，韧性中等，稍光滑，摇振反应无，层底埋深27.40~48.40m，平均厚度为2.00m。

第(6)层中砂：灰色，密实，饱和，包含黏性土夹层及粗砂，矿物成分以长石、石英为主，颗粒级配一般，形状亚圆形，黏粒含量低，埋深25.90~49.80m，平均厚度为1.94m。

第(6-1)层砾砂：灰色，中密，饱和，包含黏性土夹层，矿物成分以长石、石英为主，颗粒级配一般，摇振反应无，埋深30.20~42.70m，平均厚度为1.89m。

第(6-2)层黏土：灰色，可塑，中压缩性，包含砂夹层，干强度高，韧性高，光滑，摇振反应无，埋深土及粉砂夹层，埋深 0.50~12.30m，平均厚度为 3.22m。

第(6-3)层粉砂：灰色，密实，饱和，包含砂夹层及细砂，矿物成分以长石、石英为主，颗粒级配一般，形状亚圆形，黏粒含量低，埋深 9.20~24.20m，平均厚度为 3.57m。

第(6-4)层粉质黏土：灰色，软塑，包含砂夹层及流塑土，中压缩性，干强度中等，韧性中等，稍光滑，埋深 1.50~9.70m，平均厚度为 1.18m。

第(7)层全风化泥岩：灰色，软质岩石，结构构造已基本被破坏，岩芯呈土状，手掰易碎。主要矿物成分为云母、高岭土、石英、长石，此层未钻穿。

9.3　水文地质

抗浮设防水位：勘察场区地下水类型为第四纪松散层孔隙潜水，哈尔滨站场地周边实际地下水位标高按大连高程系在 120m 左右。该场地基坑开挖 14m 左右，基坑开挖深度超过地下水埋深，基础施工时需采取施工降水措施。抗浮设防水位按大连高程系 123.5m 计算。

地下水腐蚀性评价。腐蚀性评价结果：按环境类型土对混凝土结构有微腐蚀性；按地层渗透性土对混凝土结构有微腐蚀性；对钢筋混凝土结构中的钢筋有微腐蚀性。

基坑稳定设计参数见表 9.1。

表 9.1　基坑稳定设计参数

岩土编号	岩土名称	直剪指标（快剪）		三轴（固结不排水）	
		c/kPa		c/kPa	
②	粉质黏土	21.5	11.9	49.7	12.6
②2	粉质黏土	17.4	14.5	27.4	13.0
③	粉砂	5.1	27.3		
④	细砂				
④1	中砂	2.0	32.8		
④2	粉砂				
⑤	中砂	2.9	33.5		
⑤1	粉砂	4.0	33.5		
⑤2	砾砂	2.0	31.1		
⑤3	粉质黏土	21.3	13.6		
⑤4	粉质黏土	15.4	13.2		
⑥	中砂	6.3	33.1		
⑥2	黏土	23.4	12.0		
⑥3	粉砂	0.0	33.0		
⑥4	粉质黏土	16.0	13.4		

9.4 基坑围护结构

(1)单排桩支挡结构。单排桩采用超流态混凝土灌注桩,采取单排分离式布置形式。桩直径为600~800mm,排桩保护层厚度为50mm。桩位的允许偏差应为50mm;桩垂直度的允许偏差应为0.5%;预埋件位置的允许偏差应为20mm;桩的其他施工允许偏差应符合现行行业标准《建筑桩基技术规范》(JGJ 94—2008)的规定。基坑工程邻近市政道路、排水方渠、既有建筑等,均对地基变形敏感,应采取如下措施:采取间隔成桩的施工顺序;对混凝土灌注桩应在混凝土终凝后再进行相邻桩的成孔施工。对松散或稍密的砂土,稍密的粉土、软土等易坍塌或流动的软弱土层,对钻孔灌注桩宜采取改善泥浆性能等措施,对人工挖孔桩宜采取减小每节挖孔和护壁的长度、加固孔壁等措施。支护桩成孔过程出现流砂、涌泥、塌孔、缩径等异常情况时,应暂停成孔并及时采取有针对性的措施进行处理,防止继续塌孔。当成孔过程中遇到不明障碍物时,应查明其性质,且在不会危害既有建筑物、地下管线、地下构筑物的情况下方可继续施工。桩纵向受力钢筋的接头不宜设置在内力较大处。同一连接区段内,纵向受力钢筋的连接方式和连接接头面积百分率应符合现行国家标准《混凝土结构设计规范》(GB 50010—2010)对梁类构件的规定。排桩桩间土应采取防护措施。桩间土防护措施宜采用内置钢筋网或钢丝网的喷射混凝土面层。喷射混凝土面层的厚度不宜小于50mm,混凝土强度等级不宜低于C20,混凝土面层内配置的钢筋网的纵横向间距不宜大于200mm。钢筋网或钢丝网宜采用横向拉筋与两侧桩体连接,拉筋直径不宜小于12mm,拉筋锚固在桩内长度不宜小于100mm。钢筋网宜采用桩间土内打入直径不小于12mm的钢筋钉固定,钢筋钉打入桩间土中的长度不宜小于排桩净间距的1.5倍且不应小于500mm。排桩顶部泛浆高度不应小于500mm,设计桩顶标高接近地面时桩顶混凝土泛浆应充分,凿去浮浆后桩顶混凝土强度应满足要求。水下浇注混凝土强度应按照相关规范要求比设计桩身强度提高等级进行配制。

(2)锚杆结构。工程采用钢绞线锚杆,如现环境保护不允许在支护结构使用功能完成后锚杆杆体滞留在地层内时,应采用可拆芯钢绞线锚杆;在易塌孔的松散或稍密的砂土、碎石土、粉土、填土层,高液性指数的饱和黏性土层,高水压力的各类土层中,钢绞线锚杆、钢筋锚杆宜采用套管护壁成孔工艺;工程锚杆注浆采用二次压力注浆工艺,第一次灌注水泥砂浆,灰砂比为1∶0.5~1∶1;第二次压注纯水泥浆应在第一次灌注的水泥砂浆强度达到5MPa后进行,注浆压力和注浆时间可根据锚固段的体积确定,并分段一次由下至上进行,终止注浆的压力不应小于1.5MPa。在大面积施工前应通过现场试验确定锚杆的适用性。锚杆杆体的外露长度应满足腰梁、台座尺寸及张拉锁定的要求;锚杆杆体用钢绞线应符合现行国家标准《预应力混凝土用钢绞线》(GB/T 5224—2014)

的有关规定；应沿锚杆杆体全长设置定位支架；定位支架应能使相邻定位支架中点处锚杆杆体的注浆固结体保护层厚度不小于10mm，定位支架的间距宜根据锚杆杆体的组装刚度确定，对自由段宜取1.5~2.0m；对锚固段宜取1.0~1.5m；定位支架应能使各根钢绞线相互分离；锚具应符合现行国家标准《预应力筋用锚具、夹具和连接器》（GB/T 14370—2015）的规定。锚杆的成孔应符合下列规定：应根据土层性状和地下水条件选择套管护壁、干成孔或泥浆护壁成孔工艺，成孔工艺应满足孔壁稳定性要求；对松散和稍密的砂土、粉土，碎石土、填土、有机质土、高液性指数的饱和黏性土宜采用套管护壁成孔工艺；在地下水位以下时，不宜采用干成孔工艺；在高塑性指数的饱和黏性土层成孔时，不宜采用泥浆护壁成孔工艺；当成孔过程中遇不明障碍物时，在查明其性质前不得钻进。锚杆的施工偏差应符合下列要求：钻孔孔位的允许偏差应为50mm，钻孔倾角的允许偏差应为3°，杆体长度不应小于设计长度，自由段的套管长度允许偏差应为±50mm。预应力锚杆的张拉锁定应符合下列要求：当锚杆固结体的强度达到15MPa或设计强度的75%时，方可进行锚杆的张拉锁定；拉力型钢绞线锚杆宜采用钢绞线束整体张拉锁定的方法；锚杆锁定前，应按相关规程检测值进行锚杆预张拉；锚杆张拉应平缓加载，加载速度不宜大于0.1kN/min；在张拉值下的锚杆位移和压力表压力应能保持稳定，当锚头位移不稳定时，应判定此根锚杆不合格；锁定时的锚杆拉力应考虑锁定过程的预应力损失量；预应力损失量宜通过对锁定前、后锚杆拉力的测试确定；缺少测试数据时，锁定时的锚杆拉力可取锁定值的1.10~1.15倍；锚杆锁定应考虑相邻锚杆张拉锁定引起的预应力损失，当锚杆预应力损失严重时，应进行再次锁定；锚杆出现锚头松弛、脱落、锚具失效等情况时，应及时进行修复并对其进行再次锁定；当锚杆需要再次张拉锁定时，锚具外杆体长度和完好程度应满足张拉要求。锚杆抗拔承载力的检测应符合下列规定：检测数量不应少于锚杆总数的5%，且同一土层中的锚杆检测数量不应少于3根；检测试验应在锚固段注浆固结体强度达到15MPa或达到设计强度的75%后进行；检测锚杆应采用随机抽样的方法选取；抗拔承载力检测值应按不小于1.4倍轴向拉力计算确定；检测试验应按《建筑基坑支护技术规程》附录A的验收试验方法进行；当检测的锚杆不合格时，应扩大检测数量。基坑开挖与锚杆施工应符合下列顺序：各道锚杆施工时已考虑超挖0.5m的工况。锚杆达到设计强度后方可进行下一道步骤施工。

（3）腰梁。腰梁应符合下列规定：腰梁由2根工字钢双拼而成，材质为Q235B；除剖面图或节点图中标明确定型号者外，其他均采用2工20a，其中b=130mm，净距s=120mm；所有腰梁均应连成整体，接长时应采用等强连接；转角处应设置加劲板，腰梁或腰梁垫板（斜铁）底面与混凝土护壁桩及护壁面层间应接触紧密，桩中心点及两侧各300mm范围内必须在锚杆锁紧前填浆挤实，腰梁的其他段也宜在锚杆锁紧前填浆挤实。

（4）冠梁。冠梁应符合下列规定：冠梁施工时，应将桩顶浮浆、低强度混凝土及破碎部分清除。冠梁混凝土浇筑采用土模时，土面应修理整平。冠梁的宽度不宜小于桩径，高度不宜小于桩径的0.6倍。冠梁钢筋应符合现行国家标准《混凝土结构设计规范》

（GB 50010—2010）对梁的构造配筋要求。冠梁用作支撑或锚杆的传力构件或按空间结构设计时，尚应按受力构件进行截面设计。

9.5 地下水控制

（1）管井降水。工程采用坑内降水、坑外回灌方式控制地下水，降水工作应由具备相应资质的降水公司承担；施工前应按照设计降水的要求进行抽水试验，开始降水后，应随时监测水位动态变化，监测基坑周围土体沉降要进行专项设计，降水工作应在基坑开挖至-7.0m或结合实际地下水位高度，且帷幕固结体强度达到设计值后方能开量，降水与回灌必须同时进行；坑外回灌井处宜设置回灌水箱，其回灌量以保持原地下水位面基本不变、上下波动以不超过1.0m为宜。对于存在局部深坑，周边10m范围内的降水井深度应相应增加，降水井应避开基坑内桩柱等结构。

（2）降水后基坑内的水位应低于坑底0.5m。当主体结构有加深的电梯井、集水井时，坑底应按电梯井、集水井底面考虑或对其另行采取局部地下水控制措施。工程未考虑施工期间雨季突发水位迅速回升等突发情况，施工单位应另行设计应急预案。

（3）止水帷幕。工程止水帷幕采用三轴搅拌水泥土桩。搅拌桩截水帷幕相邻桩的搭接长度不应小于250mm，应采用42.5级硅酸盐水泥，水泥掺量不宜小于30%（以每立方米加固体所拌和的水泥重量与土的重量之比计，土的重量按1900kg/m计），应根据现场土体及水文地质条件实测确定，宜适当加入膨润土等外加剂；止水帷幕应满足自防渗要求，应在前桩水泥土尚未固化时进行后序搭接桩施工，避免形成冷缝，施工开始和结束的头尾搭接处应采取加强措施；施工时桩位偏差不得大于50mm，垂直度偏差不得大于1/150；特别是垂直度偏差，必须每桩适时校验；水灰比宜为0.5，施工时可根据建设场地的土质及地下水条件或经验掺加适当的外加剂。正式施工前，应先在同场地上进行成桩工艺、成桩参数及水泥掺入量或水泥浆的配合比检验，通过试验确定相关的施工参数。正式降水开始时搅拌桩体28d的立方体无侧限抗压强度标准值不小于0.8MPa。

止水帷幕在平面布置上应沿基坑周边闭合。工程止水帷幕与东侧地铁的地连墙及北侧国铁基坑的排桩相连，形成闭合的止水帷幕。水泥土搅拌桩帷幕的施工应符合现行行业标准《建筑地基处理技术规范》（JGJ 79—2012）的有关规定。搅拌桩的施工偏差应符合下列要求：桩位的允许偏差应为50mm，垂直度的允许偏差应为1%。止水帷幕的质量检测应符合下列规定：对设置在支护结构外侧单独的止水帷幕，其质量可通过开挖后的止水效果判断；对施工质量有怀疑时，可在搅拌桩、高压喷射注浆液固结后，采用钻芯法检测帷幕固结体的单轴抗压强度、连续性及深度；检测点的数量不应少于3处。

工程基坑开挖深度较大，地质条件较差，周边环境复杂，施工周期长。从地质剖面看其埋深深度内的土层性质如下：表层为杂填土，其下部为可塑、软塑的黏性土、粉砂和细砂，场地基础施工深度范围有地下水渗出，存在易引起基坑失稳的软弱结构面，易出现坑壁坍塌、滑坡、侧壁流砂、坑底管涌等不良现象。工程基坑为一级，破坏后果严重，稍有疏忽或出现问题，必然带来巨大的经济损失和不良社会影响。为了切实保证基坑及周围建筑物、道路和地下管线的安全，及时跟踪掌握在基坑开挖过程中可能出现的各种不利现象，为建设、设计和施工单位合理安排挖方和施工进度，确保基坑及周围建筑物、道路和地下管线的安全，发现问题及时预警，为及时采取应急措施提供技术依据。

（4）注意事项。围护结构施工前应先将主体建筑放线，并确定预留施工作业面及与相邻建筑关系无误后方进行施工。施工期间基坑底部及顶部的排水措施由施工单位结合场地情况现场决定，以保证降水顺利排除不增加挡土结构荷载为原则。围护结构施工前应认真核对周边建筑及管线，如与设计不符应及时调整位置或方案。开挖过程中，应由具备相应资质的第三方单位承担基坑的监测工作，监测方案应通过评审后采用。

综上所述，从基坑的具体情况看，以下特点决定监测工作的必要性：地下水位高，降水工作不但形成降水漏斗，而且有可能引起地基土中细颗粒的流失，从而造成坑壁坍塌、滑坡、侧壁流砂、坑底管涌等不良现象。为基坑及周边环境的安全提供数据支持，最大限度地避免工程事故；检验施工质量，并作为方案调整的依据及处理纠纷的依据，也可一定程度上划分各工种的责任。土工计算理论与实际工作状态不符；岩土参数离散性大，测试精度难以保证；挖方工程的时空效应尚无较好的考虑方法。基坑开挖深度较大（远大于 5m）。土质条件差；雨季施工。有相邻建筑物及排水方渠；基坑范围内待拆除建筑振动大。

9.6　深基坑监测

9.6.1　支护结构监测

（1）冠梁（桩顶）水平位移监测。是深基坑工程施工监测的基本内容。通过进行冠梁水平位移监测，可以掌握围护桩在基坑施工过程中的平面变形情况，用于同设计比较，分析对周围环境的影响。同时，控制好桩顶平移也就在一定程度上避免了周边管线的过大变形。测点布置原则如下：沿冠梁布置，并注意各边中部布置监测点。监测点间距绝大多数不大于 20m，长边监测点数目不少于 3 个。鉴于工程方案比较合理，监测点间距选择 20m。

（2）冠梁（桩顶）沉降监测。基坑开挖时伴随着土方的大量卸载，水土压力重新分布，原有的平衡体系被打破，围护桩作为维持新平衡体系的重要存在，承受水土压力而产生变形，在冠梁（桩顶）位置产生水平位移和沉降。为反映施工期间支护体系变形情况，围护桩顶沉降监测是必不可少的监测内容。

(3) 锚索拉力监测。锚索是决定支护结构承载能力的关键构件之一，且其预张力是决定支护结构及近接建筑物变形大小的主要因素。锚杆轴力监测点应选择在受力较大且有代表性的位置，基坑每边跨中部位和地质条件复杂的区域宜布设监测点，每层锚杆监测数量不少于 3 根，且每层监测点在竖向上的位置应保持一致，拉力测试点应设置在锚头附近位置。

(4) 腰梁平移监测。由于进场时部分支护桩及相应腰梁已经完成，于桩内布设测斜管已经来不及，故在腰梁上布设反射片，以腰梁平移反应基坑不同深度土体的水平变形。

(5) 桩深层水平位移监测。桩深层水平位移监测的设置是对基坑开挖阶段围护桩体纵深方向的水平变位进行监控的需要，其数据与桩顶水平位移数据、桩顶沉降数据联合分析，能够更为真实全面地反映施工期间支护体系的变形情况。在基坑开挖前，将测斜管植入支护桩内，采用 80mm PVC 测斜管，接头用自攻螺丝拧紧，上、下端用盖子封好，接头部位用胶带密封。并根据工程场区内地层情况以及基坑开挖深度来确定测斜管安装深度，安装时管内注入清水，防止水泥浆浸入。管壁内有两组互为 90° 的导向槽，使其中一组导向槽与基坑开挖面垂直。

(6) 基坑外围地表沉降监测。地表沉降是地下结构施工的基本监测项目，它最直接地反映基坑周边土体变化情况。地表沉降监测应垂直于基坑边布设若干测点，以形成监测剖面，剖面应设在坑边中部或其他有代表性的部位。

(7) 水位监测。地下水位变化可能引发基坑边坡失稳以及地表的过大沉降，导致对周围建(构)筑物以及地下管线等造成危害，因此对地下水位的监测非常重要，各等级基坑均需此项监测。地下水位监测孔主要布设在水位埋深较小、水位变化较大、地质条件相对复杂、结构沉降较大等部位。

9.6.2 近接建筑物监测地下结构

近接建筑物监测地下结构的施工会引起周围地表的下沉，从而导致地面建筑物的沉降，这种沉降一般都是不均匀的，因此将造成地面建筑物的倾斜，甚至开裂破坏，应进行严格控制。除四角布设沉降测点外，每边的中部也兼顾规范要求布设少量沉降观测点。

邻近方渠沉降和侧向平移监测。此排水方渠承担了哈尔滨市南岗区重要的排水防内涝任务，应视为工程监测的重中之重，由于其工程地位很重要，故其自身位移测点按照规范要求布置；其邻近基坑平移、沉降、锚杆拉力测点适当加密，水平间距为普通测点的 75%，监测其竖向和侧向水平位移。

9.6.3 监测方法

(1) 监测设备。沉降(地表沉降、桩顶沉降和建筑物沉降)：天宝 DINI03，S05 级。水平位移：徕卡全站仪，TS30，0.5s。锚杆拉力：锚索拉力计+振弦读数仪。桩身平移：测斜管+测斜仪。地下水位：SWJ90 钢尺水位仪+水准仪。

（2）测点布置方法。地面沉降测点。施工时首先以洛阳铲挖长宽深为 500mm×500mm×500mm 的坑，于其中打入直径 25mm、长度 1.5m 的钢筋；以直径 120mm 长600mm 的钢管套住钢筋，管外回填素混凝土，管内回填粗砂+木屑；顶部以钢盖板封闭并喷涂明显标识。（见图 9.3）

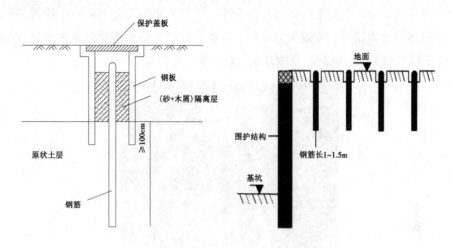

图 9.3　地表沉降测点剖面示意图

（3）建筑物沉降测点。对于普通建筑物，以 Φ16 螺纹钢筋焊接 D32 钢球作为测点；以电锤成孔，孔深 15cm；以环氧砂浆将螺纹钢筋植入所成孔内。对于较为重要或装修较好的建筑物，将 D32 钢球焊接在厚 5mm、长 120mm、宽 120mm 的钢板中部；清理测点处结构表面的灰尘，并以丙酮清洗；以结构胶将带有钢球的钢板粘贴在结构表面（见图9.4）。

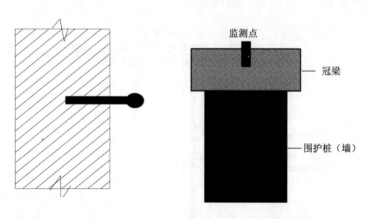

图 9.4　建筑物沉降测点　　　　**图 9.5　冠梁沉降测点**

（4）桩顶沉降测点。设于冠梁顶面中部，采用与图 9.4 类似的方法，但为了避免受扰动，需将钢球嵌入冠梁，嵌入深度为钢球的半径（见图 9.5）。

（5）桩顶（支护结构顶部）水平位移。将冠梁内侧面清洁后，粘贴反射片即可。

（6）腰梁水平位移。将腰梁内侧面清洁后，粘贴反射片即可。

（7）锚索拉力测点。监测锚索张拉前，先将传力板装在孔口垫板上，使拉力计或传力板与孔轴垂直。安装张拉机具和夹具，同时对测力计的位置进行校验，合格后，开始预紧和张拉。（见图9.6）

（8）桩身平移。①选择内径不小于100mm、长度为钢筋笼长度+500mm的薄壁钢管，钢管下部做尖儿；②于钢筋笼内壁绑扎并焊牢，下部伸出钢筋笼500mm，顶部与钢筋笼齐平；③清理钢管内杂物；④冠梁完成后，向钢管内注入添加缓凝剂及微膨胀剂的水泥浆；⑤逐节接长测斜管，向测斜管内灌水，渐次插入测斜管。

图9.6 锚索拉力测点

（9）地下水位监测。观测井的做法同降水井，由降水单位完成。

（10）邻近方渠沉降和侧向平移监测。对于方渠沉降测点，施工流程如下：在方渠侧面以外500mm钻直径150mm至方渠底面高程；在孔底灌入200mm高细石混凝土；直径25mm钢筋除底端300mm外套保温管并插入孔底细石混凝土；钻孔回填；安装保护盒（见图9.7和图9.8）。

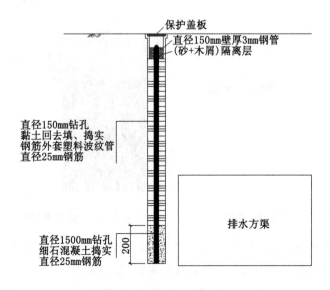

图9.7 方渠沉降测点剖面示意图

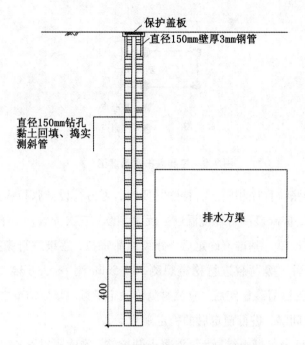

图 9.8　方渠侧向平移测点剖面示意图

对于方渠平移测点，施工流程如下：在方渠侧面以外 500mm 钻直径 150mm 至方渠底面以下 4m；测斜管接长置入钻孔；钻孔回填；安装保护盒。

9.6.4　监测过程

（1）沉降。在基坑周围，3 倍基坑深度范围以外，设 3 个以上基准点。首先进行基准点双测站往返测，形成高程控制网；根据基准点和观测点的位置，保证构成闭合或附合线路，进行双测站往返测形成初始高程，以后进行单程双测站测量，并定期检验高程控制网，根据测点高程的变化计算沉降量的大小。

（2）平移。首先，以基坑某一长边为 x 轴，建立坐标系，以全站仪测量控制点坐标，选取其中 6 个坐标差不大于 1mm 的测回求平均值形成控制点坐标。其次，采用张开的至少 3 个坐标控制点，通过本站与各控制点的距离和各控制点视线水平方位角计算本站坐标并确定坐标方向，紧接着测量平移观测点坐标，选取 3 个坐标差不大于 1mm 的测回求平均值形成测点初始坐标。以后，尽量在相同的测站位置先通过控制点确定本站坐标，再通过对测点的观测计算测点坐标。如此，通过坐标变化计算冠梁的平移（见图 9.9）。

（3）锚索拉力。观测锚杆张拉前，将测力计安装在孔口垫板上。带专用传力板的测力计，先将传力板装在孔口垫板上，使测力计或传力板与孔轴垂直，偏斜应小于 0.5°，偏心应不大于 5mm。安装张拉机具和钳具，同时对测力计的位置进行校验，合格后，开始预紧和张拉。观测锚杆应在与其有影响的其他工作锚杆张拉之前进行张拉加荷。张拉

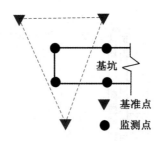

图 9.9　控制点布置示意图

程序应与工作锚杆的张拉程序相同。有特殊需要时,可另行设计张拉程序。测力计安装就位后,加荷张拉前,应准确测得环境温度。反复测读,三次读数差小于 1%(F·S),取其平均值作为观测基准值。基准值确定后,分级加荷张拉,逐级进行张拉观测。一般每级荷载测读一次,最后一级荷载进行稳定观测,以 5min 测一次,连续二次读数差小于 1%(F·S)为稳定。张拉荷载稳定后,应及时测读锁定荷载,张拉结束之后,根据荷载变化速率确定观测时间间隔,进行锁定后的稳定观测。

(4)桩身平移。桩身混凝土终凝后,混凝土开挖前,测读测斜管各段的初始斜率,计算测斜管的初始状态。而后,依据计划测量测斜管的即时状态,即时状态减去初始状态即为桩身各点的平移量(见图 9.10)。

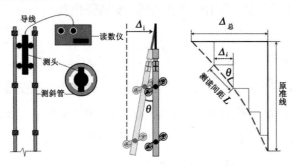

图 9.10　深层水平位移监测原理

(5)地下水位。拧松水位计绕线盘后面的螺丝,绕线盘转动自由后打开电源开关,将侧头放入指定的水管,手把钢尺电缆让测头缓慢下移,当测头接触到水面时,接收系统会发出短的蜂鸣声,此时读出钢尺在管口处的读数,即水位管至管口的距离。然后,用水准仪读出管口的高程,则可推算地下水位(见图 9.11)。

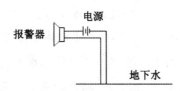

图 9.11　电测水位仪工作原理图及实物图

9.6.5　监测报警

（1）地面沉降。无相邻建筑处：累计值 30mm；速率 3mm/d。有相邻建筑处：累计值 25mm；速率：3mm/d。

（2）建筑物沉降。累计值 25mm；速率 2mm/d（尚需充分调研后最终确定）。建筑整体倾斜度累计值达到 2/1000 或倾斜速度连续 3d 大于 0.0001H/d 时，也进行报警。

（3）桩顶沉降。无相邻建筑处：累计值 20mm；速率 3mm/d。有相邻建筑处：累计值 15mm；速率 2mm/d。

（4）桩顶水平位移。无相邻建筑处：累计值 40mm；速率 3mm/d。有相邻建筑处：累计值 30mm；速率 2mm/d。

（5）锚索拉力。70%承载力设计值。

（6）桩身平移。无相邻建筑处：累计值 45mm；速率 3mm/d。有相邻建筑处：累计值 35mm；速率 2mm/d。

（7）方渠位移。深部沉降：累计值 15mm；速率 2mm/d。深层平移：累计值 20mm；速率 2mm/d。

（8）地下水位。累计值 1000mm；速率 500mm/d。对于上述监测报警值的 11）-12）项，当监测项目的变化速率达到规定值或连续 3d 超过规定值的 70%，也报警。

9.6.6　监测精度

（1）内力、应变。量程选设计值的 1.2 倍，分辨率不低于 0.2%（F·S），精度不宜低于 0.5%（F·S）。

（2）光学测量水平位移。监测点坐标中误差≤1.0mm。

（3）沉降。监测点测站高差中误差≤0.3mm。

（4）桩身平移。系统精度：0.25mm/m；分辨率：0.02mm/500mm。

9.6.7　监测数据曲线

自 2017 年 9 月 22 日至 2017 年 6 月 9 日，监测得到的数据内容及结果如图 9.12 至图 9.57 所示。

（1）基坑护壁平移

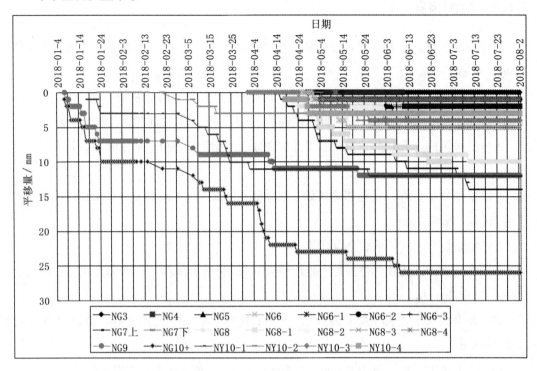

（a）

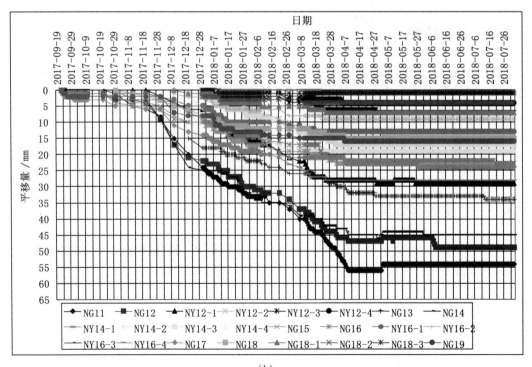

（b）

图 9.12　基坑护壁 N（南）边平移曲线

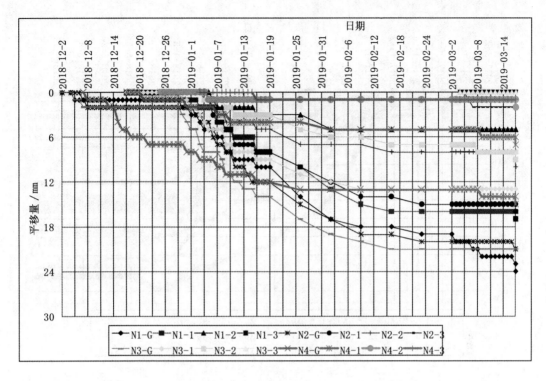

(a)

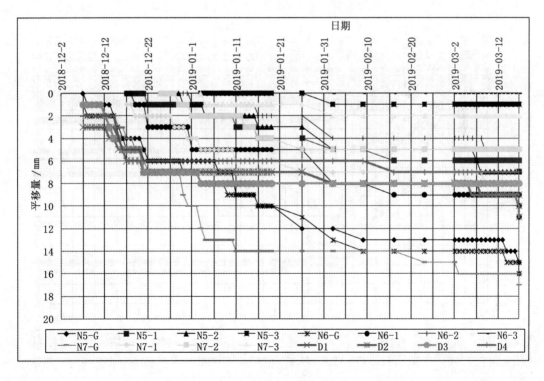

(b)

图 9.13 二期基坑护壁 N(南)边平移曲线二

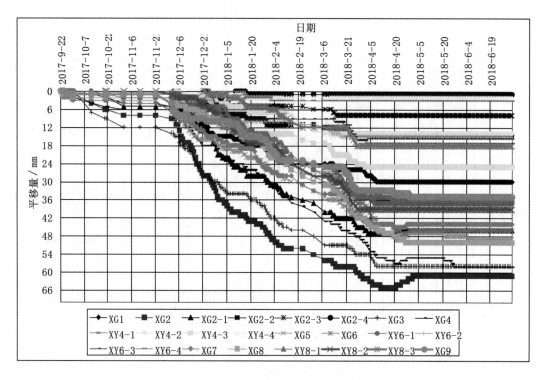

图 9.14　基坑护壁 X (西) 边平移曲线

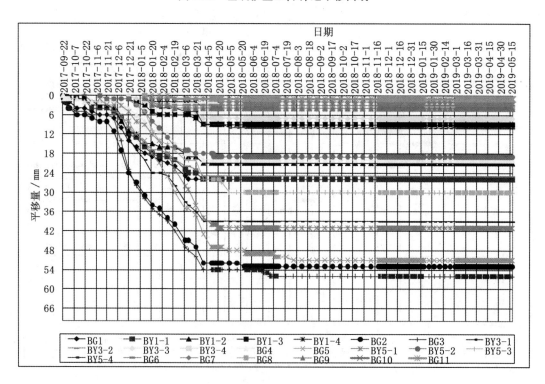

（a）

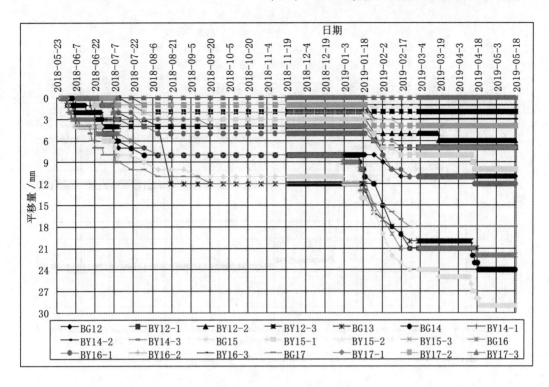

(b)

图 9.15　基坑护壁 B(北)边平移曲线二

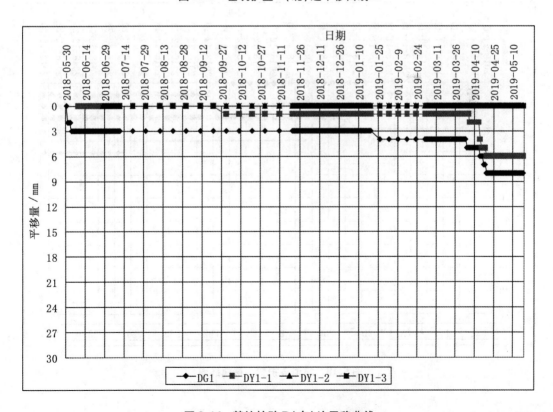

图 9.16　基坑护壁 D(东)边平移曲线

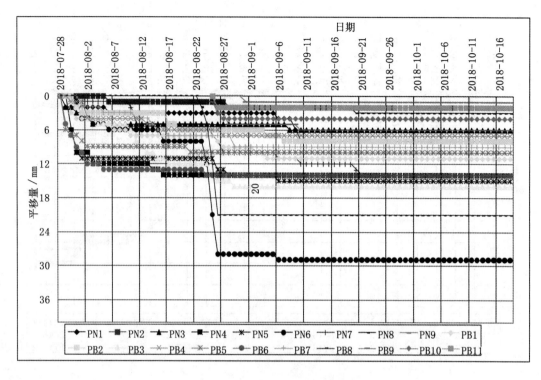

图 9.17　坡道 1 护壁平移曲线图

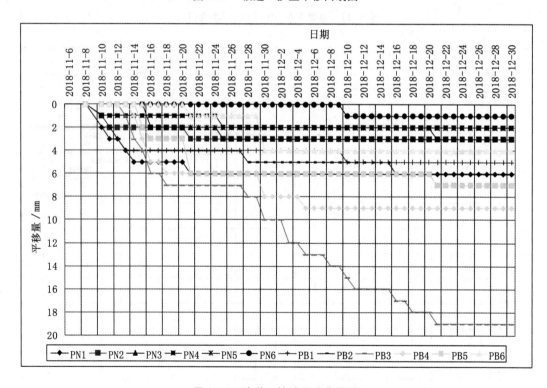

图 9.18　坡道 2 护壁平移曲线图

（2）地下水位。

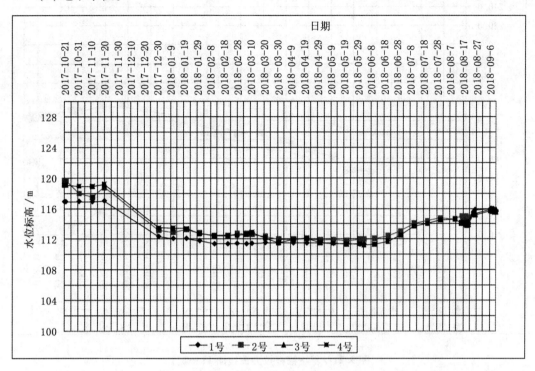

图 9.19 地下水位标高监测曲线图（一期）

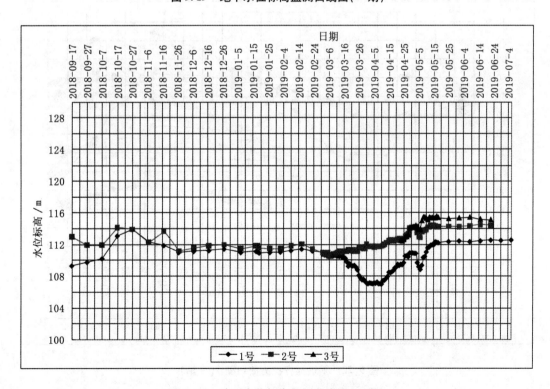

图 9.20 地下水位标高监测曲线图（二期）

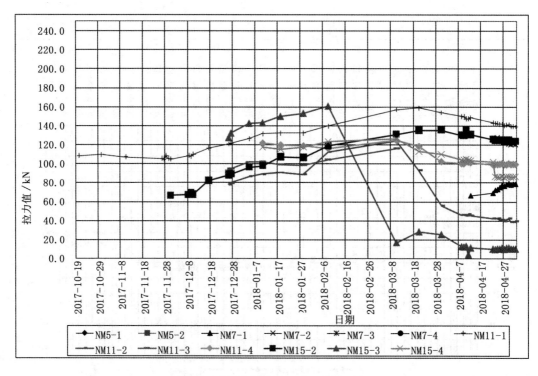

图 9.21　基坑锚杆拉力曲线图 1(一期)

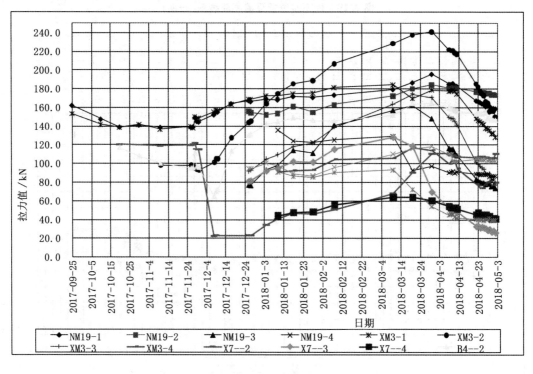

图 9.22　基坑锚杆拉力曲线图 2(一期)

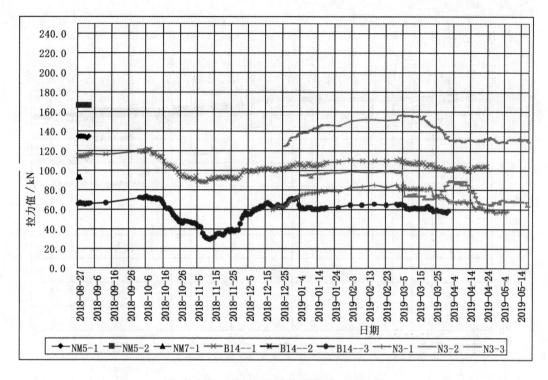

图 9.23　基坑锚杆拉力曲线图(二期)

（3）周边建筑物沉降

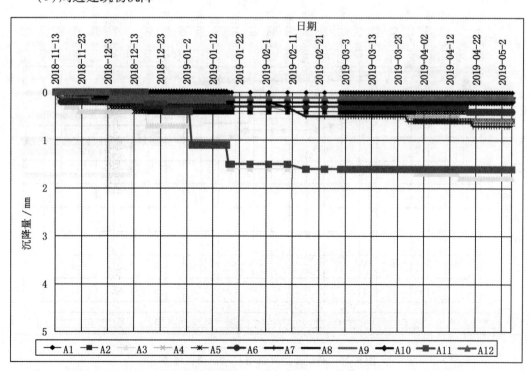

图 9.24　基坑周边建筑物 A 楼沉降曲线图

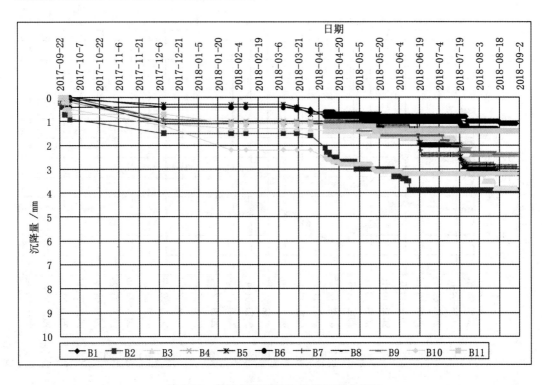

图 9.25　基坑周边建筑物 B 楼沉降曲线图

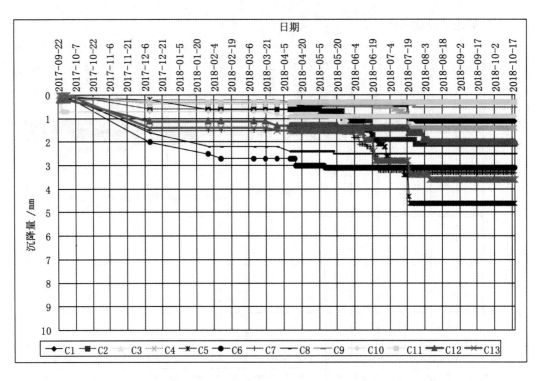

图 9.26　基坑周边建筑物 C 楼沉降曲线图

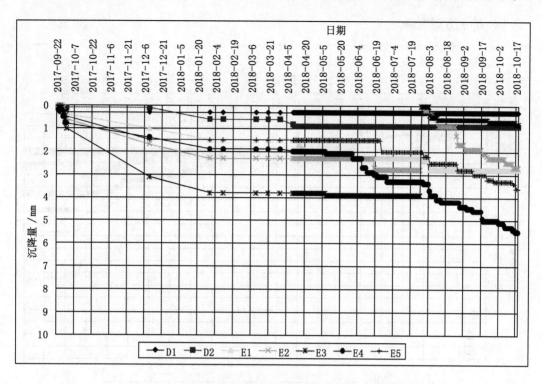

图 9.27 基坑周边建筑物 D 楼和 E 楼沉降曲线图

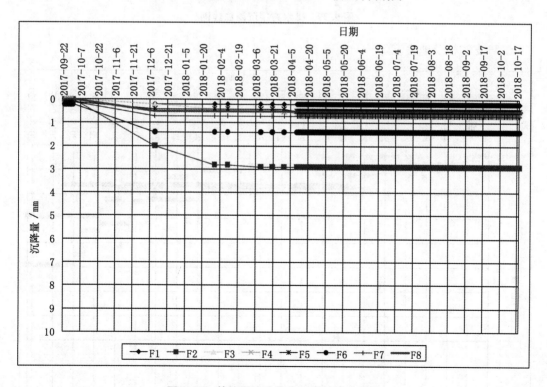

图 9.28 基坑周边建筑物 F 楼沉降曲线图

（4）排水方渠沉降。

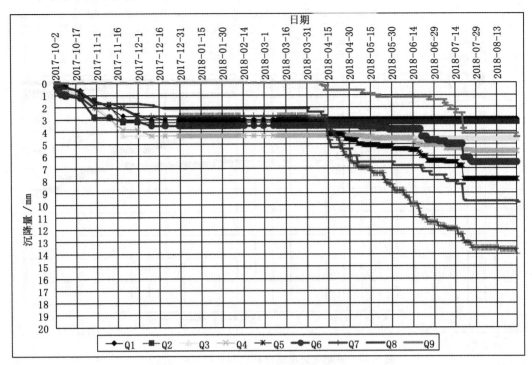

图 9.29　排水方渠沉降曲线图

（5）支护桩及地表沉降。

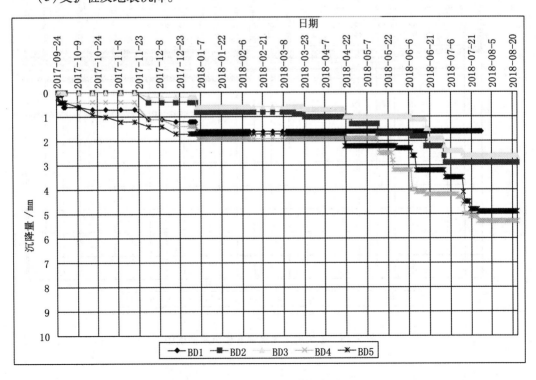

图 9.30　基坑 B 边支护桩顶沉降曲线图

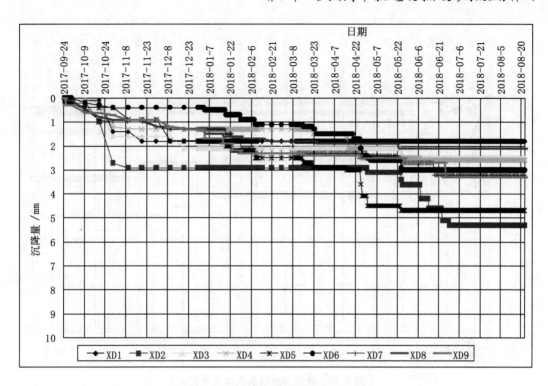

图 9.31 基坑 X 边支护桩顶沉降曲线图

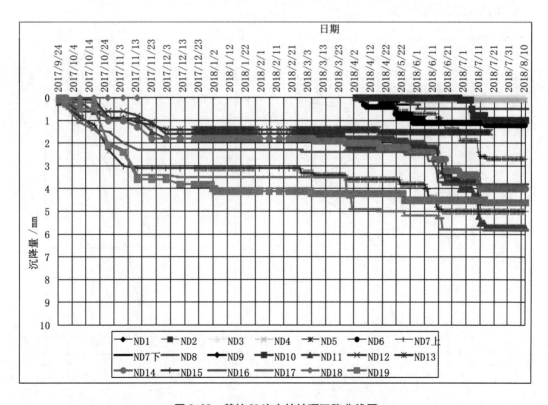

图 9.32 基坑 N 边支护桩顶沉降曲线图

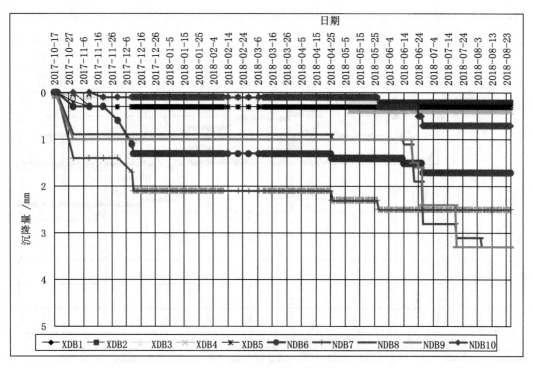

图 9.33　基坑周边地表沉降曲线图

（6）桩深层水平位移。

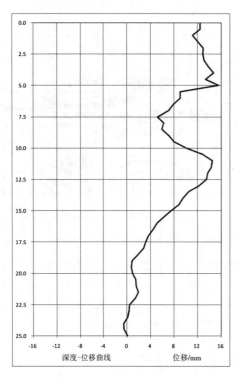

图 9.34　1 号测斜管累计位移随深度变化曲线　图 9.35　2 号测斜管累计位移随深度变化曲线

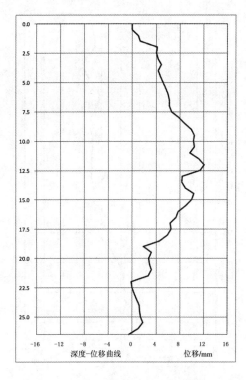

图 9.36　3 号测斜管累计位移随深度变化曲线

图 9.37　4 号测斜管累计位移随深度变化曲线

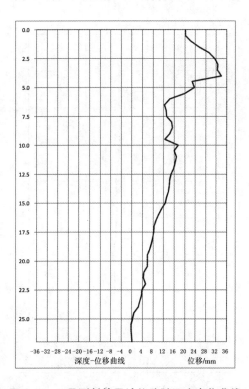

图 9.38　5 号测斜管累计位移随深度变化曲线

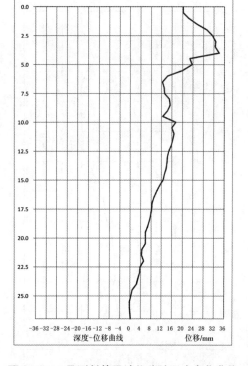

图 9.39　6 号测斜管累计位移随深度变化曲线

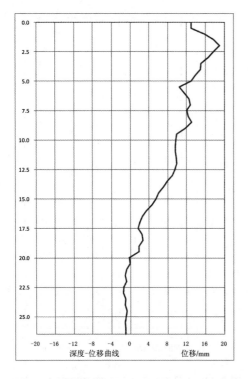

图9.40 7号测斜管累计位移随深度变化曲线

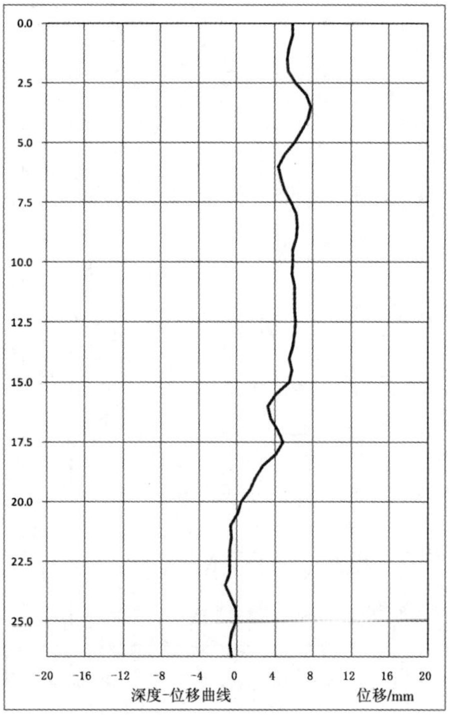

图9.41 8号测斜管累计位移随深度变化曲线

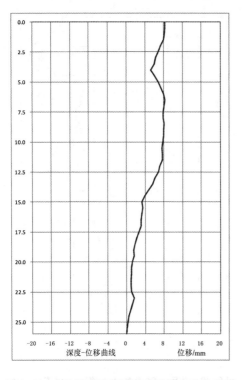

图9.42 9号测斜管累计位移随深度变化曲线

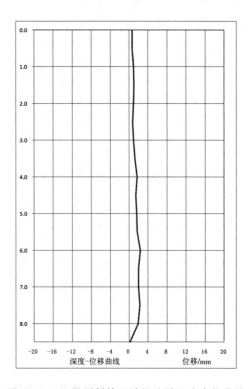

图9.43 10号测斜管累计位移随深度变化曲线

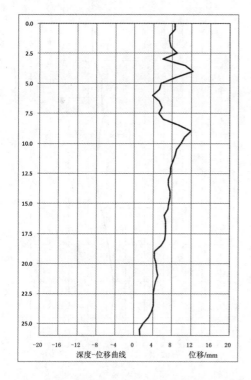

图 9.44　11 号测斜管累计位移随深度变化曲线

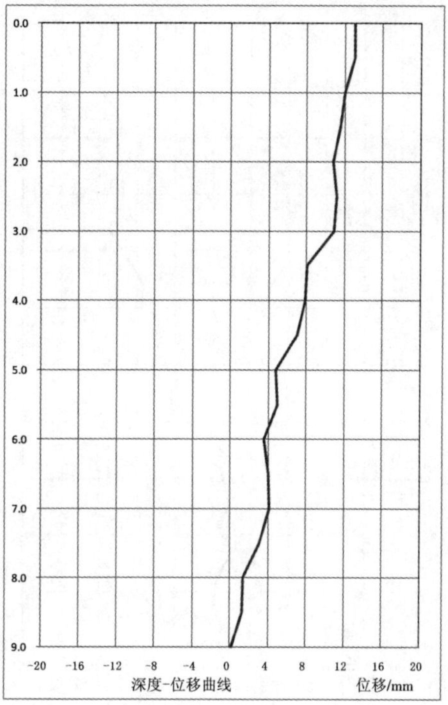

图 9.45　12 号测斜管累计位移随深度变化曲线

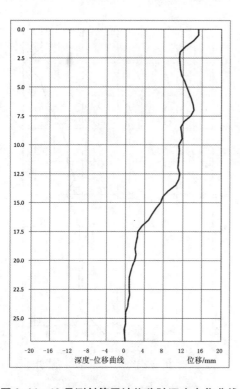

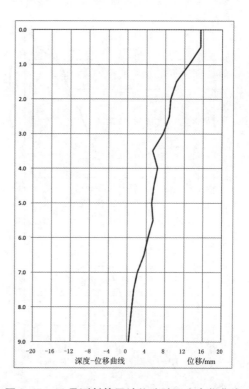

图 9.46　13 号测斜管累计位移随深度变化曲线

图 9.47　14 号测斜管累计位移随深度变化曲线

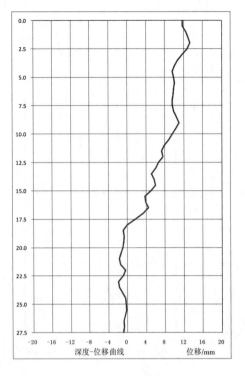

图 9.48　15 号测斜管累计位移随深度变化曲线　　图 9.49　16 号测斜管累计位移随深度变化曲线

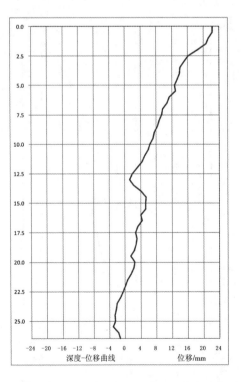

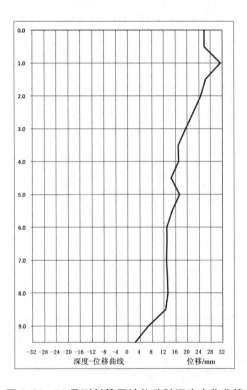

图 9.50　17 号测斜管累计位移随深度变化曲线　　图 9.51　18 号测斜管累计位移随深度变化曲线

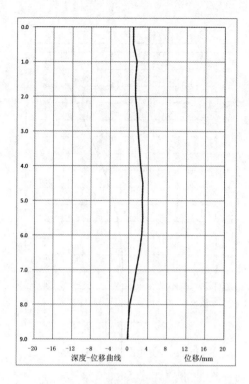

图 9.52　19 号测斜管累计位移随深度变化曲线

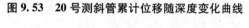

图 9.53　20 号测斜管累计位移随深度变化曲线

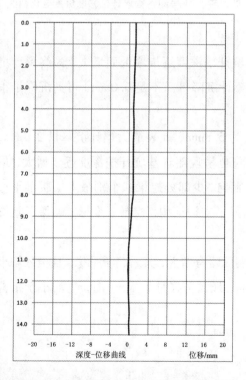

图 9.54　21 号测斜管累计位移随深度变化曲线

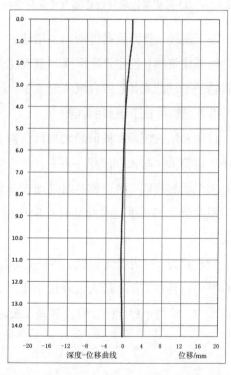

图 9.55　22 号测斜管累计位移随深度变化曲线

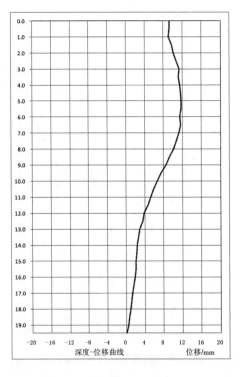
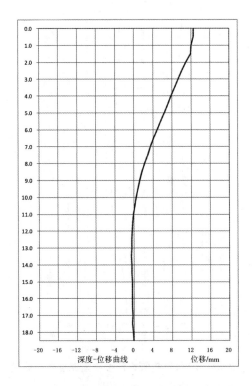

图 9.56 23 号测斜管累计位移随深度变化曲线　　**图 9.57 24 号测斜管累计位移随深度变化曲线**

综上所述，监测数据得到以下结论。

相邻建筑物：各建筑物沉降均呈现随着基坑开挖深度逐步增大而增大，最终累计沉降量趋于平缓的规律；所有沉降测点中，最大累计沉降量尚不足 6.0mm，可见沉降量很小，相邻建筑得到了很好的保护。

桩顶和地表沉降：桩顶最大累计沉降量仅为 5.8mm，地表最大累计沉降量 3.3mm，均小于报警值。桩顶和腰梁平移：各测点平移量也呈现随着基坑开挖深度逐步增大，最终趋于平缓的规律；由于越冬时受地表冻融力影响，少部分冠梁和个别最上层腰梁平移超过报警值。相关单位对此及时采取措施，加强了支护结构，控制了变形，确保了基坑的安全。

锚杆拉力：拉力值均较低，冬季受冻融影响而略有增大，其后趋于平稳，且全程均小于报警值。排水方渠：最大沉降量小于 14.0mm，最大平移量小于 17.1mm，均小于报警值。水位：较为平稳，符合设计和施工要求。

◤◢◣ 9.7　基坑开挖支护施工数值模拟分析

9.7.1　数值模拟剖面有限元模型

数值模拟剖面有限元模型见图 9.58。

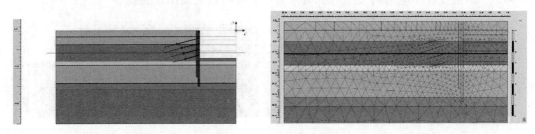

（a）2-2 剖面有限元模型

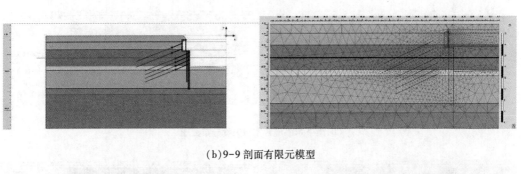

（b）9-9 剖面有限元模型

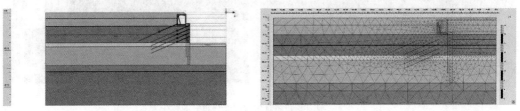

（c）12-12 剖面有限元模型

图 9.58　数值模拟剖面有限元模型

9.7.2　2-2 剖面数值模拟分析

由图 9.59（a）地下水水头和压力场云图与图 9.59（b）地下水渗流云图和矢量分布云图，基坑边壁底部有渗流。由图 9.59（c）剪应变和相对体积应变分布云图可以看出，基坑底部变化剧烈。由图 9.59（d）相对剪应力云图和弹塑性点分布图可以看出，随温度逐渐降低，桩身位移最大位置由桩体中部过渡为桩顶位置，与模型试验结果相吻合。但由于锚杆受地铁隧道保护区间限制，长度较短，刚度较低。因此，建议越冬期间，基坑边壁侧应保留一定安全距离和一定高度的反压土条，如工期允许，不建议越冬前开挖，必要时应采取增加支撑等水平支点的措施，提高支护结构水平刚度，弥补锚杆受空间限制损失的约束作用。同时，对基坑顶部应采取适当的保温防护措施。受温度变化影响，塑性破坏点呈圆弧形集中分布于拟滑面以内，呈现剪应力破坏模式，靠近桩顶位置受渗流、温度变化刚度影响呈现局部拉应力破坏，基坑底部和边壁支护结构位置呈现局部剪应力破坏区，施工过程中应密切关注基坑结构由于剪应力过大而出现裂纹。

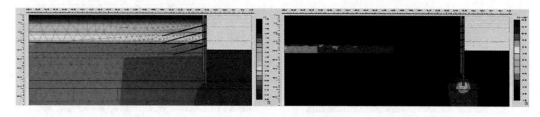

（a）地下水水头和压力场云图

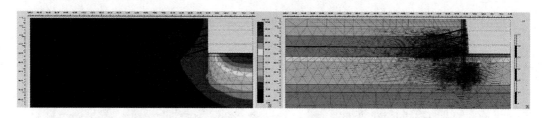

（b）地下水渗流云图和矢量分布云图

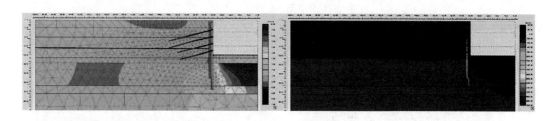

（c）剪应变和相对体积应变分布云图

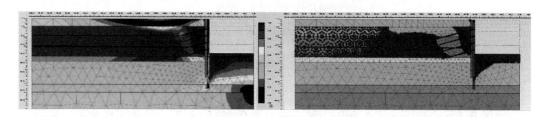

（d）相对剪应力云图和弹塑性点分布图

图 9.59　2-2 剖面数值模拟分析

9.7.3　9-9 剖面数值模拟分析

从图 9.60 地下水水头和压力场云图与图 9.60(b) 地下水渗流云图和矢量分布云图可以看出,基坑边壁底部有渗流。从图 9.60(c) 剪应变和相对体积应变分布云图可以看出,基坑底部变化剧烈。从图 9.60(d) 相对剪应力云图和弹塑性点分布图可知,随温度逐渐降低,桩身位移最大位置由桩体中部过渡为桩顶位置,与模型试验结果相吻合。但由于锚杆受地铁隧道保护区间限制,长度较短,刚度较低。因此,建议越冬期间,基坑边壁侧应保留一定安全距离和一定高度的反压土条,如工期允许不建议越冬前开挖,必要时应采取增加支撑等水平支点的措施,提高支护结构水平刚度,弥补锚杆受空间限制损失的约束作用。同时,对基坑顶部应采取适当的保温防护措施。受温度变化影响,塑性破坏点呈圆弧形集中分布于拟滑面以内,呈现剪应力破坏模式,靠近桩顶位置受渗流、温度变化刚度影响呈现局部拉应力破坏,基坑底部和边壁支护结构位置呈现局部剪应力破坏区,施工过程中应密切关注基坑结构由于剪应力过大而出现裂纹。

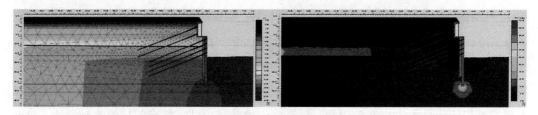

(a) 地下水水头和压力场云图

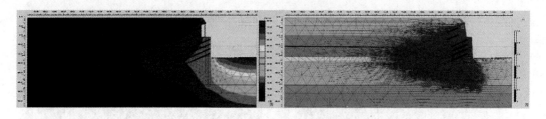

(b) 地下水渗流云图和矢量分布云图

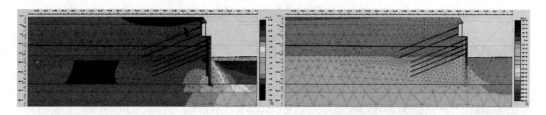

(c) 剪应变和相对体积应变分布云图

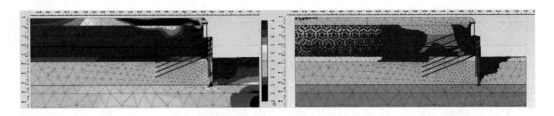

(d)相对剪应力云图和弹塑性点分布图

图 9.60　9-9 剖面数值模拟分析

9.7.4　12-12 剖面数值模拟分析

从图 9.61(a)地下水水头和压力场云图与图 9.61(b)地下水渗流云图和矢量分布云图可以看出,基坑边壁底部有渗流。由图 9.61(c)剪应变和相对体积应变分布云图可以看出,基坑底部变化剧烈。从图 9.61(d)相对剪应力云图和弹塑性点分布图可知,随温度逐渐降低,桩身位移最大位置由桩体中部过渡为桩顶位置,与模型试验结果相吻合。但由于锚杆受地铁隧道保护区间限制,长度较短,刚度较低。因此,建议越冬期间,基坑边壁侧应保留一定安全距离和一定高度的反压土条,如工期允许不建议越冬前开挖或应采取增加支撑等水平支点的措施,提高支护结构水平刚度,弥补锚杆受空间限制损失的约束作用。同时,对基坑顶部应采取适当的保温防护措施。受温度变化影响,塑性破坏点呈圆弧形集中分布于拟滑面以内,呈现剪应力破坏模式,靠近桩顶位置受渗流、温度变化刚度影响呈现局部拉应力破坏,基坑底部和边壁支护结构位置呈现局部剪应力破坏区,施工过程中应密切关注基坑结构由于剪应力过大而出现裂纹。

(a)地下水水头和压力场云图

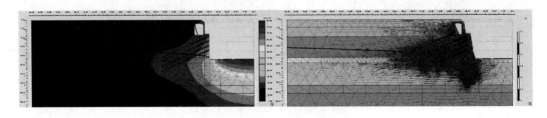

(b)地下水渗流云图和矢量分布云图

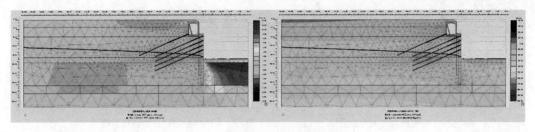

（c）剪应变和相对体积应变分布云图

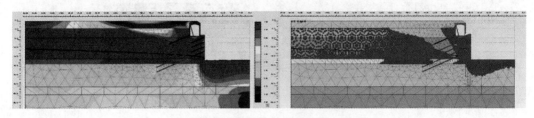

（d）相对剪应力云图和弹塑性点分布图

图 9.61 12-12 剖面数值模拟分析

9.8 季节冻土基坑冻融变形时效性分析（一）

9.8.1 2-2 剖面基坑冻融分析（一）

（1）初冬−10 ℃（45d）。由图 9.62（a）温度分布等值线云图和 9.62（b）热流量矢量分布图可知，冻融温度变化明显。

由图 9.62（c）主应力方向分布云图和图 9.62（d）相对剪应力分布云图可知，主应力方向变化明显集中在基坑桩锚板附近，相对剪应力变化明显集中在隧道左上部分。由图 9.62（e）总主应变角度变化云图和图 9.62（f）总偏应变分布云图可知，总主应变角度变化明显集中在基坑桩锚板和隧道附近，总偏应变分布在基坑桩锚板附近。

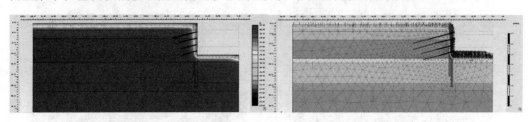

（a）温度分布等值线云图   （b）热流量矢量分布图

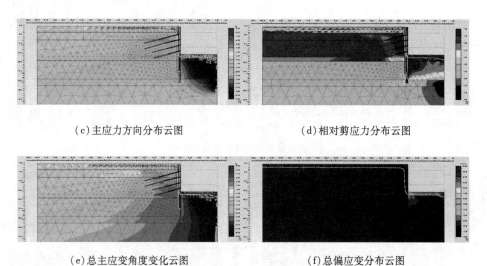

(c)主应力方向分布云图　　　　　　　　(d)相对剪应力分布云图

(e)总主应变角度变化云图　　　　　　　　(f)总偏应变分布云图

图9.62　2-2剖面基坑冻融分析

（2）深冬-22 ℃（90d）。由图9.63（a）温度分布等值线云图和图9.63（b）热流量矢量分布图可知，冻融温度变化增加明显。由图9.63（c）主应力方向分布云图和图9.63（d）相对剪应力分布云图可知，主应力方向变化明显集中在基坑桩锚板附近，相对剪应力变化明显集中在隧道上部，范围明显增加。由图9.63（e）总主应变角度变化云图和图9.63（f）总偏应变分布云图可知，总主应变角度变化明显集中在基坑桩锚板和隧道附近，范围明显增加，总偏应变分布在基坑桩锚板附近。

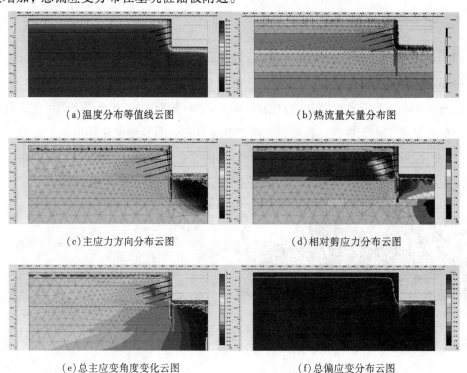

(a)温度分布等值线云图　　　　　　　　(b)热流量矢量分布图

(c)主应力方向分布云图　　　　　　　　(d)相对剪应力分布云图

(e)总主应变角度变化云图　　　　　　　　(f)总偏应变分布云图

图9.63　2-2剖面基坑冻融分析

（3）冬末-10 ℃（135d）。由图 9.64（a）温度分布等值线云图和图 9.64（b）热流量矢量分布图可知，冻融温度变化明显，增长明显缓慢，冻融深度有所增加。由图 9.14（c）主应力方向分布云图和图 9.64（d）相对剪应力分布云图可知，主应力方向变化明显集中在基坑桩锚板附近，相对剪应力变化明显集中在隧道上部。由图 9.64（e）总主应变角度变化云图和图 9.64（f）总偏应变分布云图可知，总主应变角度变化明显集中在基坑桩锚板和隧道附近，总偏应变分布在基坑桩锚板附近。

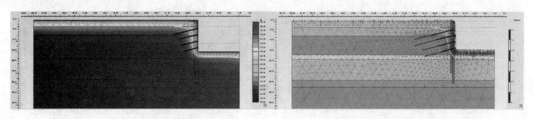

（a）温度分布等值线云图　　　　　　　　　（b）热流量矢量分布图

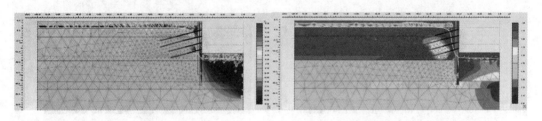

（c）主应力方向分布云图　　　　　　　　　（d）相对剪应力分布云图

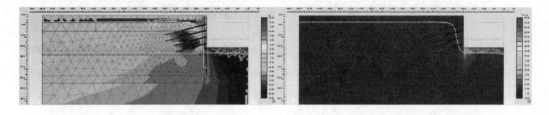

（e）总主应变角度变化云图　　　　　　　　　（f）总偏应变分布云图

图 9.64　2-2 剖面基坑冻融分析

9.8.2　9-9 剖面基坑冻融分析（一）

（1）初冬-10 ℃（45d）。由图 9.65（a）温度分布等值线云图和 9.65（b）热流量矢量分布图可知，冻融温度变化明显。由图 9.65（c）主应力方向分布云图和图 9.65（d）相对剪应力分布云图可知，主应力方向变化明显集中在基坑桩锚板附近，相对剪应力变化明显集中在隧道左上部分。由图 9.65（e）总主应变角度变化云图和图 9.65（f）总偏应变分布云图可知，总主应变角度变化明显集中在基坑桩锚板和隧道附近，总偏应变分布在基坑桩锚板附近。

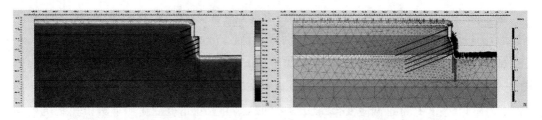

(a)温度分布等值线云图　　　　　　　　　(b)热流量矢量分布图

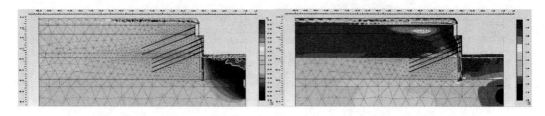

(c)主应力方向分布云图　　　　　　　　　(d)相对剪应力分布云图

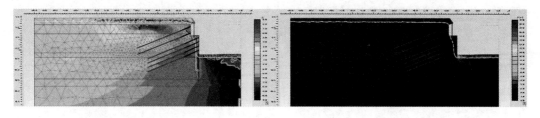

(e)总主应变角度变化云图　　　　　　　　(f)总偏应变分布云图

图9.65　9-9剖面基坑冻融分析

（2）深冬-22 ℃（90d）。由图9.66（a）温度分布等值线云图和图9.66（b）热流量矢量分布图可知，冻融温度变化增加明显。由图9.66（c）主应力方向分布云图和图9.66（d）相对剪应力分布云图可知，主应力方向变化明显集中在基坑桩锚板附近，相对剪应力变化明显集中在隧道上部，范围明显增加。由图9.66（e）总主应变角度变化云图和图9.66（f）总偏应变分布云图可知，总主应变角度变化明显集中在基坑桩锚板和隧道附近，范围明显增加，总偏应变分布在基坑桩锚板附近。

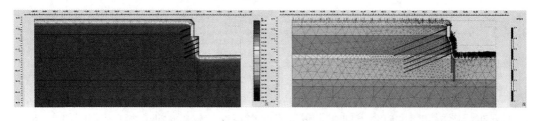

(a)温度分布等值线云图　　　　　　　　　(b)热流量矢量分布图

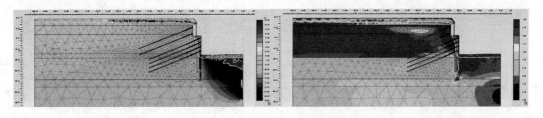

(c)主应力方向分布云图　　　　　　　　　　(d)相对剪应力分布云图

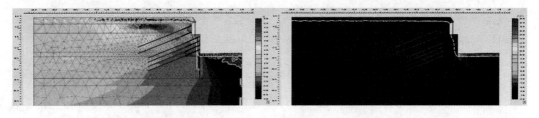

(e)总主应变角度变化云图　　　　　　　　　(f)总偏应变分布云图

图9.66　9-9剖面基坑冻融分析

（3）冬末-10 ℃（135d）。由图9.67（a）温度分布等值线云图和图9.67（b）热流量矢量分布图可知，冻融温度变化明显，增长明显缓慢，冻融深度有所增加。由图9.67（c）主应力方向分布云图和图9.67（d）相对剪应力分布云图可知，主应力方向变化明显集中在基坑桩锚板附近，相对剪应力变化明显集中在隧道上部。由图9.67（e）总主应变角度变化云图和图9.67（f）总偏应变分布云图可知，总主应变角度变化明显集中在基坑桩锚板和隧道附近，总偏应变分布在基坑桩锚板附近。

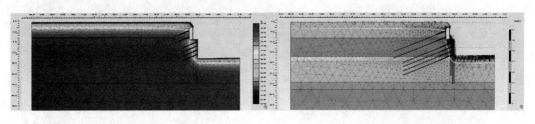

(a)温度分布等值线云图　　　　　　　　　　(b)热流量矢量分布图

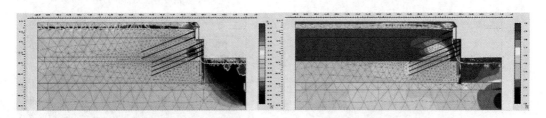

(c)主应力方向分布云图　　　　　　　　　　(d)相对剪应力分布云图

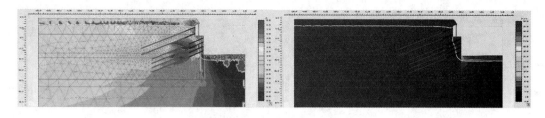

(e)总主应变角度变化云图　　　　　　　　(f)总偏应变分布云图

图 9.67　9-9 剖面基坑冻融分析

9.8.3　12-12 剖面基坑冻融分析(一)

(1)初冬-10 ℃(45d)。由图 9.68(a)温度分布等值线云图和图 9.68(b)热流量矢量分布图可知,冻融温度变化明显。图 9.68(c)主应力方向分布云图和图 9.68(d)相对剪应力分布云图可知,主应力方向变化明显集中在基坑桩锚板附近,相对剪应力变化明显集中在隧道左上部分。由图 9.68(e)总主应变角度变化云图和图 9.68(f)总偏应变分布云图可知,总主应变角度变化明显集中在基坑桩锚板和隧道附近,总偏应变分布在基坑桩锚板附近。

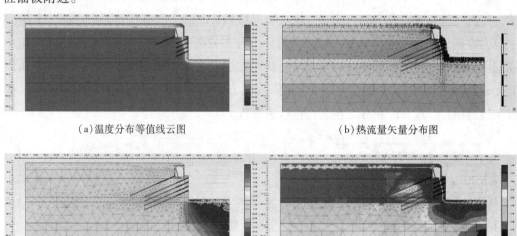

(a)温度分布等值线云图　　　　　　　　(b)热流量矢量分布图

(c)主应力方向分布云图　　　　　　　　(d)相对剪应力分布云图

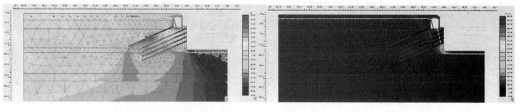

(e)总主应变角度变化云图　　　　　　　　(f)总偏应变分布云图

图 9.68　12-12 剖面基坑冻融分析

（2）深冬-22 ℃（90d）。由图 9.69（a）温度分布等值线云图和图 9.69（b）热流量矢量分布图可知，冻融温度变化增加明显。由图 9.69（c）主应力方向分布云图和图 9.69（d）相对剪应力分布云图可知，主应力方向变化明显集中在基坑桩锚板附近，相对剪应力变化明显集中在隧道上部，范围明显增加。由图图 9.69（e）总主应变角度变化云图和图 9.69（f）总偏应变分布云图可知，总主应变角度变化明显集中在基坑桩锚板和隧道附近，范围明显增加，总偏应变分布在基坑桩锚板附近。

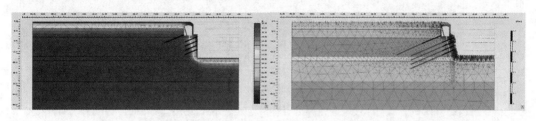

　　（a）温度分布等值线云图　　　　　　　　　　（b）热流量矢量分布图

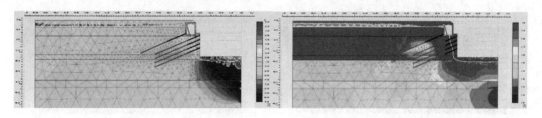

　　（c）主应力方向分布云图　　　　　　　　　　（d）相对剪应力分布云图

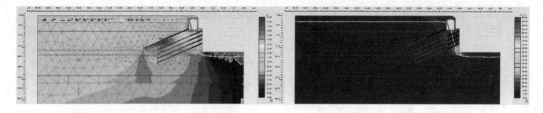

　　（e）总主应变角度变化云图　　　　　　　　　　（f）总偏应变分布云图

图 9.69　12-12 剖面基坑冻融分析

（3）冬末-10 ℃（135d）。由图 9.70（a）温度分布等值线云图和图 9.70（b）热流量矢量分布图可知，冻融温度变化明显，增长明显缓慢，冻融深度有所增加。由图 9.70（c）主应力方向分布云图和图 9.70（d）相对剪应力分布云图可知，主应力方向变化明显集中在基坑桩锚板附近，相对剪应力变化明显集中在隧道上部。图 9.70（e）总主应变角度变化云图和图 9.70（f）总偏应变分布云图可知，总主应变角度变化明显集中在基坑桩锚板和隧道附近，总偏应变分布在基坑桩锚板附近。

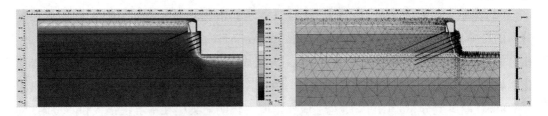

(a)温度分布等值线云图　　　　　　　　(b)热流量矢量分布图

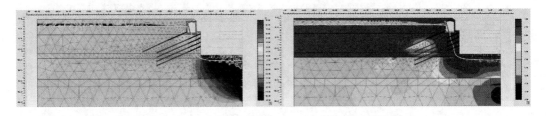

(c)主应力方向分布云图　　　　　　　　(d)相对剪应力分布云图

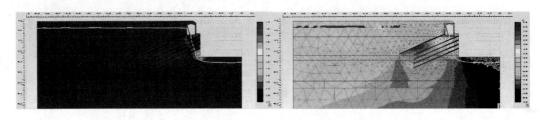

(e)总主应变角度变化云图　　　　　　　(f)总偏应变分布云图

图 9.70　12-12 剖面基坑冻融分析

9.9　季节冻土基坑冻融变形时效性分析(二)

9.9.1　2-2 剖面基坑冻融分析(二)

(1)初冬-8 ℃(45d)、深冬-32 ℃(90d)、冬末-8 ℃(135d)。由图 9.71 温度分布等值线云图可知,冻融温度变化明显。

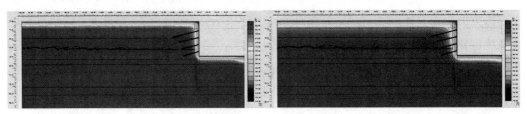

(a)初冬-8 ℃温度分布等值线云图　　　　(b)深冬-32 ℃温度分布等值线云图

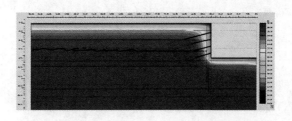

(c)冬末-8℃温度分布等值线云图

图9.71　2-2剖面基坑冻融分析(温度分析等值线)

(2)初冬-8℃(45d)、深冬-32℃(90d)、冬末-8℃(135d)。由图9.72温度热流量分布云图可知,冻融温度变化明显。

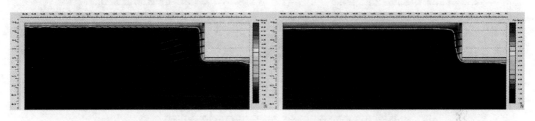

(a)初冬-8℃温度热流量分布云图　　　　　　　(b)深冬-32℃温度热流量分布云图

(c)冬末-8℃温度热流量分布云图

图9.72　2-2剖面基坑冻融分析(温度热流量分布)

(3)初冬-8℃(45d)、深冬-32℃(90d)、冬末-8℃(135d)。由图9.73拉塑性点分布图可知,拉塑性点主要分布在锚索头部,冻融温度变化明显。

(4)初冬-8℃(45d)、深冬-32℃(90d)、冬末-8℃(135d)。由图9.74地下水压分布图可知,地下水压主要分布比较均匀,冻融温度变化明显。

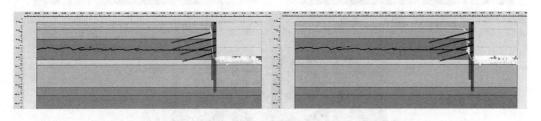

(a)初冬-8℃拉塑性点分布图　　　　　　　　　　(b)深冬-32℃拉塑性点分布图

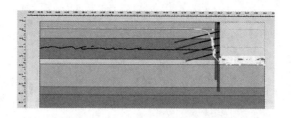

（c）冬末-8 ℃拉塑性点分布图

图 9.73　2-2 剖面基坑冻融分析（拉塑性点分布）

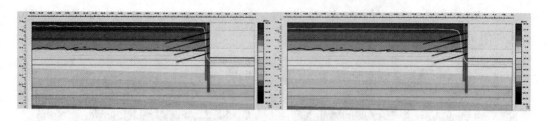

（a）初冬-8 ℃地下水压分布图　　　　　　　（b）深冬-32 ℃地下水压分布图

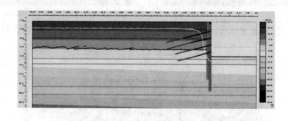

（c）冬末-8 ℃地下水压分布图

图 9.74　2-2 剖面基坑冻融分析（地下水压分布）

（5）初冬-8 ℃（45d）、深冬-32 ℃（90d）、冬末-8 ℃（135d）。由图 9.75 饱和度分布图可知，饱和度主要分布比较均匀，冻融温度变化明显。

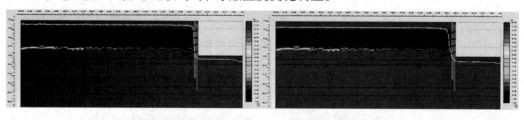

（a）初冬-8 ℃饱和度分布图　　　　　　　（b）深冬-32 ℃饱和度分布图

（c）冬末-8 ℃饱和度分布图

图 9.75　2-2 剖面基坑冻融分析（饱和度分布）

(6)初冬-8 ℃(45d)、深冬-32 ℃(90d)、冬末-8 ℃(135d)。由图 9.76 地下水渗流分布图可知,地下水渗流主要分布在基坑边壁底部,冻融温度变化明显。

(7)初冬-8 ℃(45d)、深冬-32 ℃(90d)、冬末-8 ℃(135d)。由图 9.77 相对剪应力等值线分布图可知,相对剪应力主要分布在锚索处,冻融温度变化明显。

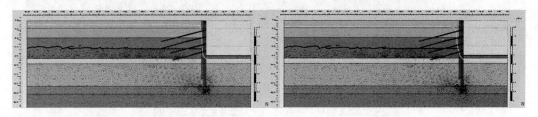

(a)初冬-8 ℃地下水渗流分布图　　　　　　　(b)深冬-32 ℃地下水渗流分布图

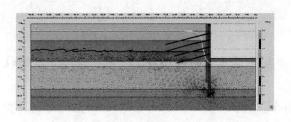

(c)冬末-8 ℃地下水渗流分布图

图 9.76　2-2 剖面基坑冻融分析(地下水渗流分布)

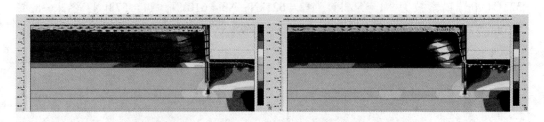

(a)初冬-8 ℃相对剪应力等值线分布图　　　　　(b)深冬-32 ℃相对剪应力等值线分布图

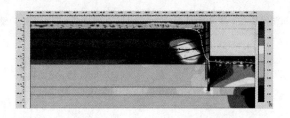

(c)冬末-8 ℃相对剪应力等值线分布图

图 9.77　2-2 剖面基坑冻融分析(相对剪应力等值线分布)

(8)初冬-8 ℃(45d)、深冬-32 ℃(90d)、冬末-8 ℃(135d)。由图 9.78 地表位移矢量分布图可知,地表位移主要分布在基坑边壁处,冻融温度变化明显。

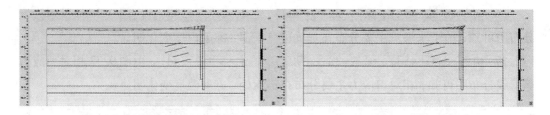

（a）初冬-8 ℃地表位移矢量分布图　　　　　　　（b）深冬-32 ℃地表位移矢量分布图

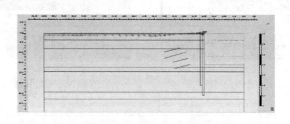

（c）冬末-8 ℃地表位移矢量分布图

图 9.78　2-2 剖面基坑冻融分析（地表位移矢量分布图）

（9）初冬-8 ℃（45d）、深冬-32 ℃（90d）、冬末-8 ℃（135d）。由图 9.79 基坑边壁位移矢量分布图可知，基坑边壁位移主要分布在锚索头部基坑边壁处，冻融温度变化明显。

（10）初冬-8 ℃（45d）锚索拉力 N1 = 340kN，N2 = 389kN，N3 = 401kN，N4 = 396；深冬-32 ℃（90d）锚索拉力 N1 = 562kN，N2 = 621kN，N3 = 610kN，N4 = 573kN；冬末-8 ℃（135d）锚索拉力 N1 = 693kN，N2 = 841kN，N3 = 869kN，N4 = 841kN。

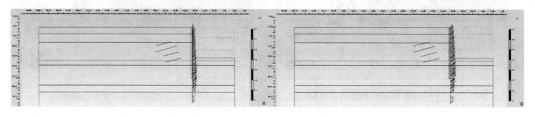

（a）初冬-8 ℃基坑边壁位移矢量分布图　　　　　　　（b）深冬-32 ℃基坑边壁位移矢量分布图

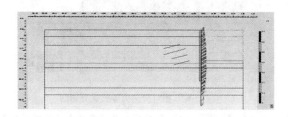

（c）冬末-8 ℃基坑边壁位移矢量分布图

图 9.79　2-2 剖面基坑冻融分析（基坑边壁位移矢量分布）

9.9.2 9-9剖面基坑冻融分析(二)

(1)初冬-8 ℃(45d)、深冬-32 ℃(90d)、冬末-8 ℃(135d)。由图9.80温度分布等值线云图可知,冻融温度变化明显。

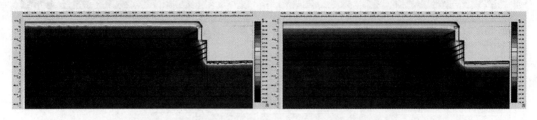

(a)初冬-8 ℃温度分布等值线云图　　　　　　(b)深冬-32 ℃温度分布等值线云图

(c)冬末-8 ℃温度分布等值线云图

图9.80　9-9剖面基坑冻融分析(温度分布等值线)

(2)初冬-8 ℃(45d)、深冬-32 ℃(90d)、冬末-8 ℃(135d)。由图9.81温度热流量分布云图可知,冻融温度变化明显。

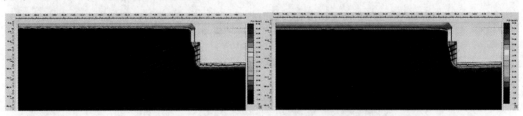

(a)初冬-8 ℃温度热流量分布云图　　　　　　(b)深冬-32 ℃温度热流量分布云图

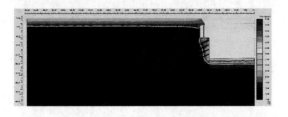

(c)冬末-8 ℃温度热流量分布云图

图9.81　9-9剖面基坑冻融分析(温度热流量分布)

(3)初冬-8 ℃(45d)、深冬-32 ℃(90d)、冬末-8 ℃(135d)。由图9.82拉塑性点分布图可知,拉塑性点主要分布在锚索头部,冻融温度变化明显。

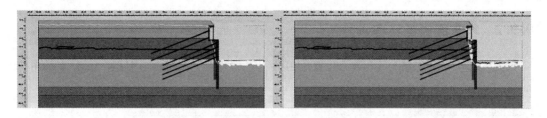

(a)初冬-8℃拉塑性点分布图   (b)深冬-32℃拉塑性点分布图

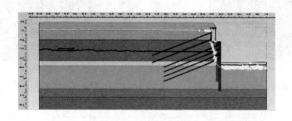

(c)冬末-8℃拉塑性点分布图

图 9.82　9-9 剖面基坑冻融分析(抗塑性点分布)

(4)初冬-8℃(45d)、深冬-32℃(90d)、冬末-8℃(135d)。由图 9.83 地下水压分布图可知,地下水压主要分布比较均匀,冻融温度变化明显。

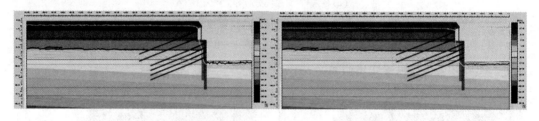

(a)初冬-8℃地下水压分布图   (b)深冬-32℃地下水压分布图

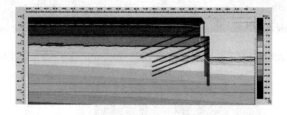

(c)冬末-8℃地下水压分布图

图 9.83　9-9 剖面基坑冻融分析(地下水压分布)

(5)初冬-8℃(45d)、深冬-32℃(90d)、冬末-8℃(135d)。由图 9.84 和度分布图可知,饱和度主要分布比较均匀,冻融温度变化明显。

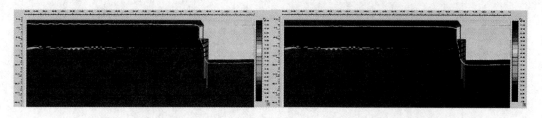

（a）初冬-8℃饱和度分布图　　　　　　　　（b）深冬-32℃饱和度分布图

（c）冬末-8℃饱和度分布图

图9.84　9-9剖面基坑冻融分析（饱和度分布）

（6）初冬-8℃（45d）、深冬-32℃（90d）、冬末-8℃（135d）。由图9.85地下水渗流分布图可知，地下水渗流主要分布在基坑边壁底部，冻融温度变化明显。

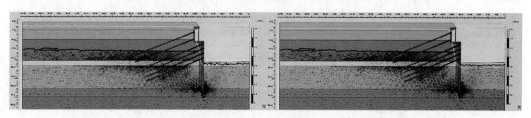

（a）初冬-8℃地下水渗流分布图　　　　　　（b）深冬-32℃地下水渗流分布图

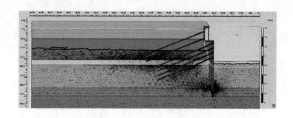

（c）冬末-8℃地下水渗流分布图

图9.85　9-9剖面基坑冻融分析（地下水渗流分布）

（7）初冬-8℃（45d）、深冬-32℃（90d）、冬末-8℃（135d）。由图9.86相对剪应力等值线分布图可知，相对剪应力主要分布在锚索处，冻融温度变化明显。

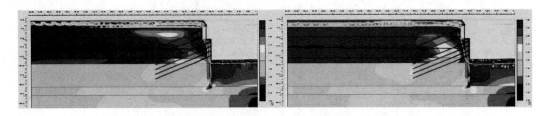

(a)初冬-8 ℃相对剪应力等值线分布图　　　　　　(b)深冬-32 ℃相对剪应力等值线分布图

(c)冬末-8 ℃相对剪应力等值线分布图

图 9.86　9-9 剖面基坑冻融分析(相对剪应力等值线分布)

(8)初冬-8 ℃(45d)、深冬-32 ℃(90d)、冬末-8 ℃(135d)。由图 9.87 地表位移矢量分布图可知,地表位移主要分布在基坑边壁处,冻融温度变化明显。

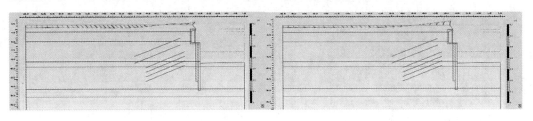

(a)初冬-8 ℃地表位移矢量分布图　　　　　　　(b)深冬-32 ℃地表位移矢量分布图

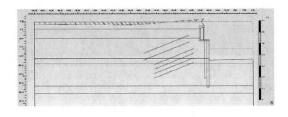

(c)冬末-8 ℃地表位移矢量分布图

图 9.87　9-9 剖面基坑冻融分析(地表位移矢量分布)

(9)初冬-8 ℃(45d)、深冬-32 ℃(90d)、冬末-8 ℃(135d)。由图 9.88 基坑边壁位移矢量分布图可知,基坑边壁位移主要分布在锚索头部基坑边壁处,冻融温度变化明显。

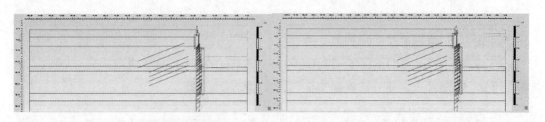

(a)初冬-8℃基坑边壁位移矢量分布图　　　　(b)深冬-32℃基坑边壁位移矢量分布图

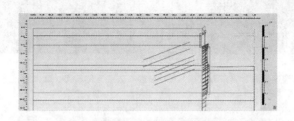

(c)冬末-8℃基坑边壁位移矢量分布图

图 9.88　9-9 剖面基坑冻融分析(基坑边壁位移矢量分布)

(10)初冬-8℃(45d)锚索拉力 N1=177kN，N2=363kN，N3=543kN，N4=512kN，N5=499kN，N6=624kN；深冬-32℃(90d)锚索拉力 N1=339kN，N2=603kN，N3=949kN，N4=868kN，N5=824kN，N6=914kN；冬末-8℃(135d)锚索拉力 N1=339kN，N2=603kN，N3=949kN，N4=868kN，N5=824kN，N6=914kN。

9.9.3　12-12 剖面基坑冻融分析(二)

(1)初冬-8℃(45d)、深冬-32℃(90d)、冬末-8℃(135d)。由图 9.89 温度分布等值线云图可知，冻融温度变化明显。

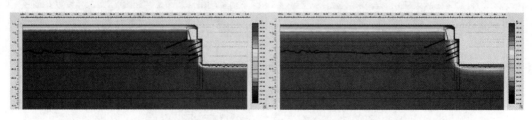

(a)初冬-8℃温度分布等值线云图　　　　(b)深冬-32℃温度分布等值线云图

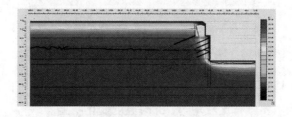

(c)冬末-8℃温度分布等值线云图

图 9.89　12-12 剖面基坑冻融分析(温度分布等值线)

（2）初冬-8℃（45d）、深冬-32℃（90d）、冬末-8℃（135d）。由图9.90温度热流量分布云图可知，冻融温度变化明显。

（3）初冬-8℃（45d）、深冬-32℃（90d）、冬末-8℃（135d）。由图9.91拉塑性点分布图可知，拉塑性点主要分布在锚索头部，冻融温度变化明显。

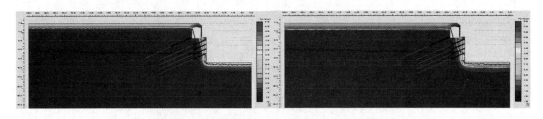

（a）初冬-8℃温度热流量分布云图　　　　　（b）深冬-32℃温度热流量分布云图

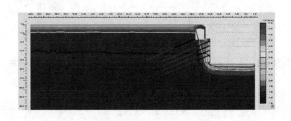

（c）冬末-8℃温度热流量分布云图

图9.90　12-12剖面基坑冻融分析（温度热流量分布）

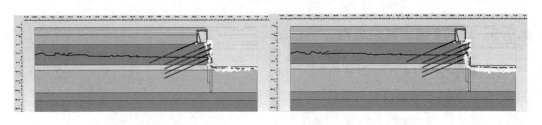

（a）初冬-8℃拉塑性点分布图　　　　　（b）深冬-32℃拉塑性点分布图

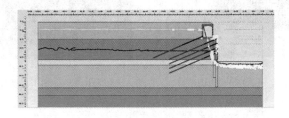

（c）冬末-8℃拉塑性点分布图

图9.91　12-12剖面基坑冻融分析（拉塑性点分布）

（4）初冬-8℃（45d）、深冬-32℃（90d）、冬末-8℃（135d）。由图9.92地下水压分布图可知，地下水压主要分布比较均匀，冻融温度变化明显。

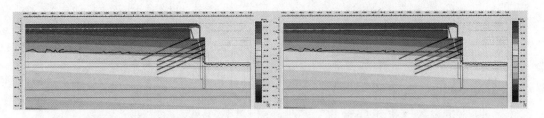

（a）初冬-8 ℃地下水压分布图　　　　　（b）深冬-32 ℃地下水压分布图

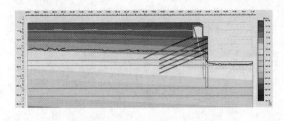

（c）冬末-8 ℃地下水压分布图

图 9.92　12-12 剖面基坑冻融分析（地下水压分布）

（5）初冬-8 ℃（45d）、深冬-32 ℃（90d）、冬末-8 ℃（135d）。由图 9.93 饱和度分布图可知，饱和度主要分布比较均匀，冻融温度变化明显。

（6）初冬-8 ℃（45d）、深冬-32 ℃（90d）、冬末-8 ℃（135d）。由图 9.94 地下水渗流分布图可知，地下水渗流主要分布在基坑边壁底部，冻融温度变化明显。

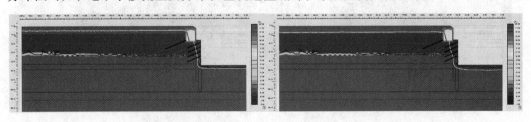

（a）初冬-8 ℃饱和度分布图　　　　　（b）深冬-32 ℃饱和度分布图

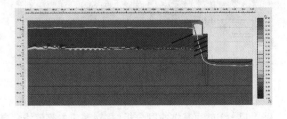

（c）冬末-8 ℃饱和度分布图

图 9.93　12-12 剖面基坑冻融分析（饱和度分布）

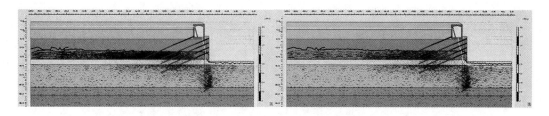

（a）初冬-8 ℃地下水渗流分布图　　　　　　　　　　（b）深冬-32 ℃地下水渗流分布图

（c）冬末-8 ℃地下水渗流分布图

图 9.94　12-12 剖面基坑冻融分析（地下水渗流分布）

（7）初冬-8 ℃（45d）、深冬-32 ℃（90d）、冬末-8 ℃（135d）。由图 9.95 相对剪应力等值线分布图可知，相对剪应力主要分布在锚索处，冻融温度变化明显。

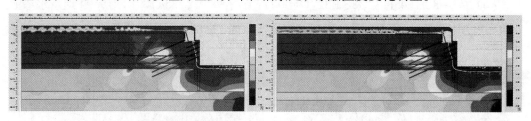

（a）初冬-8 ℃相对剪应力等值线分布图　　　　　　　（b）深冬-32 ℃相对剪应力等值线分布图

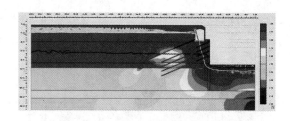

（c）冬末-8 ℃相对剪应力等值线分布图

图 9.95　12-12 剖面基坑冻融分析（相对剪应力等值线分布）

（8）初冬-8 ℃（45d）、深冬-32 ℃（90d）、冬末-8 ℃（135d）。由图 9.96 地表位移矢量分布图可知，地表位移主要分布在基坑边壁处，冻融温度变化明显。

（9）初冬-8 ℃（45d）、深冬-32 ℃（90d）、冬末-8 ℃（135d）。由图 9.97 基坑边壁位移矢量分布图可知，基坑边壁位移主要分布在锚索头部基坑边壁处，冻融温度变化明显。

(a)初冬-8℃地表位移矢量分布图　　　　　(b)深冬-32℃地表位移矢量分布图

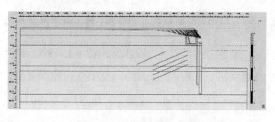

(c)冬末-8℃地表位移矢量分布图

图9.96　12-12剖面基坑冻融分析(地表位移矢量分布)

(a)初冬-8℃基坑边壁位移矢量分布图　　　　(b)深冬-32℃基坑边壁位移矢量分布图

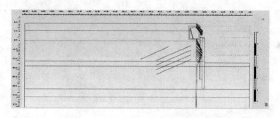

(c)冬末-8℃基坑边壁位移矢量分布图

图9.97　12-12剖面基坑冻融分析(基坑边壁位移矢量分布)

　　(10)初冬-8℃(45d)、深冬-32℃(90d)、冬末-8℃(135d)。由图9.98基坑边壁形变分布图可知,基坑边壁形变主要分布在锚索头部基坑边壁处,冻融温度变化明显。

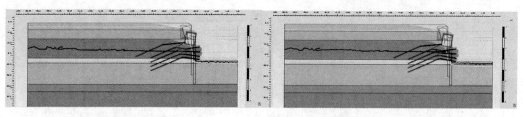

(a)初冬-8℃基坑边壁形变分布图　　　　　(b)深冬-32℃基坑边壁形变分布图

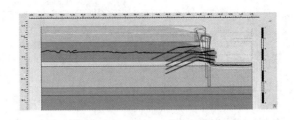

（c）冬末-8℃基坑边壁形变分布图

图9.98　12-12剖面基坑冻融分析（基坑边壁形变分布）

（11）初冬-8℃（45d）锚索拉力 N1 = 1591kN，N2 = 151kN，N3 = 262kN，N4 = 407kN，N5 = 416kN。深冬-32℃（90d）锚索拉力 N1 = 1591kN，N2 = 161kN，N3 = 267kN，N4 = 427kN，N5 = 483kN。冬末-8℃（135d）锚索拉力 N1 = 1.591kN，N2 = 1.61kN，N3 = 2.67kN，N4 = 4.27kN，N5 = 576kN。

综上所述，由深冬和冬末温度分布等值线云图和热流量矢量分布图可知，冻融温度变化增加明显，是冻融发生灾害的主要时期。由主应力方向分布云图和相对剪应力分布云图可知，主应力方向变化明显集中在基坑桩锚板附近，相对剪应力变化明显集中在隧道上部，范围明显增加，容易出现基坑桩锚板开裂和断裂。由总主应变角度变化云图和总偏应变分布云图可知，总主应变角度变化明显集中在基坑桩锚板和隧道附近，容易出现隧道锚衬砌板的开裂和断裂，范围明显增加，总偏应变分布在基坑桩锚板附近最为偏大。

参考文献

[1] 韩宝明，代位，张红健.2021 世界各城市地铁运营里程排名榜.[EB/OL].(2019-03-01)[2023-10-18].https：//www.sohu.com/a/298517067_480400.

[2] 曹小曙，林强.世界城市地铁发展历程与规律[J].地理学报，2008，63(12)：1257-1267.

[3] 阮巍，周永，章斌.从南兆路车辆段的设计看国内地铁车辆段建设的发展趋势[J].铁道标准设计，2014(4)：99-104.

[4] 严建伟，张茜.老城区地铁站空间使用综合评价研究[J].天津大学学报(社会科学版)，2021，23(5)：452-460.

[5] 胡宝雨，艾雨豪，程国柱.基于地铁线路的常规公交局域网络协调调度模型[J].华南理工大学学报(自然科学版)，2021，49(1)：134-141.

[6] 梁宁慧，刘新荣，曹学山，等.中国城市地铁建设的现状和发展战略[J].重庆建筑大学学报，2008，30(6)：81-85.

[7] 陈韶章.广州建设首条地铁的艰难历程[J].城市轨道交通研究，2021，24(12)：1-7.

[8] 任振.地铁车站深基坑施工风险耦合模型研究[D].武汉：华中科技大学，2013.

[9] 粟武.地铁深基坑施工风险及控制策略分析[J].住宅与房地产，2019(9)：216.

[10] 韩三琪.宁波轨道交通基坑工程施工风险管理研究[D].宁波：宁波大学，2017.

[11] 钱劲斗.地铁车站深基坑施工风险管理研究[D].武汉：武汉轻工大学，2017.

[12] 杨思.明挖法地铁车站工程安全风险评估研究[D].福州：福建工程学院，2017.

[13] 李振涛，陈晓丽.地铁车站基坑施工风险源管控措施探析[J].安徽建筑，2018，24(1)：212-213.

[14] 郭健，钱劲斗，陈健，等.地铁车站深基坑施工风险识别与评价[J].土木工程与管理学报，2017，34(5)：32-38.

[15] NIETO-MOROTE A，RUZ-VILA F.A fuzzy approach to construction project risk assessment[J].International Journal of Project Management，2010，29(2)：220-231.

[16] CHITRASEN S，SAURAV D，SIBA S M，et al.Interpretive structural modelling of critical risk factors in software engineering project[J].Benchmarking：an International Journal，2016(1)：2-24.

［17］ 刘俊伟，尚文昌，于秀霞，等.基于模糊评判理论的深基坑施工风险评价［J］.地下空间与工程学报，2016，12（3）：825-830.

［18］ 姚海星.基于 LEC-FAHP 法的地铁车站深基坑施工安全风险评估［J］.山东交通学院学报，2020，28（3）：61-67.

［19］ 刘波，王凯强，黄冕，等.地铁深基坑工程风险模糊层次分析研究［J］.地下空间与工程学报，2015，11（S1）：257-264.

［20］ 芮勇勤，安月，王振华，等.下穿桥梁紧邻高铁地铁联络线基坑群施工力学特性数值模拟［J］.沈阳建筑大学学报（自然科学版），2021，37（5）：851-860.

［21］ 王晓磊.深圳地铁 A 项目施工安全风险识别与分析［D］.广州：华南理工大学，2018.

［22］ 陈绍清，熊思斯，何朝远，等.地铁深基坑坍塌事故安全风险分析［J］.安全与环境学报，2020，20（1）：52-58.

［23］ 秦坤元，刘五一，肖育斐，等.深基坑开挖对邻近边坡稳定性影响与控制［J］.中外公路，2019，39（4）：15-19.

［24］ 刘军，荀桂富，章良兵，等.PBA 工法中边桩参数对结构稳定性的影响研究［J］.铁道标准设计，2016，60（9）：118-122.

［25］ 李志佳.北京地区深大地铁基坑稳定性及变形特性研究［D］.北京：北京交通大学，2012.

［26］ 王江荣，梁永平，赵振学.基于有限元分析的地铁车站明挖深基坑边坡稳定性分析［J］.工程质量，2019，37（1）：54-58.

［27］ 张昊.合肥地铁 5 号线华山路站深基坑支护结构数值模拟分析［D］.合肥：安徽建筑大学，2020.

［28］ 谢乐，钱德玲，杨罡，等.合肥地区地铁车站深基坑稳定性分析［J］.合肥工业大学学报（自然科学版），2019，42（11）：1530-1535.

［29］ 白继勇.基于监测数据对于地铁基坑稳定性分析［D］.北京：中国地质大学，2017.

［30］ 曹前，秦鹏，周云.同深基坑开挖对紧邻地铁车站特性研究［J］.铁道科学与工程学报，2018，15（6）：1494-1500.

［31］ 袁龙贇.地铁车站深基坑施工过程稳定性分析［D］.南昌：南昌大学，2011.

［32］ 谢富东.浅埋暗挖大跨度地铁车站施工稳定性分析与风险评价［D］.济南：山东大学，2015.

［33］ 孙文，宋冉，张社荣，等.盖挖逆作法地铁车站围护结构变形及稳定性分析［J］.中外公路，2016，36（5）：180-185.

［34］ 陈昆，闫澍旺，孙立强，等.开挖卸荷状态下深基坑变形特性研究［J］.岩土力学，2016，37（4）：1075-1082.

［35］ SHI X, RONG C X, CHENG H, et al.Analysis on deformation and stress characteristics of a multibraced pit-in-pit excavation in a subway transfer station[J].Advances in Civil Engineering, 2020, 2020(14)：1-19.

[36] 韩健勇, 赵文, 李天亮, 等.深基坑与邻近建筑物相互影响的实测及数值分析[J].工程科学与技术, 2020, 52(4)：149-156.

[37] 赵何明.地铁车站基坑开挖稳定性分析[J].路基工程, 2020(3)：155-160.

[38] 阮东.基坑抗隆起稳定性分析改进方法理论公式的推导及应用[D].赣州：江西理工大学, 2017.

[39] 闫慧强.地铁车站深基坑施工过程数值仿真及变形分析[D].大连：大连交通大学, 2018.

[40] 韩健勇, 赵文, 关永平, 等.近接浅基础建筑物深基坑变形特性及关键参数[J].东北大学学报(自然科学版), 2018, 39(10)：1463-1468.

[41] 周勇, 叶炜钠, 高升.兰州地铁某车站深基坑开挖变形特性分析[J].岩土工程学报, 2018, 40(S1)：141-146.

[42] WANG Z., GUOS X , WANG C.Field monitoring analysis of construction process of deep foundation pit at subway Station[J].Geotechnical and Geological Engineering, 2019(37)：549-559.

[43] ANTHONYS T C G, ZHANG W G, WONG K S.Deterministic and reliability analysis of basal heave stability for excavation in spatial variable soils[J].Computers and Geotechnics, 2019, 108(4)：152-160.

[44] HONG Y, NG C W W, LIU G B, et al.Three-dimensional deformation behaviour of a multi-propped excavation at a "greenfield" site at Shanghai soft clay[J].Tunnelling and Underground Space Technology, 2015(45)：249-259.

[45] 张振营, 孙玮泽.地铁车站洞桩法暗挖施工对地表沉降及邻近构筑物变形的影响[J].城市轨道交通研究, 2019, 22(11)：14-17.

[46] 李兵, 马宁.地铁深基坑开挖对邻近桥桩的影响分析[J].昆明理工大学学报(自然科学版), 2018, 43(2)：107-113.

[47] 胡斌, 王新刚, 冯晓腊, 等.武汉地铁某深基坑开挖对周边高架桥影响的分析预测与数值模拟研究[J].岩土工程学报, 2014, 36(增刊2)：368-373.

[48] 袁钎.深基坑开挖对邻近高速铁路桥墩变形影响分析[D].南昌：华东交通大学, 2016.

[49] 黄俊.地铁车站深基坑开挖对临近既有车站的影响及其地震响应研究[D].西安：长安大学, 2017.

[50] 祝磊, 彭建和, 刘金龙.地铁车站深基坑建设对邻近建筑物安全的影响评估[J].中国安全生产科学技术, 2015, 11(12)：85-92.

[51] 华正阳.深基坑开挖对近距离建筑的安全影响研究[D].长沙：中南大学, 2014.

［52］ 吴朝阳.地铁车站基坑施工对邻近建筑物影响的研究［D］.长沙：湖南大学，2015.

［53］ 史春乐，王鹏飞，王小军，等.深基坑开挖导致邻近建筑群大变形损坏的实测分析［J］.岩土工程学报，2012，34（增刊1）：512-518.

［54］ 曹仁文.地铁工程中既有建筑物变形控制标准及加固纠偏措施［J］.国防交通工程与技术，2014，12（增刊1）：119-122.

［55］ 黄茂松，朱晓宇，张陈蓉.基于周边既有建筑物承载能力的基坑变形控制标准［J］.岩石力学与工程学报，2012，31（11）：2305-2311.

［56］ 李大鹏，阎长虹，张帅.深基坑开挖对周围环境影响研究进展［J］.武汉大学学报（工学版），2018，51（8）：659-668.

［57］ 李志伟，郑刚.基坑开挖对邻近不同刚度建筑物影响的三维有限元分析［J］.岩土力学，2013，34（6）：1807-1814.

［58］ 俞建霖，夏霄，张伟，等.砂性土地基深基坑工程对周边环境的影响分析［J］.岩土工程学报，2014，36（S2）：311-318.

［59］ 吕高乐，易领兵，杜明芳，等.软土地区双侧深基坑施工对邻近地铁车站及盾构隧道变形影响的分析［J］.地质力学学报，2018，24（5）：682-691.

［60］ 王罡.基坑开挖施工对邻近运营地铁隧道变形影响分析［J］.施工技术，2016，45（20）：86-90.

［61］ 信磊磊.基于变形控制标准的基坑开挖对邻近既有建筑物和隧道变形影响研究［D］.天津：天津大学，2016.

［62］ 袁正辉.深基坑开挖对近邻桥桩的影响研究［D］.北京：北京交通大学，2007.

［63］ 郑秋怡，周广东，刘定坤.基于长短时记忆神经网络的大跨拱桥温度-位移相关模型建立方法［J］.工程力学，2021，38（4）：68-79.

［64］ 王恒，陈福全，林海.基坑开挖对邻近桥梁桩基的影响与加固分析［J］.地下空间与工程学报，2015，11（5）：1257-1265.

［65］ MOSHIRABADI S，SOLTANI M，MAEKAWA K.Seismic interaction of underground RC ducts and neighboring bridge piers in liquefiable soil foundation［J］.Acta Geotechnica，2015，10（6）：761-780.

［66］ ZHOU Y，SUN L.Insights into temperature effects on structural deformation of a cable-stayed bridge based on structural health monitoring［J］.Structural Health Monitoring，2019，18（3）：778-791.

［67］ 梁阳，肖婷，胡程，等.基于长期监测数据与 LSTM 网络的滑坡位移预测［J］.信号处理，2022，38（1）：19-27.

［68］ 李昂，王旭，杨姝，等.基于 GA-BP 模型的临近深基坑桥墩变形预测［J］.铁道建筑，2016（11）：84-87.

［69］ 谢劭峰，赵云，李国弘，等.GA-BP 神经网络的 GPS 可降水量预测［J］.测绘科学，

2020(3)：33-38.

[70] 蔡舒凌，李二兵，陈亮，等.基于FA-NAR动态神经网络的隧洞围岩变形时序预测研究[J].岩石力学与工程学报，2019，38(增刊2)：3346-3353.

[71] CHANG Y S, CHIAO H T, ABIMANNAN S, et al.An LSTM-based aggregated model for air pollution forecasting[J].Atmospheric Pollution Research，2020，11(8)：1451-1463.

[72] MOHEBBI M R, JASHNI A K, DEHGHANI M, et al.Short-Term prediction of carbon monoxide concentration using artificial neural network(NARX)without traffic data：case study：shiraz city[J].Iranian Journal of Science and Technology, Transactions of Civil Engineering，2019，43(3)：533-540.

[73] LI Y T, BAO T F, GONG J , et al.The prediction of dam displacement time series using STL, extra-trees, and stacked LSTM neural network[J].IEEE Access，2020(8)：94440-94452.

[74] 黄慧，贾嵘，董开松.基于时空相关性的NAR动态神经网络风功率超短期组合预测[J].太阳能学报，2020，41(10)：311-316.

[75] 李文静，王潇潇.基于简化型LSTM神经网络的时间序列预测方法[J].北京工业大学学报，2021，47(5)：480-488.

[76] 陈平，周红，舒婷.我国近海城市地铁施工事故统计分析[J].现代城市轨道交通，2020(4)：59-64.

[77] 徐忠涛.富水软弱土层地铁车站深基坑降水开挖与数值模拟分析[D].南昌：南昌大学，2021.

[78] 翁其能，林钰丰，秦伟.承水压混凝土结构损伤机理与渗透特性研究综述[J].材料导报，2016，30(23)：104-108.

[79] 何绍衡，夏唐代，李连祥，等.地下水渗流对悬挂式止水帷幕基坑变形影响[J].浙江大学学报(工学版)，2019，53(4)：713-723.

[80] 孙海霞，张科，陈四利，等.考虑渗流影响的深基坑开挖三维弹塑性数值模拟[J].沈阳工业大学学报，2015，37(5)：588-593.

[81] 章丽莎.滨海地区地下水位变化对地基及基坑渗流特性的影响研究[D].杭州：浙江大学，2017.

[82] 王春波，丁文其，陈志国，等.超深基坑工程渗流耦合理论研究进展[J].同济大学学报(自然科学版)，2014，42(2)：238-245.

[83] 李健，范方方.临海环境基坑渗流特性研究[J].水利水电技术，2019，50(7)：202-208.

[84] LUO Z J, ZHANG Y Y, WU Y X.Finite element numerical simulation of three-dimensional seepage control for deep foundation pit dewatering[J].Journal of Hydrodynamics,

2008, 20(5):596-602.

[85] FUKUMOTO Y, YANG H X, HOSOYAMADA T, et al.2-D coupled fluid-particle numerical analysis of seepage failure of saturated granular soils around an embedded sheet pile with no macroscopic assumptions[J].Computers and Geotechnics, 2021, 136(8): 1-12.

[86] 任永忠.基于渗流场理论的深基坑复合土钉支护数值模拟分析[D].兰州:兰州理工大学, 2012.

[87] 王洪玉, 杭丹, 汤雪晖, 等.河岸基坑降水非饱和渗流三维数值模拟研究[J].工程勘察, 2021, 49(12): 29-34.

[88] 王琳, 罗志华, 张晗.地铁车站深基坑开挖对临近建筑物影响的三维有限元分析[J].建筑结构, 2021, 51(增刊1): 1928-1934.

[89] 李杨.复合地层地铁盾构施工开挖面失稳机理及地表沉降控制研究[D].济南:山东建筑大学, 2021.

[90] 王卫东, 王浩然, 徐中华.基坑开挖数值分析中土体硬化模型参数的试验研究[J].岩土力学, 2012, 33(8): 2283-2290.

[91] 潘珂珂, 翟恩地, 许成顺, 等.硬化土本构模型在砂土海上风电大直径单桩基础的应用[J].海洋技术学报, 2021, 40(6): 114-122.

[92] 葛鹏, 周爱兆.常用土体本构模型在复杂环境深基坑数值计算中的选用[J].地质学刊, 2020, 44(1): 192-197.

[93] 路德春, 罗磊, 王欣, 等.土与结构接触面土体软/硬化本构模型及数值实现[J].工程力学, 2017, 34(7): 41-50.

[94] 薛清鹏.基于土体硬化模型的紧邻铁路基坑变形分析[J].铁道工程学报, 2015, 32(2): 39-42.

[95] 王海波, 宋二祥, 徐明.地下工程开挖土体硬化模型[J].清华大学学报(自然科学版), 2010, 50(3): 351-354.

[96] 孔令飞.兰州地铁某地下车站的抗震分析[D].兰州:兰州交通大学, 2021.

[97] 马传开.矩形地铁车站结构地震动力响应分析[D].沈阳:沈阳建筑大学, 2020.

[98] 王广兵.地震作用下饱和砂土场地地铁车站体系动力响应研究[D].大连:大连海事大学, 2019.

[99] 雷向飞.基于时程分析法的地铁"T"型换乘车站抗震研究[D].成都:西南石油大学, 2018.

[100] 薛荣乐.地铁车站结构抗震弹塑性分析[D].南京:东南大学, 2018.

[101] 钟紫蓝, 申轶尧, 甄立斌, 等.地震动强度参数与地铁车站结构动力响应指标分析[J].岩土工程学报, 2020, 42(3): 486-494.

[102] 安军海, 赵志杰, 王锡朝.上盖单塔框架结构时大底盘地铁车站的地震响应[J].

中国铁道科学, 2021, 42(3)：166-175.

[103] GAO Z, ZHAO M, HUANG J Q, et al.Three-dimensional nonlinear seismic response analysis of subway station crossing longitudinally inhomogeneous geology under obliquely incident P waves[J].Engineering Geology, 2021, 293：106341.

[104] BU X B, LEDESMA A, LÓPEZ-AMANSA F.Novel seismic design solution for underground structures.Case study of a 2-story 3-bay subway station[J].Soil Dynamics and Earthquake Engineering, 2022, 153：107087.

[105] GAO Z D, ZHAO M, HUANG J Q, et al.Effect of soil-rock interface position on seismic response of subway station structure[J].Tunnelling and Underground Space Technology, 2022, 119：104255.

[106] WANG Q, GENG P, GUO X Y, et al.Case study on the seismic response of a subway station combined with a flyover[J].Underground Space, 2021(6)：665-667.

[107] JIANG J W, HESHAM M E N, XU C S, et al.Effect of ground motion characteristics on seismic fragility of subway station[J].Soil Dynamics and Earthquake Engineering, 2021, 143：106618.

[108] 段生福.兰州地铁车站深基坑开挖安全风险评价及对策研究[D].兰州：兰州交通大学, 2020.

[109] 张庆林.福州轨道交通 1 号线施工安全风险管理研究[D].福州：福州大学, 2014.

[110] 刘俊伟, 尚文昌, 于秀霞, 等.基于模糊评判理论的深基坑施工风险评价[J].地下空间与工程学报, 2016, 12(3)：825-830.

[111] 中华人民共和国住房和城乡建设部.城市轨道交通地下工程建设风险管理规范：GB 50652—2011[S].北京：中国建筑工业出版社.

[112] DING D, WU J Y, ZHU S W, et al.Research on AHP-based fuzzy evaluation of urban green building planning[J].Environmental Challenges, 2021, 5：100305.

[113] 李曙光, 任少强, 王洪坤, 等.地铁车站深基坑施工变形规律及安全风险评估[J].公路, 2022, 67(1)：355-362.

[114] 谢梦楚.地铁车站施工安全风险评价与仿真[D].兰州：兰州理工大学, 2021.

[115] 郭旭.基于模糊综合评价法和层次分析法的地铁车站施工安全风险评估研究[D].北京：中国铁道科学研究院, 2020.

[116] 胡众.合肥地铁施工安全风险分析与控制措施研究[D].合肥：合肥工业大学, 2019.

[117] 李明, 吴波, 李春芳.深基坑工程周边建筑物安全模糊综合评价[J].隧道建设(中英文), 2018, 38(增刊 1)：58-66.

[118] 郑怀宇.地铁车站施工工程风险评价研究[D].石家庄：石家庄铁道大学, 2019.

[119] SAKHARDANDE M J, PRABHU G R S.On solving large data matrix problems in Fuzzy AHP[J].Expert Systems With Applications, 2022, 194: 116488.

[120] 张思源.常州地铁深基坑开挖变形规律及围护结构优化设计研究[D].南京：东南大学, 2020.

[121] 孟麟.地铁车站深基坑施工过程监测及数值模拟分析[D].大连：大连交通大学, 2019.

[122] 王仕元.地铁车站深基坑开挖过程施工监测及数值模拟分析[D].武汉：华中科技大学, 2019.

[123] 涂康康.福州地铁4号线鳌峰路车站深基坑数值模拟与风险评价研究[D].南昌：南昌大学, 2021.

[124] 韩峰.地铁车站基坑施工对邻近既有高架桥桩基影响研究[D].南京：东南大学, 2020.

[125] 羊科印.基坑开挖对基坑及临近建筑物的变形影响研究[D].西安：西安理工大学, 2019.

[126] 中华人民共和国住房和城乡建设部.建筑结构荷载规范：GB 50009—2012[S].北京：中国建筑工业出版社.

[127] 骆祖江, 宁迪, 杜菁菁, 等.吴江盛泽地区建筑荷载和地下水开采对地面沉降的影响[J].吉林大学学报(地球科学版), 2019, 49(2): 514-525.

[128] 陈兴贤, 骆祖江, 金玮泽, 等.高层建筑荷载、地下水开采与地面沉降耦合研究[J].应用基础与工程科学学报, 2015, 23(2): 285-298.

[129] WANG C X, LU Y, CUI B Q, et al.Stability evaluation of old goaf treated with grouting under building load[J].Geotechnical and Geological Engineering, 2018, 36(4): 2553-2564.

[130] 武崇福, 魏超, 乔菲菲.既有上部建筑荷载下盾构施工引起土体附加应力分析[J].岩石力学与工程学报, 2018, 37(7): 1708-1721.

[131] 中华人民共和国住房和城乡建设部.城市桥梁设计规范：CJJ 11—2011[S].北京：中国建筑工业出版社.

[132] 中华人民共和国住房和城乡建设部.钢-混凝土组合桥梁设计规范：GB 50917—2013[S].北京：中国计划出版社.

[133] ZhouHongyu, Zhou Yun, Liu Yanan, Tang Qi.Research on High-Speed Train Load Spectrum and Bridge Load Effect Spectrum[J].IOP Conference Series：Earth and Environmental Science, 2021, 719(3): 032019.

[134] 中华人民共和国住房和城乡建设部.地铁工程施工安全评价标准：GB 50715—2011[S].北京：中国计划出版社.

[135] 翟苇航.深基坑施工对紧邻地铁车站的影响研究及风险分析[D].武汉：华中科技

大学, 2019.

[136] FANG Q, ZHANG D L, WONG L N Y.Environmental risk management for a cross interchange subway station construction in China[J].Tunnelling and Underground Space Technology, 2011, 26(6): 750-763.

[137] 中华人民共和国住房和城乡建设部.建筑桩基技术规范: JGJ 94—2018[S].北京: 中国建设出版社.

[138] QIU Y J, ZHANG H R, XU Z Y, et al.A modified simplified analysis method to evaluate seismic responses of subway stations considering the inertial interaction effect of adjacent buildings[J].Soil Dynamics and Earthquake Engineering, 2021, 150: 106896.

[139] WANG W, HAN Z, DENG J, et al.Study on soil reinforcement param in deep foundation pit of marshland metro station[J].Heliyon, 2019, 5(11): 02836.

[140] ZHUANG H Y, YANG J, CHEN S, et al.Seismic performance of underground subway station structure considering connection modes and diaphragm wall[J].Soil Dynamics and Earthquake Engineering, 2019, 127: 105842.

[141] ZHUANG H Y, ZHAO C, CHEN S, et al.Seismic performance of underground subway station with sliding between column and longitudinal beam[J].Tunnelling and Underground Space Technology incorporating Trenchless Technology Research, 2020, 102: 103439.

[142] LI Z, ZHAO G F, DENG X F, et al.Further development of distinct lattice spring model for stability and collapse analysis of deep foundation pit excavation[J].Computers and Geotechnics, 2022, 144: 104619.

[143] WEI D J, XU D S, ZHANG Y.A fuzzy evidential reasoning-based approach for risk assessment of deep foundation pit[J].Tunnelling and Underground Space Technology, 2020, 97: 103232.

[144] 徐学燕, 吉植强, 张晨熙.模拟季节冻土层影响的冻土墙模型试验[J].岩土力学, 2020, 31(6): 1705-1708.

[145] RADOSLAW L M, ZHU M.Frost heave modelling using porosity rate function[J].International Journal for Numerical and Analytical Methods in Geomechanics, 2016, 30(8): 703-722.

[146] RADOSLAW L M, ZHU M.Modelling of freezing in frost-susceptible soils[J].Computer Assisted Mechanics and Engineering Sciences, 2016, 13(4): 613-625.

[147] ANATOLI B.Experimental study of influence of mechanical properties of soil on frost heaving forces[J].Journal of Glaciology and Geocryology, 2004, 26(1): 26-34.

[148] ABZHALIMOV R S, GOLOVKO N N.Laboratory investigations of the pressure dependence of the frost heaving of soil[J].Soil Mechanics and Foundation Engineering,

2009, 46（1）：31-38.

[149] KONRAD J, LEMIEUX N.Influence of fines on frost heave characteristics of a well-graded base-course material［J］.Canadian Geotechnical Journal, 2005, 42（2）：515-527.

[150] LAI Y M, ZHANG S J, ZHANG L X, et al.Adjusting temperature distribution under the south and north slopes of embankment in permafrost regions by the ripped-rock revetment［J］.Cold Regions Science and Technology, 2004, 39（1）：67-79.

[151] YUAN B Y, LIU X G, ZHU X F.Pile horizontal displacement monitor information calibration and prediction for ground freezing and pile-support foundation pit［C］//Proceedings of the 2nd International Conference for Disaster Mitigation and Rehabilitation. Beijing：Science Press, 2008：968-974.

[152] 中华人民共和国住房和城乡建设部.冻土地区建筑地基基础设计规范:JGJ 118—2011［S］.北京:中国建筑工业出版社, 2012.

[153] 唐业清, 李启民, 崔江余.基坑工程事故分析与处理［M］.北京：中国建筑工业出版社, 1999.

[154] 崔托维奇.冻土力学［M］.北京：科学出版社, 1990.

[155] BESKOW G.Soil freezing and frost heaving with special application to roads and railroads［J］.Swedish Geol.Survey Yearbook, 1935, 26（3）：375-380.

[156] TABER S.The growth of crystals under external pressure［J］. American Journal of Science, 1916, 246（37）：532-556.

[157] TABER S. Frostheaving［J］. The Journal of Geology, 1929, 37（5）：428-461.

[158] TABER S. The mechanics of frost heaving［J］. Journal of Geology, 1930, 38（4）：303-317.

[159] EVERETT D H.The thermodynamics of frost damage to porous solids［J］.Trans Faraday Society, 1961, 57：1541-1551.

[160] MILLER R D.Soil freezing in relation to pore water pressure and temperature［C］.Second International Conference of permafrost, Washington, D.C., 1973.

[161] MILLER R D.Freezing and heaving of saturated and unsaturated soils［J］.Highway Research Record, 1972, 393：1-11.

[162] MILLER R D.Frost heaving in non-colloidal soils［C］.Third international conference in permafrost, Washington, D.C., 1978.

[163] MILLER R D, LOCH J P G, BRESLER E.Transport of water and heat in a frozen permeameter［J］.Soil Science Society of American Proceedings, 1975, 39（6）：1029-1036.

[164] HARLAN R L.Analysis of coupled heat-fluid transport in partially frozen soil［J］.Wa-

ter Resource Research, 1973, 9(5): 1314-1323.

[165] O'NEILL K, MILLER R D.Numerical solutions for a rigid-ice model of secondary frost heave[R].CRREL Report, 1982: 82-83.

[166] O'NEILL K, MILLER R D.Exploration of a rigid ice model of frost heave[J].Water Resources Research, 1985, 21(3): 281-296.

[167] KONRAD J M, DUQENNOI C.A model for water transport and ice lensing in freezing soils[J].Water Resources Research, 1993, 29(9): 3109-3123.

[168] KONRAD J M, MORGENSTERN N R.The segregation potential of a freezing soil[J]. Canadian Geotechnical Journal, 1981, 18: 482-491.

[169] KONRAD J M, MORGENSTERN N R.Effects of applied pressure on freezing soils[J]. Canadian Geotechnical Journal, 1982, 19: 494-505.

[170] KONRAD J M, MORGENSTERN N R.A mechanistic theory of ice lens formation in fine-grained soils[J].Canadian Geotechnical Journal, 1980, 17: 473-486.

[171] KONRAD J M.Influence of overconsolidation on the freezing characteristics of a clayey silts[J].Canadian Geotechnical Journal, 1989, 26(1): 9-21.

[172] SHEN M, LADANYI B.Modelling of coupled heat moisture and stress field in freezing soil[J].Canadian Geotechnical Journal, 1978, 15(4): 548-555.

[173] PING H E, HUI B, ZHANG Z, et al.Process of Frost Heave and Characteristics of Frozen Fringe[J].Journal of Glaciology And Geocryology, 2004.26: 21-25.

[174] 程国栋.冻土力学与工程的国际研究新进展[J].地球科学进展, 2001, 16(3): 293-299.

[175] 马巍, 王大雁.中国冻土力学研究50年回顾与展望[J].岩土工程, 2012, 34(4): 625-639.

[176] 郑郧, 马巍, 邴慧.冻融循环对土结构性影响的试验研究及影响机制分析[J].岩土力学 2015, 36(5): 1282-1294.

[177] 吴礼舟, 许强, 黄润秋.非饱和黏土的冻融融沉过程分析[J].岩土力学, 2011, 32 (4): 1025-1028.

[178] 徐学祖, 张立新, 王家澄.土体冻融发育的几种类型[J].冰川冻土, 1994, 16(4): 301-307.

[179] 徐学祖, 邓友生.冻土中水分迁移的实验研究[M].北京: 科学出版社, 1991.

[180] 李萍, 徐学祖, 蒲毅彬, 等.利用图像数字化技术分析冻结缘特征[J].冰川冻土, 1999, 21(2): 175-180.

[181] 李萍, 徐学祖, 陈峰峰.冻结缘和冻融模型的研究现状与进展[J].冰川冻土, 2000, 22(1): 90-95.

[182] 陈肇元, 崔京浩.土钉支护在基坑工程中的应用[M].2版.北京: 中国建筑工业出

版社，2000.

[183] 胡坤.不同约束条件下土体冻融规律[J].煤炭学报，2011，36(10)：1653-1658.

[184] 曹宏章，刘石.饱和颗粒正冻土一维刚性冰模型的数值模拟[J].冰川冻土，2007，29(1)：32-38.

[185] 裴捷，梁志荣，王卫东.润扬长江公路大桥南汊悬索桥南锚碇基础基坑围护设计[J].岩土工程，2006，28：1541-1545.

[186] KINGSBURY D W, SANDFORD T G, HUMPHREY D N.Soil nail forces caused by frost[J].Transportation Research Record 2022(1)：38-46.

[187] GUILLOUX A, NOTTE G, GONIN H.Experiences on a retaining structure by nailing in moraine soils[C].Proceeding's 8th European Conference on Soil Mechanics and Foundation Engineering, Helsinki, 1983：499-502.

[188] 张智浩，马凛，韩晓猛，等.季节性冻土区深基坑桩锚支护结构冻融变形控制研究[J].岩土工程学报 2012，11(34)：65-71.

[189] STOCKER M F, Riedinger G.The bearing behavior of nailed retaining structures[C]. Design and Performance of Earth Retaining Structures：Proceedings of a Conference Sponsored by the Geot echnical Engineering Division of the American Society of Civil Engineers.New York, 1990：612-628.

[190] NIXON J F. Discrete ice lens theory for frost heave in soils[J]. Canadian Geotechnical Journal, 1991, 28(6)：843-859.

[191] TAKAGI S.The adsorption force theory of frost heaving[J].Cold Regions Science and Technology, 1980, 3(1)：57-81.

[192] SELVADURAI A P S, HU J, KONUK I.Computational modeling of frost heave induced soil-pipeline interaction modeling of frost heave[J].Cold Regions Science and Technology, 1999, 29(3)：229-257.

[193] 胡坤.冻土水热耦合分离冰冻融模型的发展[D].徐州：中国矿业大学，2011.

[194] 王家澄，徐学祖，张立新，等.土类对正冻土成冰及冷生组构影响的实验研究[J].冰川冻土，1995，17(1)：16-22.

[195] 张琦.人工冻土分凝冰演化规律试验研究[D].徐州：中国矿业大学，2005.

[196] 李晓俊.不同约束条件下细粒土一维冻融力试验研究[D].徐州：中国矿业大学，2010.

[197] 特鲁巴克.冻结凿井法[M].北京矿业学院井巷工程教研组，译.北京：煤炭工业出版社，1958.

[198] 崔广心，杨维好.冻结管受力的模拟试验研究[J].中国矿业大学学报，1990，17(2)：37-47.

[199] 崔广心.深土冻土力学：冻土力学发展的新领域[J].冰川冻土，1998，20(2)：97-

100.

[200] 程国栋,周幼吾.中国冻土学的现状和展望[J].冰川冻土,1988,10(3):221-227.

[201] 李韧,赵林,丁永建,等.青藏高原季节冻土的气候学特征[J].冰川冻土,2009,31(6):1050-1056.

[202] 张伟,王根绪,周剑,等.基于 CoupModel 的青藏高原多年冻土区土体水热过程模拟[J].冰川冻土,2012,34(5):1099-1109.

[203] 赵林,李韧,丁永建.唐古拉地区活动层土体水热特征的模拟研究[J].冰川冻土,2008,30(6):930-937.

[204] 姚直书.特深基坑排桩冻土墙围护结构的冻融力模型试验研究[J].岩石力学与工程学报,2007,26(2):415-420.

[205] 齐吉琳,马巍.冻土的力学性质及研究现状[J].岩土力学,2010,31(1):133-143.

[206] 齐吉琳,党博翔,徐国方,等.冻土强度研究的现状分析[J].北京建筑大学学报,2016,32(3):89-95.

[207] 孙超,邵艳红.负温对基坑悬臂桩水平冻胀力影响的模拟研究[J].冰川冻土,2016,38(4):1136-1141.

[208] 张立新,徐学祖.冻土未冻水含量与压力关系的实验研究[J].冰川冻土,1998,20(2):124-127.

[209] 朱彦鹏.深基坑支护桩与土相互作用的研究[J].岩土力学,2010,31(9):2840-2844.

[210] 朱彦鹏,张安疆,王秀丽.M 法求解桩身内力与变形的幂级数解[J].甘肃工业大学学报,1997,23(3):77-82.

[211] 朱彦鹏,王秀丽,于劲,等.悬臂式支护桩内力的试验研究[J].岩土工程学报,1999,21(2):236-239.

[212] 中华人民共和国和城乡建设部.建筑基坑支护技术规程:JGJ 120—2012[S].北京:中国建筑工业出版社,2012.

[213] 中华人民共和国住房和城乡建设部.建筑桩基技术规范:JGJ 94—2018[S].北京:中国建筑工业出版社,2008.

[214] ZHU Y P, WANG X L.Anti-slide design of foundations for buildings on loess slope[C].Advances in mechanics of structures and materials,2002:50-55.

[215] 邓子胜,邹银生,王贻荪.考虑位移非线性影响的深基坑土压力计算模型研究[J].工程力学,2004,21(1):107-111.

[216] LIANG B, WANG J D, YAN S.Experiment and analysis of the earth pressure(frost heaving forces)on L-type retaining wall in permafrost regions[J]Journal of Glaciology

and Geocryology, 2002, 24(5): 628-633.

［217］ SCHMITT P.Estimating the coefficient of subgrade reaction for diaphragm wall and sheet pile wall design［J］.Revue Fransaise de Geotechnique, 1995, 71: 3-10.

［218］ 龚晓南.深基坑工程设计施工手册［M］.北京：中国建筑工业出版社, 1998.

［219］ 秦四清.基坑支护设计的弹性抗力法［J］.工程地质学报, 2000(4): 481-487.

［220］ 中航勘察设计研究院, 秦四清, 等.深基坑工程优化设计［M］.北京：地震出版社, 1998.

［221］ 魏升华.排桩预应力锚杆与主体相互作用的研究［D］.兰州：兰州理工大学, 2009.

［222］ 朱彦鹏, 李元勋.混合法在深基坑排桩锚杆支护计算中的应用研究［J］.岩土力学, 2013, 34(5): 1416-1420.

［223］ 杨斌, 胡立强.挡土结构侧土压力与水平位移关系的试验研究［J］.建筑科学, 2000, 16(2): 14-20.

［224］ 梅国雄, 宰金珉.考虑变形的朗肯土压力模型［J］.岩石力学与工程学报, 2001, 20 (6): 851-854.

［225］ VIKLANDER P.Permeability and volume changes in till due to cyclic freeze/thaw［J］. Canadian Geotechnical Journal, 1998, 35(3): 471-477.

［226］ ALKIRE B D, MORRISION J M.Change in soil structure due to freeze-thaw and repeated loading［J］.Transportation Research Record, 1983, 9(18): 15-21.

［227］ GRAHAM J.Effects of freeze-thaw and softening on a natural clay at low stresses［J］. Canadian Geotechnical Journal, 1985, 22(1): 69-78.

［228］ BROMSB B, YAO L Y C.Shear strength of a soil after freezing and thawing［J］.ASCE Soil Mechanics and Foundations Division Journal, 1964, 90(4): 1-26.

［229］ SUN W, ZHANG Y M, YAN H D.Damage and damage resistance of high strength concrete under the action of load and freeze-thaw cycles［J］.Cement and Concrete Research, 1999, 29(9): 1519-1523.

［230］ JACOBSEN S, GRANL H C, SELLEVOLD E J.High strength concrete-freeze/thaw testing and cracking［J］.Cement and Concrete Research, 1995, 25(8): 1775-1780.

［231］ TARNAWSKI V R, WAGNER B.On the prediction of hydraulic conductivity of frozen soils［J］.Canadian Geotechnical Journal, 1996, 31(1): 176-180.

［232］ 杨光霞, 深基坑土参数试验方法分析［J］.华北水利水电学院学报, 1999, 20(4): 42-43.

［233］ ZHANG Y, SONG X F, GONG D W.A return-cost-based binary firefly algorithm for feature selection, Information Sciences, 2017, 418: 561-574.

［234］ ZHANG Y, GONG D W, SUN X Y, et al.Adaptive bare-bones particle swarm optimization algorithm and its convergence analysis［J］.Soft Computing, 2014, 18(7):

1337-1352.

［235］ ZHANG Y, CHENG S, SHI Y H, et al.Cost-sensitive feature selection using two-ar-chive multi-objective artificial bee colony algorithm［J］.Expert Systems with Applica-tions, 2019, 137：46-58.

［236］ GEM Z W, YANG X S, TSENG C L.Harmony search and nature-inspired algorithms for engineering optimization［J］.Journal of Applied Mathematics, 2013, 2013(8)：1-2.

［237］ RASHED E, NEZAM A H, SARADA S.GSA：a gravitational search algorithm［J］.In-formation Sciences, 2009, 119(13)：2232-2248.

［238］ GAO K Z, CAO Z G, ZHANG L, et al.A review on swarm intelligence and evolution-ary algorithms for solving flexible job shop scheduling problems［J］.IEEE/CAA Jour-nal of Automatic Sinical, 2019, 6(4)：904-916.

［239］ YUAN H T, BI J, ZHOU M C.Spatiotemporal task scheduling for heterogeneous delay-tolerant applications in distributed green data centers［J］.IEEE Transactions on Auto-mation Science and Engineering, 2019, 16(4)：1686-1697.

［240］ Deng W., Xu J., Song Y., Zhao H.An effective improved co-evolution ant colony opti-miszation algorithm with multi-strategies and its application［J］.International Journal of Bio-Inspried, 2020, 16(3)：158-170.

［241］ 王衍森, 杨维好, 任彦龙.冻结法凿井冻结温度场的数值反演与模拟［J］.中国矿业大学学报, 2005, 34(5)：626-629.

［242］ 塔拉, 姜谙男, 王军祥, 等.基于差异进化算法的岩土力学参数智能反分析［J］.大连海事大学学报, 2014, 40(3)：131-135.

［243］ 田明俊, 周晶.岩土工程参数反演的一种新方法［J］.岩石力学与工程学报, 2005, 24(9)：1492-1496.

［244］ 贾善坡.基于遗传算法的岩土力学参数反演及其 ABAQUS 中的实现［J］.水文地质工程地质, 2012, 39(1)：31-35.

［245］ 赵迪, 张宗亮, 陈建生.粒子群算法和 ADINA 在土石坝参数反演中的联合应用［J］.水利水电科技进展, 2012, 32(3)：43-47.

［246］ SOING S Y, WANG Q, CHEN J P, et al.Fuzzy C-means clustering analysis based on quantum particle swarm optimization algorithm for the grouping of rock discontinuity sets［J］.Journal of Civil Engineering, 2017, 21(4)：1115-1122.

［247］ YUAN H T, BI J, ZHOU M C.Multiqueue scheduling of heterogeneous tasks with bounded response time in hybrid green IaaS clouds［J］.IEEE Transactions on Industri-al Informatics, 2019, 15(10)：5404-5412.

［248］ FAROOQ M.Genetic algorithm technique in hybrid intelligent systems for pattern recognition[J].International Journal of Innovative Research in Science, 2015(4): 1891-1898.

[249] LIU C P, YE C M.Novel bioinspired swarm intelligence optimization algorithm: firefly algorithm[J].Application Research of Computers, 2011, 28: 3295-3297.

[250] JAGATHEESAN K, ANAND B, SAMANTAS, et al.Design of a proportional-integral-derivative controller for an automatic generation control of multi-area power thermal systems using firefly algorithm[J].IEEE/CAA Journal of Automatica Sinica, 2019, 6 (2): 503-515.

[251] YANG X S.Chaos-enhanced firefly algorithm with automatic parameter tuning[J].International Journal of Swarm Intelligence Research, 2011, 2(4): 1-11.

[252] Yang X.S.Swam-based metaheuristic algorithms and no-free-lunch theorems[J].Theory and New Applications of Swarm Intelligence, 2012: 1-16.

[253] YOUSIF A, ABDULLAH A H, IVOR S M, et al.Scheduling jobs on grid computing using firefly algorithm[J].Journal of Theoretical and Applied Information Technology, 2011, 33(2): 155-164.

[254] YANG X S.Firefly algorithm stochastic test functions and design optimisation[J].International Journal of Bio-Inspired Computation., 2010, 2(2): 78-84.

[255] HORNG M H.Vector quantization using the firefly algorithm for image compression [J].Expert Systems with Applications, 2012, 39(1): 1078-1091.

[256] YANG X S, HE X.Firefly Algorithms: recent advances and applications[J].International Journal of Swarm Intelligence, 2013, 1(1): 36-50.

[257] 崔广心.冻结法凿井的模拟试验原理[J].中国矿业大学学报, 1989, 18(1): 59-68.

[258] BROUCHKOV A.Experimental study of influence of mechanical properties of soil on frost heaving forces[J].Journal of Glaciology and Geocryology, 2004, 26(1): 26-34.

[259] OKADA K.Actual states and analysis of frost penetration depth in lining and earth of cold region tunnel[J].Quarterly Report of Railway Technical Research Institute, 1992, 33(2): 129-133.

[260] CHEN S L, KE M T, SUN P S, et al.Analysis of cool storage for air conditioning[J].International Journal of Energy Research, 1992, 16(6): 553-563.

[261] TAYLOR G S, LUTHIN J N.A model for coupled heat and moisture transfer during soil freezing[J].Canadian Geotech.J., 1978, 15(4): 548-555.

[262] FUKUDA M, NAKAGAWA S.Numerical analysis of frost heaving based upon the coupled heat and water flow model[J].Low Temperature Science(Physical Sciences), 1986, 45.

［263］ 温智，盛煜，马巍，等.青藏高原北麓河地区原状多年冻土导热系数的试验研究[J].冰川冻土，2005，27(2)：182-186.

［264］ SAKURAI S, ABE S.A design approach to dimensioning underground openings[C]. In：Proc3rd Int Conf Numerical Methods in Geomechanics Aachen, 1979：649-661.

［265］ 曾宪明，林润德.土钉支护软土边坡机理相似模型试验研究[J].岩石力学与工程学报，2000，19(4)：534-538.

［266］ 范秋燕，陈波，沈冰.考虑施工过程的基坑锚杆支护模型试验研究[J].岩土力学，2005，26(12)：1874-1878.

［267］ 朱维中，任伟中.船闸边坡节理岩土锚固效应的模型试验研究[J].岩石力学与工程学报，2001，20(5)：720-725.

［268］ GUO L, LI T, NIU Z.Finite element simulation of the coupled heat-fluid transfer problem with phase change in frozen soil[C].Earth and Space 2012：Engineering, Science, Construction and Operations in Challenging Environments, ASCE, 2012：867-877.

［269］ NEAUPANE K M, YAMABE T, Yoshinaka R.Simulation of a fully coupled thermo-hydro-mechanical system in freezing and thawing rock[J].International Journal of Rock Mechanics and Mining Sciences, 1999, 36(5)：563-580.

［270］ WU M, HUANG J, WU J, et.al.Experimental study on evaporation from seasonally frozen soils under various water, solute and groundwater conditions in inner Mongolia, China[J].Journal of Hydrology, 2016, 535：46-53.

［271］ 杨俊杰.相似理论与结构模型试验[M].武汉：武汉理工大学出版社，2005.

［272］ 崔广心.相似理论与模型试验[M].徐州：中国矿业大学出版社，1990.

［273］ 朱林楠，李东庆.无外荷载作用下冻土模型试验的相似分析[J].冰川冻土，1993，15(1)：166-169.

［274］ 辛立民，沈志平.冻土墙围护深软基坑的模型试验研究[J].建井技术，2001，22(5)：29-31.

［275］ 吴紫汪，马巍，张长庆，等.人工冻结壁变形的模型试验研究[J].冰川冻土，1993，15(1)：121-124.

［276］ 金永军，杨维好.直线形冻土墙动态温度场的试验研究[J].辽宁工程技术大学学报(自然科学版)，2002，21(6)：730-733.

［277］ 陈湘生.地层冻结工法理论研究与实践[M].北京：煤炭工业出版社，2007.

［278］ 木下诚一.冻土物理学[M].王志权,译.长春：吉林科学技术出版社，1995.

［279］ ZHAO J，WNAG H J, LI X X G, et al.Experimental Investigation and Theoretical Model of Heat Transfer of Saturated Soil Around Coaxial Ground Coupled Heat Exchanger[J].Applied Thermal Engineering, 2008, 28(2-3)：116-125.

［280］ 王文顺，王建平，井绪文，等.人工冻结过程中温度场的试验研究［J］.中国矿业大学学报，2004，33(4)：388-391.

［281］ 张辰熙.季节冻土环境中人工冻土墙试验研究［D］.哈尔滨：哈尔滨工业大学，2018.

［282］ 王文顺，王建平，井绪文，等.人工冻结过程中温度场的试验研究［J］.中国矿业大学学报，2004，33(4)：388-391.

［283］ TABER S.Frost heaving［J］.The Journal of Geology，1929，37(5)：428-461.

［284］ 吉植强，徐学燕.季节冻土地区人工冻土墙的冻结特性研究［J］.岩土力学，2019，30(4)：971-975.